席泽宗文集

第一卷

科学史综论

席泽宗 著
陈久金 主编

科学出版社
北京

内 容 简 介

席泽宗院士是我国著名的科学史家，在新星和超新星、夏商周断代、科学思想史等研究领域做出了杰出贡献，是中国科学院自然科学史研究所的创始人之一、我国天文学史学科的引路人。本文集辑为六卷，所选内容基本涵盖了席院士学术研究的各个领域，依次为《科学史综论》《新星和超新星》《科学思想、天文考古与断代工程》《中外科学交流》《科学与大众》《自传与杂著》，所选内容基本涵盖了席院士学术研究的各个领域，展现了一位科学史家的学术生涯和思想历程，为学界和年轻人理解科学的本质和历史提供了一种途径。

本书可供对科学史、天文学、科普等感兴趣的读者阅读参考。

图书在版编目（CIP）数据

席泽宗文集. 第一卷，科学史综论 / 席泽宗著；陈久金主编. —北京：科学出版社，2021.10

ISBN 978-7-03-068553-7

Ⅰ. ①席… Ⅱ. ①席… ②陈… Ⅲ. ①自然科学史-中国-文集 Ⅳ. ①N092

中国版本图书馆 CIP 数据核字（2021）第 062682 号

责任编辑：侯俊琳 邹 聪 刘巧巧 / 责任校对：贾伟娟

责任印制：李 彤 / 封面设计：有道文化

科学出版社 出版

北京东黄城根北街 16 号

邮政编码：100717

http://www.sciencep.com

北京建宏印刷有限公司 印刷

科学出版社发行 各地新华书店经销

*

2021 年 10 月第 一 版 开本：720×1000 1/16

2022 年 3 月第二次印刷 印张：24

字数：405 000

定价：196.00 元

（如有印装质量问题，我社负责调换）

编　委　会

出版说明

席泽宗院士是我国著名的科学史家，在新星和超新星、夏商周断代、科学思想史等研究领域做出了杰出贡献，是中国科学院自然科学史研究所的创始人之一、我国天文学史学科的引路人。本文集辑为六卷，依次为《科学史综论》《新星和超新星》《科学思想、天文考古与断代工程》《中外科学交流》《科学与大众》《自传与杂著》，所选内容基本涵盖了席院士学术研究的各个领域，展现了一位科学史家的学术生涯和思想历程，为学界和年轻人理解科学的本质和历史提供了一种途径。

文集篇目编排由各卷主编确定，原作中可能存在一些用词与提法因特定时代背景与现行语言使用规范不完全一致，出版时尽量保持作品原貌，以充分尊重历史。为便于阅读，所选文章如为繁体字版本，均统一转换为简体字。人名、地名、文献名、机构名和学术名词等，除明显编校错误外，均保持原貌。对参考文献进行了基本的技术性处理。因文章写作年份跨度较大，引文版本有时略有出入，以原文为准。

科学出版社

2021年6月

总 序

席泽宗院士，是世界著名的科学史家、天文学史家。新中国成立以后，他和李俨、钱宝琮等人，共同开创了科学技术史这个学科，创立了中国自然科学史研究室（后来发展为中国科学院自然科学史研究所）这个实体，培养了大批优秀人才，而且自己也取得了巨大的科研成果，著作宏富，在科技史界树立了崇高的风范。他的一生，为国家和人民创造出巨大的精神财富，为人们永久怀念。

为了将这些成果汇总起来，供后人学习和研究，从中汲取更多的营养，在2008年底席院士去世后，中国科学院自然科学史研究所成立专门的整理班子对席院士的遗物进行整理。在席院士生前，已于2002年出版了席泽宗院士自选集——《古新星新表与科学史探索》。他这本书中的论著，是按发表时间先后编排的，这种方式，比较易于编排，但是，读者阅读、使用和理解起来可能较为费劲。

在科学出版社的积极支持和推动下，我们计划出版《席泽宗文集》。我们邀集席院士生前部分好友、同行和学生组成了编委会，改以按分科分卷出版。试排后共得《科学史综论》《新星和超新星》《科学思想、天文考古与断代工程》《中外科学交流》《科学与大众》《自传与杂著》计六卷。又选择各分科的优秀专家，负责编撰校勘和撰写导读。大家虽然很忙，但也各自精心地完成了既定任务，由此也可告慰席院士的在天之灵了。

关于席院士的为人、治学精神和取得的成就，宋健院士在为前述《古新星新表与科学史探索》撰写的序里作了如下评论：

> 席泽宗素以谦虚谨慎、治学严谨、平等宽容著称于科学界。在科学研究中，他鼓励百家争鸣和宽容对待不同意见，满腔热情帮助和提掖青年人，把为后人开拓新路，修阶造梯视为己任，乐观后来者居上，促成科学事业日益繁荣之势。
>
> 半个多世纪里，席泽宗为科学事业献出了自己的全部时间、力量、智慧和心血，在天文史学领域取得了丰硕成就。他的著述，学贯中西，融通古今，提高和普及并重，科学性和可读性均好。这本文集的出版，为科学界和青年人了解科学史和天文史增添了重要文献，读者还能从中看到一位有卓越贡献的科学家的终身追求和攀登足迹。

这是很中肯的评价。席院士在为人、敬业和成就三个方面，都堪为人师表。

席院士的科研成就是多方面的。在其口述自传中，他将自己的成果简单地归结为：研究历史上的新星和超新星，考证甘德发现木卫，钻研王锡阐的天文工作，考订敦煌卷子和马王堆帛书，撰写科学思想史，晚年承担三个国家级的重大项目：夏商周断代工程、《清史·天文历法志》和《中华大典》自然科学类典籍的编撰出版，计 9 项。他对自己研究工作的梳理和分类大致是合理的。现在仅就他总结出的 9 个方面的工作，结合我个人的学术经历，作一简单的概括和陈述。

我比席院士小 12 岁，他 1951 年大学毕业，1954 年到中国科学院中国自然科学史研究委员会从事天文史专职研究。我 1964 年分配到此工作，相距十年，正是在这十年中，席院士完成了他人生事业中最耀眼的成就，于 1955 年发表的《古新星新表》和 1965 年的补充修订表。从此，席泽宗的名字，差不多总是与古新星表联系在一起。

两份星表发表以后，被迅速译成俄文和英文，各国有关杂志争相转载，成为 20 世纪下半叶研究宇宙射电源、脉冲星、中子星、γ 射线源和 X 射线源的重要参考文献而被频繁引用。美国《天空与望远镜》载文评论说，对西方科学家而言，发表在《天文学报》上的所有论文中，最著名的两篇可能就是席泽宗在 1955 年和 1965 年关于中国超新星记录的文章。很多天文学家和物理学家，都利用席泽宗编制的古新星表记录，寻找射线源与星云的对应关系，研究恒星演化的过程和机制。其中尤其以 1054 年超新星记录研究与蟹状星云的对应关系最为突出，中国历史记录为恒星通过超新星爆发最终走向死亡找到了实证。蟹状星云——1054 年超新星爆发的遗迹成为人们的热门话题。

对新星和超新星的基本观念，很多人并不陌生。新星爆发时增亮幅度在 9～15 个星等。但可能有很大一部分人对这两种天文现象之间存在着巨大差异并不在意甚至并不了解，以为二者只是爆发大小程度上的差别。实际上，超新星的爆发象征着恒星演化中的最后阶段，是恒星生命的最后归宿。大爆发过程中，其光变幅度超过 17 个星等，将恒星物质全部或大部分抛散，仅在其核心留下坍缩为中子星或黑洞的物质。中子星的余热散发以后，其光度便逐渐变暗直至死亡。而新星虽然也到了恒星演化的老年阶段，但内部仍然进行着各种剧烈的反应，温度极不稳定，光度在不定地变化，故称激变变星，是周期变星中的一种。古人们已经观测到许多新星的再次爆发，再发新星已经成为恒星分类中一个新的门类。

席院士取得的巨大成果也积极推动了我所的科研工作。薄树人与王健民、刘金沂合作，撰写了 1054 年和 1006 年超新星爆发的研究成果，分别发表在《中国天文学史文集》（科学出版社，1978 年）和《科技史文集》第 1 辑（上海科学技术出版社，1978 年）。我当时作为刚从事科研的青年，虽然没有撰文，但在认真拜读的同时，也在寻找与这些经典论文存在的差距和弥补的途径。

经过多人的分析和研究，天关客星的记录在位置、爆发的时间、爆发后的残留物星云和脉冲星等方面都与用现代天文学的演化结论符合得很好，的确是天体演化研究理论中的标本和样板，但进一步细加推敲后却发现了矛盾。天关星的位置很清楚，是金牛座的星。文献记载的超新星在其“东南可数寸”。蟹状星云的位置也很明确，在金牛座 ζ 星（即天关星）西北 1.1 度。若将“数寸”看作 1 度，那么是距离相当，方向相反。这真是一个极大的遗憾，怎么会是这样的呢？这事怎么解释呢？为此争议，我和席院士还参加了北京天文台为1054年超新星爆发的方向问题专门召开的座谈会。会上只能是众说纷纭，没有结论。不过，薄树人先生为此又作了一项补充研究，他用《宋会要》载“客星不犯毕”作为反证，证明“东南可数寸”的记载是错误的。这也许是最好的结论。

到此为止，我们对席院士超新星研究成果的介绍还没有完。在庄威凤主编的《中国古代天象记录的研究与应用》这本书中，他以天象记录应用研究的权威身份，为该书撰写了“古代新星和超新星记录与现代天文学”一章，肯定了古代新星和超新星记录对现代天文研究的巨大价值，也对新星和超新星三表合成的总表作出了述评。

1999年底，按中国科学院自然科学史研究所新规定，无特殊情况，男同志到60岁退休。我就要退休了，为此，北京古观象台还专门召开了“陈久金从事科学史工作三十五周年座谈会”。席院士在会上曾十分谦虚地说：“我的研究工作不如陈久金。”但事实并非如此。席院士比我年长，我从没有研究能力到懂得和掌握一些研究能力都是一直在席院士的帮助和指导下实现的。由于整天在一室、一处相处，我随时随地都在向席院士学习研究方法。席院士也确实有一套熟练的研究方法，他有一句名言，“处处留心即学问”。从旁观察，席院士关于甘德发现木卫的论文，就是在旁人不经意中完成的。席院士有重大影响的论文很多，他将甘德发现木卫排在前面，并不意味着成就的大小，而是其主要发生在较早的“文化大革命”时期。事实上，席院士中晚期撰写的研究论文都很重要，没有质量高低之分。

“要做工作，就要把它做好！”这是他研究工作中的另一句名言。席院士的研究正是在这一思想的指导下完成的，故他的论文著作，处处严谨，没有虚夸之处。

在《席泽宗口述自传》中，专门有一节介绍其研究王锡阐的工作，给人的初步印象是对王锡阐的研究是席院士的主要成果之一。我个人的理解与此不同。诚然，这篇论文写得很好，王锡阐的工作在清初学术界又占有很高的地位，论文纠正了朱文鑫关于王锡阐提出过金星凌日的错误结论，很有学术价值。但这也只是席院士众多的重要科学史论文之一。他在这里专门介绍此文，主要是说明从此文起他开始了自由选择科研课题的工作，因为以往的超新星表和承担《中国天文学史》的撰稿工作，都是领导指派的。

邓文宽先生曾指出，席泽宗先生科学史研究的重要特色之一，是非常重视并积极参与出土天文文物和文献的整理与研究。他深知新材料对学术研究的价值和意义。他目光敏锐，视野开阔，始终站在学术研究的前沿，从而不断有新的创获。

邓文宽先生这一评价完全正确。席院士从《李约瑟中国科学技术史（第三卷）：数学、天学和地学》中获悉《敦煌卷子》中有 13 幅星图，并有《二十八宿位次经》、《甘石巫三家星经》和描述星官分布的《玄象诗》，他便立即加以研究，并发表《敦煌星图》和《敦煌卷子中的星经和玄象诗》。经过他的分析研究，得出中国天文学家创造麦卡托投影法比欧洲早了 600 多年的结论。瞿昙悉达编《开元占经》时，是以石氏为主把三家星经拆开排列的，观测数据只取了石氏一家的。未拆散的三家星经在哪里？就在敦煌卷子上。他的研究，对人们了解三家星经的形成过程是有意义的。

对马王堆汉墓出土的帛书《五星占》的整理和研究，是席院士作出的重大贡献之一。1973 年，在长沙马王堆 3 号汉墓出土了一份长达 8000 字的帛书，由于所述都是天文星占方面的事情，席院士成为理所当然的整理人选。由于这份帛书写在 2000 多年前的西汉早期，文字的书写方式与现代有很大不同，需要逐字加以辨认。更由于其残缺严重，很多地方缺漏文字往往多达三四十字，不加整理是无法了解其内容的。席院士正是利用了自己深厚的积累和功底，出色地完成了这一任务。由他整理的文献公布以后，我曾对其认真地作过阅读和研究，并在此基础上发表自己的论文，证实他所作的整理和修补是令人信服的。

马王堆帛书《五星占》的出土，有着重大的科学价值。在《五星占》出土以前，最早的系统论述中国天文学的文献只有《淮南子·天文训》和《史记·天官书》。经席院士的整理和研究，证实这份《五星占》撰于公元前 170 年，比前二书都早，其所载金星八年五见和土星 30 年的恒星周期，又比前二书精密。故经席院士整理后的这份《五星占》已经成为比《淮南子·天文训》《史记·天官书》还要珍贵的天文文献。

席院士的另一个重大成果是他对中国科学思想的研究。早在 1963 年，他就发表了《朱熹的天体演化思想》。较为著名的还有《“气”的思想对中国早期天文学的影响》《中国科学思想史的线索》。1975 年与郑文光先生合作，出版了《中国历史上的宇宙理论》这部在社会上有较大影响的论著。2001 年，他主编出版了《中国科学技术史·科学思想卷》，该书受到学术界的好评，并于2007年获得第三届郭沫若中国历史学奖二等奖。

最后介绍一下席院士晚年承担的三个国家级重大项目。席院士是夏商周断代工程的首席科学家之一，工程的结果将中国的历史纪年向前推进了800余年。席院士在其口述自传中说，现在学术界对这个工程的结论争论很大。有人说，这个工程的结论是唯一的，这并不是事实。我们只是把关于夏商周年代的研究向前推进了一步，完成的只是阶段性成果，还不能说得出了最后的结论。我支持席院士的这一说法。

席院士还主持了《清史·天文历法志》的撰修工作。不幸的是他没能看到此志的完成就去世了。庆幸的是，以后王荣彬教授挑起了这副重担，并高质量地完成了这一任务。

席院士承担的第三个国家项目是担任《中华大典》编委会副主任，负责自然科学各典的编撰和出版工作。支持这项工作的国家拨款已通过新闻出版总署下拨到四川和重庆出版局，也就是说，由出版部门控制了研究经费分配权。许多分典的负责人被变更，自此以后，席院士也就不再想过问大典的事了。这是自然科学许多分卷进展缓慢的原因之一。这是席院士唯一没有做完的工作。

陈久金

2013年1月31日

序　言

席泽宗院士治学严谨，思虑深邃；更兼思想活跃，学术视野广阔。他主张：“处处留心即学问。如欲办成一事，要经常把各种其他事与此联系，所以也要关心旁的事，这样可获得启发。”他还认为：“有的人看书很多，但掉在书海里出不来，不能融会贯通。这样虽然刻苦，却未必能获得成功。”这些都是他长期总结出来的治学之道，不仅体会深刻，而且还是针对科学史这个学科的特殊性的。本卷为《席泽宗文集》之“科学史综论”卷，其中所收录文章颇能体现他的上述主张。

本卷收录的文章主要包括以下三个方面。

其一为对中国科学史学科发展状况的回顾和综述。这种回顾和综述，席院士在不同的时期向不同的读者对象做过多次，这当然与席院士很早就成为中国科学史界的领军人物有直接关系。

其二为席院士对中国科学史人物的研究。研究对象既包括历史上在科学技术方面做出过重要贡献或与科学技术发生过重要关系的人物，如一行、张衡、郭守敬、王韬、康熙等；也包括当代在科学史研究上占有重要地位的人物，如钱临照、竺可桢、叶企孙等。

其三为科学思想史方面的文章。科学思想史是席院士晚年致力较多的一个领域。同时，席院士也是大型丛书“中国科学技术史”（科学出版社）中《科学思想史》卷的主编。

以下对这三方面的文章逐一简介并略述有关背景。

一、中国科学史学科发展状况的回顾和综述

《中国天文学史的研究》，1959年收入《十年来的中国科学——天文学》一书。那时，席先生大学毕业工作方数年，还是学术新人，故该文署名为叶企孙、席泽宗。当时新中国的科学史研究刚刚起步，天文学史的研究相对来说积累较多，该文重点叙述了关于盖天说的研究、中国史籍中客星记录的整理、宋代水运仪象台模型的制作三个问题。

《中国天文学的历史发展》，为1959年在全苏科学技术史大会上的报告，1960年在《科学》（上海的《科学》杂志）第36卷第1期发表了中文文本，也是对中国天文学史研究已有重要成果的概述。

《宇宙论的现状》，1964年发表于《自然辩证法研究通讯》第2期，是对该刊物同期发表的英国人 W. 台维德森《宇宙论的哲学方面》一文的评述，属于天文学前沿性质的文章。

《三十年来的中国天文学史研究》，发表于1979年的《天文爱好者》杂志，这时“文化大革命”结束不久，“科学的春天”已经到来，再次回顾天文学史领域的重要研究成果，以利在新时期走上新的征途。由于《天文爱好者》杂志是“文化大革命”后最先复刊的杂志之一，当时拥有百万份的订数，是影响非常广泛的杂志。

《为〈中国大百科全书·天文学〉所撰词条》是席先生为《中国大百科全书·天文学》所撰写的19个词条，其中，“天文学史”为样板条目，“中国天文学史”（与薄树人、陈久金合作）为特长重点条目。

《台湾省的我国科技史研究》，发表于1982年。这是大陆科学史界最早对台湾地区中国科学技术史研究状况的述评，对于此后两岸在科学技术史领域的交流具有重要意义。

《古为今用　推陈出新——建国以来天文学史研究的回顾》，收入文集《天问》（1984年）中。这是一篇相当全面的综述文章，内容涵盖了新中国成立

以来30余年间天文学史研究的整个领域，包括书籍的编纂、资料的整理、历法的研究、少数民族天文历法知识的调查、天象记录的分析和应用、实验天文学史的开拓、星图的发现和研究、仪器台站的修复和研究、天文学家和天文学思想的研究、天文学起源的探索等十个方面。

"The Characteristics of Ancient China's Astronomy"，以英文发表于1984年的《大自然探索》杂志（四川省的科技杂志），并被收入国际天文学联合会（IAU）的会议文集 *History of Oriental Astronomy* 中（Cambridge University Press，1987年）。

《中国科学院自然科学史研究所40年》，1997年发表于《自然科学史研究》第16卷第2期"中国科学院自然科学史研究所建所40周年纪念专号"。席院士是该所的创所元老之一，并担任过该所两任所长，由他来写这篇文章，回顾该研究所建所40年来的风雨历程，实为最佳人选。

"Current State of Scholarship in China on the History of East Asian Science"，收入国际东亚科学史学会第八届会议文集 *Current Perspectives in the History of Science in East Asia*（国立首尔大学出版社，1999年）。此文经过当时任该学会会长的金永植（Yung Sik Kim）教授编辑。

《中国科学技术史学会20年》，发表于《中国科技史料》第21卷第4期（2000年）。中国科学技术史学会一直挂靠在中国科学院自然科学史研究所，故由席院士撰写这一回顾文章，亦属当然人选。

《科学技术史》，是为《中国历史学年鉴1983》所写的1982年度中国科学史研究回顾，经过增订的英译本发表于美国的 *Chinese Science* 杂志第6号（1983年）。

二、中国科学史人物研究

《僧一行观测恒星位置的工作》，发表于《天文学报》第4卷第2期（1956年）。该文可视为体现席院士实事求是、严谨治学的典范。从清代梅文鼎开始，许多学者认为一行在唐代已经发现了恒星的自行，现代著名学者如竺可桢、陈遵妫等也曾采纳此说，认为比西方领先一千年。但席院士在此文中论证，上述说法是不能成立的，纠正了前人的误说。

《张衡》，收入1959年出版的《中国古代科学家》一书，介绍张衡的科学成就。

《郭守敬的天文学成就及其意义》，收入《纪念元代卓越科学家郭守敬诞生750周年学术论文集》（1981年），简述了郭守敬在天文学方面的成就。

《钱临照先生对中国科学史事业的贡献》，发表于《中国科技史料》第21卷第2期（2000年）。钱临照院士是当代对中国科学史研究事业有突出贡献的人物，是中国科学技术大学科学史研究机构（今科技史与科技考古系）的创立者。席院士在此文中对钱临照院士的学术贡献和道德文章都给予极高评价。

《竺可桢与自然科学史研究》，收入《纪念科学家竺可桢论文集》中（1982年）。该文修改后成为科学出版社出版的《竺可桢传》下篇第七章（1990年）。竺可桢在推动中国科学史研究事业发展过程中做出过重要贡献，他本人亦直接参与科学史研究并发表重要成果。席院士大学毕业后曾在竺可桢（时任中国科学院副院长）手下工作过相当一段时间，他始终对竺可桢怀有崇高的敬意。该文对竺可桢在自然科学史研究领域的贡献作了较为全面的评述。

《王韬与自然科学》，发表于《香港大学中文系集刊》第1卷第2期（中国科技史专号，1987年）。清末的王韬通常不会进入科学史研究者的视野，但席院士在此文中发掘了王韬与天文学、物理学发生关系的史料，并考察了王韬对科学技术的社会功能所发议论。

《朱文鑫》，载《中国现代科学家传记（第三集）》（1992年）。朱文鑫是在现代意义上进行天文学史研究的早期探索者，有筚路蓝缕以启山林之功，席院士对朱氏的贡献作了恰如其分的评价。

《论康熙科学政策的失误》，发表于《自然科学史研究》第19卷第1期（2000年），又载《中国科学院研究生院科学技术哲学论文选编（1997年—2002年5月）》（2002年）及 *Historical Perspectives on East Asian Science, Technology and Medicine*（Singapore University Press，World Scientific Press，2002年）。这是席院士晚期较为重要的一篇论文。和当时许多人士对康熙“热爱科学”的歌颂态度不同，席院士论证了康熙学习科学技术是为了在臣下面前炫耀自己甚至打击他们。论文还从用人问题、培养人才和集体研究问题、制造仪器和观测问题、理论问题、“西学中源”问题等五方面详细论证了康熙在科技政策上的失误。该文又是1999年在新加坡召开的第九届国际东亚科学史会议的特邀大会报告，是年10月3日，当地英文报纸《周日时报》（*Sunday Times*）以“中国科学滑坡的新罪人”为题作了整版报道。

三、科学思想史

《天文学思想的发展》，载《自然辩证法研究通讯》创刊号（1956年），又被收入《自然科学哲学资料选辑》。该文当属席院士关于科学思想史方面最早的思考成果。

《地心说和日心说》，是席院士为《中国大百科全书·哲学Ⅰ》（1987年）所撰条目。

《中国天文学史的几个问题》，载《科学史集刊》第3期（1960年）。该文主要讨论五个问题：生产需要和天文学发展的关系、古代天文学中实践和理论的关系、天文学发展和社会发展的关系、天文学家的哲学思想和政治态度、天文学发展中的矛盾和斗争。反映了席院士当时对这些问题的思考。

《从历法改革与日食观测看理论对实践的依赖关系》，载《中国自然辩证法研究会通信》第11期（1978年）。该文可以视为从科学史角度对“实践是检验真理的唯一标准”的某种呼应。

《陈子模型和早期对于太阳的测量》（与程贞一合作），载日本京都大学人文科学研究所的《中国古代科学史论·续篇》（1991年）。该文从《周髀算经》中陈子和荣方的一段对话出发，深入讨论了中国早期对太阳的测量。

《科学史和历史科学》，收入《中国科学技术史学术讨论会论文集1991》（1993年）。文中着重讨论了科学史与历史学之间的关系，认为这两者可以形成互补。

“The *Yao Dian* 尧典 and the Origins of Astronomy in China”（与程贞一合作），以英文文本发表于*Astronomies and Cultures*（1993年）。这是一篇相当厚重的论文，从《尚书·尧典》出发，讨论中国早期的天文学发展，有浓厚的考古学和文化人类学色彩。

《叶企孙先生的科学史思想》，收入钱伟长主编的《一代师表叶企孙》（1995年）。在中国科学院1954年成立的“中国自然科学史研究委员会”中，叶企孙任副主任，他一直是席院士相当尊敬的人物。该文论述了叶企孙有关科学史研究的一些思想和主张，以及他在担任上述职务时的一些工作情况。

《天文学思想史》，是席院士为《自然辩证法百科全书》（1995年）所撰的一文。该文从古希腊的同心球理论一直论述到现代的宇宙学，是对天文学思想史的一个相当全面的概括。

《关于“李约瑟难题”和近代科学源于希腊的对话》，载《科学》杂志第 48 卷第 4 期（1996 年），又收入《边缘地带：来自学术前沿的报告》（1999 年）一书。该文反映了席院士晚年的一个重要观点，即认为近代科学在欧洲出现并迅速发展，是当时当地的条件所决定的，不必从古希腊去寻找原因。另外，席院士也在该文中明确表示，他认为“李约瑟难题”这个提法是不妥的。

《科学史与现代科学》，载《中国科学院院刊》第 11 卷第 1 期（1996 年），英译文载 *Bulletin of the Chinese Academy of Sciences* 第 10 卷第 2 期（1996 年），还收入《科技进步与学科发展》（1998 年）、《中国传统文化与现代科学技术》（1999 年）等文集中；又被《科学新闻》（2001 年第 31 期）、《学会》（2002 年第 3 期）等刊物转载。该文认为：在思想方法上，科学史与现代科学可以交融；历史上的科学资料对现代科学具有珍贵价值；科学史的外史研究对人才培养和政策制定具有重要作用；科学史在中国亟待发展。

《中国科学的传统与未来》，收入《共同走向科学——百名院士科技系列报告集》第 3 册（1997 年），以及《科技发展的历史借鉴与成功启示》（1998 年），英译文载 *Bulletin of the Chinese Academy of Sciences* 第 15 卷第 2 期（2001 年）。该文认为，中国古代是有科学的，而且中国古代的科学并非只是辉煌的过去。在展望中国科学的未来时，该文也持乐观态度。

《科学精神：公正、客观、实事求是》，收入《论科学精神》（2001 年）。该文讨论了何为科学精神。

《人类认识世界的五个里程碑》，载《科学中国人》杂志第 4 期（2002 年）。席院士选择的五个里程碑是原子的物理模型和物质的可分性、化学元素周期律、大爆炸宇宙理论、大陆漂移和板块构造说、进化论。

在科学思想史方面，席院士曾提出一个观点：中国古代天文学的最大特点就是它的致用性，而且“中国古代天文学的兴衰是与封建王朝同步的，因而它不可能转变为近代天文学”。这个观点在他的一些相关文章中也有所反映。

江晓原

2019 年 3 月 9 日

目录

CONTENTS

中国天文学史的研究

天文学史的研究在我国有悠久的传统。二十五史中的《天文志》《律历志》都是总结当时天文学上成就的文章。历代著名的天文学家对我国天文学的发展史也都是相当熟悉的。例如，一行的《大衍历议》和郭守敬的《授时历奏议》，都将天文和历法的演进说得很清楚。这一优秀传统到了清代得到了更大的发展。钱大昕（1728～1804）、阮元（1764～1849）、李锐（1768～1817）和顾观光（1799～1862）等对中国天文学史都曾作出重要贡献。阮元和李锐等编辑的《畴人传》，搜集了中国数学家和天文学家的不少史料，为后人的进一步研究创造了便利条件。

从五四运动到新中国成立这一时期内，朱文鑫做了不少工作。他编著的《历法通志》《历代日食考》《天文考古录》《天文学小史》等书都有相当价值。此外，竺可桢、钱宝琮等人也有一定成就。

新中国成立后，历史科学工作者负担着一个新的重要任务，就是要站在劳动人民的立场，用历史唯物主义的观点来研究和编写祖国的历史。在自然科学史方面，中国科学院于 1952 年召集对科学史有兴趣的科学家们举行了一次座谈会，来讨论如何开展工作。1954 年成立了中国自然科学史研究委员会，规划与协调有关科学史的研究与编辑工作。1956 年 7 月在北京召开了中国自然科学史第一次讨论会，会上宣读的论文中关于天文学史的有 4 篇。9 月竺可桢副院长率领代表团到意大利参加第 8 届国际科学史会议，在提出的论文中关于天文学史的有 3 篇，即竺可桢的《二十八宿起源问题》[1]、钱宝琮的《授时历法略论》[2]和刘仙洲的《中国古代在计时器方面的发明》[3]。

1957 年 1 月，中国科学院成立了中国自然科学史研究室，室内设天文学史组。两年来，这个组的干部配备逐渐有所加强，目前正在组织协作，准备写出一本“中国天文学史”。

1957 年 2 月 6～11 日，中国天文学会第一届会员代表大会和紫金山天文台学术委员会成立大会一并在南京举行。在会上宣读的论文中，钱宝琮的《盖天说源流考》和席泽宗的《汉代关于行星的知识》等 4 篇是属于天文学史的。

十年来，天文学史方面的普及工作也做了不少。1956 年 5 月，中华全国科学技术普及协会在北京建国门古观象台的地方成立了中国古代天文仪器陈列馆，作为一个永久机构，宣传我国古代在天文学上的成就。

现就十年来所发表的关于中国天文学史的研究论文，选择几个重要的项目，分别介绍于后。

一、关于盖天说的研究

钱宝琮对《周髀算经》中的盖天说曾研究多年。他在《盖天说源流考》这篇文章中总结了他对于盖天说的研究[4]。

在这篇论文中，作者首先根据《周髀算经》介绍了盖天说的内容，并指出《周髀算经》中所用的观测数据包含着内在的矛盾，因此“很难认为都是实际测量的结果”。作者进而讨论盖天说中的七衡六间图，并指出它的困难。作者也讨论了该书中所用的测量二十八宿距星间度数的方法。论文的后半部分讨论了盖天说的产生时代。作者指出“天圆如张盖，地方如棋局”大概是最原始的“天圆地方”说。这种说法后来修改为“天象盖笠，地法覆盘”，像《周髀算经》中所说的。作者指出盖天说中关于二十八宿的知识符合前汉初年天文学的水平。因此，作者认为修改过的盖天说是在前汉初期产生的。作者指出盖天说的主要内容是把关于天的高明、地的广大、昼夜的更替、四时的变化等感性认识加以整理，提升到理性认识。它虽然有些假借形象和勉强配合数字，但基本上是合于客观现实的，对当时天文学的发展起了主导的作用。

二、中国史籍中客星记录的整理

中国史籍中关于客星的资料甚为丰富。所谓客星就是现代天文学上的新星与超新星。新星与超新星的出现表示一种爆发过程。当代的天体物理学工作者认为爆发后的星虽然暗到无法用光学望远镜观察到，但是它可能变为一种射电源而可用射电望远镜观察到。因此，古代的客星所在之处现在还可能观察到射电源。1955 年，席泽宗从中国史籍中整理出 90 项可能的客星记录，编成《古新星新表》[5]。这篇论文引起了各国天文学界的注意，因为它可能帮助天文工作者寻得还没有发现的射电源。

这篇论文对于回答天体演化学所提出的问题也是有帮助的。例如，在银河系内，超新星爆发的频率如何？新星是否能多次爆发？关于第一个问题，作者得出平均每 150 年银河系内有一次超新星爆发的结论。关于第二个问题，作者认为除了现在已知的七颗再发新星以外，可能还有两颗再发新星（一在牧夫座，一在武仙座）。

三、宋代水运仪象台模型的制作

中国古代用壶漏的方法测量时刻。但时刻的标准究竟是什么呢？很早就有人注意到天球运转的规律性。这种规律性使得人们相信可以把天球的运转当作均匀运转的标准，也就是说，当作时间的标准。因此，标准壶漏的基本方法就是把壶漏所给的时刻与天球运转所给的度数相比较。汉代的张衡创制了水转浑天象，唐代的一行和梁令瓒又有所改进。到了宋代元祐年间，用水为原动力的机械运转装置得到了进一步的改善。苏颂等用这种装置创置的水运仪象台是在 1088 年完成的。苏颂所编的《新仪象法要》就是这个台的详细说明书。很可欣幸的是这部书现在还存在。1956 年，英国剑桥大学的李约瑟（Joseph Needham）、王铃和普拉斯（Derek J. Price）把《新仪象法要》的内容和欧洲中世纪的天文钟做了比较研究。他们得出的结论是：苏颂的水运仪象台所代表的“中国天文钟的传统似

水运仪象台的模型

乎很可能是后来欧洲中世纪天文钟的直接祖先”[6]。

因为宋代的水运仪象台对于天文学及钟表机构来说都是有重要意义的，我们应该做出它的模型，作为历史博物馆中的一项重要陈列。1958 年在党的建设社会主义总路线的照耀下，王振铎和故宫博物院以及中央自然博物馆的工人一道，做出了宋代水运仪象台的模型。模型制造比例为原大的 1/5，但已有 2 米多高[7]。此外，刘仙洲也介绍了历代的水运浑天象[8, 9]。1956 年 12 月他又发表了《中国古代在计时器方面的发明》一文[3]，对唐宋以来用水力和沙漏的仪器的主要机轮的相互关系做了分析。现在中国历史博物馆筹备处正在就文中所提到的一些仪器，如五轮沙漏等进行复原。

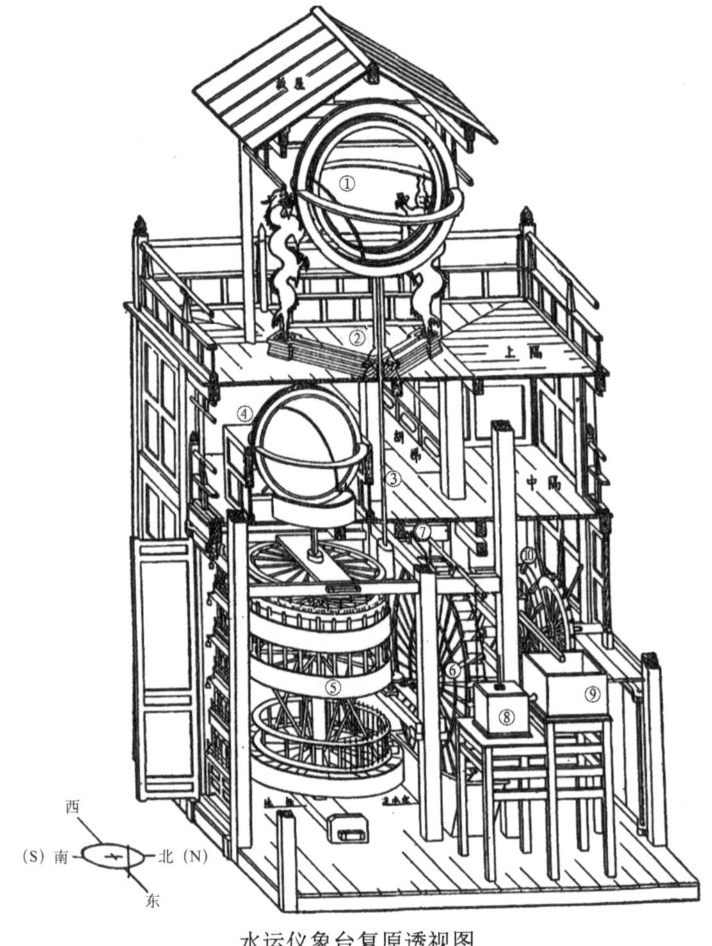

水运仪象台复原透视图

①浑仪；②鳌云、圭表；③天柱；④浑象、地柜；⑤昼夜机轮；⑥枢轮；⑦天衡、天锁；⑧平水壶；⑨天池；⑩河车、天河、升水上轮

纵观新中国成立后十年来的中国天文学史工作，我们认为这只是一个新的开端。中国史籍中与天文学史有关的丰富资料还需要用科学方法加以系统地整理。世界天文学史的广阔园地还有待开辟。未来的任务是繁重的，我们必须继续努力。

参考文献

[1] Го Цзин-чу. Происхождение учения о двадцатн восьмн знаках лунного Зодиака. Вопросы Истории Естествознания и Техники，Вьщ.4，1957：56-62.
[2] 钱宝琮. 授时历法略论. 天文学报，1956，4（2）.
[3] 刘仙洲. 中国古代在计时器方面的发明. 天文学报，1956，4（2）.
[4] 钱宝琮. 盖天说源流考. 科学史集刊，1958（1）.
[5] 席泽宗. 古新星新表. 天文学报，1955，3（2）.
[6] Needham J，Wang L，Price D J. Chinese astronomical clockwork. Nature，1956，177（4509)：600-602.［中译文见《科学通报》，1956（6)］。
[7] 王振铎. 揭开了我国“天文钟”的秘密. 文物参考资料，1958（9）.
[8] 刘仙洲. 中国在原动力方面的发明. 机械工程学报，1953，1（1）.
[9] 刘仙洲. 中国在传动机件方面的发明. 机械工程学报，1954，2（1）.

〔中国科学院编译出版委员会：《十年来的中国科学——天文学》，北京：科学出版社，1959 年，作者：叶企孙、席泽宗〕

中国天文学的历史发展

恩格斯在《自然辩证法》里说："必须研究自然科学各个部门的顺序的发展。首先是天文学……"在世界各民族文化发展的过程中，天文学总是最早开始的一门科学，无论是农耕民族还是游牧民族，都要依照四季循环来安排他们的生活，决定他们的行动。远在传说中的尧舜时代，我国的劳动人民大概就已经注意到，每逢初昏时在南方天空所看到的亮星随着季节的变化而有所不同，到了殷代已经有了日食记录，有了简单的计时制度。现在可以肯定，那时已经用干支记日（即用甲子、乙丑……排列日序）。对于西周的历法，我们虽很不清楚，但从已出土的金文来看，知道当时对于月亮的圆缺变化非常注意，《诗经》里的《七月》一篇也是这个时期的重要天文文献。

《春秋》与《左传》两书中有丰富的天文资料，从鲁隐公元年（公元前722年）到鲁哀公十四年（公元前481年）的242年中记录了37次日食，其中有32个已经证明是可靠的。"（鲁）文公十四年（公元前613年）秋七月有星孛入于北斗"是哈雷彗星的最早记录。大概在春秋中叶已盛行用土圭来观日影长短的变化，以定冬至和夏至的日期。那时把冬至叫作"日南至"，以有日南至之月为"春王正月"。《左传》中共记有日南至两次：一次在鲁僖公五年（公元前 654 年）正月辛亥朔，一次在鲁昭公二十年（公元前 521 年）二月己丑，其间相距 133 年。在这 133 年中有闰月 48 次，鲁昭公二十年日南至发生在二月，可见失闰一次，因此共应有闰月 49 次。133 与 49 之比等于 19 与 7 之比，这大概就是十九年七闰的来历。又辛亥至己丑凡 38 日，133 个日南至之间有 809 个甲子周期又 38 日，即 $809\times60+38=48\ 578$ 日，133 年凡 48 578 日，故一年的天数为：$48\ 578\div133=365\frac{33}{133}\approx365\frac{1}{4}$ 日。这个数字大概就是战国时期所有历法（“黄帝历”“颛顼历”“夏历”“殷周历”“鲁历”等六历）所用数据的来源。这些历法都是以 $365\frac{1}{4}$ 日为一年，每十九年中安排七个闰月，置闰月于一岁之终。秦及汉初所用的历法就是“颛顼历”，一直用到汉武帝元封七年（公元前 104 年）颁行“太初历”为止，但秦以十月为一年的开始（仍称十月），故置闰月于岁终，实际上是闰九月。汉初也是如此。

在历法逐渐精密化的过程中，与农业有密切关系的二十四节气，也在逐步形成。《吕氏春秋》（成书于公元前 239 年）和“夏小正”等都对季候征象有比较详细的叙述；到了《淮南子》（成书于公元前 160 年左右）二十四节气气候完全系统化了。从那时起一直到今天，两千多年来，农民们都非常注意这二十四节气，“清明下种，谷雨插秧”这类的歌谣在民间流行得十分广泛。

随着观测资料的积累，到了战国时期，天文学家们对于行星和月亮的运行规律有了进一步的认识，他们发现木星每 12 年绕天运行一周，每年走周天的 $\frac{1}{12}$，为了便于记录木星的位置，便分周天为 12 次，即星纪、玄枵、诹（娵）訾、降娄、大梁、实沈、鹑首、鹑火、鹑尾、寿星、大火、析木。再者，为了便于记录月亮的位置，分周天为二十八宿，即角、亢、氐、房、心、尾、箕，斗、牛、女、虚、危、室、壁，奎、娄、胃、昂、毕、觜、参，井、鬼、柳、星、张、翼、轸。

封建社会的初期是我国古代学术上的黄金时代，“百花齐放，百家争鸣”的局面，促进了天文学理论的大发展，《庄子·天运篇》和屈原《楚辞·天问篇》都提出了一系列的问题，如宇宙的结构是怎样的？天体是怎样形成的？为了回答第一个问题，出现了“盖天学说”，它认为“天圆如张盖，地方如棋局”。

关于第二个问题，则一直到了汉代的《淮南子·天文训》里才有答案，《天文训》里说：天地未分以前混混沌沌，既分以后，轻者升上为天，重者凝结为地。天为阳气，地为阴气，二气相互作用，创造万物。阳气之精为日，阴气之精为月，由日月溢出之精气为星。从现代科学的角度来看，这样的天体演化学说当然没有什么道理，然而不能否认，它具有朴素的自然发展观。

汉代最初因袭了秦代的一些制度，包括历法，但经过一个世纪的休养生息以后，农业、手工业和商业都获得空前的发展。到公元前 2 世纪末期，为了适应经济文化的繁荣，政府采取了许多重要措施，其中包括历法的改革。元封七年五月，汉武帝下令改历，命落下闳、邓平、司马迁等参与其事，制成“太初历”，“太初历”后来被刘歆以“三统历”的名称保存在《汉书》里，而成为我国有文字记载的第一部历法，它的主要特点是：①以正月为一年的开始，一年有 24 个节气，以没有中气的月份为闰月；②恒星月和朔望月开始有分别；③以金星、水星自合日至合日为一“复”，火星、木星、土星自冲日至冲日为一“见”，即五星都有了比较准确的会合周期；④以 135 月有 23 交，两交为一食年（交点年），约 346.66 日，比现代测定的值只多 0.04 日。

“太初历”用了 188 年以后，由于所用的岁实（回归年的日数）和朔策（朔望月的日数）数值太大，长期积累的误差已很显著，于是又在东汉元和二年（公元 85 年）改用“四分历”。在实行“四分历”期间，贾逵发明黄道仪，测定二十八宿的黄道度数，开始以干支纪年。

东汉光武中兴以后，国内和平繁荣的环境，使天文学得到蓬勃的发展。张衡著《灵宪》，奠定浑天学说的基础，又发明候风地动仪和水运浑象，在中国天文学史上写下了辉煌灿烂的一页。在《灵宪》里面，他说出了月食产生的原因，统计了全天肉眼能看见的星数，测定了太阳和月亮的角直径。浑天学说主张“天圆如弹丸，地如卵中黄，孤居于内，天大而地小”，朴素地然而是远较盖天说为正确地象形了地的结构。水运浑象开我国利用水为原动力来发动代表天象和时间的天文仪器的先声，后经唐代一行和梁令瓒、宋代张思训和苏颂等的发展，成为世界上最早的天文钟，地动仪是世界上最早的地震仪。

张衡之后的刘洪发现了月亮运动速度的不均匀性，又发现月亮的轨道和黄道成约六度的交角。此外，刘洪破除迷信，敢想敢说，开始预测日食，但刘洪处在东汉末年，黄河流域各地农民起义，专制政权摇摇欲坠，因此，他的《乾象历》并未立即实行，一直到三国时期，才被东吴于公元 223 年颁布施行。

在汉代天文学史上还有值得一提的，就是从这时开始，有新星、日中黑子、极光等观测记录。此后史不绝书，大大地丰富了世界的天文宝库。自东汉末年到隋统一中国的400余年中，战乱频仍，严重地摧毁了社会经济结构，土地荒芜，人口大量死亡。但也正由于政治上的变化无常，人们思想上所受的传统束缚就较小。在这时期，通过学者们的艰苦奋斗，天文学仍有重要发展，举其大者如下。

杨伟发现黄白交点有移动；知交食之起，不一定在交点，凡在食限以内都可以发生；又发明推算月食食分和初亏的方位角的方法。这些发明对于预告日月食有很大的帮助。

虞喜发现岁差，祖冲之用以修订历法，恒星年与回归年开始有所区别。又祖冲之测定一个交点月的日数为 27.212 23，同现今所测只差十万分之一日，可以说准确极了。

冲之的儿子暅，继承父业，精通天文，发现人们当作北极星的“纽星”去极一度有余，从而证明由于岁差，天空北极常在移动，古今极星不同。

北齐张子信，避乱于海岛，专心致力于天文观测三十年，发现了太阳运动（即地球运动的反映）和五星运动的不均匀性，这一发现引起了隋唐历法中的一些重大变革。

隋统一全国以后，刘焯利用内插法来处理太阳和月亮的不均匀运动，制成“皇极历”，并且提议发动一次大规模的大地测量来否定自刘宋以来已被怀疑的“日影千里差一寸”的传统说法，但由于隋炀帝穷奢极欲，好大喜功，残酷剥削人民成性，无心接受刘焯的合理建议。炀帝的重重压迫，使得阶级矛盾加深，农民纷纷起义，隋朝很快地就灭亡了。

唐篡夺农民起义的成果，建立起封建大帝国，采取了一系列政策来缓和阶级矛盾和发展生产，出现了贞观、开元之治的盛唐局面，开元间，在一行的主持下，实现了刘焯的理想。

开元九年到十五年（721～727年）之间，一行和梁令瓒复原并改进了张衡的水运浑象，他们把浑象放在木柜子里，一半露在外面，一半藏在柜内，在柜子和浑象接触的地方，两旁各立一木人，一个每刻击鼓，一个每辰敲钟，都能按时自动。显然这一改进，是把水运浑象的部分齿轮传动变为杠杆，传达一部分力量到两个木人，以表示时间，这已近于现在的自鸣钟，他们又造黄道游仪，并利用它重新测定了150多颗恒星的位置。

与此同时，一行又命大相元太和南宫说等人分别出发到十一个地方测量北极的出地高度和二分二至时日影的长度。这十一个地方分布面很广，最北到河北蔚县，最南到越南中部。南宫说在河南平原上的滑县、开封、扶沟、上蔡等四个地方不但测量了日影长度和北极高度，并且用绳在地面上量了这四个地方的距离。结果发现，从滑县到上蔡的距离是 5269 里，但夏至时日影已差二寸一分。这一实际测量的结果彻底打破了“日影千里差一寸”的传统假说。

然而他们的贡献还不止于此，他们又利用滑县和上蔡两地方的北极高度差（一度半）来除 526.9 里。得出天上北极高度相差一度，地上南北相差 351.27 里（一唐里等于 454.36 米）。这个结果虽然误差很大，但它是一个含有深刻意义的发现，如果再推进一步，就可以知道地球的大小了。

一行根据实测结果制成的“大衍历”成了后代历法的典范，晚唐和五代时期的历法大致都是用它的方法，只是数据有所不同而已，这里应该特别一提的是唐建中年间（780～783 年）曹士蒍创“符天历”，流行于民间。这个历法打破传统观念：第一不去计算上元积年，直以显庆五年（公元 660 年）为上元；第二以雨水为一年的开始；第三以 10 000 为共同分母，表示数据的奇零部分。除第二项有一定缺点外，第一和第三项都具有进步意义，但被统治阶级歧视为“小历”，未被采用。一直到元朝郭守敬制定“授时历”时（1280 年），才继承了这份宝贵遗产，然而那已是五百年以后的事了。

唐末的藩镇割据和五代十国的混乱局面以宋的统一而告结束。我国的封建经济在宋代得到了进一步的发展，生产的发展又大大地推动了科学的前进。具有世界意义的三大发明（火药、印刷术和指南针）就是在这个时期完成的。作为自然科学之一的天文学在这一时期也取得了许多重要成就。

记录了 1054 年超新星的出现。这个超新星爆发时喷射出来的物质后来变成蟹状星云。蟹状星云是现今天空里最强的无线电辐射源之一。把无线电的辐射强度和超新星出现的记录进行综合研究，就可以尝试打开能量最大的宇宙线的来源的秘密。

进行过三次恒星位置测量：一次在皇祐年间（1049～1053 年），一次在元丰年间（1076～1085 年），一次在崇宁年间（1102～1106 年）。而且元丰年间的观测结果被画成星图，刻在石碑上保存下来，这就是现今苏州文庙里的《天文图》，它是留下来的世界上最古的星图之一。

元丰年间观测的结果同时也以星图的形式保存在苏颂著的《新仪象法要》里。《新仪象法要》是我国天文仪器制造方面的一部伟大著作，它不但叙述了

150 多种机械零件，而且还有 60 多张图，这给研究古代天文仪器者带来了很大的方便。三年以前刘仙洲首先把苏颂著作的重要性指点了出来。1958 年在党的总路线照耀下，王振铎和中央自然博物馆与故宫博物院的工人们一道，根据书中的记载，把苏颂水运仪象台的模型（原大的$\frac{1}{5}$）做出来了。这个仪象台总高三丈五尺六寸五分（合 12 米弱），宽二丈一尺，台分三层：上层放浑仪，用来观测日月星辰的位置；中层放浑象，有机械能使这浑象的旋转周期和天球的周日运动一样；下层设木阁。木阁又分五层，层层有门。每到一定时刻，门中有木人出来报时。例如，第一层三个木人：到一刻钟时，一个木人击鼓；逢时初时，一个木人摇铃；逢时正时，一个木人敲钟，木阁的后面放着壶漏和机械系统，壶漏引水升降，转动机轮，使整个仪器按部就班地动作起来。

沈括（1031～1095）为了测定天空北极所在，花了三个多月功夫，夜夜观测，画了两百多张图，得出北极离开极星已经三度有余。他不但是一位勤勤恳恳的观测者，而且是一位敢想敢说敢干的革新家。在政治上，他支持王安石的变法维新。在历史上，他更是独树一帜，主张以十二气为一年，“直以立春之日为孟春之一日，惊蛰为仲春之一日；大尽三十一日，小尽三十日；岁岁齐尽，永无闰月”，这是最彻底的阳历，而且要比现行阳历好得多。但是由于传统的习惯，这个历法至今未能实行。

南宋庆元五年（1199 年）杨忠辅所制的“统天历”，根据统计结果，决定一个回归年的日数为 365.2425 日，这比实际上地球绕太阳一周所需的时间只多 36 秒钟，和现行的阳历一年的长短完全一样，但阳历是在 1582 年颁布的，比“统天历”迟 383 年。

元代的郭守敬（1231～1316）继承了杨忠辅和其他人的一些卓越成就，经过四年的测量和计算，于至元十七年（1280 年）制成“授时历”。“授时历”在计算方面应用了球面三角来处理由黄经求赤经和赤纬的换算，用完备的三次内插公式来处理太阳、月亮和行星的运行度数，这都是很大的进步。此外，郭守敬设计了简仪、候极仪等十三种仪器，就当时历史条件来说，这些仪器都是非常精密和巧妙的。

“授时历”在元、明两代用了 364 年，只是在明代改名为“大统历”，但明代除了“大统历”以外，还译有《回回历书》，其中行星轨道和黄道有交角，计算日食时有求食甚时刻方法，这些都是“大统历”中所没有的。晚明期间，耶稣教会传教士利玛窦等人来华，一边传教，一边宣传托勒密和第谷学说，他们以前者为目的，以后者为手段，当时国人对这种西洋学说抱有三种不同的态度：①拒绝，冷守中、魏文魁等属于这一派；②接受，徐光启、李之藻等属于这一派；③中西结合，取长补短，共同提高，王锡阐属于这一派。

对于西洋天文学接收和拒绝的斗争，一直继续到清康熙八年（1669年）。那年，西法以其精确度而取得了胜利。此后，西方天文学不断传来，哥白尼、开普勒、牛顿、卡西尼等的学说逐渐为我国学者所晓，但当时学者们并没有认真地研究和发展这些学说，使我国天文学走上近代科学的道路；他们反而埋头于故纸堆，用大部分力量去研究“三统历”等东西。这种“厚古薄今”的治学方针给我们带来莫大损失。

1840年第一次鸦片战争后，帝国主义打开了中国的门户，从此中国沦为半殖民地半封建社会。在外强压境和内政腐败的形势下，洪秀全于1850年在金田率领农民起义，席卷长江流域，建立太平天国，颁行“天历”。“天历”以366日为一年，年分12月，大月31日，小月30日，大小月恒相间，不计朔望，不置闰月，但以40年为一斡，逢斡之年每月28日。这个历法充分反映了中国历史上最后一次，也是规模最大的一次农民起义冲破传统观念的英雄气概，这个历法行了十七八年，随着太平天国的失败而告终。

清咸丰九年（1859年）李善兰译《谈天》（英国约翰·赫歇尔原著），中国学者始见西洋近代天文学之全貌。辛亥革命以后，废除农历，改用阳历，和世界各国取得一致。自五四运动到中华人民共和国成立这三十年间，就天文学来说，是中国近代天文学的孕育时期，其间一边派遣留学生出国学习，一边介绍外国成就；在国内虽然也建立了紫金山天文台和中山大学天文系，从德国人手中接收了青岛观象台，但由于日寇侵略和国民党反动派不重视科学，这些机构都是先天不足，后天失调，没做出什么成绩。

1949年10月1日，天安门前红旗如林，万众欢腾，毛主席庄严宣布“中国人民站起来了！”从此历史翻开新的一页。帝国主义在我国设立的天文机构——徐家汇和佘山观象台——由我们接收了，人民成了真正的主人！1952年以来的思想改造，大大地克服了天文工作者的资产阶级思想意识，初步树立了马克思列宁主义的世界观，同时，苏联天文工作者不但以自己的辉煌成就给我们树立了好榜样，而且具体而细致地帮助我们制定规划，帮助我们培养干部，可以说从物资、技术到人力都是无私的援助。

在党和政府的正确领导下，在苏联和其他兄弟国家的帮助下，十年来中国天文学取得了很大进展：原有机构都得到了大量扩充，新建机构不断诞生。1957年北京天文馆开幕了！天津纬度站开始工作了！属于中国科学院中国自然科学史研究室的天文史组成立了！1958年开始，一个大型的天文基地正在北京形成，这里包含有天文学的新兴部门：无线电天文学。1959年又有一个更大规模的天文基地在南方开始筹备。总计十年来国家在天文方面的投资等于从辛亥革命到新中国成立前38年中的15倍，就人数说，新中国成立时，全国天文工作者不到30人，而1959年4月已达数百人，也增长十余倍，真是空前的增长速度。

1958年党的“鼓足干劲，力争上游，多快好省地建设社会主义”的社会主义建设总路线的公布，使天文事业又进入一个新阶段。它的特点是天文工作者自己动手，开始设计和制造天文仪器来武装自己，已试制成功的有直径60厘米的反射望远镜、直径20/30厘米的施密特照相镜、32厘米波的射电望远镜和石英钟等，为我国自制各种大型精密天文仪器作了良好的开端。另一特点是工作速度大大加快，例如，12年远景规划中的射电天文工作原定于1961年开始建立，头几年所需用的仪器都准备向国外订购，但由于破除迷信，解放思想，1958年下半年北京和南京两地就已经开始制造射电天文仪器了。总之，十年来的努力，已使我国天文事业摆脱了近百年来的“一穷二白”的状态，但比起我们祖先对天文学的贡献，比起世界各先进国家，我们所做的还是不多，今后应继续鼓干劲，争取做出更多的成绩。

〔《科学》(上海)，1960年第36卷第1期，
此文为1959年全苏科学技术史大会上的报告〕

宇宙论的现状

台维德森发表的《宇宙论的哲学方面》一文，主要论点有三：①宇宙论可以成为一门科学；②“宇宙论原则”是正确的；③演化态模型比稳恒态模型接近于实际情况。现在我想就这三点加以解说。

利用现今的天文仪器能观测到的空间范围，大约有一百亿光年之远，这个范围叫作总星系。地球是组成太阳系的一个天体，太阳系是银河系中很平凡的一个成员，而银河系又是总星系中很微小的一部分。这个三级组织也代表着我们认识宇宙的三个阶段：在19世纪中叶以前，人们所谓的宇宙，往往是指太阳系。19世纪50年代以后，天文学家的注意力才集中在恒星世界和银河系的结构上：太阳是不是在银河系的中心？银河系有没有边界？如果银河系没有边界，而是无限数目的星球均匀地分布在无限大的空间中，这就发生引力矛盾和光度矛盾。如果空间无限大，则对于空间内任何一点（如地球）来说，在它的周围所有方向存在的星球也是无限多，全部星球对地球的吸引力也是无穷大，因而地球的加速度和速度也是无限大或不定值，这显然与事实矛盾，这个矛盾就叫作引力矛盾，它首先是由西利格提出的，所以又叫作西利格矛盾。当无限数目的恒星均匀地分布在透明的无限空间时，夜天空不可能是黑暗的，而应该相当明亮，像太阳表面一样亮；因为在这样的情况下，全部恒星视面积的总和为无限大，但天球的面积是一个有限量，全部恒星的视面积比天球的面积大无限多倍，所有恒星的圆面将互相重叠，把天空塞满，使天空达到耀眼的亮度。然而事实上并不如此，这个推论和事实上的矛盾称为光度矛盾，它首先是由奥尔伯提出的，所以也叫作奥尔伯矛盾。

为了消除引力矛盾和光度矛盾，瑞典天文学家沙立叶在1908～1922年提出了无限阶梯式的宇宙模型：N_1个星球组成质量为M_1，半径为R_1的第一级天体系统（银河系）；N_2个第一级天体系统（星系）组成质量为M_2，半径为R_2的第二级系统……N_i个第N_{i-1}级天体系统组成质量为M_i，半径为R_i的第N_i级系统。只要$N_i > \frac{R_i^2}{R_{i-1}^2}$，而且在同一级中天体本身的直径小于天体间的距离（如恒星的直径小于恒星之间的距离），那么光度矛盾和引力矛盾都将消失。

20世纪20年代河外星系和星系团的大量发现和研究，虽然给沙立叶的宇宙模型带来了证明，但也造成了难以克服的困难：星系的光谱线的红向位移，沙立叶的宇宙模型是无法解释的。光谱线的红向位移，如果是由多普勒效应引起的，那么便可得到星系是彼此相互离开的，而且退离的速度和距离成比例，即

$$v = Hr \tag{1}$$

其中，v是视向速度，r是距离，比例常数叫作哈勃常数（H），也称哈勃定律。哈勃定律就是现代宇宙论的起点。

以哈勃定律为观测基础，以爱因斯坦的广义相对论为理论依据，来讨论我们当前历史条件下所理解的宇宙（总星系）的一些特征，这就是现代宇宙论的任务。按照广义相对论，物质、空间和时间具有不可分割的联系：时间和空间的几何特性决定于物质的分布和运动，而物质在引力场中的运动反过来又受时间和空间的几何特性的规定。过去有一个新闻记者向爱因斯坦请教，请求他把相对论用一句大家都能懂的话表达出来。爱因斯坦就说了这样一句话：“过去认为，如果从宇宙中把物质去掉，时间、空间依然存在；相对论则确信，去掉了物质也就去掉了空间和时间。”爱因斯坦以下述方程把空间曲率（该空间的几何特性不同于欧几里得几何特性的程度）、引力和物质联系了起来：

$$R_{ik}-\frac{1}{2}g_{ik}R=-\kappa T_{ik} \tag{2}$$

其中，R_{ik}代表黎曼曲率张量，$R=g_{ik}R_{ik}$代表空间的标曲率，g_{ik}代表空间-时间度规张量，T_{ik}代表物质（包括电磁场在内）的能量-冲量张量，κ是新的引力常数，它等于牛顿的万有引力常数乘上 8π，再用光速的四次方来除。

这个式子实际上就是经过相对论改正后的万有引力定律的一种形式。全部相对论的宇宙论，就是解这个方程。看起来问题很简单，实际上非常复杂。只有在给出许多简化的条件以后，才能得出一些特解。于是在讨论问题时先作了两个假定。第一个假定是：空间里不同地点的观测者对同一宇宙现象所做的观测结果都是一样的，不因所在地不同而异，这叫作各向同性假设。第二个假定是：宇宙的大型结构到处一样，具体些说，就是在宇宙空间的各个部分，星系的平均空间密度、平均光度和彼此间的平均距离都是一样的，这叫作均匀性假设。现在一般把这两条假设合起来叫作宇宙论原则。

由宇宙论原则出发，再加上某些数学精确化，就可以推导出下列式子：

$$ds^2=dx_0^2-\frac{R^2}{\left(1+\frac{k}{4}r^2\right)^2}\left(dx_1^2+dx_2^2+dx_3^2\right) \tag{3}$$

其中，ds表示四度空间（x_1，x_2，x_3三度属空间，x_0一度属时间）中无限靠近的两点间的距离，$r^2=x_1^2+x_2^2+x_3^2$，$R=R(t)$代表空间的变形程度，k=0，+1，−1，表示空间特征。当$k=+1$时，空间遵守黎曼几何学，半径为r的球的面积小于$4\pi r^2$，它是封闭的。当$k=0$时，空间遵守欧几里得几何学，球面等于$4\pi r^2$，它是扁平的。当$k=-1$时，空间遵守洛巴切夫斯基几何学，球面大于$4\pi r^2$，它在曲面上开放着。在前一种情况下，就得到封闭的脉动宇宙（即呈周期性的膨胀和收缩）；在后两种情况下，就得到膨胀的无限宇宙。傅里得曼推导出来了这样一个判别式：

$$\Delta=\frac{1}{3}\kappa\rho-H^2 \tag{4}$$

来判断宇宙到底是膨胀的，还是脉动的。当$\Delta=0$时，为欧几里得空间；当$\Delta>0$时，为封闭性的黎曼空间，宇宙在脉动；当$\Delta<0$时，为洛巴切夫斯基无限空间，宇宙在膨胀。当然，这里所说的宇宙，实际上都应该是指总星系。可惜我们关于哈勃常数H和总星系平均密度ρ都还知道得很不确切，目前还无法判断总星系是无限地膨胀下去，还是膨胀到一定程度再收缩，然后再膨胀。

由此可见，从广义相对论出发，并不能得出结论说总星系一定在膨胀，何况在推导出有膨胀和脉动的两种可能性时，所做的有关宇宙论的两条假设，还大有值得怀疑的余地[①]。可是有些唯心主义的学者，却往往有意或无意地把两种可能变成一种结论，认为总星系在膨胀，并且认为总星系即是整个宇宙，从而得出种种纯粹属于臆想的宇宙模型。现在他们建立起来的模型有十几种之多，但大致上可以分为两类：演化态模型和稳恒态模型。演化态模型说认为能量不断在消失；稳恒态模型说认为物质不断被创造。在他们看来，为所有理论和实践所证明了的物质和能量的守恒定律是应该抛弃了。

演化态学说首先是由比利时的大主教、天文学家勒梅特于 1932 年提出的。宇宙既然在膨胀，假设膨胀的速度不随时间变化，那么在 T 年以前，宇宙里的所有物质便会以高密状态集中在一个原始原子里。不难看出：

$$T=\frac{\text{距离}}{\text{速度}}=\frac{r}{v}=\frac{1}{H}$$

取哈勃常数 $H=540$ 千米/秒/百万秒差距（1 秒差距=3.26 光年），则得宇宙年龄 $T=2\times10^9$ 年 = 20 亿年；取 $H=75$ 千米/秒/百万秒差距，则 $T=10^{10}$ 年= 100 亿年。原始原子是不稳定的，在 100 亿年前的某一天，由于上帝的意志，原始原子猛烈地爆炸开来，碎片向四面八方飞散，朝同一方向以同一速度运动的物质，逐渐结合成恒星和星系。在爆炸时获得较大速度的物质所形成的星系，现在也就离爆炸的地方较远，这样也就说明了哈勃所发现的速度和距离的关系。至于在爆炸以前，宇宙是怎样的状态，那你就不必问了，反正是，“在 $t=0$ 时，所有初始条件都为宇宙后来演化到我们现在所观测到的这个阶段而安排好了”（台维德森），对于演化态学说的唯心主义倾向，日丹诺夫的《在关于亚历山大洛夫著〈西欧哲学史〉一书讨论会上的发言》中曾有所批评，这里我们就不多说了。

1948 年英国剑桥大学的邦迪、霍意耳等人在各向同性和均匀性两条假设之后，又加了一条“宇宙的大型结构不随时间变化”的假设，把这三条合起来叫作完全的宇宙论原则。从完全的宇宙论原则出发，宇宙间的物质密度应该保持不变，所以叫作稳恒态宇宙。但是由于宇宙在膨胀，星系间的平均距离应当愈来愈大，物质的密度愈来愈小。为了解决这个矛盾，他们便提出物

---

① 参阅 B. A. 阿姆巴楚米扬：《天体演化学的若干方法论问题》，见《现代自然科学哲学问题》（Фнлософскне дроблемы современного естествознання），莫斯科，苏联科学院出版社 1959 年版，第 268-290 页。

质不断创造论，并且认为，被创造出来的物质是氢原子。理由如下：氢核聚变成氦核是恒星的主要能源，这种热核反应是单向的，只能由氢变氦，不能由氦变氢。为了使宇宙不致愈来愈老，氢愈来愈少，氦愈来愈多，新创造出来的物质就只好是氢原子。创造的速率可以由哈勃常数（H）和物质的平均密度（ρ）算出来，取 $T = 10^{10}$ 年 $= 3\times10^{17}$ 秒，$\rho = 10^{-29}$ 克/厘米^3，它近似地等于

$$3\rho H = 10^{-46}\text{ 克/（厘米}^3\cdot\text{秒）}$$

换句话说，也就是每 5000 亿年在 1 立方分米的体积内才产生一个氢原子，当然这是不可能直接观测到的。

如果认为氢原子这种形态的物质在某种条件下可以从辐射或引力波或场粒子转化过来，那就既不违反物理学上的物质守恒定律，也不违反辩证唯物主义原理，而且这正是我们需要研究的课题。恩格斯早就给我们指出：“散射到太空中去的热必须有可能以某种方法——阐明这种方法将是以后自然科学的课题——转变为另一种运动形态，在这种运动形态中它能够重新集结和活动起来。”①但是物质不断创造论者不是这样想的。邦迪在他写的《宇宙论》一书中着重指出：“必须特别注意，我所说的创造不是由辐射形成物质，而是由虚无中（out of nothing）产生物质。”②

远在公元前 1 世纪古罗马的诗人卢克莱修在他的著名诗篇《物性论》里就说：“任何事物都不能从虚无中产生。”像这样违反基本常识的从无到有的物质不断创造论，近十几年来在西方国家竟然风行一时，讨论它、宣传它、发展它的论文连篇累牍地登载在科学刊物上，这不能单纯用认识论的根源来解释。这只能看作是意识形态方面的阶级斗争在天文学领域中的反映，很值得我们注意。

宇宙论的任务是把宇宙作为一个连续的整体，讨论它的大型结构和有限无限等问题。在执行这个任务时，情况是很复杂的。我们所观测到的宇宙部分每扩大一步，便会遇到许多新的特征，一定类型的天体的特征不能根据比它级别大或级别小的天体的特征来预测。例如，太阳系具有中心体，银河系就没有。又如，光压对于行星际尘埃的运动起重要作用，而对行星的运动则不起作用。再如，万有引力定律在太阳系范围内是正确的，在总星系范围内

---

① 恩格斯：《自然辩证法》，曹保华，于光远，谢宁译，人民出版社 1955 年版，第 19-20 页。

② 邦迪（Bondi）：《宇宙论》（*Cosmology*），剑桥大学出版社（Cambrige University Press）1962 年版，第 144 页。

就需要修正。在这样的情况下，产生了一个问题：我们所论述的对象是无限的，而我们在任何时候所观测到的现象和规律都是在有限部分以内的。在有限范围内发现的规律，哪些可以外推到无限空间去，哪些不可以外推，这我们无法用观测来检验，“因此对整个宇宙而言，精确定律是没有意义的，宇宙论不能成为一门科学，我们应当抛弃建立一种精确或肯定的宇宙理论的任何企图”。这就是台维德森在该文中所不同意的麦克里亚的观点。这观点实际上是一种不可知论和悲观论。这种论调在西方相当盛行，他们对人类认识宇宙的能力完全丧失信心。台维德森主张宇宙论可以成为一门科学，但是他所持的理由也不正确。他认为“宇宙就是均匀地分布在空间里的星系团区域的总和”。“没有比星系团系统更大的系统”，“宇宙整体的特征可以在科学上由观测星系团来加以研究”。这样就把问题又看得太简单了、太机械了。很难想象宇宙就是由大量本质上完全相同的部分连接而成的，宇宙就是同类物体的大仓库。物质世界的无限性不可能在无限数目同类的物体中表现出来，而是在于运动着的物质的绝对存在并表现为无限多样性的具体存在形式。

我们所研究的宇宙的范围和结构，是随着时代而有所不同的，目前达到了总星系的范围；但无限的宇宙是无条件地存在的，我们逐渐地认识它也是无条件的。诚然，要把我们已知的各种物理定律外推到我们所能观测的宇宙范围之外时，要特别小心。但是，也要注意到这一点：新规律的发现只有在已知原理的基础上才成为可能，例如，必须通过牛顿的万有引力定律，才能发现爱因斯坦的广义相对论。因此，科学的认识愈深刻，愈能完整地揭示出支配各种现象的不同规律的统一性，它所能达到的成就就愈大；而认识各种规律的统一性又往往会导致新的发现。庞大的星球的物理属性是根据极小的物质微粒的运动规律来研究的，认识微小的东西是揭示无限的东西的基础，研究我们所能观测到的宇宙区域是研究无限宇宙的必由之路，而不是研究的终结。我们也说：宇宙论可以成为一门科学，就是从这个意义上来理解的，这和台维德森的观点有本质上的不同。

参 考 文 献

[1] 南安（Haaн）T И. 关于宇宙科学的目前状况（О современном состоянии космологической науки）//天体演化问题（Вопросы Космогонии），Ⅵ卷，1958：277-329.

［2］阿姆巴楚米扬 B A. 天体演化学的若干方法论问题//现代自然科学哲学问题. 莫斯科：苏联科学院出版社，1959：268-290.
［3］斯维杰尔斯基. 空间与时间. 许国保，戎象春，李浩然译. 上海：上海人民出版社，1959.
［4］邦迪 H. 宇宙论. Cambrige，1960.
［5］成相秀一. 最近的宇宙论. 物理学会志，1961，16（1）.
［6］梅留兴. 谈谈有限和无限问题. 张捷，吴伯泽译. 北京：生活·读书·新知三联书店，1962.
［7］柯尔曼. 宇宙论中关于空间、时间、物质和运动的概念. 哲学译丛，1963（4）：67-79.
［8］麦克维第（McVittie）G C. 宇宙论的事实和理论. 伦敦，1961.

〔《自然辩证法研究通讯》，1964 年第 2 期〕

三十年来的中国天文学史研究

我国是天文学发展最早的国家之一。我们的祖先在长期的实践活动中，积累了丰富的天文资料。批判地继承这份珍贵的历史遗产，是新中国科学工作者的一项光荣任务。1951 年 2 月，中国科学院副院长竺可桢在《人民日报》上发表了《中国古代在天文学上的伟大贡献》一文，可以说是良好的开端。这篇文章在国内外引起了巨大的反响。1952 年，中国科学院召集了对科学史有兴趣的专家举行座谈会，讨论如何组织起来，开展工作。1954 年，中国科学院成立中国自然科学史研究委员会。天文学史是首先开展的研究课题之一。1955 年，北京天文馆陈遵妫同志编著的《中国天文学简史》在上海出版。1956 年 7 月，在北京召开的中国自然科学史讨论会上，宣读的论文中，关于天文学史的有 4 篇。同年 9 月，竺可桢率领代表团到意大利参加第八届国际科学史会议，所提出的论文中关于天文学史的有 3 篇，即《二十八宿的起源问题》、《授时历法略论》和《中国古代在计时器方面的发明》。

1957 年 1 月，中国科学院成立中国自然科学史研究室（现改为自然科学史研究所），内设天文学史组。到 1966 年“文化大革命”以前，该研究室完成的重要成果有《中、朝、日三国古代的新星纪录及其在射电天文学中的意义》《从春秋到明末的历法沿革》《中国古代的恒星观测》《明代航海天文知识一瞥》《伽利略的工作早期在中国的传播》；在人物方面，对徐光启和王锡阐的天文工作做了较深入的研究；在资料方面，写出了40万字的《中国古历通解》，对明清档案中的天文史料进行了系统的整理。

“文化大革命”期间，研究室受林彪、“四人帮”破坏，停止工作近十年之久。虽然如此，专业人员还是勤勤恳恳，在艰苦的环境下，写出了《日心地动说在中国——纪念哥白尼诞生五百周年》《临沂出土汉初古历初探》《蟹状星云是1054年天关客星的遗迹》等文章，并和其他单位的同志合作，写出《中国历史上的宇宙理论》一书，对这方面进行了较系统的阐述。打倒“四人帮”以后，科学史所除进行一些专题研究外，还与北京天文台等兄弟单位合作，编写了《中国天文学史》、《中国天文学简史》和《中国天文学史话》等书，现已准备出版。

1974年冬，在北京召开了中国天文学史研究工作的规划会议，制订了一项比较长期的计划，并决定成立中国天文学史整理研究小组，由北京天文台代管。与此同时，紫金山天文台等单位也成立了古天文研究小组，或指定专人从事这项工作。从那时以来，共出版两本文集（《中国天文学史文集》和《科技史文集·天文学史专辑》），先后在天津、衡山和厦门开过三次全国性的研究成果交流会。这三次会议上共提出论文140多篇，每次出席者在100人左右。

此外，在中国天文学会举行的三次年会上，每次也有一定数量的关于天文学史方面的论文；并且于去年8月的年会上，决定在理事会之下设立天文学史专业组，负责协调各单位之间的分工，推动非专业人员的业余研究，组织学术活动。

以下分几个方面，将30年来中国天文学史研究的主要成果介绍一下。

中国古代把天文学叫作“历象之学”。“历”指历法，“象”指观测仪器和观测记录。前者包括在二十四史的《历志》或《律历志》中，后者包括在《天文志》中。1975～1976年，中华书局把历代天文、律历诸志汇编成十册出版，为国内外研究者提供了很大方便。北京天文台天象资料组在过去几年中，充分发动群众，在许多省市有关单位的支持下，查阅了15万卷地方志、史书和其他古籍，摘出120万字的天文史料，编成《中国古代天象纪录总表》和《中国天文史料汇编》。这项规模宏大的工程，在中国科学院京区先进工作者大会上被评为十面红旗之一，并在全国科学大会上受到了表扬。

在历法方面，从甲骨文中所反映的历日制度，到太平天国所颁行的“天历”，在上下将近 4000 年的漫长时间里所存在的各种历法，几乎都有人在钻研。其中以紫金山天文台对殷代历法和汉代历法、科学院数学所对祖冲之“大明历”、华东师范大学地理系对“大衍历”、自然科学史所对秦汉历法和“授时历”，做得比较有成效。

在天文仪器方面，新中国成立初期，清华大学副校长刘仙洲在《机械工程学报》上发表过两篇介绍历代水运浑象和计时仪器的文章。1959 年配合北京中国历史博物馆的开馆，在王振铎同志的主持下，复原了一系列天文仪器，其中包括水运仪象台的模型，虽只有原大的 1/5，但已有 2 米多高。近年来，陕西天文台从技术发展的角度全面考察了古代天文仪器的发展，上海天文台对计时仪器作了较细致的研究。1977 年在安徽阜阳汝阴侯墓中发现的上下相重的两个圆盘，可能是现存最古的天文仪器，盘边缘二十八宿的度数和《开元占经》中所引《石氏星经》注中的古度相同。随着马王堆帛书《五星占》和阜阳圆盘的出土，人们对汉代落下闳以前的浑仪是如何形成的，开始了探讨；而北京天文馆李鉴澄同志对汉代晷仪的论述也颇有见解。

与仪器有关的是对天文观测场所——古观象台的研究。北京天文馆对北京古观象台作了细致的调查，调查中发现了明代钦天监所用尺子的长度（1 尺 = 24.525 厘米），为研究古代天文学提供了一个基本数据。1974～1975 年，中国社会科学院考古所发现了张衡工作过的东汉灵台遗址。1975 年，河南省博物馆和登封县（今登封市）文管所重修了我国最早的天文建筑——登封县告成镇的周公测景台和元代高表，这项建筑曾于 1961 年被国务院列为全国重点文物保护单位。

在观测纪录的整理应用方面，《天文学报》1965 年发表的《古新星新表》，1966 年发表的《中国古代流星雨纪录》，1976 年发表的《我国历代太阳黑子纪录的整理和活动周期的探讨》，受到国际上的好评和广泛引用。马王堆帛书中 29 幅彗星图的发现，给全世界提供了最早关于彗星形态的著作；紫金山天文台张钰哲同志结合哈雷彗星轨道的演变，对武王伐纣年代的考证，引起了历史学界的广泛兴趣。自然科学史研究所对中、朝、越、日四国极光记录的整理和分析，对于探讨太阳活动规律，可能起一定作用。

修复后的元代高表

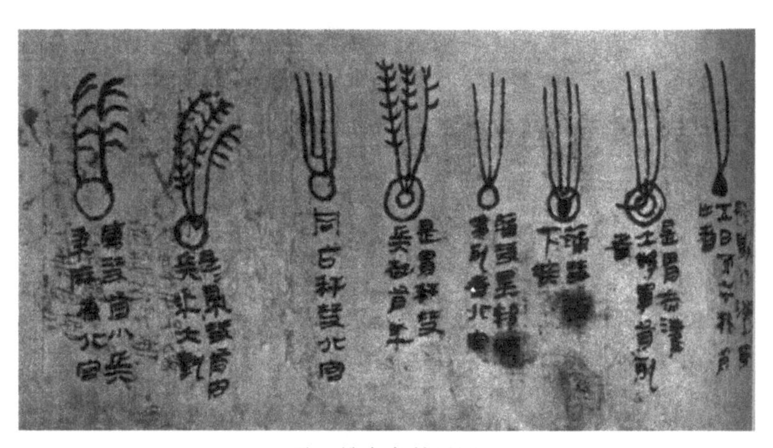

马王堆帛书彗星图

新出现的奇异天象，总要以似乎是不变的星座为背景来做记录。中国古时把星座叫作星宿或星官。对于记录天象最重要的二十八宿，究竟起源于何时、何地？从新中国成立前到现在，一直有人写文章，但问题并未完全解决，值得一提的是，1978 年在湖北随县楚墓（公元前 433 年）中出土的箱盖上有一圈文字，是完整的二十八宿记述，这就把有文字可考的记载提前了一二百年。绘制星座的星图在我国最著名的是苏州的宋代石刻星图，上海自然博物馆对这个图做了较深入的研究。此外，30 年来还发现了大量的星图，最早的是西汉末年洛阳古墓中的星图，最晚的是呼和浩特蒙文星图（约 1730 年），介于这两个时期之间的有北魏洛阳元乂墓星图（526 年）、敦煌星图（700 年左右）、杭州吴越星图（941 年）、常熟石刻星图（1506 年），以及莆田星图（16 世纪末）。这些星图和其他天文文物集中地反映在考古所主编的《中国天文文物图录》和《中国天文文物文集》中。北京天文馆据清代《仪象考成》编绘的《中西对照恒星图表》，将为天文学史的研究带来很大的方便。

湖北随县出土的二十八宿图

在天体测量方面，陕西天文台、天津纬度站、华南师范学院和中国科学院地理研究所分别对唐、元，以及清康熙、乾隆年间的几次大地测量进行了深入研究。中国科学院自然科学史研究所对唐代的恒星位置观测进行了考察。北京天文台和华南师范学院对明代的郑和航海图进行了联合研究。

在宇宙理论方面，除 1925 年英国伦敦出版过一本由德国人福克写的《中国人的世界观念》外，新中国成立前国内很少有人做系统研究。30 年来，在这方面做了大量工作，对盖天说、浑天说、宣夜说都有人做过专题研究，展开不同意见的讨论。更可喜的是打破了只把注意力局限在天文学家和天文学著作中的传统，对哲学、文学、医学著作中的天文学思想进行了开创性的研究，从屈原的《天问》、荀况的《天论》、王充的《论衡》、柳宗元的《天对》、张载的《正蒙》，以及《黄帝内经》《列子·天瑞篇》等文献中，提炼出了许多有意义的文化遗产。

人是认识的主体，研究天文学史不能见物不见人。30 年来，天文学史工作者运用历史唯物主义的观点，对我国有贡献的一些著名天文学家，如张衡、祖冲之、一行、沈括、郭守敬、徐光启等，都进行了深入的研究，写了许多专著。此外，还发掘并研究了一些过去不为人们所注意的民间天文学家，如落下闳、曹士蒍、卫朴和王锡阐等。

我国是一个多民族的国家，新中国成立前各民族的文化发展状况很不一样。调查少数民族的天文历法，可以在我们面前展现出一幅天文学发展的蓝图，弥补文献资料的不足。近年来，中央民族学院、中国社会科学院民族所和中国天文学史整理研究小组等，对东北地区和西南地区的少数民族的历法做了一系列调查，从鄂伦春族、赫哲族的“物候历”，到彝族一年为 10 个月

（每月 36 天，年末加 5 日或 6 日）的“太阳历”，到以恒星年为年的单位的“傣历”，都取得了不少成果，大大丰富了我国天文学的内容。

20 世纪的近 80 年中，前 50 年也有些人从事天文学史的工作，但他们都是从个人爱好出发，孤军奋战，力量有限，所取得的成果很小。将前 50 年与后 30 年相比，社会主义的优越性显而易见：像北京天文台天象资料组所组织的天文史料普查工作，在旧社会就很难实现。这 30 年中间，我们所研究范围之广阔，所取得成果之丰硕，是有目共睹的。但是对国外兴起的考古天文学，以及与四个现代化结合得更为紧密的近、现代天文学史的研究，都还是空白，需要组织力量来填补。在研究方法上也需要进一步提高，除继续整理文献和发掘成就以外，更应从方法论的角度总结经验和对发展规律进行探讨。回顾过去，展望未来，我们相信未来一定能做得更好些。

〔《天文爱好者》，1979 年第 7 期〕

为《中国大百科全书·天文学》所撰词条

阿拉伯天文学（Arabic astronomy）

也称伊斯兰天文学。一般所说的阿拉伯天文学是指公元 7 世纪伊斯兰教兴起后直到 15 世纪左右各伊斯兰文化地区的天文学。在这段时期里阿拉伯天文学大体形成了三个学派，即巴格达学派、开罗学派和西阿拉伯学派。

巴格达学派

阿拔斯王朝（750～1258 年，中国史称黑衣大食）于 762 年在巴格达建都以后，除了直接接受巴比伦和波斯的天文学遗产以外，又积极延揽人才，翻译印度婆罗门笈多著的《增订婆罗门历数全书》和希腊托勒密著的《天文学大成》等许多书籍，作为进一步发展的基础。

829 年，巴格达建立天文台，在这里工作过的著名天文学家有法干尼等人。法干尼著有《天文学基础》一书，对托勒密学说作了简明扼要的介绍。贾法尔·阿布·马舍尔著《星占学巨引》，后来在欧洲传播甚广，是 1486 年奥格斯堡第一批印刷的书籍之一。塔比·伊本·库拉发现岁差常数比托勒密提出的每百年移动 1°要大；而黄赤交角从托勒密时的 23°51′减小到 23°35′。把这两个现象结合起来，他提出了颤动理论（the thcory of trepidation），认为黄道和赤道的交点除了沿黄道西移以外，还以 4°为半径，以 4000 年为周期，作一小圆运动。为了解释这个运动，他又在托勒密的八重天（日、月、五星和恒星）之上加上了第九重。

塔比·伊本·库拉的颤动理论曾为后来许多的穆斯林天文学家所采用，但是他的继承者巴塔尼倒是没有采用。现在知道这种理论是错误的。巴塔尼是阿拉伯天文学史上伟大的天文学家，伊斯兰天文学中的重要贡献大多是属于他的。他的最著名的发现是太阳远地点的进动；他的全集《论星的科学》在欧洲影响很大。

比巴塔尼稍晚的苏菲所著《恒星图像》一书，被认为是伊斯兰观测天文学的三大杰作之一。书中绘有精美的星图，星等是根据他本人的观测画出的，因而它是关于恒星亮度的早期宝贵资料，现在世界通用的许多星名，如 Altair（中名牛郎星）、Aldebaran（中名毕宿五）、Deneb（中名天津四）等，都是从这里来的。

巴格达学派的最后一位著名人物是阿布·瓦法，他曾对黄赤交角和分至点进行过测定，为托勒密的《天文学大成》写过简编本。有人认为他是月球二均差的发现者，但又有人认为，这项发现还是应该归功于第谷。

阿布·瓦法以后，至阿拔斯王朝灭亡的 160 多年中，巴格达学派再无重大发展。1258 年，蒙古军灭掉阿拔斯王朝，建立伊尔汗国。1272 年，伊尔汗国建立马拉盖天文台（在今伊朗西北部大不里士城南），并任命担任首相职务的天文学家纳西尔丁·图西主持天文台工作。这个天文台拥有来自中国和西班牙的学者，他们通力合作，用了 12 年时间，完成了一部《伊尔汗历数书》（西方称《伊尔汗天文表》）。阿拉伯人称之为 Zij-i īlkhānī。“Zij”与印度的悉檀多（历数书）相当，中国元代音译为“积尺”。西方则称为“表”或“天文表”。商企翁、王士点撰的《秘书监志》中有“积尺诸家历”指的就是各种阿拉伯历数书或天文表。《伊尔汗历数书》中测定岁差常数为每年 51″，相当准确。100 多年后，帖木儿的孙子乌鲁伯格又在撒马尔罕建立一座天文台。乌鲁伯格所用的象限仪，半径长达 40 米。他对 1000 多颗恒星进行了长时间的位置观测，据此编成的《新古拉干历数书》（今通称《乌鲁伯格天文表》）是托勒密以后第一种独立的星表，达到16世纪以前的最高水平。

撒马尔罕天文台遗址

撒马尔罕天文台巨型象限仪

开罗学派

10世纪初，在突尼斯一带建立了法蒂玛王朝（909～1171年，中国史称绿衣大食）。这个王朝于10世纪末迁都开罗以后，成为西亚、北非一大强国，在开罗形成了一个天文中心。这个中心最有名的天文学家是伊本·尤努斯，他编撰了《哈基姆历数书》（西方称《哈基姆天文表》），其中不但有数据，而且有计算的理论和方法。书中用正交投影的方法解决了许多球面三角学的问题。他汇编了829～1004年间阿拉伯天文学家和他本人的许多观测记录。977年和978年他在开罗所做的日食观测和979年所做的月食观测，为近代天文学研究月球的长期加速度提供了宝贵资料。

与伊本·尤努斯同时在开罗活动的还有一位光学家海桑。他研究过球面像差、透镜的放大率和大气折射。他的著作通过培根和开普勒的介绍，对欧洲科学的发展有很大的影响。

西阿拉伯学派

西班牙哈里发王朝（又称后倭马亚王朝，中国史称白衣大食）最早的天文学家是科尔多瓦的查尔卡利。他的最大贡献是于1080年编制了《托莱多天文表》。这个天文表的特点是其中有仪器的结构和用法说明，尤其是关于阿拉伯人特有的仪器——星盘的说明。在《托莱多天文表》中，还有一项重要内容，就是对托勒密体系作了修正，以一个椭圆形的均轮代替水星的本轮，从此兴起了反托勒密的思潮。这种思潮由阿芬巴塞发端。阿布巴克尔和比特鲁吉为其继承者。他们反对托勒密的本轮假说，理由是行星必须环绕一个真正物质的中心体，而不是环绕一个几何点运行。因此，他们就以亚里士多德所采用的欧多克斯的同心球体系作为基础，提出一个旋涡运动理论，认为行星的轨道呈螺旋形，其后，信奉基督教的西班牙国王阿尔方斯十世，于1252年召集许多阿拉伯和犹太天文学家，编成《阿尔方斯天文表》。近年有人认为这个表基本上是《托莱多天文表》的新版。

正当西班牙的天文学家抨击托勒密学说的时候，中亚一带的天文学家比鲁尼曾提出地球绕太阳旋转的学说。他在写给著名医学家、天文爱好者阿维森纳的信中，甚至说到行星的轨道可能是椭圆形而不是圆形。马拉盖天文台的纳西尔丁·图西在他的《天文学的回忆》中也严厉地批评了托勒密体系，并提出了自己的新设想：用一个球在另一个球内的滚动来解释行星的视运动。14世纪大马士革的天文学家伊本·沙提尔在对月球运动进行计算时，更是抛弃了偏心均轮，引进了二级本轮。两个世纪以后，哥白尼在对月球运动进行计算时，所用方法和他的是一样的。阿拉伯天文学家们处在托勒密和哥白尼之间，起了承前启后的作用。

参 考 书 目

Nasr S H. Science and Civilization in Islam. Cambridge：Harvard University Press，1968.
Sayili A M. The Observatory of Islam. Ankara：Türk Tavih Kurumu Basimevi，1960.

阿耶波多第一（Āryabhata Ⅰ，476～550）

印度天文学家和数学家，476 年生于华氏城（Pātaliputra，现今印度比哈尔邦的巴特那城）附近。他于 499 年所著《阿耶波提亚》（*Āryabhatiya* 或 *Laghv-Āryabhatiya*）一书，是印度历数书（“悉檀多”，Siddhanta）天文学的第一次系统化。全书分四部分，由 118 行诗组成。第一部分介绍用音节表示数字的特殊方法；第二部分讨论数学问题，其中包括正弦函数和圆周率（等于 3.1416）；第三部分讲历法，同他以前的《苏利亚历数书》（*Sūrya-Siddhanta*）基本上一样；第四部分讨论天球和地球，还提到日食，并提出用地球绕轴自转来解释天球的周日运动。阿耶波多的著作于 8 世纪末以《阿耶波多历数书》（*Zij al-Arjabhar*）的名称译成阿拉伯文，后经比鲁尼注释。

10 世纪中叶，另一位印度天文学家也叫阿耶波多，著有《阿耶历数书》（*Arya-Siddhanta*）。一般西方著作把 5 世纪的阿耶波多称为阿耶波多第一，把后者称为阿耶波多第二。1976 年，印度曾为阿耶波多第一诞生一千五百周年举行纪念大会，并发射了以他的名字命名的人造卫星。

埃及古代天文学（Egyptian ancient astronomy）

公元前 3000 年左右，上埃及国王美尼斯统一埃及。从此，埃及历史始有文字记录可考。到公元前 332 年被马其顿王亚历山大征服为止，埃及共经历 31 个王朝，第三王朝到第六王朝（约公元前 27～前 22 世纪）文化最为繁荣。埃及对数学、医学和天文学的重要贡献，都产生在这一时期。名闻世界的金字塔也是在这一时期建造的。据近代测量，最大的金字塔底座的南北方向非常准确，当时在没有罗盘的条件下，必然是用天文方法测量的。最大的一座金字塔在北纬 30°以南 2 千米的地方，塔的北面正中有一入口，从那里走进下宫殿的通道，和地平线恰成 30°的倾角。正好对着当时的北极星。

埃及人除知道北极附近的拱极星外，从出土的棺盖上所画的星图可以确定他们认识的星还有天鹅、牧夫、仙后、猎户、天蝎、白羊和昴星等。埃及人认星最大的特征是将赤道附近的星分为 36 组，每组可能是几颗星，也可能是一颗星。每组管十天，所以叫旬星（Decans）。当一组星在黎明前恰好升到地平线上时，就标志着这一旬的到来。现已发现的最早的旬星文物属于第三王朝。

埃及古代星图

合三旬为一月，合四月为一季，合三季为一年，是埃及最早的历法。三个季度的名称是洪水季（Akhet）、冬季（Peret）和夏季（Shemu），冬季播种，夏季收获。在古王国时代，一年中当天狼星清晨出现在东方地平线上的时候，尼罗河就开始泛滥。古埃及人根据对天狼偕日升和尼罗河泛滥的周期进行了长期观测，把一年由 360 日增加为 365 日。这就是现在阳历的来源。但是这与实际周期每年仍约有 0.25 日之差。如果一年年初第一天黎明前天狼星与太阳同时从东方升起，120 年后就要相差 1 个月，到第 1461 年又恢复原状，天狼星又与日偕出，埃及人把这个周期叫作天狗周（Sepedet），因为天狼星在埃及叫天狗。

据近人研究，埃及除这种民用的阳历外，还有一种为了宗教祭祀而杀羊告朔的阴阳历。在卡尔斯堡纸草书（Carlsberg Papyrus）第九号中有这样一条记载：

25 埃及年=309 月=9125 日

从这条记载就可看出：1 年=365 日，1 朔望月=29.5307 日，25 年中有 9 个闰月。

埃及人分昼夜各为 12 小时，从日出到日落为昼，从日落到日出为夜，因此一小时的长度是随着季节而不同的，为了表示这种长度不等的时间，埃及人把漏壶的形状做成截头圆锥体，在不同季节用不同高度的流水量。

除圭表和日晷外，埃及还有夜间用的一种特殊天文仪器，名叫麦开特（Merkhet）。它的结构很简单：把一块中间开缝的平板沿南北方向架在一根柱子上，从板缝中可知某星过子午线的时刻，又从星与平板所成的角度知道它的地平高度。现今发现的麦开特，系公元前 1000 多年的实物，为现存的埃及最古天文仪器。

参 考 书 目

Neugebauer O. The Exact Science in Antiquity. Providence，Rhode Island：Brown University Press，1957.

Neugebauer O，Parker R A. Egyptian Astronomical Texts. Providence，Rhode Island：Brown University Press，1964.

Parker R A.Calendars of Egypt. Chicago：University of Chicago Press，1950.

比鲁尼（Al-Bīrūnī，973～1048？）

全名 Abū Rayhān Muhammad ibn Ahmad Al-Bīrūnī，简称比鲁尼。973 年 9 月 4 日生于中亚花剌子模的基发（今乌兹别克斯坦境内），曾长期旅居印度，逝世于阿富汗的甘孜那。逝世时间一说为 1048 年 12 月 13 日，一说在 1050 年以后。他对哲学、历史和自然科学的许多方面都有贡献，而以数学和天文学的成就最大。主要著作有：①《古代诸国年代学》，叙述各民族的历法、纪元和节日制度。②《马苏蒂天文典》，是一本天文学百科全书，内容包括球面三角、球面天文、计时学和数理地理学。③《星占学基础》。④《印度》。比鲁尼在沟通印度文化和阿拉伯文化方面起过重要作用，曾把印度学者伐罗诃密希罗（Varahamihira，6 世纪上半叶）的两卷天文学著作译成阿拉伯文，又把阿拉伯的科学知识介绍到印度。比鲁尼对亚里士多德的物理学的哲学理论提出许多批评性意见。他还发明了从山顶观察地平圈的大小和山的高度的关系来确定地球半径的新方法。他制造的固定在墙壁上

比鲁尼

的象限仪，半径 7.5 米，在此后 400 年内是同类仪器中最大的一个，观测精度可达 2′。

敦煌星图

在敦煌经卷中发现的一幅古星图。它是全世界现存古星图中星数较多而又较为古老的一幅。绘制年代约在唐中宗李显时期（705～710 年），图上用圆圈、黑点和圆圈涂黄三种方式绘出 1350 多颗星。图的画法是：从 12 月开始，按照每月太阳位置沿黄、赤道带分 12 段，把紫微垣以南诸星用类似墨卡托圆筒投影的方法画出，然后再把紫微垣画在以北极为中心的圆形平面投影上。从每月星图下面的说明文字看，太阳的每月位置还是沿用了《礼记・月令》的说法，并非绘图时所实测。此图现存英国伦敦博物馆。

伽利略（Galileo，1564～1642）

伟大的意大利物理学家和天文学家，近代实验科学的奠基者之一。意大利比萨城人。生于 1564 年 2 月 15 日，卒于 1642 年 1 月 8 日。

生平

伽利略 17 岁时，在比萨大学学医，以数学和物理见长，因善于辩论而闻名全校。1585 年离校回家，专心研究古希腊人的科学著作。他发明了测定合金成分的流体静力学天平，1586 年写出论文《天平》。这项成就引起全国学术界的注意，人们称他为“当代的阿基米德”。1589 年写了一篇论固体的重心的论文，获得新的荣誉。母校比萨大学因此聘他担任数学教授，时年仅 25 岁。此后，他的生活经历了三个时期：在比萨大学任教三年（1589～1591 年），在帕多瓦大学任教十八年（1592～1610 年）；自 1610 年起，至 1642 年去世为止，移居佛罗伦萨，任托斯康大公爵的首席哲学家和数学家。中间曾两次去罗马：1611

伽利略

年去表演他的望远镜；1633 年去宗教法庭受审。他在力学上的贡献主要在前两个时期，而天文学上的发现和对哥白尼学说的宣传和发展则在第三时期。不过，1633 年被宗教法庭定罪以后，早年的力学研究再次成为他的主要工作。

对天文学的贡献

1609 年，伽利略亲手制造和改进几具望远镜，并用来巡视星空。他发现所见恒星的数目随着望远镜倍率的增大而增加；银河是由无数单个的恒星组成的；月面上有崎岖不平的现象；金星也有圆缺的变化；木星有四个卫星。他还发现太阳黑子，并且认为黑子是日面上的现象，由黑子在日面上的位移，他得出太阳的自转周期为 28 天（实际上是 27.35 天）。

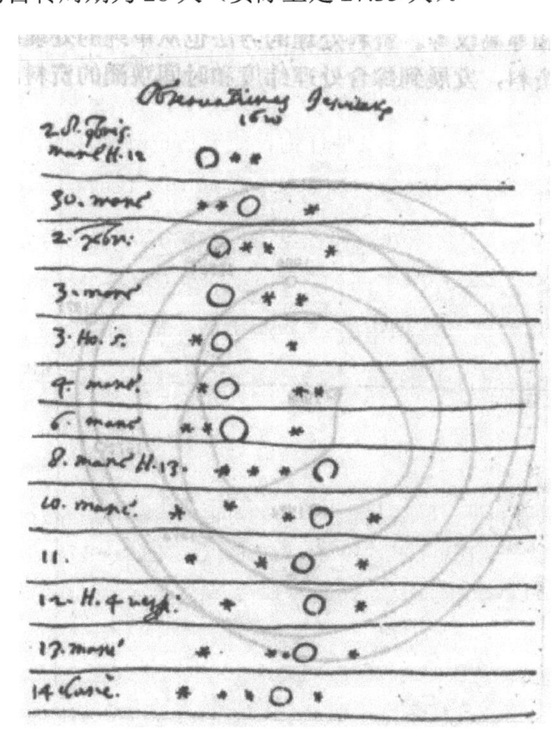

伽利略 1610 年观测木星卫星的记录手稿

这一系列的发现轰动了当时的欧洲，对哥白尼日心体系给予有力的支持。当时的意大利仍处于教会的严酷统治之下，许多人不肯承认同《圣经》和亚里士多德著作相违背的新思想、新事物。伽利略的发现曾经在一个长时期内不被多数人承认，反被看成是错误的东西。帕多瓦大学的教授们不愿去看伽利略的望远镜。而比萨大学的同事们则试图用逻辑推论来证明：“伽利略是靠了巫术的符咒，把新的现象从天空咒了出来。”一位名叫席塞的天文学家竟然说，伽利略的发现全是假的，“因为亚里士多德的书上从来没有讲过这些东西，并且又是和亚氏所说的完全相反”。无怪乎 1610 年 8 月 19 日伽利略在给开普勒的信中气愤地说：“对于这些人来说，真理用不着到自然中去寻找，而是从古人著作中追求。”

伽利略在介绍他这些新发现的两本书——《星际使者》（1610 年）和《关于太阳黑子的书信》（1613 年）中，都力主哥白尼的日心说。伽利略以观测到的事实，推动了哥白尼学说的传播。惧怕真理的宗教法庭终于在 1616 年 3 月 5 日把哥白尼的《天体运行论》列为禁书，并且警告伽利略必须放弃哥白尼学说，不得为它辩护，否则将受监禁处分。但是，伽利略未被吓倒，用了很长的时间写成《关于托勒密和哥白尼两大世界体系的对话》一书。这部书在 1632 年出版后，更加激怒了教会。1633 年 2 月，宗教法庭把伽利略传到罗马，宣判伽利略有罪，并责令他忏悔，放弃自己证明了的学说。此后，《关于托勒密和哥白尼两大世界体系的对话》一书被禁止流传，伽利略被指定居住于佛罗伦萨郊区，不得离开。他在生命的最后几年里仍努力研究。1634 年写成一本力学著作——《关于两门新科学的谈话和数学证明》，并偷运出意大利，于 1638 年在荷兰莱顿出版。1637 年他完成最后一项天文学方面的发现：月亮的周日和周月天平动，不久就双目失明了。

参考书目

伽利略. 关于托勒密和哥白尼两大世界体系的对话. 上海外国自然科学哲学著作编译组译. 上海：上海人民出版社，1974.（Galilei G. Dialogue Concerning the Two Chief World Systems-Ptolemaic and Copernican. Berkeley：University of California Press，1953）

落下闳

中国西汉民间天文学家。生卒年不详，活动在公元前 100 年前后。字长公，巴郡阆中（今四川阆中）人。汉武帝元封年间（公元前 110～前 104 年）为了改革历法，征聘天文学家，经同乡谯隆推荐，落下闳由故乡到京城长安。他和邓平、唐都等合作创制的历法，优于同时提出的其他 17 种历法。汉武帝采用新历，于元封七年（公元前 104 年）颁行，改元封七年为太初元年，新历因而被称为“太初历”。汉武帝请他担任侍中（顾问），他辞而未受。落下闳是浑天说的创始人之一，经他改进的赤道式浑仪（见浑仪和浑象），在中国用了两千年。他测定的二十八宿（见三垣二十八宿）赤道距度（赤经差），一直用到唐开元十三年（725 年），才由一行重新测过。落下闳第一次提出交食周期，以 135 个月为“朔望之会”，即认为 11 年应发生 23 次日食。

他知道“太初历”存在缺点——所用回归年数值（356.2502 日）太大，有预见地指出“后八百年，此历差一日，当有圣人定之”（事实上，每 125 年即差一日，到公元 85 年就实行改历）。

美索不达米亚天文学（Mesopotamian astronomy）

美索不达米亚在今伊拉克共和国境内的底格里斯河和幼发拉底河一带，是人类文明最早的发源地之一。从公元前 3000 年左右苏美尔城市国家形成到公元前 64 年为古罗马所灭的三千年间，虽然占统治地位的民族多次更迭，但始终使用楔形文字。他们创造了丰富多彩的物质文明和精神文明，有些一直应用到今天。例如，分圆周为 360°，分 1 小时为 60 分，分 1 分为 60 秒，以 7 天为 1 个星期，分黄道带为 12 个星座等。

古代两河流域的科学以数学和天文学的成就为最大。据说在公元前 30 世纪的后期就已经有了历法。当时的月名各地不同。现在发现的泥板上，有公元前 1100 年亚述人采用的巴比伦（约公元前 19～前 16 世纪）历的 12 个月的月名。因为当时的年是从春分开始的，所以巴比伦历的一月相当于现在的三月到四月。一年 12 个月，大小月数相同，大月 30 日，小月 29 日，一共 354 天。为了把岁首固定在春分，需要用置闰的办法，补足 12 个月和回归年之间的差额。公元前 6 世纪以前，置闰无一定规律，而是由国王根据情况随时宣布。著名的立法家汉谟拉比曾宣布过一次闰六月。自大流士一世（公元前 522～前 486 年在位）后，才有固定的闰周，先是 8 年 3 闰，后是 27 年 10 闰，最后于公元前 383 年由西丹努斯定为 19 年 7 闰制。

巴比伦人以新月初见为一个月的开始。这个现象发生在日月合朔后一日或二日，决定于日月运行的速度和月亮在地平线上的高度。为了解决这个问题，塞琉古王朝的天文学家自公元前 311 年开始制定日月运行表，现选取一段如下：

闰六月	29°18′40″2‴	23°6′44″22‴	天秤座
七　月	29°36′40″2‴	22°43′24″24‴	天蝎座
八　月	29°54′40″2‴	22°38′4″26‴	人马座
九　月	29°51′17″58‴	22°29′22″24‴	摩羯座
十　月	29°33′17″58‴	22°2′40″22‴	宝瓶座
十一月	29°15′17″58‴	21°17′58″20‴	双鱼座
十二月	28°57′17″58‴	20°15′16″18‴	白羊座
一　月	28°39′17″58‴	18°54′34″16‴	金牛座
二　月	28°21′17″56‴	17°15′52″14‴	双子座
三　月	28°18′1″22‴	15°33′53″36‴	巨蟹座
四　月	28°36′1″22‴	14°9′54″58‴	狮子座
五　月	28°54′1″22‴	13°3′56″20‴	室女座
六　月	29°12′1″22‴	12°15′57″42‴	天秤座

这个表只有数据，没有任何说明。它的奥秘在 19 世纪末和 20 世纪初终于被伊平和库格勒等人揭开。他们发现，第四栏是当月太阳在黄道十二宫的位置，第三栏是合朔时太阳在该宫的度数（每宫从 0°～30°），第三栏相邻两行相减即得第二栏数据，它是当月太阳运行的度数。例如，第二行 22°43′24″24‴ + 30°，减去第一行 23°6′44″22‴，得七月太阳运行 29°36′40″2‴，而第二栏每组各相邻行的数据之差为一常数，即±18′。若以月份为横坐标，以太阳每月运行的度数为纵坐标绘图，便可得三条直线。前三点形成的直线斜率为+18′。中间六点形成的直线斜率为−18′，后四点形成的直线复为+18′。前两条线的交点的纵坐标 $y_1 = M = 30°1'59''$，后两条线的交点的纵坐标 $y_2 = m = 28°10'39''40'''$，而太阳的月平均行度：

$$\mu = \frac{M + m}{2} = 29°6'19''20'''$$

若就连续若干年的数据画图，就可得到一条折线。在这条折线上两相邻峰之间的距离就是以朔望月表示的回归年长度，1 回归年 = $12\frac{1}{3}$ 朔望月。

在这种日月运行表中，有的项目多到 18 栏之多。除上述 4 栏外，还有昼夜长度、月行速度变化、朔望月长度、连续合朔日期、黄道对地平的交角、月亮的纬度等。有日月运行表以后，计算月食就很容易了。事实上，远在萨尔贡二世（约公元前 9 世纪）时，已知月食必发生在望，而且只有当月亮靠近黄白交点时才行。但是关于新巴比伦王朝（公元前 626～前 538 年）时迦勒底人发现沙罗周期（223 朔望月=19 食年）的说法（见日食），近来有人认为是不可靠的。

巴比伦天文表

表上刻有公元前 131 年～前 59 年的木星观测记录

巴比伦人不但对太阳和月亮的运行周期测得很准确，朔望月的误差只有 0.4 秒，近点月的误差只有 3.6 秒，对五大行星的会合周期也测得很准确：

水星：146 周=46 年；　　金星：5 周= 8 年；

火星：15 周=32 年；　　木星：65 周=71 年；

土星：57 周=59 年。

这些数据远比后来希腊人的准确，同近代的观测结果非常接近。

参 考 书 目

Neugebauer O. Astronomical Cuneiform Texts. London：Lund Humphries，1955.

欧洲中世纪天文学（medieval astronomy in Europe）

从 476 年西罗马帝国灭亡，到 15 世纪中叶文艺复兴开始，这一千年的欧洲历史，习惯上称为“中世纪”。中世纪欧洲的特点是政教合一，基督教神学占据统治地位，“科学只是教会的恭顺的婢女，它不得超越宗教信仰所规定的界限”（《马克思恩格斯选集》第 3 卷第 390 页）。尤其是 5～10 世纪更是欧洲历史上的黑暗时期。当时西欧人连古希腊科学家的学说都不清楚了，大地是球形的说法也被列为异端，而圣经神话却重新成了宇宙体系的依据。在这一时期里天文学之所以仍然被列为高等教育的必修课，主要是为了教人学会计算复活节的日期。

阿拉伯科学从10世纪开始由西班牙向英、法、德等国传播。但阿拉伯科学著作被大量译成拉丁文，还是在基督教徒攻克西班牙的托莱多（1085年）和意大利南部的西西里岛（1091年）以后的事情。翻译工作最活跃的时期是在1125～1280年之间，最著名的译者是克雷莫纳的杰拉尔德。他一生译书80多种，其中包括托勒密的《天文学大成》和查尔卡利的《托莱多天文表》。

古希腊和阿拉伯的科学著作译成拉丁文以后，经院哲学家阿奎那立刻把亚里士多德、托勒密等人的学说和神学结合起来。阿奎那证明上帝存在的第一条理由就是天球的运动需要一个原动者，即上帝。但是，到了这个时候，由于科学知识的积累，经院哲学家的一些论据，已经不能无条件地被人接受了。与阿奎那同时，英国革新派教徒R. 培根具有鲜明的唯物主义倾向，主张“靠实验来弄懂自然科学、医药、炼金术和天上地下的一切事物”，反对经院式、教义式的盲目信仰，对宇宙理论和科学的发展起了推动作用。

与培根同时，法国人霍利伍德以拉丁名撒克罗包斯考闻名，著《天球论》，阐述球面天文学，简明扼要，通俗易懂，再版多次，有多种译本，一直流行到17世纪末。

14世纪中，维也纳设立大学，逐渐成为天文数学中心，普尔巴赫于1450年出任该校天文数学教授后，学术空气更为浓厚。普尔巴赫在托勒密《天文学大成》的基础上，编成《天文学手册》一书，作为撒克罗包斯考《天球论》的补充；同时又著《行星理论》，详细指出亚里士多德和托勒密两人关于行星的理论是不同的。

普尔巴赫的学生和合作者J. 米勒，又名雷乔蒙塔努斯，曾经随普尔巴赫去意大利从希腊文原著学习托勒密的天文学。他们两人都发现，《阿尔方斯天文表》历时已二百年，误差颇大，需要修订。后来雷乔蒙塔努斯到纽伦堡定居，在天文爱好者富商瓦尔特的资助下，建立了一座天文台，并附设有修配厂和印刷所，1475～1505年间每年编印航海历书，为哥伦布1492年发现新大陆提供了条件。

在普尔巴赫和雷乔蒙塔努斯十分活跃的时候，在意大利也出现了两位有名的天文学家，即托斯卡内里和库萨的尼古拉。他们都曾求学于帕多瓦大学，彼此是亲密的同学和朋友。前者学医，曾鼓励哥伦布航海；后来成为优秀的天文观测者，系统地观测过六颗彗星（1433、1449～1450、1456、1457Ⅰ、1457Ⅱ、1472），并把佛罗伦萨的高大教堂当作圭表，精确地测定二至点和岁差（见分至点、岁差和章动）。后者在任意大利北部的布里克森城（今名布雷萨诺内）主教期间，曾提出过地球运动和宇宙无限的设想。他说，整个宇宙是由同样的四大元素组成的；天体上也有和地球上相似的生物居住着；一个人不论在地球上，或者在太阳上，或者在别的星体上，从他的眼中看去，他所占的地位总是不动的，而其他一切东西则在运动。

15 世纪，从普尔巴赫到尼古拉的工作，从实践上和理论上为近代天文学的诞生创造了条件，哥白尼的《天体运行论》就是在这些人劳动的基础上完成的。

一行（683～727）

中国唐代高僧、天文学家和大地测量学家，本名张遂。魏州昌乐（今河南省南乐县）人。生于唐高宗永淳二年，卒于唐玄宗开元十五年。一行主张以实地测量纠正《周髀算经》等书中“一寸千里”——南北相去一千里，夏至时八尺高表的日影长相差一寸的错误说法。开元十二年（724 年），一行派太史监南宫说和太史官大相元太等到 13 个地方测定纬度。采取的方法是用“复矩”测量北极高度，用八尺高表测量冬至、夏至、春分和秋分时中午日影的长度。一行对这些观测结果进行了归算和分析，彻底否定了“一寸千里”的传统说法。这次测量最重要的结果是由南宫说在河南平原上取得的。他除了测定大致位于同一子午线上的白马（今滑县附近）、浚仪（今开封西北）、扶沟和上蔡四地的纬度之外，还用测绳丈量了其间的三段距离。《旧唐书》卷三十五《天文志（上）》记载了这次测量的最后结果：“……然大率五百二十六里二百七十步而北极差一度半，三百五十一里八十步而差一度。”一唐里等于 300 唐步，因此得出了地球子午线一度长 351.27 唐里的结论。

《天文学大成》（*Almagest*）

公元 2 世纪希腊天文学家托勒密在亚历山大城完成的一部天文学名著。它是希腊天文学的总结，在中世纪是欧洲和阿拉伯天文学家的经典读物，直到 17 世纪初才失去它的作用。《天文学大成》的希腊原名 *μεγαλη σχαξιζ* 应译为“大综合论”。托勒密有时把它叫作《数学文集》。公元 9 世纪初，阿拉伯人胡那因・伊本・伊沙克父子在巴格达翻译此书时，将“大”译成“最大”，再加上阿拉伯语的冠词“al”，就成了 Al Magiti，这就是今天书名 Almagest（直译应为“至大论”）的来历。此书曾于元朝传到中国，但未译成中文，直至明末的《崇祯历书》中才有简要介绍。全书共分十三卷。第一、第二卷讲基本的观测事实和数学基础，论证地为球形，居宇宙中心，静止不动，其他天体绕它旋转。这个宇宙模型虽不正确，但许多数学知识至今仍然有用。第三卷讨论太阳的运动和各种年的长度。第四卷讨论月球的运动和各种周期，并叙述他的一个重要发现：出差（见月球运动理论）。第五卷讲星盘的制造方法；由月球的视差求得月球的距离为地球半径的 59 倍；又用月食法，推得太阳距离为 1210 地球半径。第六卷讨论日月食的计算。第七、第八卷讨论恒星和岁差；将恒星按亮度分为六等，列出 48 个星座、1022 颗星的黄道坐标；并叙述天球仪的制法。其余五章利用本轮、均轮详细讨论五大行星的运动（见希腊古代天文学、地心体系）。

天文学史（history of astronomy）

天文学的一个分支，也是自然科学史的一个组成部分，它研究人类认识宇宙的历史，探索天文学发生和发展的规律。

沿革

天文学史的研究在中国有悠久的传统。二十四史中的《天文志》和《律历志》都有叙述天文学发展史的部分。中国历代著名的天文学家对中国天文学的发展都做过许多研究。唐代的《大衍历议》和元代的《授时历议》都从历法的角度对中国古代天文学的演进作过详细的论述。这一传统到了清代得到更大的发展。清人钱大昕、李锐和顾观光等人在天文史料的整理研究方面都曾作出重要贡献。阮元主编的《畴人传》，搜集了中国天文学家和数学家的不少史料，为后人的进一步研究提供了方便。从五四运动到中华人民共和国成立这一时期，朱文鑫等人对天文学史做了不少研究工作。中华人民共和国成立以后，一支专业的天文学史队伍开始形成。许多天文机构都有从事这方面工作的人员。三十年来，中国天文学史研究已取得很多成就。

近代天文学兴起以后，从 18 世纪到 20 世纪初的两个多世纪中，西欧国家对天文学史作了广泛的研究。法国出版了好些多卷本的天文学史著作。其中较著名的有贝里的《天文学史》两卷，部头最大的是杜恩的《世界体系》，从柏拉图到哥白尼共写成十大卷。20 世纪以来，欧美各国对从古希腊到 19 世纪欧洲的天文学史进行了比较充分的研究。近几十年来，一些亚非国家的天文学史、早期美洲的天文学史、现代天文学史和考古天文学等都受到越来越多的注意。现在，国际天文学联合会内设有天文学史组，几乎每年都举行国际性学术会议。苏、英、美等国都出版了天文学史的专门刊物。

对象和分科

在全世界范围，把整个人类认识宇宙的历史作为一个整体来研究的是世界天文学史。研究各个地区、民族和国家的天文学发展的则是有关地区、民族或国家的天文学史。世界天文学史和各地区、民族或国家的天文学史又可以按时代划分成更细的分支，如考古天文学（即史前天文学）、古代天文学史、中世纪天文学史、近代天文学史和现代天文学史。当然，各个地区、民族或国家的发展各有自己的特点，上述按时代的划分也并不千篇一律。例如，埃及古代天文学、美索不达米亚天文学、希腊古代天文学等都有光辉的历史；阿拉伯天文学在中世纪曾大放异彩；在 3～9 世纪，玛雅人也创造了自己的天文历法（见玛雅天文学）；而中国和印度则一直到近代以前都不断有辉煌的创造和发明（见中国天文学史、中国古代历法、印度古代天文学、印度古代历法）。总结各国、各地区、各民族在天文学上的贡献，寻找其特点，阐明它们之间的关系，是天文学史的一项重要任务。

随着天文学研究内容的日益丰富，分支学科越来越多，天文学史的分科也越来越细。射电天文学史、天体演化学史、宇宙论史、月球研究史、海王星发现史等目前都有专著出版。

在人类认识宇宙的过程中，人是认识的主体。对天文学家、天文学派和天文机构的研究，是天文学史的基本工作。分析历史上人们发展天文事业的组织方法、科学研究方法和培养人才的方法，分析有成就的天文学家的实践活动、思维过程、治学态度、治学方法和哲学观点，总结他们的经验教训，对今天的科研工作无疑具有借鉴的意义。

人类认识宇宙有赖于观测手段的改进。望远镜的发明、分光仪的使用、射电技术的成功、人造卫星的发射，都给天文学带来划时代的变革。因此研究天文仪器和技术设备的历史，也是天文学史的重要课题。

在人类历史的早期，天文学知识往往是伴随着占星术而来的。占星术是一种迷信。但是，它需要观测、推算星辰的运动，因此对古代天文学的发展曾有过不可忽视的影响。要探明天文学的发展规律，就必须对这种影响进行科学的研究和分析。

方法

研究天文学史必须在辩证唯物主义和历史唯物主义指导下，运用天文学和历史学的知识，对文献资料进行科学分析，还要对不断发现的天文学遗物和文献进行实地考察，对有些记载进行模拟、复原、核算和重复观测，并要随时注意考古发现的新资料。只有这样，才能还历史以本来面貌。

意义

①天文学史的研究可以从认识宇宙方面阐明人类思维发展的规律，有助于人们掌握正确的宇宙观和方法论，也有助于更全面、更深刻地认识宇宙，从而可以丰富马克思列宁主义的认识论。②天文学史的研究可以总结经验，探明天文学研究的规律，使当前和今后的天文学研究工作有所借鉴。对于一个具体的天文学研究课题，探讨它的历史也常常可以得到重要的历史信息。有些天文学课题的研究，如超新星爆发、地球自转速率的变化、太阳黑子等活动，十分需要长期的观测资料。在这方面，天文学史的研究可以作出许多贡献。③天文学史的研究成果丰富了文化史的内容，有助于历史学的研究。尤其是因为时间的量度是由天体的运动决定的，所以，历史上的许多年代问题往往需要用天文方法来考证，如中国历史上武王伐纣的时间、屈原的生年的确定和中西历的换算，都需要天文学史工作者的帮助。④天文学史有重要

的宣传教育意义，对于天文学教育或爱国主义教育都能提供生动有力的材料。研究各国天文学知识互相交流的历史，可以增进各国人民的相互了解和友谊。⑤研究世界的近代、现代天文学史，总结近代尤其是20世纪以来天文学发展的经验教训，吸取各国成功的经验，对中国今天发展天文科学事业具有迫切的现实意义。

托勒密（Claudius Ptolemaeus）

托勒密

一译托勒玫或多禄某，希腊著名天文学家。相传他生于上埃及的一个希腊化城市。他于127～151年在埃及的亚历山大城进行天文观测。托勒密总结了希腊古代天文学的成就，特别是喜帕恰斯的工作。他把自希腊天文学家阿波隆尼以来用偏心圆或小轮体系解释天体运动的地球中心说加以系统化和论证。在他的著作中曾举出种种物理学上的理由来反对日心说，后世遂把这种地心体系冠以他的名字。他发现天北极在星空间的位置变动；明确提出存在大气折射（蒙气差）现象；在月球运动中发现一项不太显著的“出差”（见月球运动理论）。因此，托勒密在他的关于月球的小轮体系中增加了一个小轮。

托勒密的著作很多。巨著《天文学大成》十三卷是当时天文学的百科全书，直到开普勒的时代，都是天文学家的必读书籍；《地理学指南》八卷，是他所绘的世界地图的说明书，其中也讨论到天文学原则；《光学》五卷，其中第五卷提到了蒙气差现象。此外，尚有年代学和占星学方面的著作等。

王锡阐（1628～1682）

中国明清之际的民间天文学家。字寅旭，号晓庵，江苏吴江人。生于明崇祯元年六月二十三日（1628年7月23日），卒于清康熙二十一年九月十八日（1682年10月18日）。17岁时，明朝覆亡，他放弃科举，致力于学术研究，尤其爱好天文，常竟夜仰观天象。每遇日、月食，必以实测来检验自己的计算结果。去世前一年，虽已疾病缠绵，仍坚持观测。王锡阐生活在耶稣会士东来、欧洲天文学开始传入中国的时期。对于应否接受欧洲天文学，当时中国学者有三种不同态度：一种是顽固拒绝，一种是盲目吸收，独他能持批判吸收的态度，从当时集欧洲天文学大成的《崇祯历书》入手，对其前后矛盾、互相抵触之处予以揭露，对其不足之处予以批评，进而在吸收欧洲天文学优点的基础上，发展了中国天文学，写成《晓庵新法》（1663 年）和《五星行度解》（1673 年）二书。《晓庵新法》共六卷，运用刚传到中国的球面三角学，首创计算日月食的初亏和复圆方位的算法，以及金星凌日和五星凌犯的算法，后来都被清政府编入《历象考成》，成为编算历法的重要手段。《五星行度解》是在第谷体系的基础上建立的一套行星运动理论。他认为五大行星皆绕太阳运行，土星、木星、火星在自己的轨道上左旋（由东向西），金星、水星在自己的轨道上右旋（自西向东），各有各的平均行度；太阳在自己的轨道上绕地球运行，这轨道在恒星天上的投影即为黄道。他据此推导出一组公式，能预告行星的位置。他还考察到日、月、行星运动的力学原因，但错误地认为这些是因假想的“宗动天”（恒星所在的天球外的一层天球）的吸引所致。

参 考 书 目

席泽宗. 试论王锡阐的天文工作. 科学史集刊，1963（6）：53-65.

希腊古代天文学（Greek ancient astronomy）

希腊是欧洲的文明古国，它的文化对以后欧洲各国文化的发展有很大影响，因此欧洲人称古代希腊文化为“古典文化”。希腊的地理位置使它易于和古代的东方文明接近。希腊第一个著名自然哲学家泰勒斯据说曾在埃及获得了几何学知识，到美索不达米亚学到了天文学。相传他曾预告过一次日食，并认为大地是一个浮在水上的圆盘或圆筒，而水为万物之源。

从泰勒斯开始到托勒密为止的近八百年间，希腊天文学得到了迅速的发展，著名天文学家很多。从地域来说，先后有四个活动中心，形成了四个学派，即小亚细亚的米利都，从泰勒斯开始形成了一个爱奥尼亚学派（公元前 7～前 5 世纪）；意大利南部的克罗托内，毕达哥拉斯创立了毕达哥拉斯学派（公元前 6～前 4 世纪）；希腊的雅典，从柏拉图开始，有柏拉图学派（公元前 4～前 3 世纪）；埃及的亚历山大，本城和若干地中海岛屿上的相互有联系的天文学家们形成亚历山大学派（公元前 3～前 2 世纪）。托勒密就属于这个学派，也是整个希腊古代天文学的最后一位重要的代表。就内容来说，可以柏拉图为界，划分两个时期。在柏拉图以前，虽然也有一些重要的发现，如月光是日光的反照、日月食的成因、大地为球形和黄赤交角数值等，但还是以思辨性的宇宙论占主导地位。从柏拉图开始有了希腊天文学的特色；用几何系统来表示天体的运动。柏拉图学派创立了同心球宇宙体系，而亚历山大学派则发展出本轮、均轮或偏心圆体系。这些都属于以地球为宇宙中心的地心体系。与此同时，还有另一方面的重要发展，即从赫拉克利德到阿利斯塔克的日心体系。公元前 2 世纪喜帕恰斯在观测仪器和观测方法方面都做了重大改进，他把三角学用于解决天文问题。公元前 2 世纪托勒密继承前人的成就，特别是喜帕恰斯的成就，并加以发展，著《天文学大成》十三卷，成为古代希腊天文学的总结。古代希腊天文学的成就主要表现在以下五个方面。

地球的形状和大小

爱奥尼亚学派认为大地是个圆盘或圆筒；毕达哥拉斯学派则认为大地是个球形；亚里士多德在《论天》（明末中译本名《寰有诠》）里肯定了这一看法之后，地为球形的概念即成定论。埃拉托斯特尼用比较科学的方法得出了很精确的结果，他注意到夏至日太阳在塞恩（今阿斯旺）地方的天顶上，而在亚历山大城用仪器测得太阳的天顶距等于圆周的 1/50。他认为这个角度即是两地的纬度之差，因而地球的周长即是两地之间距离的 50 倍，这两地之间的距离当时认为是 5000 希腊里，所以地球的周长为 25 万希腊里。据研究，1 希腊里（Stadia）=158.5 米，那么地球周长便是 39 600 千米，可以说相当准确。100 多年以后，住在罗得岛上的波西东尼斯又利用老人星测过一次地球的周长，得出为 18 万希腊里，没有埃拉托斯特尼的准确，但为托勒密所采用，而成为一段时期内公认的地球周长的数值。

日、月的远近和大小

毕达哥拉斯认为，月光是太阳光的反射；月亮的圆缺变化是由于月、地、日之间相互位置的变动，月面明暗交界处为圆弧形，表明月亮为球形，并推想其他天体也都是球形。亚里士多德接受了这一论断，并且进一步提出“运动着的物体必是球形”这一错误命题来作为论据。阿利斯塔克第一次试图用几何学的方法测定日、月、地之间的相对距离和它们的相对大小。他的论文《关于日月的距离和大小》一直流传到今天。在这篇论文中，他设想上、下弦时，日、月和地球之间应当形成一个直角三角形，月亮在直角顶上。通过测量日、月对地球所形成的夹角，就可以求出太阳和月亮的相对距离。他量出这个夹角为87°，并由此算出太阳比月亮远18～20倍。

喜帕恰斯继续做阿利斯塔克测量日、月大小和距离的工作，他通过观测月亮在两个不同纬度地方的地平高度，得出月亮的距离约为地球直径的$30\frac{1}{6}$倍，这个数字比实际稍小一点。

日心地动说

毕达哥拉斯学派的菲洛劳斯认为日、月和行星除绕地球由西向东转动外，每天还要以相反的方向转动一周。这是不谐和的。为了解决这种不谐和的问题，他提出地球每天沿着由西向东的轨道绕中央火转动一周。和月亮总是以同一面朝着地球一样，地球也是以同一面朝着中央火，而希腊人是住在背着中央火的一面。地球和中央火之间还有一个“反地球”，它以和地球一样的角速度绕中央火运行，因此，地球上的人是永远看不见中央火的。

按照菲洛劳斯的理论，中央火是宇宙的中心。处在它外面的地球，每天绕火转一周，月球每月一周，太阳每年一周，行星的周期更长，而恒星则是静止的。这样的见解要求地球每天运行一段行程后，恒星之间的视位置应该有所改变，除非恒星跟地球的距离是无限远。毕达哥拉斯学派认为天体与中央火的距离应服从音阶之间音程的比例，也就是说恒星与地球的距离是有限的；可是，从来没有观测到在一天之内恒星之间的视位置有什么变化。为了消除这一矛盾，毕达哥拉斯学派另外两位学者希色达和埃克方杜斯提出地球自转的理论，认为地球处在宇宙的中心，每天自转一周。其后，柏拉图学派的赫拉克利德继承了希色达和埃克方杜斯的观点，以地球的绕轴自转来解释天体的视运动，同时又注意到水星和金星从来没有离开过太阳很远，进而提出这两个行星是绕太阳运动，然后又和太阳一起绕地球运动的。

和赫拉克利德同时的亚里士多德反对这种观点，他以没有发现恒星视差来反对地球绕中央火转动的学说。他以垂直向上抛去的物体仍落回原来位置，而不是偏西的事实来反对地球自转的学说。亚里士多德这两个论据，直到伽利略的力学兴起和贝塞耳发现了恒星的视差以后，才被驳倒。虽然亚里士多德的观点在很长时间内占了统治地位，但是，公元前 3 世纪的阿利斯塔克还是认为，地球在绕轴自转的同时，又每年沿圆周轨道绕太阳一周，太阳和恒星都不动，行星则以太阳为中心沿圆周运动。为了解释恒星没有视差位移，他正确地指出，这是由于恒星的距离远比地球轨道直径大得多。

同心球理论

阿利斯塔克的见解虽富于革命性，但走在时代的前面太远了，无法得到一般人的承认。当时盛行的却是另一种见解，即以地球为中心的地心说，它一直延续到 16～17 世纪。在地心说的形成和发展过程中，许多希腊学者起了奠基的作用。毕达哥拉斯学派认为，一切立体图形中最美好的是球形，一切平面图形中最美好的是圆形，而宇宙是一种和谐（cosmos）的代表物，所以一切天体的形状都应该是球形，一切天体的运动都应该是匀速圆周运动。但是事实上，行星的运动速度很不均匀，有时快，有时慢，有时停留不动，有时还有逆行。可是柏拉图认为，这只是一种表面现象，这种表面现象可以用匀速圆周运动的组合来解释。在《蒂迈欧》（*Timaeus*）中，他提出了以地球为中心的同心球壳结构模型。各天体所处的球壳，离地球的距离由近到远，依次是月亮、太阳、水星、金星、火星、木星、土星、恒星，各同心球之间由正多面体连接着。欧多克斯发展了他的观点。欧多克斯认为，所有恒星共处在一个球面上，此球半径最大，它围绕着通过地心的轴线每日旋转一周；其他天体则有许多同心球结合，日、月各三个，行星各四个，每个球用想象的轴线和邻近的球体联系起来，这些轴线可以选取不同的方向，各个球绕轴旋转的速度也可以任意选择。这样，把 27 个球（恒星 1，日、月 2×3，行星 4×5）经过组合以后，就可以解释当时所观测到的天象。后来，观测资料积累得愈来愈多，新的现象又不断发现，就不得不对这个体系进行补充。欧多克斯的学生卡利普斯，又给每个天体加上了一个球层，使球的总数增加到 34 个。

欧多克斯和卡利普斯的同心球并非物质实体，只是理论上的一种辅助工具，而且日月五星每一组的同心球与另一组无关。可是到了亚里士多德手里，这些同心球成了实际存在的壳层，而且各组形成一个连续的相互接触的系统。这样，为了使一个天体所特有的运动不致直接传给处在它下面的天体，就不得不在载有行星的每一组球层之间插进 22 个“不转动的球层”。这些不转动的球层和处在它之上的那个行星运动的球层具有同样的数目、同样的旋转轴、同样的速度，但是以相反的方向运动，这样就抵消了上面那个行星所特有的一切运动，只把周日运动传给下面行星。

亚里士多德体系不同于前人的地方还在于他的天体次序是月亮、水星、金星、太阳、火星、木星、土星和恒星天，在恒星天之外还有一层“宗动天”。亚里士多德认为，一个物体需要另一个物体来拖动，才能运动。于是他在恒星天之外，加了一个原动力天层——宗动天。宗动天的运动则是由不动的神来推动的，神一旦推动了宗动天，宗动天就把运动逐次传递到恒星、太阳、月亮和行星上去。这样，亚里士多德就把上帝是第一推动力的思想引进宇宙论中来了。

本轮均轮说

同心球理论除了过于复杂以外，还和一些观测事实相矛盾：第一，它要求天体同地球永远保持固定的距离，而金星和火星的亮度却时常变化。这意味着它们同地球的距离并不固定。第二，日食有时是全食，有时是环食，这也说明太阳、月亮同地球的距离也在变化。

阿利斯塔克的日心地动说可以克服同心球理论的困难，但他无法回答上面提到的亚里士多德对地球公转和自转的责难。当时希腊人认为天地迥然有别，也阻碍人们接受地球是一个行星的看法。因此，要克服同心球理论所遇到的困难，还得沿着圆运动的思路前进。阿波隆尼设想出另一套几何模型，可以解释天体同地球之间距离的变化。那就是：如果行星作匀速圆周运动，而这个圆周（本轮，epicycle）的中心又在另一个圆周（均轮，deferent）上做匀速运动，那么行星和地球的距离就会有变化。通过对本轮、均轮半径和运动速度的适当选择，天体的运动就可以从数量上得到说明。

喜帕恰斯继承了阿波隆尼的本轮、均轮思想，并且又进一步发现，太阳的不均匀性运动还可以用偏心圆（eccentrics）来解释，即太阳绕着地球作匀速圆周运动，但地球不在这个圆周的中心，而是稍偏一点。这样，从地球上看来，太阳就不是匀速运动，而且距离也有变化，近的时候走得快，远的时候走得慢。

本轮均轮说到托勒密时发展到了完备的程度，他在《天文学大成》中作了概括。这种学说统治了天文学界一千四百多年，直到哥白尼学说出现以后，才逐渐被抛弃。

参考书目

Cohen M R，Drabkin I E. Source Book in Greek Science. Cambridge：Harvard University Press，1958.

Neugebauer O. The Exact Science in Antiquity. Providence，Rhode Island：Brown University Press，1957.

星盘（planispheric astrolabe）

一种测量天体高度的仪器，可能是希腊天文学家喜帕恰斯（公元前 2 世纪人）发明的，也有人说是更早的阿波隆尼（公元前 3 世纪人）所创造。现存文献中最早论述过星盘的是希腊天文学家塞翁（Theon）的著作（约 375 年）。中国在元朝制造过这种仪器（1267 年），在明朝译著过有关星盘的两本书，即《浑盖通宪图说》（1607 年）和《简平仪说》（1611 年）。

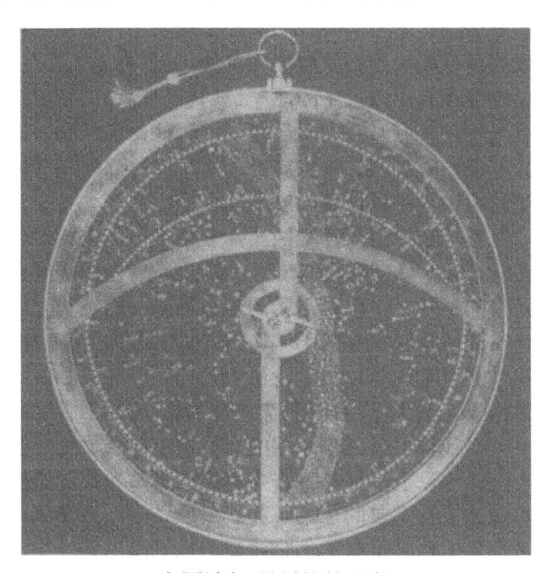

中国清初所制的简平仪

仪器的主体是个圆形铜盘，盘的背面安装有一可绕中心旋转的窥管。观测时，将铜盘垂直悬挂，人目用窥管对准太阳或恒星，就可以从盘边的刻度上得到它们的高度。在盘的正面，有用球极平面射影法绘制的星图和地平坐标网。星图上只有最亮的星和黄道、赤道。地平坐标网有以天顶为中心的等高圈和方位角。地平坐标网在下，星图在上，后者是用透明材料绘制的。由观测得到太阳的高度后，将当日太阳在黄道上的位置转到观测到的高度圈上，二者交于一点。这一点和盘面中心的连线（用游尺）同刻在边缘上时圈的交点，就是观测时间。知道太阳当天的赤纬和中午时的高度，也可以求出观测地的纬度。这种仪器还可以根据不同的需要，在盘面上增加其他的东西，如测影的刻度、罗盘和占星用的符号等。它可以应用于教学、航海和测量等，在欧洲和伊斯兰世界曾经长期使用，直到18世纪中叶才为六分仪代替。

张衡（78～139）

中国东汉时期伟大的天文学家，字平子，南阳西鄂（今河南省南阳市石桥镇）人。十七岁时，离开家乡，到西汉故都长安及其附近地区考察历史古迹，调查民情风俗和社会经济情况。后来，又到首都洛阳参观太学，求师访友。汉和帝永元十二年（100年），由洛阳回到南阳，担任南阳太守鲍德的主簿。在此期间写了《东京赋》和《西京赋》，一直流传到今天。安帝永初二年（108年）鲍德调离南阳后，张衡去职留在家乡，用了三年时间钻研哲学、数学、天文，积累了不少知识，声誉大振。永初五年他再次到京城，担任郎中与尚书侍郎。元初二年（115年）起，曾两度担任太史令，前后凡十四年，在天文学上取得卓越的成就。

张衡

浑天说的代表

汉朝的时候，关于宇宙结构的理论主要有三个学派，即盖天说、浑天说和宣夜说。张衡是浑天说的代表人物。他认为天好像一个鸡蛋壳，地好比鸡蛋黄，天大地小；天地各乘气而立，载水而浮。这个看法虽然也是属于地心体系的范畴，但是在当时却有进步之处：第一，张衡虽然认为天有一个硬壳，却并不认为硬壳是宇宙的边界，硬壳之外的宇宙在空间和时间上都是无限的。第二，张衡在《灵宪》这篇著作中，一开头就力图解答天、地的起源和演化问题。他的回答具有朴素的、变化发展的辩证思想因素。他认为天地未分以前，混混沌沌；既分以后，轻者上升为天，重者凝结为地。天为阳气，地为阴气，二气互相作用，创造万物，由地溢出之气为星。第三，张衡用“近天则迟，远天则速”，即用距离变化来解释行星运行的快慢。近代科学证明，行星运动的快慢是和它同太阳距离的近远相关的。张衡的解释有合理的因素。

制造仪器和观测

张衡不但注意理论研究，而且注重实践，他曾亲自设计和制造了漏水转浑天仪、候风地动仪。候风地动仪制成于顺帝阳嘉元年（公元 132 年），后者是世界上第一架测验地震的仪器。浑天仪相当于现在的天球仪，原是西汉时耿寿昌发明的。张衡对它作了改进，用来作为浑天说的演示仪器。他用齿轮系统把浑象（见浑仪和浑象）和计时漏壶联系起来，漏壶滴水推动浑象均匀地旋转，一天刚好转一周。这样，人在屋子里看浑象，就可以知道哪颗星当时在什么位置上。

张衡还对许多具体的天象做了观察和分析。他统计出中原地区能看到的星数约 2500 颗。他基本上掌握了月食的原理。他测出太阳和月亮的角直径是周天的 1/736，即 29′24″，同太阳和月亮的平均角直径 31′59″26 和 31′5″2 相差不多，可见张衡的测量是相当准确的。张衡认为，早晚和中午的太阳，其大小是一样的；看起来早晚大，中午小，只是一种光学作用。早晚观测者所处的环境比较暗，由暗视明就显得大，中午时天地同明，看天上的太阳就显得小。好比一团火，夜里看就大，白天看就小。张衡的这种解释是有道理的，但不很全面。到了晋代，束皙才作了比较完善的解释。

反图谶的斗争

在中国天文学发展的过程中，具有实用意义的历法占有重要地位，而围绕着历法进行的一些斗争，又往往是和政治、思想斗争联系在一起的。安帝延光二年（123 年），围绕着当时行用的“四分历”，展开了一场大论战。一方面，梁丰、刘恺等八十余人认为“四分历”不合图谶，应该恢复西汉时期的“太初历”。另一方面，李泓等四十余人主张继续使用“四分历”，理由是“四分历”就是根据图谶来的，最为正确。张衡则认为，这两派的意见都是错误的，历法的改革与否，不应以是否合乎图谶为标准，而应以天文观测的结果为依据。他和周兴观测的结果认为九道法最为精密。经过一场激烈辩论以后，九道法虽没有被采用，但妄图用唯心主义的图谶之学来附会历法的做法也归于失败。这是中国天文学史上唯物论对唯心论斗争的一次胜利。张衡于顺帝阳嘉元年（132 年）进一步揭露太学考试的各种弊病时，又极力反对把图谶作为太学考试的内容。第二年又进一步提出，要求禁绝所有图谶之书。张衡在当时敢这样做，可以说是具有大无畏精神的，因为在他那个时代，反图谶会遭杀身之祸。

著作

据《后汉书·张衡列传》记载，他共留下科学、哲学、文学方面的著作三十二篇，列传中全文收进去的有两篇，即《应闲赋》和《思玄赋》。这两篇赋确实反映了张衡的思想境界。前者表明他的为人和治学态度；后者则是一篇难得的人类到星际旅行的畅想曲：“出紫宫之肃肃兮，集太微之阆阆。命王良掌策驷兮，踰高阁之锵锵。建罔车之幕幕兮，猎青林之芒芒。弯威弧之拨刺兮，射嶓冢之封狼。观壁垒于北落兮，伐河鼓之磅硠。乘天潢之汎汎兮，浮云汉之汤汤。倚招摇、摄提以低回剹流兮，察二纪、五纬之绸缪遹皇。”（译文：我走出清幽幽的“紫微宫”，到达明亮宽敞的“太微垣”；让“王良”驱赶着“骏马”，从高高的“阁道”上跨越扬鞭！我编织了密密的“猎网”，巡守在“天苑”的森林里面；张开“巨弓”瞄着了，要射杀嶓冢山上的“恶狼”！我在“北落”那儿观察森严的“壁垒”，便把“河鼓”敲得咚咚直响；款款地登上了“天潢”之舟，在浩瀚的银河中游荡；站在“北斗”的末梢回过头来，看到日月正在不断地回旋。）

张衡写出这样美妙的科学幻想诗来，是和他的文学艺术素养分不开的。他是东汉时期有名的文学家，并且还被人列为当时的六大名画家之一。1956 年，郭沫若为他题碑文：“如此全面发展之人物，在世界史中亦所罕见。万祀千龄，令人景仰。”

参 考 书 目

孙文青. 张衡年谱. 北京：商务印书馆，1959.

中国历法表

序号	历名	创制者	制定年（公元）	行用年（公元）	刊载文献	特点
1 2 3 4 5 6	黄帝历 颛顼历 夏　历 殷　历 周　历 鲁　历　*		战国时期	战国时期，唯《颛顼历》一直用到公元前104年汉武帝改历为止	《汉书·律历志》 《开元占经》	皆以 $365\frac{1}{4}$ 日为一回归年，故又称“四分历”，以 $29\frac{499}{940}$ 日为一朔望月，在19年中设7个闰月。但各历所用上元和岁首不同
7	太初历（三统历）	（汉）邓平、落下闳	公元前104	公元前104～84	《汉书·律历志》	以冬至所在之月为十一月，以正月为岁首，以没有中气的月份为闰月，以135个月为交食周期
8	四分历	（东汉）李梵、编䜣	85	85～263	《后汉书·律历志》	测定了二十八宿的黄道距度；将冬至点由牵牛初度移到斗 $21\frac{1}{4}$ 度
9	乾象历	（东汉）刘洪	206	223～280	《晋书·律历志》	把回归年的尾数降到1/4以下，成为365.2462日；提出了定朔算法；提出了日月食限的概念
10	黄初历	（魏）韩翊	220	未用		所定朔望月最准，为29.530591日
11	太和历	（魏）高堂隆	227	未用		
12	景初历（太史历、永初历）	（魏）杨伟	237	237～451	《晋书·律历志》 《宋书·历志》	提出推算日食食分和亏起方位的方法
13	正历	（晋）刘智	274	未用		
14	乾度历	（晋）李修、卜显依	277	未用	已失传	
15	永和历	（晋）王朔之	352	未用		
16	三纪甲子元历	（后秦）姜岌	384	384～517	《晋书·律历志》	首创以月食位置推算太阳位置法

续表

序号	历名	创制者	制定年（公元）	行用年（公元）	刊载文献	特点
17	元始历	（北凉）赵歐	412	412～439；452～522		设600年中有221个闰月
18	五寅元历	（北魏）崔浩	440	未用	《北史·崔浩传》	
19	元嘉历（建元历）	（宋）何承天	443	445～509	《宋书·律历志》	创调日法
20	大明历	（宋）祖冲之	463	510～589	《宋书·律历志》	将岁差引入历法计算
21	景明历	（北魏）公孙崇	500	未用	《魏书·律历志》	
22	神龟历	（北魏）崔光	518	未用	《魏书·律历志》	
23	正光历	（北魏）李业兴	521	523～565	《魏书·律历志》	
24	兴和历	（东魏）李业兴	540	540～550	《魏书·律历志》	
25	大同历	（梁）虞邝	544	未用	《隋书·律历志》	
26	九宫行碁历	（东魏）李业兴	547	未用		
27	天保历	（北齐）宋景业	550	551～577		
28	灵宪历	（北齐）信都芳			《北齐书·方技传》	
29	天和历	（北周）甄鸾	566	566～578		
30	孝孙历	（北齐）刘孝孙	576	未用		
31	甲寅元历	（北齐）董峻、郑元伟	576	未用	《隋书·律历志》	
32	孟宾历	（北齐）张孟宾	576	未用	《隋书·律历志》	
33	大象历	（北周）马显	579	579～583	《隋书·律历志》	
34	开皇历	（隋）张宾	584	584～596	《隋书·律历志》	

续表

序号	历名	创制者	制定年（公元）	行用年（公元）	刊载文献	特点
35	皇极历	（隋）刘焯	604	未用	《隋书·律历志》	用等间距二次差内插法来处理日、月运动的不均匀性
36	大业历	（隋）张胄玄	597	597～618	《隋书·律历志》	用等差级数求和方法编行星位置表
37	戊寅元历	（唐）傅仁均、崔善为	619	619～664	《旧唐书·历志》 《新唐书·历志》	用定朔安排日用历谱；废闰周
38	麟德历	（唐）李淳风	665	665～728	《旧唐书·历志》 《新唐书·历志》	
39	经纬历	（唐）瞿昙罗		未用		
40	光宅历	（唐）瞿昙罗	698	未用		
41	神龙历	（唐）南宫说	705	未用	《旧唐书·历志》	
42	九执历	（唐）瞿昙悉达	718	未用	《开元占经》	译自印度历法
43	大衍历	（唐）一行	728	729～761	《旧唐书·历志》 《新唐书·历志》	用定气编排太阳运行表，创不等间距二次差内插法
44	至德历	（唐）韩颖	758	758～762	《新唐书·历志》	
45	五纪历	（唐）郭献之	762	762～783	《新唐书·历志》	
46	符天历	（唐）曹士蔿	780～783	行于民间，直至宋代	《新五代史·司天考》	以雨水为气首，以一万为天文数据的共同分母，废除上元积年
47	正元历	（唐）徐承嗣	783	784～806	《新唐书·历志》	
48	观象历	（唐）徐昂	807	807～821	《新唐书·历志》	
49	宣明历	（唐）徐昂	822	822～892	《新唐书·历志》	创日食三差（时差、气差、刻差）法
50	崇玄历	（唐）边冈	893	893～938	《新唐书·历志》	

续表

序号	历名	创制者	制定年（公元）	行用年（公元）	刊载文献	特点
51	永昌历	（前蜀）胡秀林	909	909～911	《通鉴目录》	
52	正象历	（前蜀）胡秀林	912	912～925	《通鉴目录》	
53	调元历	（后晋）马重绩	937	939～943； 947～994		
54	中正历	（南唐）陈成勋	940	940～950		
55	齐政历	（南唐）	950	950～975		
56	明玄历	（后周）王处讷	952	未用		
57	钦天历	（后周）王朴	956	956～963	《旧五代史·历志》 《新五代史·司天考》	在计算行星位置时用了等加速度的公式
58	应天历	（宋）王处讷	963	964～982	《宋史·律历志》	每夜分五更，每更分五点，更点制自此始
59	乾元历	（宋）吴昭素	981	983～1000	《宋史·律历志》	
60	大明历	（辽）贾俊	994	995～1125； 1123～1136	《辽史·历象志》 错录祖冲之大明历	
61	至道历	（宋）王睿	995	未用		
62	仪天历	（宋）史序	1001	1001～1023	《宋史·律历志》	
63	乾兴历	（宋）张奎	1022	未用		
64	崇天历	（宋）宋行古	1024	1024～1064； 1068～1074	《宋史·律历志》	
65	明天历	（宋）周琮	1064	1065～1067	《宋史·律历志》	对历代历法有一较好的总结
66	奉元历	（宋）卫朴	1074	1075～1093	李锐补修《奉元术》	

续表

序号	历名	创制者	制定年（公元）	行用年（公元）	刊载文献	特点
67	十二气历	（宋）沈括	1086	未用	《梦溪笔谈》	纯阳历
68	观天历	（宋》皇居卿	1092	1094～1102	《宋史・律历志》	
69	占天历	（宋）姚舜辅	1103	1103～1105	李锐补修《占天术》	
70	纪元历	（宋）姚舜辅	1106	1106～1127；1133～1135	《宋史・律历志》	首创利用观测金星来定太阳位置法
71	大明历	（金）杨级	1127	1137～1181		
72	统元历	（南宋）陈德一	1135	1136～1167	《宋史・律历志》	
73	乾道历	（南宋）刘孝荣	1167	1168～1176	《宋史・律历志》	
74	淳熙历	（南宋）刘孝荣	1176	1177～1190	《宋史・律历志》	
75	重修大明历	（金）赵知微	1181	1181～1234；1215～1280	《金史・历志》	月亮的各种周期值和黄赤交角值都很准确
76	乙未元历	（金）耶律履	1181	未用	《金史・历志》	
77	五星再聚历	（南宋）石万	1187	未用		
78	会元历	（南宋）刘孝荣	1191	1191～1198	《宋史・律历志》	
79	统天历	（南宋）杨忠辅	1199	1199～1207	《宋史・律历志》	回归年数值最准确，并且认为回归年长度在变化，古大今小
80	开禧历	（南宋）鲍澣之	1207	1208～1251	《宋史・律历志》	
81	西征庚午元历	（元）耶律楚材	1220	未用	《元史・历志》	创里差法（类似“时区”）
82	淳祐历	（南宋）李德卿	1250	1252		

续表

序号	历名	创制者	制定年（公元）	行用年（公元）	刊载文献	特点
83	会天历	（南宋）谭玉	1253	1253～1270		
84	万年历	（元）札马鲁丁	1267	行于几个少数民族中间		可能即后来的回历
85	成天历	（南宋）陈鼎	1271	1271～1276	《宋史·律历志》	
86	本天历	（南宋）邓光荐	1277	1277～1279		
87	授时历（大统历）	（元）郭守敬	1280	1280～1644	《元史·历志》	创三次差内插法，并用类似球面三角的公式解决太阳黄赤道坐标换算的问题
88	圣寿万年历	（明）朱载堉	1554	未用	《乐律全书》	
89	黄钟历	（明）朱载堉	1581	未用	《古今图书集成·历法典》	
90	新法历（时宪历）	（明）徐光启等	1634	1645～1723	《崇祯历书》《历象考成》	采用第谷宇宙体系和几何学、球面三角等
91	晓庵历	（清）王锡阐	1663	未用	《晓庵新法》	
92	癸卯元历	（清）戴进贤	1742	1742～1911	《历象考成后编》	采用开普勒行星运动第一、第二定律
93	天历	（太平天国）洪仁玕	1852	1852～1864	《己未九年改历诏旨》	大小月相间，不计朔望，不置闰月
94	公历（即格雷果里历）		1582	1912 至今		

* 从黄帝历至鲁历合称“古六历”。

中国天文学史*（history of astronomy in China）

引言

中国是世界上天文学发展最早的国家之一，几千年来积累了大量宝贵的天文资料，受到各国天文学家的注意。就文献数量来说，天文学仅次于农学和医学，可与数学并列，是中国古代最发达的四门自然科学之一。

中国古代天文学萌芽于原始社会，到战国秦汉时期形成了以历法和天象观测为中心的完整的体系。

历法是中国古代天文学的主要部分。在二十四史中有专门的篇章，记载历代历法的资料，称为“历志”或“律历志”。中国古代的历法相当于印度的悉檀多（Siddhanta）或阿拉伯的积尺（Zij），它不单纯是计算朔望、二十四节气和安置闰月等编排日历的工作，还包括日月食和行星位置的计算等一系列方位天文的课题，类似编算现在的天文年历。跟欧洲不同，中国、印度和阿拉伯各国的古代天文学都是以历法作为主要内容。在另一方面，中国又跟印度和阿拉伯不同，后者长于行星位置的计算，而中国则长于日月运行的计算。

天象观测是中国古代天文学的另一项主要内容。二十四史中专门记载这类资料的部分叫作“天文志”。其中包括天象观测的方法、仪器和记录。主要的观测仪器——浑仪（见浑仪和浑象），同希腊用的黄道式装置不同，中国用的一直是赤道式装置。记录观测数据的度数，在明末以前中国一直是分圆周为 $365\frac{1}{4}$ 度，而受巴比伦影响的各国则用 360 度。两千多年来，中国保存下来的有关日食、月食、月掩星、太阳黑子、流星、彗星、新星等丰富的记录，是现代天文学的重要参考资料。

以元代的“授时历”为标志，中国古代天文学发展到最高峰。明代有二百年的停滞。万历年间（1573～1620 年），随着资本主义的萌芽，社会对天文学产生新的要求。正在这时，欧洲一些耶稣会士来到中国。他们为了迎合中国人的这一要求，采取学术传教的策略，把一些不破坏其宗教信条的欧洲科学技术知识介绍给中国。这样，中国天文学就开始同西方天文学融合。1859 年，李善兰和伟烈亚力合译英国 J. F. 赫歇尔的《谈天》，中国人得以窥见近代

* 合作者：薄树人、陈久金。

天文学的全貌。但由于当时中国已沦为半殖民地半封建社会，现代化的天文台和观测手段，都不可能建立和创制。中华人民共和国成立以后，仪器设备、台站建设、干部培养等工作，才列入国家计划，天文学得到较大的发展。

中国古代天文学的萌芽：从远古到西周末（公元前 770 年以前）

1960 年在山东莒县和 1973 年在山东诸城分别出土的两个距今约 4500 年的陶尊，上都有一个符号。有人释为“旦”字。这个字上部的“○”像太阳，中间的“ ”像云气，下部的“ ”像山有五峰，山上的云气托出初升的太阳，其为早晨景象，宛然如绘。《尚书 • 尧典》说“乃命羲和，钦若昊天，历象日月星辰，敬授人时”，说明在传说中的帝尧（约公元前 24 世纪）的时候已经有了专职的天文官，从事观象授时。《尧典》紧接着说：“分命羲仲，宅嵎夷，曰旸谷，寅宾出日，平秩东作。”这段话的意思是，羲仲在嵎夷旸（汤）谷之地，专事祭祀日出，以利农耕。山东古为东夷之域，莒县、诸城又处滨海之地，正是在这里发现了祭天的礼器和反映农事天象的原始文字，这与《尧典》所载正可相互印证。《尧典》虽系后人所作，但它反映了远古时候的一些传说，当无疑义。

《尧典》还说，一年有 366 天，分为四季，用闰月来调整月份和季节。这些都是中国历法（阴阳历）的基本内容。《尧典》中有“日中星鸟，以殷仲春”“日永星火，以正仲夏”“宵中星虚，以殷仲秋”“日短星昴，以正仲冬”四句话，说的是根据黄昏时南方天空所看到的不同恒星，来划分季节。这里提到的只有仲春、仲夏、仲秋和仲冬四个季节。

从夏朝（公元前 21～前 16 世纪）开始，中国进入奴隶社会。流传下来的《夏小正》一书，反映的可能是夏代的天文历法知识：一年十二个月，除二月、十一月、十二月外，每月都用一些显著的天象作为标志。《夏小正》除注意黄昏时南方天空所见的恒星（“昏中星”） 以外，还注意到黎明时南方天空恒星（“旦中星”）的变化，以及北斗斗柄每月所指方向的变化，比《尚书 •尧典》有所发展。

夏朝的末代几个君主有孔甲、胤甲、履癸等名字，这证明当时已用十个天干（甲、乙、丙、丁……）作为序数。

在殷商（公元前 16～前 11 世纪）甲骨卜辞中，干支纪日的材料很多。一块武乙时期（约公元前 13 世纪）的牛胛骨上完整地刻画着六十组干支，可能是当时的日历。从当时大量干支纪日的排比来看，学者对当时的历法，得出比较一致的意见：殷代用干支纪日，数字纪月；月有大小之分，大月 30 日，小月 29 日；有连大月，有闰月；闰月置于年终，称为十三月；季节和月份有大体固定的关系。

图 1　记述新星的甲骨片

甲骨卜辞中还有日食、月食和新星纪事。例如，“癸酉贞：日夕有食，佳若？癸酉贞：日夕有食，非若?”“旬壬申夕月有食”“七日己巳夕豈，虫（有）新大星并火”等（图 1，甲骨卜辞中的新星纪事）。

比甲骨文稍晚的是西周时期（公元前 11～前 8 世纪）铸在铜器（钟、鼎等）上的金文。金文中有大量关于月相的记载，但无朔字。最常出现的是初吉、既生霸（魄）、既望、既死霸（魄）。人们对这些名称有种种不同的解释。但除初吉以外，其他几个词都与月相有关，则无异议。

“十月之交，朔日辛卯，日有食之……彼月而食，则维其常，此日而食，于何不臧?”《诗·小雅》中的这段话，不但记录了一次日食，而且表明那时已经以日月相会（朔）作为一个月的开始。一些人认为，这次日食发生在周幽王六年，即公元前 776 年，也有人认为发生在周平王三十六年，即公元前 735 年。

《诗经》中还有许多别的天文知识。明末顾炎武在《日知录》里说：“三代以上，人人皆知天文。”他列举的四件事中，有三件都出自《诗经》，那就是“七月流火”“三星在户”“月离于毕”。《诗经》中还记载了金星和银河，以及利用土圭测定方向。如果认为《周礼》也反映西周的情况，那么，在西周时期应该已经使用漏壶计时，而且按照二十八宿（见三垣二十八宿）和十二次来划分天区了。到了西周末期，中国天文学已经初具规模了。

体系形成时期：从春秋到秦汉（公元前 770～公元 220 年）

春秋时期（公元前 770～前 476 年）中国天文学已经处于从一般观察到数量化观察的过渡阶段。《礼记·月令》虽是战国晚期的作品，但据近人考证，它所反映的天象是公元前 600 年左右的现象，应能代表春秋中叶的天文学水平。它是在二十八宿产生以后，以二十八宿为参照物，给出每月月初的昏旦中星和太阳所在的位置。它所反映的天文学水平要比《夏小正》所述的高得多。

记录这一段历史的《春秋》和《左传》，都载有丰富的天文资料。从鲁隐公元年（公元前 722 年）到鲁哀公十四年（公元前 481 年）的 242 年中，记录了 37 次日食，现已证明其中 32 次是可靠的。鲁庄公七年（公元前 687 年）“夏四月辛卯，夜，恒星不见。夜中，星陨如雨”。这是天琴座流星雨的最早记载。鲁文公十四年（公元前 613 年）“秋七月，有星孛入于北斗”，是关于哈雷彗星的最早记录。

大概在春秋中叶（公元前 600 年左右）已开始用土圭来观测日影长短的变化，以定冬至和夏至的日期。那时把冬至叫作“日南至”，以有日南至之月为“春王正月”。中国科学史专家钱宝琮的研究认为：《左传》里有两次日南至的记载，间距为 133 年。在这 133 年中，记录闰月 48 次，失闰 1 次，共计应有 49 个闰月，恰合“十九年七闰”。又，两次日南至之间的天数为 809 个甲子周期又 38 日，即 48 578 日，合一年为 $365\frac{33}{133}$ 日。为简便起见取尾数为 $\frac{1}{4}$。凡以这个数字（$365\frac{1}{4}$ 日）为回归年（见年）长度的历法，就叫作“四分历”。汉武帝改历以前所行用的古代六种历法（“黄帝历”“颛顼历”“夏历”“殷历”“周历”“鲁历”）都是“四分历”；之所以有不同的名称，或因行用的地区不同，或因采用的岁首不同；名称并不代表时间的先后，它们大概都是战国时期创制的。因为战国时期的“四分历”采用一年为 $365\frac{1}{4}$ 日，而太阳一年在天球上移动一周（实际上是地球运动的反映），所以，中国古代也就规定圆周为 $365\frac{1}{4}$ 度，太阳每天移动一度。这个规定构成中国古代天文学体系的一个特点。

随着观测资料的积累，战国时期已有天文学的专门著作，齐国的甘公（甘德）著有《天文星占》八卷，魏国的石申著有《天文》八卷。这些书虽然都属于占星术的东西，但其中也包含着关于行星运行和恒星位置的知识，所谓《石氏星经》即来源于此。

春秋战国时期，各诸侯国都在自己的王公即位之初改变年号，因此各国纪年不统一。这对各诸侯国的政治、经济、文化交流十分不便。于是有人设计出一种只同天象联系，而与人间社会变迁无关的纪年方法，这就是岁星纪年法。岁星，即木星。古人认为它的恒星周期是十二年。因此，若将黄、赤道带分成十二个部分，称为十二次，则木星每年行经一次。这样，就可以用木星每年行经的星次来纪年。岁星纪年法后来不断演变，到汉以后就发展成为干支纪年法。

战国时期（公元前 475～前 221 年）的巨大社会变革和百家争鸣的局面，促进了天文学理论的发展。宋钘尹文学派（公元前 4 世纪）关于气是万物本原的观念，后来影响到天文学理论的许多方面。《庄子·天运》和《楚辞·天问》提出一系列问题，而且问得很深刻。例如，宇宙的结构怎样？天地是怎样形成的？为了回答第一个问题，出现了盖天说，先是认为“天圆如张盖，地方如棋局”，后来又改进成为“天似盖笠，地法覆槃”（《晋书·天文志》）。

关于第二个问题，从老子《道德经》和屈原《天问》中所述及的内容来看，大概在战国时期已有了回答。但是，明确而全面的记载则始见于汉代的《淮南子》（约成书于公元前 140 年）。《淮南子·天文训》一开头就讲天地的起源和演化问题，认为天地未分以前，混混沌沌；既分之后，轻清者上升为天，重浊者凝结为地；天为阳气，地为阴气，二气相互作用，产生万物。《淮南子》这部著作不但汇集了中国上古天文学的大量知识，而且树立了一个榜样，第一次把天文学作为一个重要知识部门，专立了一章来叙述，把乐律和计量标准附在其中。它对后来的著作有一定影响。

战国以后，与农业生产有密切关系的二十四节气也在逐步形成，它们的完整名称也始见于《淮南子》。二十四节气，简称“气”，这是中国古代历法的阳历成分。而“朔”则是中国古代历法的阴历成分。气和朔相配合，构成中国传统的阴阳历。

秦统一中国以后，在全国颁行统一的历法——“颛顼历”。“颛顼历”行用夏正，以十月为岁首，岁终置闰。以甲寅年正月甲寅朔旦立春为历元，在历元这一天日月五星同时晨出东方。汉承秦制，用“颛顼历”，一直沿用到太初年间。从汉初到汉武帝，经过一个世纪的休养生息以后，为了适应农业、手工业和商业的发展，汉武帝采取许多重要措施，其中包括历法改革。他于元封七年（公元前 104 年）五月颁行邓平、落下闳等人创制的新历，改此年为太初元年。新历因而被后人称为“太初历”。“太初历”是中国第一部有完整文字记载的历法，它的朔望月和回归年的数据虽不比“四分历”精确，但有以下显著进步：①以正月为岁首，以没有中气的月份为闰月，使月份与季节配合得更合理；②将行星的会合周期测得很准，如水星为 115.87 日，比今测值 115.88 日只小 0.01 日；③采用 135 个月的交食周期。一周期中太阳通过黄白交点 23 次，两次为一食年，即 1 食年=346.66 日，比今测值 346.62 日大不到 0.04 日。

由于“太初历”的回归年和朔望月的数值偏大，“太初历”用了 188 年以后，长期积累的误差就很可观，于是在东汉元和二年（公元 85 年）又改用“四分历”，这时使用的回归年长度虽和古代的“四分历”相同，仍为 $365\frac{1}{4}$日，但在其他方面，则大为进步。在讨论“四分历”期间，贾逵大力宣传民间天文学家傅安从黄道来测定二十八宿的距度和日月的运行的做法，决然地把冬至点（见分至点）从古“四分历”的牵牛初度移到斗 $21\frac{1}{4}$度，这是祖冲之发现岁差（见岁差和章动）的前导。贾逵还确证月球运动的速度是不均匀的。月球的近地点移动很快，每月移动三度多，为了表示这种变化，他提出“九道术”，企图用九条月道来表示这种运动（这样做与五行观念有关）。

东汉末年，刘洪在“乾象历”（206 年创制）中第一次把回归年的尾数降到 1/4 以下，成为 365.2462 日，并且确定了黄白交角和月球在一个近点月（见月）内每日的实行度数，使朔望和日月食的计算都前进了一大步。“乾象历”还是第一部传世的载有定朔算法的历法。

东汉时期（25～220 年），中国出现一位多才多艺的科学家，那就是张衡。他以发明候风地动仪闻名于世。在天文学方面，他是浑天说的代表人物，主张“天圆如弹丸，地如卵中黄”；并且在耿寿昌所发明的浑象的基础上，制成漏水转浑天仪，演示他的学说，成为中国水运仪象传统的始祖。

除了盖天说和浑天说以外，比张衡略早的郗萌还提出他先师宣传的宣夜说，这个学说认为并没有一个硬壳式的天，宇宙是无限的，空间到处有气存在，天体都飘浮在气中，它们的运动也是受气制约的。

两汉时期对天象观察的细致和精密程度令人十分惊叹。1973 年在湖南长沙三号汉墓出土的帛书中有关于行星的《五星占》8000 字和 29 幅彗星图（图 2）。前者列有金星、木星和土星在 70 年间的位置，后者的画法显示了当时已观测到彗头、彗核和彗尾，而彗头和彗尾还有不同的类型。《汉书·五行志》记载征和四年（公元前 89 年）的日食，有太阳的视位置，有食分，有初亏和

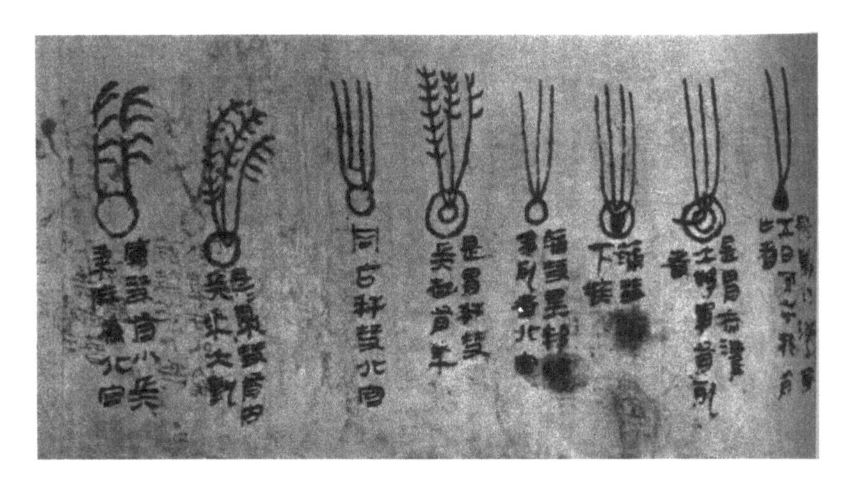

图 2　马王堆出土的帛书彗星图

复圆时刻，有亏、复方位，非常具体；而河平元年（公元前 28 年）三月关于日面黑子的记载，则是全世界最早的记录。《汉书·天文志》说：“元光元年六月，客星见于房。”这正是希腊天文学家喜帕恰斯所见到的新星，但喜帕恰斯没有留下关于时间和方位的记载。自汉代以来详细和丰富的奇异天象记录，构成中国古代天文学体系的又一特色。

总之，到汉代为止，中国古代天文学的各项内容大体均已完备，一个富有特色的体系已经建立起来。

繁荣发展时期：从三国到五代（220～960 年）

这是中国古代天文学在体系形成之后，继续向前顺利发展的阶段，在历法、仪器、宇宙理论等方面都有不少的创新。

三国（220～280 年）时魏国杨伟创制“景初历”（237 年）发现黄白交点有移动；知交食之起不一定在交点，凡在食限以内都可以发生；又发明推算日月食食分和初亏方位角的方法。这些发现对于推算日月食有很大帮助。吴国陈卓把战国秦汉以来石氏、甘氏、巫咸三家所命名的星官（相当于星座）总括成一个体系，共计 283 星官，1464 星，并著录于图。陈卓的星官体系沿用了一千多年，直到明末以后才有新的发展。葛衡在浑象的基础上发明浑天象，它是今日天象仪的祖先。浑天象是在浑象的中心，放一块平板或小圆球来代表地，当天球（浑象）绕轴旋转时，地在中央不动，这就更形象地表现了浑天说。

后秦姜岌造“三纪甲子元历”（384 年），以月食来求太阳的位置所在，从而提高了观测的准确性。他又发现，日出日落时光呈暗红色是地面游气的作用；天顶游气少，故中午时光耀色白，这是对大气选择吸收认识的开端。

北凉赵𢾊的“元始历”（412 年），首次打破 19 年 7 闰的框框，提出 600 年中设 221 个闰月的新闰周，从而在不降低朔望月数值精确性的情况下，提高了回归年数值的精确性。

东晋虞喜发现岁差（见岁差和章动），南朝祖冲之（见祖冲之父子）把它引进历法，将恒星年与回归年区别开来，这是一大进步。祖冲之测定一个交点月的日数为 27.212 23，同今测值只差十万分之一，堪称精确。

祖冲之之前的何承天在长期观测的基础上利用调日法求得更精密的朔望月数值，这在方法上是一改进。所谓调日法，即用某数的过剩分数近似值（强率）和不足分数近似值（弱率）来求更精确的分数近似值。

祖冲之之子祖暅继承父业，也精于天文。他发现过去人们当作北极星的“纽星”已去极一度有余，从而证明天球北极常在移动，古今极星不同。

北齐（550～577 年）张子信，致力于天文观测三十多年，发现太阳和行星的运动也不均匀；合朔时月在黄道南或黄道北会影响到日食是否发生，而月食则没有这一现象。张子信的这些发现推动了隋唐时期天文学的飞速发展。

隋（581～618 年）统一全国以后，首先使用的是张宾的“开皇历”（584 年）。但“开皇历”粗疏简陋，经过激烈争论后，从开皇十七年（597 年）起改用张胄玄的历法。这部历法又于大业四年（608 年）修改，故名“大业历”。“大业历”考虑到张子信关于行星运动不均匀性的发现，利用等差级数求和的办法来编制一个会合周期中的行星位置表，对行星运行的计算又提高了一步。

在“大业历”行用过程（597～618 年）中，刘焯于 604 年完成“皇极历”，用等间距二次差内插法来处理日、月的不均匀运动，成为中国天文学的一个特点。刘焯还建议，发动一次大规模的大地测量来否定“日影千里差一寸”的传统说法，对这种说法何承天早已表示怀疑。但由于隋炀帝的穷奢极欲，腐朽昏庸，刘焯的合理建议连同他的“皇极历”都未被接受。

唐（618～907 年）建立了强大的封建帝国，出现贞观、开元之治的兴盛局面，为天文学大发展创造了良好的条件。

贞观七年（633 年），李淳风制成浑天黄道仪，把中国观测用的浑仪发展到极为复杂的程度，在过去的固定环组（六合仪）和可运转的环组（四游仪）之间，又加了一个三辰仪；三辰仪由相互交错的三个圆环（白道环、黄道环、赤道环）组成。这样，在观测时就可以从仪器上直接读出天体的赤道坐标、黄道坐标和白道坐标三种数据。

李淳风在“皇极历”的基础上，制成“麟德历”，于唐高宗麟德二年（665年）颁行。“麟德历”采用定朔安排日用历谱，即不但在计算日月食时要考虑日月运行不均匀的问题，而且在安排日历时也考虑进去。这个办法，何承天早已提出，但由于习惯势力的阻挠，经过二百多年的斗争，至此才取得胜利。“麟德历”还废除了闰周，完全依靠观测和统计来求得回归年和朔望月的精密数据。

现在英国伦敦博物馆保存的敦煌卷子中有一卷星图（见敦煌星图），也可能与李淳风有关；因为在星图的前面，还有48条气象杂占，每条都是上图下文，在第十五条下有“臣淳风言”。

开元十三年（725年），一行和梁令瓒改进了张衡的水运浑象。他们把浑象放在木柜子里，一半露在外面，一半藏在柜内，在柜面上有两个木人分立在浑象两旁，一个每刻击鼓，一个每辰（2小时）敲钟，按时自动。这可以说是最早的自鸣钟，它的名字叫“开元水运浑天俯视图”。在此以前，他们还造了一架黄道游仪。这是在李淳风浑天黄道仪的基础上，把三辰仪中的赤道环打了孔，使黄道可以沿赤道移动，以改正岁差。一行利用这架仪器，观测了150多颗恒星的位置，发现前代星图、星表和浑象上所载的恒星位置有很大变化。一行对此未作解释。现在知道，这些变化主要是由岁差引起的。

与此同时，一行又命大相元太和南宫说等人分别到11个地方测量北极的地平高度和春分、秋分、夏至、冬至日正午时八尺圭表的日影长度。南宫说在河南的滑县、开封、扶沟、上蔡四个地方不但测量了日影长度和北极高度，而且在地面上测量了这四个地方的距离。结果发现，从滑县到上蔡的距离是526.9唐里，但夏至时日影已差2.1寸，这一实际测量的结果彻底推翻了“日影千里差一寸”的传统说法。不仅如此，一行又把南宫说和其他人在别的地方观测的结果相比较，进一步发现，影差和南北距离的关系根本不是成比例的。于是他改用北极高度（实际上即地理纬度）的差计算出，地上南北相去351.27唐里（约129.22千米），北极高度相差一度。这个数值虽然误差很大，却是世界上第一次子午线实测。

更重要的是一行从方法论上批判了前人计算天的大小的错误。他质问“宇宙之广，岂若是乎？”刹住了计算宇宙大小的风气，并使柳宗元受到了影响。柳宗元在和刘禹锡的通信中曾经讨论过一行的工作。柳宗元把宇宙无限论推向新的高峰，他认为宇宙既没有边界，也没有中心，“无青无黄，无赤无黑，无中无旁，乌际乎天则！”（《天对》）也就是说，天既没有青、黄、赤、黑各种颜色之分，也没有中心和边缘之别，怎么能把它划分成几部分呢？

柳宗元不但深刻地揭示了宇宙无限性，而且明确地指出：“天地之无倪，阴阳之无穷，以澒洞轇轕乎其中，或会或离，或吸或吹，如轮如机。”（《非国语·三川震》）说明在无限的宇宙中，矛盾变化是无穷的，阴阳二气时而合在一起，时而又分离开来，有时互相吸引，有时互相排斥，就像旋转着的车轮或机械，时刻不停。如恩格斯所说：“一切运动的基本形式都是接近和分离、收缩和膨胀，——一句话，是吸引和排斥这一古老的两极对立。”（恩格斯《自然辩证法》，人民出版社 1971 年版第 55 页）

在大规模的观测基础上，一行于开元十五年完成“大衍历”初稿，去世后，由其继承者于次年定稿。“大衍历”以定气编太阳运动表，即以太阳在一个回归年内所行度数，平分为 24 等分，太阳每到一个分点为一个节气，两个节气之间的时间是不等的。为了处理这个问题，一行发明了不等间距二次差内插法。在计算行星的不均匀运动时，“大衍历”使用了具有正弦函数性质的表格和含有三次差的近似的内插公式。“大衍历”把全部计算项目归纳成“步中朔”等七篇，成为后代历法的典范。

唐代后期和五代（907～960 年）时期的历法，值得一提的有长庆二年（822 年）颁行的“宣明历”和建中年间（780～783 年）流行于民间的“符天历”。徐昂的“宣明历”在日食计算方面提出时差、气差、刻差三项改正，把因月亮周日视差而引起的改正项计算更向前推进一步。曹士蒍的“符天历”废除上元积年，以一万为天文数据奇零部分的分母，这两项改革大大简化了历法的计算步骤，正是这个历法在民间受到欢迎的主要原因。但它被统治阶级视为“小历”，不予采用。后晋天福四年（939 年）颁行的“调元历”，不采用上元积年，用了五年（939～943 年），后在辽又用了四十八年（947～994 年）。直到元朝的“授时历”（1280 年），才完全实现了这两大改革。

由鼎盛到衰落：从宋初到明末（960～1600 年）

唐末的藩镇割据和五代十国的混乱局面，以宋的统一而告结束。中国的封建经济在宋代（960～1279 年）得到进一步的发展。生产的发展又大大地推动了科学的前进，被马克思誉为“最伟大的发明”的火药、印刷术和指南针，就是中国人在宋代完成的。作为自然科学之一的天文学在这一时期也取得许多重要成就。

关于 1006 年和 1054 年的超新星的出现，特别是 1054 年（宋仁宗至和元年）的超新星记录，成为当代天文学研究中极受重视的资料。在这颗超新星出现的位置上，现在遗留有一个蟹状星云。这是当代最感兴趣的研究对象之一。

这一时期先后进行过五次恒星位置测量：第一次在大中祥符三年（1010 年），第二次在景祐年间（1034～1038 年），第三次在皇祐年间（1049～1053 年），第四次在元丰年间（1078～1085 年），第五次在崇宁年间（1102～1106 年）。其中元丰年间的观测结果被绘成星图，刻在石碑上保存下来，这就是著名的苏州石刻天文图。

元丰年间的观测结果，同时也以星图的形式保存在苏颂著的《新仪象法要》中（图 3）。《新仪象法要》是为元祐七年（1092 年）制造的水运仪象台而写的说明书，它不但叙述了 150 多种机械零件，而且还有 60 多幅图，是研究古代仪器的极好资料。

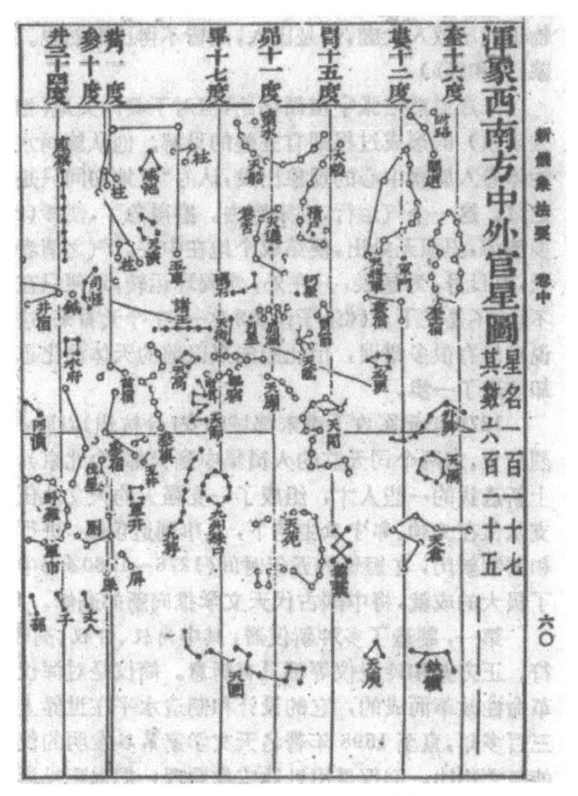

图 3　苏颂《新仪象法要》中的星图

苏颂和韩公廉在完成水运仪象台以后，又制造了一架浑天象，其天球直径大于人的身高，人可以进入内部观看。在球面上按照各恒星的位置穿了一个个小孔，人在里面看到点点光亮，仿佛天上的星辰一般。今人把这种仪器也称为假天仪，它是现代天文馆中星空演示的先驱。

与苏颂同时代的沈括在天文学上也有重要贡献。熙宁七年（1074 年）他在制造浑仪时省去了白道环，改用计算来求月亮的白道坐标，这是中国浑仪由复杂走向简化的开始。沈括还用缩小窥管下端孔径的办法来限制人目挪动的范围，以减少照准误差；又用观测北极星位置的方法来校正浑仪极轴的安装方向。他在漏壶方面也有改进，并且从理论上研究了漏壶在不同季节水流速度不等的问题，提出一个相当于真太阳日和平太阳日（见日）长度之差的问题。更重要的是沈括在历法上独树一帜，提出十二气历，“直以立春之一日为孟春之一日，惊蛰为仲春之一日，大尽三十一日，小尽三十日；岁岁齐尽，永无闰月”（《梦溪笔谈·补笔谈卷二》）。这实际上是一种阳历，由于传统习惯，这个历法未能实行。

在宋代三百多年间实行过的历法有 18 种，其中比较有创造性的是北宋姚舜辅的“纪元历”（1107 年）和南宋杨忠辅的“统天历”（1199 年）。“纪元历”首创利用观测金星来定太阳位置的方法；“统天历”确定的回归年数值为 365.2425 日，和现行公历的平均历年完全一样，但比公历（1582 年）的颁行早 383 年。“统天历”还提出回归年的长度在变化，它的数值古大今小。

宋代的思想家对自然现象有较多的讨论。在天文学方面讨论得较多的是天体的运行和天体的形成问题。其中较有代表性的人物是张载和朱熹。

张载提出，一年中间昼夜长短的变化，是阴阳二气的升降使大地升降所致；一日中间天体的东升西落，是大地乘气左旋的结果。张载并且认为空间和时间是物质存在的形式，宇宙到处充满了气。“气不能不聚而为万物，万物不能不散入大虚，循是出入，是皆不得已而然也。”（《正蒙·太和篇》）

朱熹虽然主张宇宙循环论，但对于具体天地（相当于太阳系）的形成过程则有完整的见解。他从旋涡水流把物体卷入旋涡中心的现象出发，认为“天地初间只是阴阳之气。这一个气运行，磨来磨去。磨得急了，便挱许多渣滓，里面无处出，便结成个地在中央。气之清者便为天，为日月，为星辰，只在外，常周环运转；地便只在中央不动，不是在下”（《朱子语类》卷一）。在今天看来，这个学说自然有很多错误，但比起朱熹以前的天体演化思想来却前进了一步。

1276年元军攻下南宋都城临安（今杭州）以后，忽必烈把金、宋两个司天监的人员集中到大都（今北京），再加上新选拔的一些人才，组成了一支强大的天文队伍。这支队伍在王恂、郭守敬主持下，从事制造仪器，进行测量和编制新历，在短短的五年时间（1276～1280年）中取得了极大的成就，将中国古代天文学推向新的高峰。

第一，制造了多种新仪器，其中简仪、仰仪、高表、景符、正方案和玲珑仪等都具有新意。简仪是对浑仪进行革命性改革而成的，它的设计和制造水平在世界上领先三百多年，直至1598年著名天文学家第谷发明的仪器才能与之相比。仰仪是用针孔成像原理，把太阳投影在半球形的仪面上，以直接读出它的球面坐标值。高表是把传统的八尺表加高到四丈，使得在同样的量度精度下，误差减少到原来的1/5。景符是高表的辅助仪器，它利用针孔成像的原理来消除高表影端模糊的缺点，提高观测精度。正方案是在一块四尺见方的木板上画19个同心圆，圆心立一根表，当表的影端落到某个圆上时就记下来，从早到晚记完后把同一个圆上的两点连接起来，它们的中点和圆心的连线就是正南北方向；如果把它侧立过来，还可以测量北极出地高度。这是一种便于携带到野外工作的仪器。玲珑仪和苏颂、韩公廉所造的浑天象相似，是一种可容人在内部观看的表演仪器。1281年以后，郭守敬还创制了不少新仪器。其中大明殿灯漏是最突出的一项。它是一个外形像灯笼球、用水力推动的机械报时器。上面还布置有能按时跳跃的动物模型，这同欧洲在机械钟表上附加的种种表演机械是一样性质的。

第二，进行了一次空前规模的观测工作。在全国27个地方设立观测所，测量当地的地理纬度，并在南起南海（北纬15度），北至北海（北纬65度），每隔10度设立一个观测站，测量夏至日影的长度和当天昼夜的长短。

第三，对一系列天文数据进行实测，并对旧的数据进行检核，选用其中精密的数据。例如，回归年数值取自南宋“统天历”（1199年），朔望月、近点月和交点月的数值取自金赵知微重修的“大明历”（1181年）和元初耶律楚材的“西征庚午元历”。对于二十八宿距度的测量，其平均误差不到5′，精确度较宋代提高一倍。新测黄赤交角值，误差只有1′多。

第四，在大量观测和研究的基础上，于至元十七年（1280年）编成“授时历”，并于次年起实行。“授时历”用三次差内插法来求太阳每日在黄道上的视运行速度和月亮每日绕地球运行的速度，用类似球面三角的弧矢割圆术，由太阳的黄经求它的赤经赤纬，求白赤交角，以及求白赤交点与黄赤交点的距离。这两种方法在天文学史和数学史上都具有重要地位。

“授时历”从元代一直用到明亡（1644 年）。在明代把它改名为“大统历”，但方法上只是把北京所见的日出日没时刻改为南京所见的时刻，以洪武十七年（1384 年）为历元，省去了回归年百年消长之法等，其他都无改变。

元明两代除通用的“授时历”以外，在中国少数民族中间还流行一种从阿拉伯国家传来的“回历”。至元四年（1267 年），西域天文学家札马鲁丁进呈“万年历”，忽必烈曾颁行过。同年，札马鲁丁负责制造七件阿拉伯天文仪器，其中包括托勒密式的黄道浑仪、长尺，以及地球仪和星盘。至元八年（1271 年）设立回回司天台于上都（今内蒙古自治区正蓝旗境内），每年颁行《回回历书》。元亡明兴，将回回司天监人员迁至京师，在钦天监内设回回科，计算天象，颁布历书，与“大统历”进行比较，同时还翻译了一些天文书籍。

明洪武十五年，政府令吴伯宗、李翀和海达尔、阿答兀丁、马沙亦黑、马哈麻等合译波斯人阔识牙耳的《天文宝书》四卷，次年二月译成。书中说星分六体，这是星等概念在中国的初次出现，列有 12 个星座共 30 颗星的星等和黄经。成化六年至十三年（1470～1477 年）贝琳将元统翻译的《七政推步》整理出版，这是一部系统介绍阿拉伯天文学的著作，其中包括 277 颗星的黄经、黄纬和星等的恒星表，这是中西星名第一次对译工作。《七政推步》中的历法部分，后经梅文鼎摘要编入《明史·历志》中，成为中国古代天文学的一个组成部分，在几个兄弟民族中一直沿用到今天。

中西天文学的融合：从明末到鸦片战争（1600～1840 年）

从明初到明万历年间的二百年中，天文学上的主要进展有：①翻译阿拉伯天文书籍；②郑和于 1405～1433 年远洋航行中利用“牵星术”定位定向，发展了航海天文；③对奇异天象（如 1572 年和 1604 年的超新星）的观测等。总的来说很少发明创造，可以认为是中国天文学发展史上的一个低潮。

明末，资本主义萌芽促使人们对科学技术产生新的要求。1595 年和 1610 年的两次改历运动，虽然没能实现，但是改革历法的主张受到人们的重视。就在这个时候，欧洲耶稣会传教士来到中国。他们了解到中国对新知识的追求，便采取了学术传教的方针。早期来华的意大利人利玛窦（1583 年来华），曾多次向欧洲报告中国对天文学知识的兴趣和需要。在他的影响和请求下，后来来华的耶稣会士大都懂得一些天文学知识，有些甚至受过专门的训练。他们所介绍的欧洲天文学知识受到当时进步知识分子的欢迎，并加以翻译和介绍。

早期出版的有关欧洲天文学知识的著作有：《浑盖通宪图说》（1607 年）、《简平仪说》（1611 年）、《表度说》（1614 年）、《天问略》（1615 年）、《远镜说》（1626 年）等。这些著作多数是介绍欧洲的天文仪器。“浑盖通宪”和“简平仪”都是一种星盘，“表度”是西方的日晷，“远镜”则是伽利略式的望远镜。在《天问略》中，介绍了托勒密地心体系的十二重天和伽利略用望远镜观测到的一些崭新结果。其中除了《浑盖通宪图说》一书是李之藻自己所写之外，其他都是耶稣会士在中国学者的协助下写成的。

中国学者除参与翻译和介绍欧洲天文知识外，还向耶稣会士学习了欧洲天文学的计算方法。因此，万历三十八年（1610 年），徐光启得以用西法预报这一年十一月朔（12 月 15 日）的日食。经观测证明，这个预报比较准确，因而引起人们对西法的注意。崇祯二年五月乙酉朔（1629 年 6 月 21 日）日食，钦天监的预报又发生明显错误，明朝政府决心改历，命令徐光启在北京宣武门内组成百人的历局，聘请耶稣会士邓玉函、罗雅谷、汤若望等参加编译工作，经过五年的努力，成书 137 卷，命名曰《崇祯历书》。《崇祯历书》与中国古代天文学体系最显著的不同是：采用第谷的宇宙体系和几何学的计算系统；引入地球和地理经纬度概念；应用球面三角学；采用欧洲通行的度量单位，分圆周为 360°，分一日为 96 刻，24 小时，度和时以下采用 60 进位制。

《崇祯历书》于 1634 年编成以后，未曾颁行。1644 年清军入关以后，汤若望把这部书删改压缩成 103 卷，更名为《西洋新法历书》，进呈清政府。清政府任命汤若望为钦天监监正，用“西洋新法”编算下一年的民用历书，命名为“时宪历”。从此以后，除了在康熙三年到七年（1664～1668 年），因杨光先的控告，汤若望被软禁时期外，直至道光六年（1826 年）为止，清政府都聘用欧洲传教士主持钦天监，有时还同时任用两三个传教士。这期间钦天监做的主要工作有以下三项。

康熙八年到十二年，南怀仁（1658 年来华）负责制造了六件大型第谷式古典仪器，现存北京古观象台。仪器制成后并编写了一部说明书，即《灵台仪象志》。

康熙六十一年，在修改《西洋新法历书》的基础上，编成《历象考成》一书；乾隆七年（1742 年）又编成《历象考成后编》10 卷，第一次应用了开普勒行星运动第一、第二定律，但是，在椭圆焦点上的是地球而不是太阳。

乾隆十七年（1752 年），编成《仪象考成》32 卷，所列星表收星 3083 颗。道光年间，传教士离开以后，中国天文工作者对《仪象考成》星表重新进行了测量，于道光二十四年（公元 1844 年）编成《仪象考成续编》32 卷，收星 3240 颗。

清政府除组织钦天监主编这些图书以外，在康熙和乾隆年间还组织过两次大规模的测量工作。康熙四十七年到五十七年间进行的一次，在全国测量了 630 多个地方的经纬度，建立了以北京为中心的经纬网；决定以工部营造尺为标准，定 1800 尺为 1 里，200 里合地球经线 1 度。这种使长度单位与地经线 1 度的弧长联系起来的方法，在世界上是一个创举，比法国制宪会议关于以地球经圈的四千万分之一弧长为 1 米的决定早 80 年。在这次测量中还发现，38°～39°之间每度的弧长较 41°～47°之间每度的弧长短，6°内就相差 258 尺；就是在 41°～47°之间，每度弧长的里数也不相同。这是世界上第一次通过实地测量获得的地球为椭球体的资料。

在清代，还有一批民间天文学家，他们采取严肃的治学态度，无论是对于古代的东西，还是外国的东西，都细心钻研，有所批判，有所发展，在中西天文学的融合上做出了应有的贡献。其中著名的有薛凤祚、王锡阐、梅文鼎。薛凤祚在翻译西方天文学著作的基础上，著有《历学会通》等十余种书，除介绍一般理论外，还系统地、详尽地介绍了各种计算天体运动的方法，其特点是运用了对数。为了计算方便，他把 60 进位制改成 10 进位制，为此，并重新编出三角函数等数学用表。王锡阐与同时代的薛凤祚有“南王北薛”之称，但王的成就比薛要大，他著有《晓庵新法》和《五星行度解》。在前一书中他提出金星凌日的计算方法并改进了日月食的计算方法；在后一书中推导出一组计算行星位置的公式，计算结果准确度较前为高。梅文鼎著述较多，在普及天文知识方面很有贡献。他和江永等人在研究行星运动的过程中萌发了引力的思想，江永说得尤为清楚：“五星皆以日为心，如磁石之引针。”（《翼梅》卷五）

梅文鼎以后的乾嘉学者，在天文学方面的主要贡献是运用当时的天文知识对经书和史书中的天文资料进行训诂、校勘、辨伪、辑佚等考据工作，使许多疑难混乱的资料得到一番清理。其中重要的有李锐对汉代“三统历”“四分历”“乾象历”进行了研究；顾观光对古六历和《周髀算经》进行了研究。此外，阮元等编撰了《畴人传》，汪曰祯著有《历代长术辑要》。这些都是有益于天文学史研究的工具书。

近代现代天文学的发展：从鸦片战争到现在（1840～1979 年）

1543 年哥白尼《天体运行论》一书出版，标志着近代天文学的开端。这部书被早期来华的传教士带到中国，但是，书中的重要内容却未向中国学者介绍。直到二百多年后，才有法国耶稣会士蒋友仁（1744 年来华）把哥白尼的学说传入中国。他在 1760 年向乾隆皇帝献《坤舆全图》。在图四周的说明文字中，他肯定了哥白尼学说是唯一正确的理论，并介绍了开普勒定律和地球为椭球体的事实。但是，这幅《坤舆全图》连同在此之前不久传入的表演哥白尼学说的两架仪器，都被锁在深宫密室之中。中国人民真正了解哥白尼学说的伟大意义和近代天文学的面貌，则是在 1859 年李善兰与英国伟烈亚力（1847 年来华）合译《谈天》以后。

《谈天》原名《天文学纲要》（*Outlines of Astronomy*），是英国天文学家 J. F. 赫歇尔（见赫歇尔一家）的一本通俗名著，全书共 18 卷，不仅对太阳系的结构和运动有比较详细的叙述，而且介绍了有关恒星系统的一些内容。特别值得提到的是，李善兰为这个中译本写了一篇战斗性很强的序言，批判了反对哥白尼学说的种种谬论，声称“余与伟烈君所译《谈天》一书，皆主地动及椭圆立说，此二者之故不明，则此书不能读”。

但是，近代天文学的发展与古代不同，它需要精密的仪器和昂贵的设备。这些基本的物质条件，非一般学者个人所能置备。作为封建官僚机构的钦天监，又对接受新思想和引进新技术毫无兴趣。因此，近代天文学知识（如康德和拉普拉斯星云说）传入的初期，只是为资产阶级的变法维新和旧民主主义革命提供了思想武器，在天文学的研究上却并未发挥作用。

最先在中国设立近代天文机构的是帝国主义列强。1873 年，法国在上海建立了徐家汇天文台，1900 年，在佘山建立了另一个天文台。1894 年日本帝国主义侵入台湾，在台北建立测候所。1900 年德国在青岛设立气象天测所。

这些机构都是列强侵华的工具，主要是为他们的军舰在中国沿海活动提供情报。

帝国主义者还把中国仅有的少量天文设备洗劫一空。1900年八国联军侵入北京以后，法、德两国军队把清朝钦天监的仪器全部劫走。法国劫走的五件仪器，运到法国大使馆内，由于中国人民的强烈反对，于第三年送回；德军抢走的五件，则运到柏林，直到第一次世界大战后，根据《凡尔赛和约》，才于1921年归还中国。经过这样一场浩劫，清政府的天文机构已经奄奄一息。

1911年辛亥革命以后，中国于1912年起采用世界通用的公历，但用中华民国纪年。当时的北洋政府将钦天监更名为中央观象台。中央观象台的工作只是编日历和编《观象岁书》（即天文年历）。

1919年五四运动以后，随着科学与民主思潮的发展，中国天文学界开始活跃起来。1922年10月30日，中国天文学会在北京正式成立，选举高鲁为会长，秦汾为副会长。该会于1924年创刊《中国天文学会会报》，1930年改名为《宇宙》，一直出版到1949年。1924年中国政府接管了原由德国建立、后被日本占领的青岛气象天测所，改名为青岛观象台。1926年广州中山大学数学系扩充成为数天系，于1929年建立天文台，1947年成立天文系。1928年春，在南京成立天文研究所，1934年建成了紫金山天文台。该台建成后，原在北京的中央观象台即改为天文陈列馆。抗日战争[①]开始后，紫金山天文台于1938年迁往昆明，在凤凰山建立观测站。在八年抗日战争期间，上述天文机构遭到严重破坏。抗日战争胜利后，也没有很快恢复。

中华人民共和国成立后，中国科学院接管了原有的各天文机构，进行了调整和充实；将佘山观象台和徐家汇天文台先划归紫金山天文台领导，后合为独立的上海天文台；将昆明凤凰山观测站划归紫金山天文台领导。1958年开始，在北京建立了以天体物理研究为主的综合性天文台——北京天文台。1966年起，建立了以时间频率及其应用研究为主的陕西天文台；1975年起，把昆明凤凰山观测站扩建成大型综合性的云南天文台。1958年在南京建立了南京天文仪器厂，1974年研制成功Ⅱ型光电等高仪，各项技术指标已达到世界先进水平。目前正在制造2.16米的反射望远镜。

在天文教育方面，1952年广州中山大学的天文系和济南齐鲁大学天算系（成立于1880年）中的天文部分集中到南京，成为南京大学天文系。1960年

① 本文所指抗日战争，时间使用的为1937～1945年，实际为抗日战争全面爆发（1937年）。

北京师范大学设天文系。同年北京大学地球物理系设天体物理专业。

1957年1月，中国科学院成立中国自然科学史研究室（1975年扩大为自然科学史研究所），内设天文史组，专门研究中国天文学遗产。

1957年建成北京天文馆，在普及天文知识方面起着重要作用。

为了繁荣和推进天文科学，中国天文学会于1953年开始出版《天文学报》。北京天文馆于1958年开始发表《天文爱好者》月刊，大力传播天文科学知识。

三十年来，中国从无到有地建立了射电天文学、理论天体物理学和高能天体物理学以及空间天文学等学科，填补了天文年历编算、天文仪器制造等空白，组织起自己的时间服务系统、纬度和极移服务系统（见国际时间局、国际纬度服务、国际极移服务），在诸如世界时测定、光电等高仪制造、人造卫星轨道计算、恒星和太阳的观测与理论、某些理论和高能天体物理学的课题以及天文学史的研究等方面取得了不少重要的成果。

参考书目

陈遵妫. 中国古代天文学简史. 上海：上海人民出版社，1995.
李约瑟. 中国科学技术史，卷四. 北京：科学出版社，1975.
薮内清. 中国の天文曆法. 东京：平凡社，1969.
郑文光，席泽宗. 中国历史上的宇宙理论. 北京：人民出版社，1975.
《中国天文学史文集》编辑组. 中国天文学史文集. 北京：科学出版社，1978.
中国天文学史整理研究小组. 科技史文集（一）天文学史专辑. 上海：上海科学技术出版社，1978.
朱文鑫. 历法通志. 上海：商务印书馆，1934.
朱文鑫. 天文考古录. 上海：商务印书馆，1933.
Needham J. Science and Civilisation in China，Vol. Ⅲ. Cambridge：Cambridge University Press，1959：171-494.

朱文鑫（1883～1939）

中国现代天文学家。字槼亭，号贡三，江苏昆山人。1883年10月9日生，1939年5月15日卒。清末附贡生，江苏高等学堂毕业，1910年美国威斯康星大学理学士，曾任留美中国学生会会长。回国后在南洋大学（即上海交通大学）和复旦大学任教授。朱文鑫在美国时著有《中国教育史》（威斯康星大学出版）和《攀巴司（Pappas）切圆奇题解》（美国数学学会出版），并

朱文鑫

对法国天文学家梅西耶 1781 年发表的《星团星云表》进行重测，1934 年发表《星团星云实测录》一书。他毕生最大的贡献是利用现代天文知识对中国古代天文学所作的研究。在这方面的著作约有 15 种，已出版的有《天文考古录》（1933 年）、《史记天官书恒星图考》（1934 年）、《历代日食考》（1934 年）、《历法通志》（1934 年）、《近世宇宙论》（1934 年）、《天文学小史》（1935 年）和《十七史天文诸志之研究》（1965 年）等。未出版的尚有《中国历法史》《史志月食考》《织女传》《淮南天文训补注》《明史天文志考证》等。

参 考 书 目

宇宙（朱文鑫先生逝世周年纪念专号），1940，10（11）.

〔中国大百科全书总编辑委员会《天文学》编辑委员会、中国大百科全书出版社编辑部：《中国大百科全书·天文学》，北京：中国大百科全书出版社，1980 年〕

台湾省的我国科技史研究

一

1980 年 10 月中国科学技术史学会在北京成立以来，台湾省的科学史界异常活跃，他们在《科学月刊》1980 年 11 月号上发表了《谈中国科技史的研究方向》，又于 12 月建议给文科学生普遍开设科学史课程，要使“科学成为文化的一部分，人人喜而习之，时而习之，蔚为风气”。1981 年 1 月和 2 月，《科学月刊》又连续出版了两期“中国科技史专号”，发表了十几篇文章：《认识中国科技史的严肃学术意义》、《科技史研究与科技本土化》、《中国传统科学思考特色初探》、《漫谈指南车》、《我国古代的火药、火器与国防》、《中国古代的纸和造纸术》、《从内插法到招差术》（介绍古代中国人对高阶等差级数的贡献）、《中国古代气象仪器和气象观测工具的发明》、《中国近代的地质学研究（上）》（外国地质学者在中国的调查研究）、《民国十一年至三十八年的生物学》、《龙泉窑——历代风格的演变及烧制技术》。

这些文章图文并茂，有观点、有资料。例如，《漫谈指南车》就是刘天一依据中国古籍有关指南车的记载，按原有尺寸，为台北科学馆复原了宋代燕肃的指南车，又做了20具小的电动模型分送台湾各县之后写的，很值得一读。现在台北科学馆的“中国人的科技发明展览”已经展出，其中包括天、地、生、数、理、化、农业、机械、音律、医药等各方面。又如，《民国十一年至三十八年的生物学》，作者张之杰以1922年秉志创设中国科学社生物研究所划界，认为这是国人自力更生从事近代生物学研究的开始，以后渐渐取外人的地位而代之。文中刊登了秉志先生和胡先骕先生的照片，认为在秉、胡二先生的组织、领导下，动、植物学在我国齐头并进，作出了很大贡献，培养了许多人才，尤其难能可贵的是他们建立的学风。张之杰认为秉、胡所建立的学风有两大特色：一是专业化精神，一是本土化精神。

关于专业化精神。张之杰认为，在传统上，我国知识分子受“学而优则仕”的影响，大多有泛政治思想倾向，换句话说，就是想做官，不想苦守本行。我国科学发展不起来，这也是一个原因。这个时期生物学家却不如此，人人坚守岗位，发挥高度专业精神。据张统计，从1922年秉、胡崛起，到1949年新中国成立，秉、胡一系的生物学者没有一人转业做官；新中国成立时，秉、胡一系的生物学者也没有一个到台湾省去的。

再谈本土化精神。本土化就是以乡土之爱为动力，化洋为土，使科学在本土生根、开花、结果。从另一个角度看，本土化正是专业化的基础；不想为本土效力，又如何会在本土上坚持专业精神？这一时期生物学本土化的具体表现之一，就是特重调查和分类。从1922年到1942年20年间，生物所植物部刊行论文百余篇，全部为分类著作；动物部刊布论文112篇，分类学占66篇。生物所重视分类学的传统，随着该所的影响而传遍全国，成为当时显学，受到世界的重视。

那么，中国科技史的研究与当前科技本土化又有什么关系呢？《科技史研究与科技本土化》的作者洪万生回答说：“通过科技史，科技工作者往往能够继承以往科学家的智慧和经验，而不仅仅是接受他们的成果，如此，科技工作者在面对科技有关问题时，常可多一分历史的洞识和借镜。对我们现阶段的科技发展而言，中国科技史的研究尤其富有现实意义。因为我们学习西方先进科技虽然已经将近四百年，但至今我们只能模制科学的形貌，而多数国人对科学的内涵和精神却始终格格不入，其根本原因或可能与近代科学不在中国产生有关！事实上，我们现在所谓的‘科学’与‘近代科学’是近乎同义的，而中国科技史的最大课题乃是：何以在16世纪以前，中国有极为卓越且先进的科技成就，可是相对于中古科学的近代科学，却只能在伽利略以后的欧洲发展，而不在中国产生？一旦全面地解答了此一问题，那么，对本土的科学生态条件，我们必能更深切地了解和掌握，从而对科技本土化的根本症结，我们或能做更有意义的透视！”为此，洪万生“诚恳呼吁有识之士关心、重视并参与科技史，特别是中国科技史的研究”，并要求在大学校园内开设“科学概论”和“中国科技史讲座”。

《谈中国科技史的研究方向》一文的作者刘广定，也和洪万生有同样的看法。他说：50年代以来，“无论在台湾或大陆的科技史著作，多偏重我国古代科学与技术的成就。迄英人李约瑟之《中国之科学与文明》（即《中国科学技术史》）书出，由于他一再指出中国古代科技成就早于西方且优于西方，近几年来中国科技史论文的作者几乎均就此点发挥。不少人不但特别强调中国古代科技之优点，更尝试证明多种现代西方科技乃源于我国，并且还有一些人故意抹杀外国人对我国的影响及贡献。笔者觉得这些看法均有偏失，而正是当前中国科技史应检讨的课题”。刘广定最后说：“我们研究中国科技史，不要随意附和他人，也不要颠倒黑白，甚或无中生有；陈说过去的固然重要，但找出近代衰落的根本原因，能作为当前发展科技工作改进的借鉴，则似更为重要。”

二

“不要随意附和他人”，在对待李约瑟著作的态度上，台湾的做法值得一提。李约瑟的《中国科学技术史》一开始出版，台湾报刊即纷纷评介，最有代表性的是：李乔苹从1969年4月17日到1970年3月17日用了将近一年时间，在《“中央”日报》副刊发表了五篇长文，即《中国科学史内容概要》《中国科学思想史》《中国数学史大要》《中国天文学史大要》《中国物理学史大要》，将李约瑟著作的前四卷作了详细译介，后来又把它们辑在一起，成为《中国科学史要略》一书出版。

接着，台湾成立了李约瑟著作翻译委员会和顾问委员会。翻译委员会由陈立夫任主任，成员有孙科、董浩云、谷凤翔等，顾问委员会主任为王云五。第一卷翻译出版后，胡菊人在报纸上为文《评〈中国之科学与文明〉首卷的中译》，指出其中许多翻译上的错误，陈立夫立即公开检讨，表示以后要注意质量。按第一卷译者为黄文山，校者为陈石孚和任泰。李约瑟收到第一卷译本后，写信给陈立夫表示满意，并建议在译成中文后应将每一册分成两册出版。他们从第二卷起接受了这个意见。前四卷，原书六册（前三卷各一册，第四卷三册），台湾中译本现在已分成十一册出齐。

翻译不是目的。正如《科学月刊》1978 年 10 月号“编者的话”所说：“我们不能以为将这部书译成中文，就算完成了一件大事”“我们希望有更多的人注意与研究，在十年、二十年以后，能够出现一部对中国科技‘结账式’的经典之作”。因此，台湾商务印书馆决定在翻译出版李约瑟著作的同时，组织学者自著“中华科学技艺史丛书”。这套书现在已经出版了四本，即《中华气象学史》、《中华农业史》、《中华盐业史》和《中华水利史》，每本书 20 万字左右，都是从古写到今。令人遗憾的是，1949 年以后的情况只写了台湾地区。只有农业史，作为附录，写了一篇《中共农业的趋势》。

对于李约瑟书中的许多观点，台湾学人也在纷纷议论。对李书作详细译介的李乔苹就不同意李约瑟扬道贬儒的观点，写了一篇《儒道两家的科学思想》，作为《中国科学史要略》一书的附录。前文提及的《谈中国科技史的研究方向》中，对李约瑟关于元军攻陷南宋首都临安（今杭州）后，宋祚还能延续五十年是因为科技发达（主要是炮火）的看法提出异议，认为这是一种唯武器论。事实上，人的因素更为重要，坚守静江（今桂林）的宋将马塈，与元军作战三个多月，“衣不解甲，手不释戈”，连忽必烈的亲笔招降书也不理会，最后巷战而死，正是这种高涨的爱国精神才使南宋延长了时间。

“李约瑟，您错了！”《评李约瑟眼中的中国物理学思想》一文的作者，台湾清华大学物理研究所研究生鲁经邦写出了这样的句子。他认为李约瑟所强调的“中国的物质观是波动的概念，建立了近代物理学的一半”这种说法很不恰当，而李氏对物理学上的“波”与“原子”亦缺乏基本的认识与了解。在古典物理学中，波是一种周期性的运动，它具有传递、介质及固定的波长等特性；波动现象不只是位移或相位的传递变化，也有能量与动量的传递，并具有干涉现象。在量子物理学中，波更具有统计的意义。可是中国的阴阳概念怎么能和这些联系起来呢？“阴阳交替”未必有一定的周期，即便是周期性的运动也不见得就是波动，因为它没有刚才所说的这些特性。如果李约瑟认为“近代物理学的一半”是波，那么另一半想必是粒子，殊不知在近代物理中，波与粒子并不是一半对一半，壁垒分明的，而是你中有我，我中有你。一个小粒子在经过狭缝时也会出现干涉现象，所以德布洛伊有物质波的概念，另外，波的分布对于位函数是连续的，但它所传递的能量与动量却可能受到边界条件的限制，而且量子化的情况，亦即它可能对状态的分布是离散的。最后，鲁经邦提出了一个原则性的问题，认为李约瑟犯错误的原因，在于他有一种强烈的动机——特别强调中国传统文化对近代西方科学的贡献。如果没有这种不客观的心理，他所犯的错误会少很多，而使这套书具有更高的价值。

1981 年 5 月和 6 月，刘广定连续发表《人尿中所得秋石为性激素说之检讨》和《补谈秋石与人尿》，企图否定李约瑟的一个重大发现。李约瑟认为，1909 年德国甾体化学家温道斯（W. Windaus，1876～1959）所完成的合成性激素结晶剂的工作（彼因此而得 1928 年诺贝尔化学奖），中国至少在 11 世纪就已经做到，从而引起了生殖内分泌学界的轰动。李约瑟的根据是宋代叶梦德《水云录》中的阳炼法，即用皂荚汁沉淀大量人尿所得的“秋石”。刘广定认为：①中国所用的尿是童男、童女的尿，按《素问》记载，“天癸未至”曰男，又说“丈夫二八而天癸至，女子二七而天癸至”。古时用的是虚岁，十四五岁的男孩，十二三岁的女孩，他们的尿中性激素肯定很少。②不是所有的皂素苷（digitoxin）可以与胆固醇体相配产生沉淀，只有雌性激素（β 雌二醇和雌酮）可以沉淀，这又进一步减少了可能性。③中国的皂荚中可能根本不含苷。

不管对李约瑟的个别论点进行怎样的讨论或否定，所有的作者一致认为：李的著作是一部划时代的巨著，它的价值与贡献远远超过它的缺点，而他那种干劲，更是令人钦佩。

三

在台湾，不但《科学月刊》每期都有关于中国科技史的文章，属于文史哲的《大陆杂志》也几乎月月都有中国科技史的文章，就连《教育杂志》最近也在出《科技史专辑》，现在再谈一谈书籍的出版方面。除了上述正在进行中的“中华科学技艺史丛书”以外，已经出版的书，据笔者所知有：

（1）属于科学史方面的有：①高平子《史记天官书今译》，92 页，1965

年。②《学历散论》，443 页，数学所，1969 年。③王萍《西方历算学之输入》，234 页，近代史所，1966 年。④郑天杰《历法丛谈》，354 页，华岗出版公司，1977 年。⑤李乔苹《中国化学史》上册（古代部分），商务印书馆，1975 年修订三版；《中国化学史》中册（近代部分），1112 页，1978 年。

（2）属于医学史方面的有：①刘伯骥《中国医学史》上册，338 页；《中国医学史》下册，738 页，1974 年。②陈胜昆《近代医学在中国》，1978 年。

（3）属于技术史方面的有：①盖瑞忠《中国工艺史导论》，412 页，书末附铜版图 186 幅。②史梅岑《中国印刷发展史》，商务印书馆。③李书华《造纸的传播及古纸的发现》，72 页，1960 年。④卢毓骏《中国建筑史与营造法式》，141 页，中国文化学院，1971 年。⑤黄宝瑜《中国建筑史》，254 页，中原出版社，1973 年。⑥李乾朗《台湾建筑史》，16 开本，306 页，北屋出版公司，1978 年。⑦盖瑞忠《中国漆工艺的技术研究》，商务印书馆。⑧邹景衡《蚕桑丝织杂考》，1980 年。

（4）属于综合方面的有：①《中国科学史论文集》（一）、（二），中华文化事业出版委员会，1958 年。②郭正昭等《中国科技文明论集》，723 页，牧童出版社，1978 年。③郭正昭《中国科学史目录索引》（第一辑），337 页，环宇出版社，1978 年。④《中国科技史演讲汇编》。

（5）属于科学家方面的有：①蔡仁坚《古代中国的科学家》，景象出版社。②方豪《利马窦传》。③方豪《李之藻研究》。④《影响我国维新的几个外国人》（“传记文学丛书”之 47），1971 年。⑤《詹天佑传》。⑥《李仪祉传》。

（6）大陆书籍在台湾重印的有：①李俨《中算史论丛》（一）、（二）、（三）、（四上）、（四下）共五册，1977 年。②李俨《中国算学史》，1974 年。③李俨、杜石然《中国古代数学简史》。④张秀民《中国印刷术的发明及其影响》。⑤朱士嘉《中国地方志综录》。这些书在重印时往往将作者的名字作了一些修改，如李俨改为李子严或李人言，张秀民改为张民。从这一点上也可以看出台湾与大陆进行学术交流是必要的。

四

他们还对中国古籍大量重印，为海内外的研究者提供了方便，并且赚取了大量的外汇。

抗日战争全面爆发前，1934～1935 年商务印书馆出版的《四库全书珍本初集》，从 1971 年起在台湾继续进行，现在已出至第十一集。单在 1973 年出的第四集中就有 17 种与天文、数学有关，其中包括 120 卷的《开元占经》和 42 卷的《历象考成》等。

文海出版社出版“中国水利要籍丛编”，共分五集，已出第一集 22 册，第五集 50 册。

成文出版社从 1973 年起出版“中国方志丛书”，至今已重版有 1000 多种地方志。

其他如“皇汉医学丛书”（共 14 册）、“中国子学名著集成”（100 本，第 96 本为《梦溪笔谈》）、《道藏精华》、《大藏经》、“中国历史要籍丛书”、“中国近代史资料”等大部头书籍中，都含有许多科学史资料。而这些书籍布面精装影印以后，使用起来就很方便。我在日本各大图书馆和许多学者家中，都看到了这些影印的书籍，而祖国大陆上却几乎还见不到，这说明海峡两岸的中国人民实行交往是必要的。我们欢迎台湾的科学史工作者到大陆来参观、访问和进行学术交流，并进行研究课题合作，为提高我国的科学史研究水平而共同努力。

〔《中国科技史料》，1982 年第 1 期〕

古为今用　推陈出新

——建国以来中国天文学史研究的回顾

1982 年 10 月 30 日是中国天文学会成立 60 周年。1922 年中国天文学会在北京古观象台开成立大会的时候，评议员（理事）高平子提出研究中国天文学史的四条原则[1]：

（1）以科学方法，整理历代系统；

（2）以科学方法，疏解并证明古法原理；

（3）以科学公式，推算疏密程度；

（4）以科学需要，应用古测天象。

根据这四条原则，高平子和他的朋友朱文鑫以毕生精力对中国天文学史进行了研究。朱文鑫的重要著作有《〈史记·天官书〉恒星图考》（1927 年）、《天文考古录》（1933 年）、《历代日食考》（1934 年）和《历法通志》（1934 年）；高平子的重要论文则汇集在 1969 年台湾省出版的《学历散论》中。

除了高、朱两位进行专职研究外，我国老一辈的天文学家中，对天文学史有兴趣的人很多。新中国成立前在中国天文学会主办的《宇宙》等刊物上，几乎每期都有他们撰写的有关中外天文学史的文章。但是，将天文学史作为一门学科，有领导、有组织地进行研究，还是新中国成立以后的事。

1949 年中国科学院成立后不久，“决定要从事两项重要的工作：一是中国科学史的资料搜集和编纂，二是近代科学论著的翻译与刊行”。郭沫若院长写道：“我们的自然科学是有无限辉煌的远景的，但同时我们还要整理几千年来的我们中国科学活动的丰富的遗产。这样做，一方面是在纪念我们的过往，而更重要的一方面是策进我们的将来。”（《中国近代科学论著丛刊》序，1953 年）根据中国科学院领导的分工，这两项重要的工作均落在竺可桢副院长的肩上。竺老于 1951 年 2 月 25～26 日在《人民日报》发表《中国古代在天文学上的伟大贡献》，做了良好的开端。接着，又于 1952 年召集对科学史有兴趣的专家们，开了一次座谈会，讨论如何组织起来，开展工作。在此基础上，中国科学院于 1954 年成立中国自然科学史委员会，天文学史是该委员会首先开展的工作之一。委员会主任竺可桢，副主任叶企孙，都对天文学史有深厚的造诣。委员会成立后不久，经周恩来同志批准，调著名数学史家和天文学史家李俨、钱宝琮来京工作。

1956 年春，国务院主持制定我国科学发展的十二年远景规划，决定派代表团到意大利参加第八届国际科学史大会，并在中国科学院内成立专门机构。在向意大利提交的 5 篇论文中，天文学史占了 3 篇，即竺可桢《二十八宿的起源》[2]、钱宝琮《授时历法略论》[3]、刘仙洲《中国在计时器方面的发明》[4]。

1957 年 1 月，中国科学院正式成立中国自然科学史研究室（1975 年又扩建为自然科学史研究所），内设天文学史组。该室完成的重要成果有《中、朝、日三国古代的新星纪录及其在射电天文学中的意义》[5]《从春秋到明末的历法沿革》[6]《中国古代的恒星观测》[7]《伽利略的工作早期在中国的传播》[8]《明代航海天文知识一瞥》[9]《日心地动说在中国——纪念哥白尼诞生五百周年》[10]《临沂出土汉初古历初探》[11]《蟹状星云是 1054 年天关客星的遗迹》[12]等文章，并和其他单位同志合作，写出了《中国历史上的宇宙理论》[13]一书。

国务院科教组和中国科学院于 1974 年 11 月 27 日～12 月 4 日，在北京召开了整理研究祖国天文学规划座谈会，制订了一项比较长期的研究计划，并决定成立整理研究祖国天文学领导小组（简称整研组），由北京天文台代管。与此同时，天象资料组在北京天文台也宣告成立；紫金山天文台、上海天文台、陕西天文台、云南天文台或成立天文学史研究小组，或确定专人负责此项工作。从那时以来，整研组共出版了三本书籍[14]和四本文集[15]，召开了三次全国性的规模较大的会议，即 1975 年年底在天津召开的研究成果交流会，1976 年 6 月下旬在湖南衡山召开的天文史资料工作会议，1979 年 3 月中旬在福建厦门召开的研究成果交流会。三次会议共提出论文 140 多篇，每次出席者在 100 人左右。

中国天文学会也一贯重视天文学史的工作。1957 年 2 月于南京，1962 年 8 月于北京，1978 年 8 月于上海分别举行三次年会。每次年会都有一定数量的天文学史的文章。1978 年决定，在理事会之下成立天文学史专业组，负责协商各单位之间的分工，推动非专业人员的业余研究，组织学术交流。专业组于 1980 年 5 月在四川成都召开了学术会议，交流了 71 篇论文；在此基础上，中国科学院成都分院在《自然辩证法学术研究》第 8 期上出了“中国天文学史论文集”，选登了其中 10 篇论文。这次会议上的多数文章在《天文学报》第 21 卷第 3 期上亦有一篇详细报道。1982 年 3 月在庆祝中国天文学会成立 60 周年的前夕，专业组又在陕西临潼召开了“古代天文记录的现代应用讨论会”，会议收到论文 29 篇，其中与主题有关的占一半以上。根据这次讨论，席泽宗写成的《历史记录对天体物理学问题的应用》一文，1982 年 4 月 12 日在中国科学院和联邦德国马克斯・普朗克学会联合召开的南京高能天体物理讨论会上报告以后，受到了与会代表的热烈欢迎。为此新华社发了一条专电，刊登在 4 月 27 日的《中国日报》英文版上。

1980 年 10 月，中国科学技术史学会在北京成立，共分 11 个组宣读论文，在天文史组宣读的论文有 15 篇。该会于 1981 年 11 月 16～20 日在河南郑州召开了纪念元代天文学家郭守敬的学术讨论会，来自十省市的 59 名科学工作者宣读了论文 24 篇，就郭守敬的科学思想、治学精神和治学方法，他和前人及后人的师承关系，他在天文学和水利学上的成就，以及仪器制造和大地测量等各方面的贡献，进行了深入的探讨。

现在，属于天文学史专业组的中国天文学会会员已有 40 多人，再加上数学、历史、考古、民族等兄弟学科热心于中国天文学史的同志，已形成了一支不小的队伍。这支队伍团结一致，年年聚会，交流经验，取长补短，共同提高。著名的华裔天文学史专家、香港大学中文系主任何丙郁说得好：“以往数十年间，中国科学史的研究，中心都不在国内，而在国外，使人扼腕。最近此科的研究，在国内渐见蓬勃，尤其是天文学之研究，更是成绩斐然，活泼之极，令人欣慰。”[16]为了更好地开展工作，值此《天问》问世之际，我想将新中国成立 33 年来的主要成果综述如下，并尽可能地寻找其不足之处，以便发扬优点，克服缺点，以更快的步伐前进。

一、书籍的编纂

1955 年上海人民出版社出版了陈遵妫编著的《中国古代天文学简史》。1959 年上海科学技术出版社出版了李珩翻译的《天文学简史》（原名《宇宙的发现》，Cérard de Vaucouleurs 原著）。这两本书对于全面地了解中国天文学史和世界天文学史都嫌不够；然而，在过去 20 多年中，它们一直是这方面仅有的出版物，尤其世界天文学史，至今还没有别的中文读物，不能说不是一个遗憾。

陈遵妫的《中国古代天文学简史》是李约瑟编写《中国科学技术史》第三卷“天学部分”（被科学出版社译成中文后为第四卷）的基本参考书之一，已于 1962 年被译成俄文出版，1981 年译成日文出版；现经作者和崔振华修订，改为《中国天文学史》，分为四册，第一册已于 1980 年出版，其余几册亦将陆续付印。

中国科学院自然科学史研究所从 1959 年起，即组织人力，着手编写一本《中国天文学史》，但由于种种原因，此书一直未能出版，直到 1981 年整研组才将这本书呈献在读者面前。这本书资料比较丰富，文字表达深入浅出，通俗易懂；然而它是按研究对象分章，对历史上有成就的科学家未能予以充分的刻画，使人读了有见物不见人之感。

经天文学界全体同人的努力，150 多万字的《中国大百科全书·天文学》，只用了两年多时间就出版了。天文学史部分占有 1/6。国外评者对这一部分特别赞许。英国李约瑟说：“我们满意地看到，本书恰当地肯定了天文学史上有代表性的大科学家如张衡、祖冲之、一行和郭守敬的贡献。不过，我们对纯粹根据想象为他们画像的做法不敢苟同，这使人想起早期生物学和医学史家，用来装饰自己书籍的文艺复兴时期雕刻的亚里士多德和盖伦的半身塑像。书中还有大量展示中国古代天文仪器的插图和中国古书的插页，并附有很好的说明文字，但它们并不妨碍对最现代的理论和最新的知识进行阐释。”[17]美国利克天文台的道格拉斯·林说：“本卷收有天文学各个分支内容的条目 1000 多个，而以中国天文学史部分的资料最为丰富，撰写甚佳……本卷的作者们概要地提供了他们多年辛勤研究的成果。读者不仅能从中查到有关中国古代历法、日食、月食和变星的饶有趣味的历史记载，也能查到有关各种宇宙学说发展的历史。对于研究中国天文学史的人尤有价值的是，本书把500多个星名与中国古星名对照列出。”[18]

二、资料的整理

中国古代把天文学叫作“历象之学”。“历”指历法，“象”指观测仪器和观测记录。前者包括在二十四史的《历志》或《律历志》中，后者包括在《天文志》中。1975～1976年中华书局把历代天文、律历诸志汇编成十册出版，为国内外研究者提供了很大的方便。与此同时，天象资料组充分发动群众，在许多省（自治区、直辖市）的支持下，先后300多人参加，查阅了15万卷史书、地方志和其他古籍，编成《中国古代天象记录总集》和《中国天文史料汇编》，并于1978年以油印本形式发送到各有关单位征求意见。这项宏大的工程于1977年年底在中国科学院京区先进工作者大会上被评为十面红旗之一，在1978年全国科学大会上得到充分的肯定和表扬。《中国古代天象记录总集》包括我国古籍上记载的关于日食、月食、月掩行星、太阳黑子、极光、陨石、流星雨、流星、彗星、新星的记录共1万多项，是一部非常有用的资料，将由江苏科学技术出版社出版。

除了印刷成书的文献资料以外，在殷代的甲骨卜辞中、西周的铜器上、汉代的竹简上、唐代的卷子中、明清档案中，也都有天文资料。中国社会科学院历史研究所主编的《甲骨文合集》，已出第二至第十册，第一册和第十一至十三册也将陆续出版。对于明清档案中的天文资料，20世纪60年代自然科学史研究所曾进行摘抄，现正在《科技史文集》上陆续发表[19]。

三、历法的研究

1953年《天文学报》创刊号上发表刘朝阳写的《中国古代天文历法史研究的矛盾形势和今后出路》，提出上起唐虞或更早，下至春秋末叶或更晚，中国曾用过一种一年360天，每月30天的政治历。文章发表以后，引起了天文学界和历史学界的激烈争论，典型的一篇批评文章发表在1956年《天文学报》

第 4 卷第 2 期[20]。对于春秋战国以前的历法，历来有所争论，许多问题至今未取得一致意见。近几年来，紫金山天文台和自然科学史研究所，对一些历法正在做深入的探讨。

从汉代“三统历”开始的历法，在二十四史中都有详细的记载。但是正史中所载的这些历法并不是能轻易读明白的，也不是读通一两家历法其他就会通的。因此，从清代起就有人想将正史中所载的历法一一详加注释，可惜仅成“三统历”“四分历”“乾象历”三历。王应伟老先生于 20 世纪 60 年代初期又继续这项工作，从魏“景初历”开始，到明“大统历”为止，完成《中国古历通解》三卷，共 40 万字[21]。不过，王老先生只是用注解体裁，逐句诠释，尚未做由表及里、由此及彼的深入研究。而严敦杰 1978 年发表的《中国古代数理天文学的特点》，则把从古“四分历”起到明“大统历”为止的中国历法，提纲挈领地进行了高度概括，是一篇短而精的好文章[22]。

此外，中国科学院数学研究所对上元积年的研究[23]、华东师范大学地理系对一行“大衍历”的研究、内蒙古师范学院对“殷历”的研究[24]，都有一定的独到之处。

四、少数民族天文历法知识的调查

我国有 56 个民族，这些民族在新中国成立前处于不同的历史发展阶段，如能对各个民族的天文历法知识予以调查，并进行比较研究，就可以在我们面前展现出早期天文学发展的一幅略图。1955 年中华书局出版过一本马坚先生编译的《回历纲要》，但回历是阿拉伯人的发明，元朝时传到我国，为信仰伊斯兰教者所用，因此回历不能算是我国土生土长的历法。对少数民族天文历法的大规模调查是从 1976 年才开始的。从那时以来，中国天文学史整理研究小组联合中国社会科学院民族研究所、中央民族学院及其他有关单位，调查了西南地区的傣族、基诺族、拉祜族、哈尼族、布朗族、纳西族、藏族、彝族、水族、佤族，东北地区的赫哲族、鄂伦春族，海南的黎族和内蒙古的蒙古族。1981 年科学出版社出版的《中国天文学史文集（第二集）》，刊登了它的第一批成果，其中包括调查报告 6 篇和论文 6 篇，为国内外研究者提供了大量原始资料。

在成都召开的天文学史成果交流会上，少数民族天文学组非常活跃，到会者有汉、满、蒙、回、藏、纳西、朝鲜等族，共收到论文 17 篇，原著汉译 6 种。其中《论藏族〈时轮派历算精要〉中的五星运动及日月食的预报问题》《古代藏族的几种测时仪器》《水族的天象历法》都有特色，而对内蒙古阴山岩画中日、月、星辰图画的研究，有助于对古代匈奴、突厥等民族天文知识的了解。

现在，由刘尧汉等编写的一部 20 万字的《彝族天文学史》已经完成，将由云南人民出版社出版。彝族中的十月历（每年十个月，每月三十六天，以十二兽纪日，一月三转，另有五日或六日不属于任何一月，称为过年日）、月分明暗两半（上半月为明月，下半月为暗月），以及二十八宿和恒星月的紧密联系，对了解《管子·幼官》中的三十节气，金文中的生霸、死霸和二十八宿的起源问题，提供了一把钥匙。我们深深地感到民族天文学（ethnoastronomy）大有文章可做。

更可喜的是，1981 年 6 月 7～16 日在拉萨成立了西藏天文历算学会，到会代表 40 人，会上宣读了《西藏天文历法史略》《日食经验表》《扫星规律》等天文学史的文章。据了解，原属拉萨藏医院（“门孜康”）的藏历编辑室，已扩建为西藏天文研究所，由崔成群觉任所长，强巴曲札任副所长；甘南的拉卜楞寺是藏族的另一个天文历算中心，那里保存的天文文献有 500 多种，亟待研究。

五、天象记录的分析和应用

“对西方科学家来说，在《天文学报》发表过的论文中，可能最熟知的要算席泽宗在 1955 年和 1965 年发表的关于超新星的两篇论文了。”美国著名的天文杂志《天空与望远镜》（*Sky and Telescope*）1977 年 10 月号在介绍“中国最近天文研究概况”时提到的这两篇论文，是指《古新星新表》和《中、朝、日三国古代的新星纪录及其在射电天文学中的意义》，后一篇是与薄树人合作的。这两篇文章系统地研究了历史上和新星有关的材料约 1000 条，从中挑选出 90 条认为可能是新星，其中 12 条可能是超新星。文章发表后，受到美苏两国的极大重视，它们纷纷翻译出版[25]。20 多年来，世界各国在讨论超新星、射电源、脉冲星、中子星和 X 射线源等现代天文学研究对象时，引用过这两篇文章的文献在 1000 种以上。1980 年，荷兰的帕伦博（G. C. C. Palumbo）、迈利（G. K. Miley）和意大利的斯基波·卡姆波（P. Schiavo Campo）又利用荷兰莱登天文台惠更斯实验室射电天文中心的威斯特波克（Westerbork）综合孔径射电望远镜，从我们1965年的文章中挑选了7个对象，在1.5°×1.5°的区域内进行巡天观测，企图发现非热射电源，虽然没有得到结果，但是他们认为这项探测工作还应继续进行[26]。在国内，有人对1006年的超新星[27]和1054年的超新星进行了更深入的研究[28, 29]，最令人感兴趣的是李启斌关于可能是黑洞的X射线源天鹅座X-1，或许就是1408年（明永乐六年）爆发事件遗迹的观点的提出[30]。

1978年，李启斌根据《中国古代天象记录总集》中的材料，对《古新星新表》中的一些记录进行了订正，补充了8条材料，并进行了论证，认为1408年9月10日的这条记载是超新星爆发，天鹅座X-1可能就是它的遗迹。文章一发表，立刻引起了国际上的注意。在爱尔兰工作的华侨天文学家江涛等指出，这个“客星”在日本也有记录，而首见在7月14日，比中国早58天。把中日两国记录结合起来，可见期长达102天，这就更增加了它是超新星爆发的可能性[31]。不过，在这颗超新星位置附近，有两个奇异天体——天鹅座X-1和CTB80，哪一个是它的遗迹，目前尚在争论之中[32]。

《天文学报》发表关于天象记录系统整理研究的论文还有两篇。一是1966年第14卷第1期上庄天山的《中国古代流星雨记录》，一是1976年第17卷第2期上云南天文台的《我国历代太阳黑子记录的整理和活动周期的探讨》。前者按月份顺序排列了147条流星雨记录（其中有5次是白昼流星雨），提供了5个辐射点（宝瓶座η流星群、狐狸座24星附近流星群、御夫座β流星群、小熊座β流星群和白羊座ε流星群）；另外对天琴座、狮子座、英仙座、仙女座等流星群提供了许多有趣的补充材料。在庄天山之前，1963年李广申曾在《新乡师范学院学报》第4卷第3期上发表过《狮子座流星雨的今昔》。近年来，空间物理所的金立兆又在对这一问题做更细致的研究。

云南天文台关于太阳黑子的文章是在朱文鑫[33]和程廷芳[34]工作的基础上进行的，共列出了1638年以前的112次黑子记录，并利用它进行了相关的统计分析，得出黑子活动的周期有10.6年、62.2年和250年。但由于该文是写于1975年，而美国艾迪（J. A. Eddy）于1976年从所谓蒙德极小期（Maunder Minimum）出发，否认太阳活动在历史上并不存在11年周期的问题[35]，为了回答这个问题，作者们又于1978年发表3篇文章[36-38]，指出蒙德极小期是太阳活动更长的周期中的一个周期现象，而在蒙德极小期中 11 年周期也还存在。与此同时，北京邹仪新[39]、南京徐振韬夫妇[40]也分别论证了这一问题。徐振韬夫妇从地方志中找出，在蒙德极小期内也有 6 次黑子记录，其加权平均周期为 10.54±0.62（年），11 年周期依然存在。其后，戴念祖和陈美东利用从传说时期到中、朝、日三国历史上的极光记录，得出在此期间太阳活动有 180 个峰年，恰为 11 年一个周期；材料又表明，历史上太阳活动存在几个低潮期，1640～1720 年是其中的一个，但在这期间，11 年周期也还存在，与徐振韬夫妇从黑子记录所得结果一致[41]，从而又从另一方面否定了艾迪的说法。

1978 年，英国斯第芬森（F. R. Stephenson）和克拉克（D. H. Clark）写了一本书——《早期天文记录的应用》（*Application of Early Astronomical Records*），除第一章作一般历史介绍外，其余分三章讲日食、新星、黑子极光的应用；用的多为中国资料，但对中国人的新近研究成果介绍得很不够。1980 年，陕西天文台吴守贤将 60 年代以来 4 位西方天文学家（D. R. Curott，1966；R. R. Newton，1970；P. M. Mullar，F. R. Stephenson，1975）所用的我国日食记录进行考核，发现他们所用的观测记录除互相重复的外，总共有 30 个。在这 30 个中，有 10 个不符合条件。既然所使用记录有 1/3 靠不住，他们用来研究地球自转不均匀性所得结果当然就有了问题[42]。与此同时，北京天文台李致森[43]、自然科学史研究所陈久金[44]也对这一问题进行了研究。

《历史研究》1976 年第 4 期发表了《中国古代对陨石的记载和认识》。贵阳地球化学研究所、北京天文馆、北京大学等单位正在详细、深入地进行研究。1981 年，北京大学张淑媛在日本东京国际陨石学会议上，报告了她和华东石油学院北京研究生部于志钧把我国史料中有关陨石的记载按陨落时间、地点、陨落状况的描述和资料来源输入电子计算机，经过软件处理，发现陨石降落数量每隔一定的时期有增多和减少的起伏变化，并计算出 60 年和 240 年两个确定的周期。报告受到与会学者的高度赞扬，有人认为“这是陨石研究的新的里程碑”[45]。

马王堆 3 号汉墓帛书中 29 幅彗星图的发现，可以说是望远镜发明以前关于彗星形态的一份珍贵资料，为世界天文学史增添了新的一页。[46]张钰哲先生结合哈雷彗星轨道的历史演变，对武王伐纣年代的考证又引起了历史学界的广泛兴趣。[47]

总之，历史记录的现代应用，已成为国际上广泛关注的一个课题，有人把它叫作“历史天文学”（historical astronomy），也有人把它叫作“考古天体物理学”（archaeoastrophysics），美国天文学会已于1980年1月建立历史天文学分会，并向我国征聘会员。我国是最有条件开展这项工作的国家，我们应该发挥优势，在这方面做出更多的贡献。

六、实验天文学史的开拓

古代的日食、黑子记录，在现代天文学中既然如此重要，人们不禁要问，古人是怎么得到这些资料的？它们的精确性如何？为了回答这个问题，自然科学史研究所5人和北京市青少年天文爱好者协会4人，于1980年春节前夕从北京不远万里到达云南的瑞丽和潞西（今芒市）两地，准备用古代的目视、水盆、油盆和仰仪4种办法，观测那年2月16日的日全食。实践证明，古代的这些观测方法是行之有效的。他们看到了日冕、日珥、贝里珠、黑子和色球层。这4种方法看到的日食初亏时间比理论预告值只晚40秒到2分钟（如果观测熟练，这个误差将会更小）。用初亏到食既所需的时间来除这个迟延误差，所得到的便是最小感知食分限；若取日面直径为10分，则两地观测所得到的最小感知食分限都小于1分。这个结果很是重要。我国记有“朔”字的最早日食记录（《诗经·小雅》“十月之交，朔日辛卯，日有食之”），自南北朝时期虞邝推定为周幽王六年（公元前776年）以来，一直没有人怀疑。然而到了近代，有人以公元前776年的日食在黄河流域所见食分太小不能看见为理由，把它改为周平王三十六年（公元前735年）[48-50]。但是这样一来，就和《诗经》所描写的内容符合不起来。按周之十月，为今旧历八月，公元前776年9月6日干支为辛卯，日月合朔在格林尼治平时1时30分，合北京时上午9时30分，据奥泊尔子（Oppolzer）《食典》，这一天有一次日全食发生，在洛阳能见偏食一分以上，大于我们得到的最小感知食分限，因而这次日食定在公元前776年是对的，被颠倒了的历史应该再颠倒过来。

这件事的重要性不在于定在公元前776年就比巴比伦最早日食（公元前763年）早13年，定在前735年则晚28年，而在于这件事告诫我们，不能轻易地否定古人的经验和记录，在记录和当前理论相矛盾时，不应单单只怀疑记录的真实性，也应考虑我们当前的认识有什么不完善的地方。有鉴于此，本文的作者就将 1957 年已经怀疑的一个问题——战国时期的甘德是否已经看到木星的卫星？——提出来，让实践来检验。结果是：北京天文馆在天象厅所做的模拟观测[51]、自然科学史研究所组织青少年到河北兴隆所做的实测[52]、北京天文台在望远镜上加光阑模拟人眼所做的观测[53]，一致证明，在良好的条件下，木卫是能用肉眼观测到的，甘德的记录非常逼真，从而把人类认识木卫的历史提前了 2000 年，也把现代天文学书中说得模棱两可的一个问题进行了澄清。为此，以毕生精力研究中国天文学史的日本京都大学名誉教授薮内清，最近以《实验天文学史的尝试》为题，发表一篇短文，认为这是实验天文学史的开始，沿此方向前进，有许多工作可以进行。例如，在使用浑天仪以前是否用测南中和漏壶相结合的方法测二十八宿的距度，用圭表测量冬至的时刻，等等[54]。事实上，上海天文台已于 1980 年冬至前后到河南登封观星台进行了一次日影的实测工作，得到 4 天的观测结果。分析表明，日影的单次测量精度在 3～6 毫米之间，观测到的正午时的日影长度与计算值之间有 8 毫米左右的平均偏离，这分别相当于元代天文用尺的二三分，比《元史·天文志》中记录的精确到 5 毫米要差很多，原因何在，尚待进一步研究[55]。

七、星图的发现和研究

新出现的奇异天象，总是要以似乎不变的星座为背景来做记录的。中国古时把星座叫“星宿”或“星官”，最重要的是黄赤道附近的二十八宿，它是记录日月和行星运动的定标点，也常常用作记录其他天象的坐标。关于二十八宿的起源问题，从新中国成立前一直到最近都有人在写文章研究[56-62]，多数主张起源于我国，但在具体时间等问题上还有不同的看法。这里值得一提的是，1978 年在湖北随县曾侯乙墓（约公元前 433 年）中，发现一个木箱的盖子上有一圈二十八宿的名字，这样就把有文献可查的二十八宿的全部名称记载，向前推了约 200 年（过去以公元前 393 年成书的《吕氏春秋·有始览》为最早）[63]。

关于二十八宿距度的测量，过去认为唐《开元占经》中所引《石氏星经》的度数为最早，不少人考证过它的年代[64-66]，但对石氏度数下的小注“古度”却从未加以注意。1977 年，安徽阜阳汝阴侯墓（公元前 165 年）中发现了上下相重的两个圆盘，上盘刻有北斗七星，下盘边缘刻有二十八宿，度数与《开元占经》中的古度相合[67]。这一发现十分重要，它既给我们提供了早期天体测量的一个线索，又为原始天文仪器的研究提供了重要的实物。

精确的星图当然要靠天体测量来做基础，但示意性的星图只要把各星之间的相对位置画出来就行了。33 年来，我国发现了大量的古代星图，最早的是洛阳西汉末年古墓中的星图[68]，最晚的是呼和浩特蒙文星图（1730 年）。介于这两个时期之间的重要的星图有洛阳北魏元乂墓星图（526 年）[69]，敦煌星图甲、乙本（700 年左右）[70, 71]，杭州吴越星图（941 年）[72]，宣化辽墓星图（1116 年）[73]，北京隆福寺星图（1453 年）[74]，常熟石刻星图（1506 年）[75]和莆田星图（16 世纪末）[76]。这些星图及我国许多重要的天文文物，集中地反映在 1980 年出版的《中国天文文物图录》中。配合这本图录，将有一本《中国天文文物文集》出版。

此外，上海潘鼐和北京杜昇云先后对苏州宋代石刻星图做了较深入的研究[77, 78]。潘鼐和南京王德昌合作，搜集了宋代皇祐年间的恒星观测记录，进行了严密的归算和证认，列出 360 个星的中西星名对照[79]，这和科学出版社 1981 年出版的、由伊世同编绘的《中西对照恒星图表》，都给中国天文学史的研究带来了很大的方便。

在利用天体位置进行大地测量和航海方面，陕西天文台[80]、天津纬度站[81]、华南师范学院和科学院地理研究所分别对唐、元、清康熙和乾隆年间的几次大地测量进行了深入研究，北京天文台和华南师范学院对郑和航海时所利用的天文知识进行了研究[82]。

八、仪器台站的修复和研究

新中国成立初期，清华大学副校长刘仙洲（已故）曾在《机械工程学报》发表两篇文章，介绍历代的水运浑象和计时仪器[83, 84]。1959 年，为了中国历史博物馆的开馆，在王振铎先生主持下，复原了一批天文仪器，其中包括放在大门两旁的浑仪和浑象，以及宋代苏颂水运仪象台的模型。水运仪象台的模型虽只有原大的 1/5，但已有 2 米多高[85]。70 年代，陕西天文台从技术发展的角度全面地探讨了古代天文仪器的发展[86]，上海天文台对计时仪器和时刻制度作了较细致的研究[87]。北京天文馆李鉴澄先生对晷仪的论证也颇有趣味[88]；而最有意义的是 1980 年王振铎考证出西汉以前计时器的名称系铜漏或漏卮，而非漏壶，漏壶系西汉以后计时器的名称[89]。

1982 年，中国传统工艺技术到北美展出，天文学是其中的重要组成部分。为此，用木材复制了原大的简仪，并由王立兴复原了清代民间仪器陈起元漏壶。此外，近几年来，还发现了西汉时期的三个铜漏：一在河北满城，一在陕西兴平，一在内蒙古伊克昭盟（今鄂尔多斯市）[90]。关于漏壶理论的最新研究则有陈美东的《我国古代漏壶的理论与技术》[91]。

1965 年，在江苏仪征县（今仪征市）的东汉古墓中，发现了一件折叠式的铜制圭面，它由一件长 19.2 厘米（汉尺 8 寸）的竖“表”和一根长 34.5 厘米（汉尺 15 寸）的“圭”组成，圭上有刻度，以表示尺寸。平时表可以放倒，和圭合成一把尺子。使用时，在中午把表竖起垂直立于太阳光下，表的影子便投到平放在表北的圭上。利用表影长短的变化，便可测定节气和回归年的长度[92]。

马王堆汉墓帛书《五星占》的发现，不仅对了解我国早期关于行星的知识提供了重要资料[93]，就是对探讨我国浑仪的起源也有帮助，徐振韬就这方面做了详细论证[94]。刘金沂则认为，在安徽阜阳汝阴侯墓中发现的上下重叠的圆盘，可能就是从圆仪到浑仪的证据[95]。

与仪器有关的是对天文观测场所——古观象台的研究。北京古观象台的修复现已完毕，并正式对外开放。为了进行这项修复工程，北京天文馆进行了大量的调查研究工作。他们在南京紫金山天文台的明制铜圭表（此器原属北京古观象台）的圭面中部发现了明正统年间所用的量天尺的长度，1 尺等于 24.525 厘米。据伊世同考证，这个长度即经宋元承传下来的隋唐小尺。这样就为考核南北朝以来各代天文仪器的尺寸和天文遗迹的大小提供了一个基本的数字依据[96]。

1974～1975 年，中国社会科学院考古所发现了东汉时期的国家天文台——灵台的遗址［在今河南省偃师县，当时首都雒（洛）阳的南郊］。台用夯土筑成，现仍高出地面 8 米多[97]。1975 年，河南省文管会和登封县文管所修复了我国最早的天文建筑：周公测景台[98]。对于元朝大都（今北京）天文台的原先建筑形式，已有几种复原方案，哪个符合本来面目，尚待进一步考证研究。

九、天文学家和天文学思想的研究

人是认识的主体，研究天文学史不能见物不见人。30 多年来，天文史工作者力图用历史唯物主义的观点，对历史上有成就的一些天文学家进行了深入的研究，像张衡、祖冲之、一行、沈括、郭守敬都已有人写了专著[99-103]。此外，还对一些过去不为人们所注意的天文学家，如落下闳[104]、司马迁[105]、曹士芀[106]、卫朴[107]、王锡阐[108]和王贞仪[109]等，进行了研究和宣传。

在天文学思想方面，1925 年在英国出版过一本由德国学者佛尔克（A. Forke）写的《中国人的世界观念》（*World-conception of the Chinese*）。此后，国内外很少有人再做系统的研究。新中国成立以后，国内学者则做了大量的工作，对盖天说、浑天说、宣夜说都有人做过专题研究[110-116]，开展了不同意见的争论。更可喜的是打破了新中国成立前只把注意力集中在天文学家和天文著作上的传统观念，对文学、哲学和医学著作中的天文学思想进行了开创性的研究，从屈原《天问》、荀况《天论》、王充《论衡》、刘禹锡《天论》、柳宗元《天对》、张载《正蒙》、邓牧《伯牙琴》，以及《黄帝内经》、《列子·天瑞篇》等著作中，发现了许多有积极意义的遗产[117-120]。

十、天文学起源的探索

1972～1975 年，在河南郑州大河村遗址出土的彩色陶器碎片上，有太阳、月亮、日晕和星座，它们画得相当整齐美观。例如，有四片太阳纹，经粘对在一起以后，构成两个由辐射和圆圈构成的太阳，根据口沿的弧度和两个圆心之间的夹角为 30 度，可算出陶钵的口径为 30 厘米，在钵的肩部一共有 12 个太阳。在另一个陶器碎片上，日晕是在光芒四射的太阳纹外面，又绘出对称的内向弧形带状图形，弧带外沿也绘着辐射线，弧带皆作圆点状；从两个日晕之间的夹角为 90 度，可以算出一个陶钵的腹部共画了 4 个日晕。这些都是大河村第三期文化遗物，是晚期仰韶文化的代表，距今约 5000 年[121]。

比大河村遗址稍晚（距今约 4500 年），属于大汶口文化的器物群中，在山东莒县（1960 年出土）和诸城（1973 年出土）的两个陶尊上，都有一个字——[illegible]，尤其是在诸城出土的一个，还涂有朱红的颜色，有人释为“旦”字，可能是对的。《尚书·尧典》：“乃命羲和，钦若昊天，历象日月星辰，敬授人时。分命羲仲，宅嵎夷，曰旸谷，寅宾出日，平秩东作。”这段话的意思是说，帝尧时期已经有了专职的天文官从事观象授时，羲仲在东方嵎夷旸谷之地，专司祭祀日出，以利农耕。山东古为东夷之隅，莒县、诸城又处滨海之地，正是在这个地方发现了远古时代祭天的礼器和反映农事、天象的文字，这与《尧典》所载是多么难得的巧合[122]。邵望平和卢央认为，《尚书·尧典》所载羲和之类的专职天文人员的出现，标志着脑力劳动和体力劳动开始分工，人类社会进入了奴隶制时代。在氏族制度下天文知识直接掌握在劳动者之手，直接为生产实践服务，但同时也只能停留在萌芽状态，停留在经验阶段上，只有有了分工以后，专职天文人员才有可能对分散的、零星的天文知识进行搜集整理，并从事长期而系统的天象观测，从而使天文学由孕育状态成长为呱呱坠地的婴儿。恩格斯说："只有奴隶制才使农业和工业之间的更大规模的分工成为可能，从而为古代文化的繁荣，即为希腊文化创造了条件。没有奴隶制，就没有希腊国家，就没有希腊的艺术和科学。"（《马克思恩格斯选集》第 3 卷，220 页）在中国也是一样[123]。

关于羲和、羲仲是怎样的人，郑文光在他的《中国天文学源流》（1979 年）一书中有个解释。他认为羲和原为管理太阳的神，后来演变成管理历法的官员，再后来为了测定四个方位，又将羲和一分为四：羲仲、羲叔，和仲、和叔。这本书从神话传说、观象授时方法、天空区域、天体测量、历法和仪器的产生、天文学思想的萌芽和中国古代自然哲学的关系等方面，系统地探索了中国天文学初始阶段的历史；尽管其中有些观点还值得商榷，但作者的努力和勇气是令人钦佩的。

从上述不够全面的概括中，已经可以看出，在这 33 年中，我们所研究的范围是广阔的，所取得的成果是丰硕的。但是，我们不能满足于现状，在国外兴起的考古天文学、与四个现代化结合得更为紧密的现代天文学史的研究，这些几乎还是空白，需要组织力量来填补。在研究方向上，我们还是偏重文献整理和成就介绍，从方法论的角度总结经验不够，这都有待于进一步提高水平。我们要发扬成绩，克服缺点，在百花齐放、百家争鸣、古为今用、推陈出新等方针的指导下，使天文学史的研究日趋完善，以期在新的历史时期，为社会主义祖国的繁荣昌盛做出更多的贡献。

参考文献

[1] 高鲁. 追怀朱贡三先生. 宇宙，1940，10（11）.
[2] 竺可桢文集. 北京：科学出版社，1979：317.

[3] 钱宝琮. 天文学报，1956，4（2）：193.
[4] 刘仙洲. 天文学报，1956，4（2）：219.
[5] 席泽宗，薄树人. 天文学报，1965，13（1）：1.
[6] 钱宝琮. 历史研究，1960，3：35.
[7] 薄树人. 科学史集刊，1960（3）：35.
[8] 严敦杰. 科学史集刊，1964（7）：8.
[9] 严敦杰. 科学史集刊，1966（9）：77.
[10] 席泽宗等. 中国科学，1973，16（3）：270；人民日报，1973-07-21；新华月报，1973（7）：194.
[11] 陈久金，陈美东. 文物，1974（3）：59；中国天文学史文集. 北京：科学出版社，1978：66.
[12] 薄树人等. 中国天文学史文集. 北京：科学出版社，1978：157.
[13] 郑文光，席泽宗. 中国历史上的宇宙理论. 北京：人民出版社，1975.
[14] 中国天文学史整理研究小组编写的三本书籍是：《中国天文学史》，北京：科学出版社，1981；《中国天文学简史》，天津：天津科学技术出版社，1979；《天文史话》，上海：上海科学技术出版社，1981.
[15] 中国天文学史整理研究小组编辑的四本文集是：《中国天文学史文集》，上海：科学出版社，1978；《中国天文学史文集》（第二集），北京：科学出版社，1981：《科技史文集·天文学史专辑》（1），上海：上海科学技术出版社，1978；《科技史文集·天文学史专辑》（2），上海，上海科学技术出版社，1980.
[16] 何丙郁 1982 年 2 月 13 日给席泽宗的信.
[17] Needham J，Salt M. Nature，1981-7-16. 中译见百科知识，1981（10）：22.
[18] Douglas L. Science Weekly，1981-11-6：631. 中译见百科知识，1982（1）：22.
[19] 薄树人. 科技史文集：第 1 辑，1978：86；第 3 辑，1980：155.
[20] 曾次亮. 天文学报，1956，4（2）：235.
[21] 中国科学院自然科学史研究室油印本.
[22] 严敦杰. 科技史文集：第 1 辑，1978：1.
[23] 李文林，袁向东. 科技史文集：第 3 辑，1980：70.
[24] 常正光. 古文字研究论文集. 四川大学学报丛刊，第 10 辑.
[25] 《古新星新表》苏联于 1957 年译载在《天文学杂志》（*А строномический Журнал*）第 34 卷第 2 期上，并在《自然》（*Природа*）上作了报道；美国则是先在 *Sky and Telescope* 上作了报道，然后全文译载在 *Smithsonian Contribution to Astrophysics*，1958，2（6）：109.《中、朝、日三国古代的新星纪录及其在射电天文学中的意义》在美国有两种译本，一在 *Science*，1966，154（3749）：597；一在 *NASA* TT-F 388，1966，为单行本.
[26] G. G. C. 帕伦博等. 天文学报，1980，21（4）：334.
[27] 薄树人等. 科技史文集：第 1 辑，1978：79.
[28] 薄树人等. 中国天文学史文集. 北京：科学出版社，1978：157.

［29］王德昌. 天文学报，1977，18（2）：248.
［30］李启斌. 天文学报，1978，19（2）：210.
［31］Imaeda K，Kiang T. Journal for the History of Astronomy，1980，11（2）：77.
［32］Angerhofer P E. Archaeoastronomy，1981，4（1）：23.
［33］朱文鑫. 天文考古录. 上海：商务印书馆，1933：80.
［34］程廷芳. 南京大学学报，1957（4）：51.
［35］Eddy J A. Science，1976，192（4245）：1189；Proceedings of the International Symposium on Solar-Terrestrial Physics，1976：958；Sky and Telescope，1976，51（6）：394；Scientific American，1977，236（5）：80.
［36］丁有济等. 云南天文台台刊，1978（1）：17.
［37］丁有济，张筑文. 科学通报，1978，23（2）：107.
［38］罗葆荣，李维葆. 科学通报，1978，23（6）：262.
［39］邹仪新. 北京天文台台刊，1978（12）：87.
［40］徐振韬，蒋窈窕. 南京大学学报（自然科学版），1979（2）：31.
［41］戴念祖，陈美东. 科技史文集：第 6 辑，1980：69.
［42］吴守贤. 陕西天文台台刊，1980（2）：23.
［43］李致森. 北京天文台台刊，1979（3）：41.
［44］陈久金. 1980 年 10 月在中国科学技术史学会成立会上的报告.
［45］北京晚报，1982-05-05.
［46］席泽宗. 文物，1978（2）：5；科技史文集：第 1 辑，1978：39；马王堆汉墓研究. 长沙：湖南人民出版社，1979：198.
［47］张钰哲. 天文学报，1978，19（1）：109.
［48］Hirayama（平山清次），Ogura（小仓伸吉）. Proceedings of Physico-Mathematical Society of Japan. Tokyo，1915（8）：2.
［49］Hartner W. T'oung Pao，1935（31）：188.
［50］能田忠亮. 东洋天文学史论丛. 东京：恒星社，1943.
［51］席泽宗. 天体物理学报，1981，1（2）：85；Proceedings of the 16th International Congress for the History of Science. Bucharest，1981：203.
［52］刘金沂. 自然杂志，1981，4（7）：538.
［53］众仁. 自然杂志，1982，5（2）：147.
［54］薮内清. 现代天文学讲座月报，1982，14（1）.
［55］全和钧等. 纪念郭守敬学术讨论会上的报告，1981.
［56］竺可桢. 思想与时代，1944：34；竺可桢文集. 北京：科学出版社，1978：234.
［57］钱宝琮. 思想与时代，1947：43.
［58］岑仲勉. 学原，第 1 卷，1947：5；中山大学学报（社会科学版），1957：1；两周文史论丛. 商务印书馆，1958.
［59］郭沫若. 甲骨文字研究. 北京：科学出版社，1962.
［60］夏鼐. 考古学报，1976（2）：35；考古学和科技史. 北京：科学出版社，1979：29.

[61] 郑文光. 北京天文台台刊，1977（10）：48.
[62] 潘鼐. 中华文史论丛，1979：3.
[63] 王健民等. 文物，1979（7）：40.
[64] 上田穰. 石氏星经之研究//东洋文库论丛. 第12册. 东京，1930.
[65] 席泽宗. 天文学报，1956，4（2）：212.
[66] 薮内清. 东方学报（京都），1959（30）：1；中国之天文历法. 东京：平凡社，1969.
[67] 安徽省文物工作队等. 文物，1978（8）：12；严敦杰. 考古，1978（5）：334.
[68] 夏鼐. 考古，1965（2）：80；考古学和科技史. 北京：科学出版社，1979：51.
[69] 王车，陈徐. 文物，1974（12）：56.
[70] 席泽宗. 文物，1966（3）：27.
[71] 夏鼐. 中国科技史探索//李约瑟博士八十寿辰纪念文集. 上海：上海古籍出版社，1982.
[72] 伊世同. 考古，1975（3）：153.
[73] 河北省文物管理处，河北省博物馆. 文物，1975（8）：40.
[74] 中国大百科全书编辑部. 中国大百科全书・天文学. 北京：中国大百科全书出版社，1980：17.
[75] 中国科学院紫金山天文台古天文组，常熟县文管会. 文物，1978（7）：68；车一雄，王德昌. 中国天文学史文集. 北京：科学出版社，1978：178.
[76] 福建省莆田县文化馆. 文物，1978（7）：74.
[77] 潘鼐. 考古学报，1976（1）：47.
[78] 杜昇云. 成都天文学成果交流会上的报告. 成都，1980.
[79] 潘鼐，王德昌. 天文学报，1981，22（2）：107.
[80] 陕西天文台天文史组. 天文学报，1976，17（2）：209.
[81] 厉国青等. 天文学报，1977，18（1）：129.
[82] 航海天文调查小组. 北京天文台台刊，1977（11）：47；华南师范学院学报，1977.
[83] 刘仙洲. 机械工程学报，1953，1：1.
[84] 刘仙洲. 机械工程学报，1954，2：1.
[85] 王振铎. 文物参考资料，1958（9）：5.
[86] 陕西天文台天文史小组. 中国历代天文仪器概述. 油印本，1975.
[87] 阎林山，金和钧. 科技史文集：第6辑，1980：1.
[88] 李鉴澄. 科技史文集：第1辑，1978：31.
[89] 王振铎. 中国历史博物馆馆刊，1980（2）：116.
[90] 满城的见中国社会科学院考古研究所，北京仪器厂工人理论组. 满城汉墓. 北京：文物出版社，1978：78；兴平的见考古，1978（1）：70；伊盟的见考古，1978（5）：317.
[91] 陈美东. 自然科学史研究，1982，1（1）：21.
[92] 南京博物院. 考古，1977（6）：407.
[93] 席泽宗. 中国天文学史文集. 北京：科学出版社，1978：14；马王堆汉墓研究. 长沙：湖南人民出版社，1979：181.

[94] 徐振韬. 中国天文学史文集. 北京：科学出版社，1978：34.
[95] 刘金沂. 厦门天文学史研究成果交流会上的报告. 厦门，1979.
[96] 伊世同. 文物，1978（2）：10.
[97] 中国社会科学院考古所洛阳工作队. 考古，1978（1）：54.
[98] 张家泰. 考古，1976（2）：95；中国天文学史文集. 北京：科学出版社，1978：229.
[99] 赖家度. 张衡. 上海：上海人民出版社，1979.
[100] 李迪. 祖冲之. 上海：上海人民出版社，1977.
[101] 李迪. 唐代天文学家张遂（一行）. 上海：上海人民出版社，1964.
[102] 张家驹. 沈括. 上海：上海人民出版社，1978.
[103] 李迪. 郭守敬. 上海：上海人民出版社，1966；潘鼐，向英. 郭守敬. 上海：上海人民出版社，1980.
[104] 鲁子健. 四川省哲学社会科学研究所. 资料，1977（3）：34.
[105] 薄树人. 自然杂志，1981，4（9）：685.
[106] 周济. 厦门大学学报，1979（1）：126；历史学，1979（6）：89.
[107] 天文参考资料，1974（3）：8；文汇报，1974-10-23.
[108] 席泽宗. 科学史集刊：第 6 辑，1963：53.
[109] 戚志芬. 光明日报，1960-03-09.
[110] 钱宝琮. 科学史集刊：第 1 辑，1958：29.
[111] 席泽宗. 天文学报，1960，8（1）：80.
[112] 唐如川. 科学史集刊：第 4 辑，1962：47.
[113] 郑文光. 科学通报，1976，21（6）：265；中国天文学史文集. 北京：科学出版社，1978：118.
[114] 陈久金. 科技史文集：第 1 辑，1978：59.
[115] 席泽宗. 自然辩证法杂志，1975（10）：70.
[116] 郑文光. 科技史文集：第 1 辑，1978：44.
[117] 邓文宽. 科技史文集，1980（6）：14.
[118] 谭家健. 河南师大学报（社会科学版），1979（5）：69.
[119] 卢央. 自然辩证法学术研究，1980（8）：29.
[120] 郑延祖. 中国科学，1976，19（1）：111.
[121] 郑州市博物馆发掘组. 河南文博通讯，1978（1）：44.
[122] 邵望平. 文物，1978（9）：74.
[123] 邵望平，卢央. 中国天文学史文集. 北京：科学出版社，1978：1981（2）：1.

〔张钰哲：《天问（中国天文学史研究·第一辑）》，
南京：江苏科学技术出版社，1984 年〕

The Characteristics of Ancient China's Astronomy

What are the characteristics of ancient China's astronomy? Many scholars have discussed the problem. In 1939 Herbert Chatley summed up fifteen points. Joseph Needham (1959) in his great work *Science and Civilisation in China* concentrated it into seven points.

(1) the elaboration of a polar and equatorial system strikingly different from that of the Hellenistic peoples;

(2) the early conception of an infinite universe, with the stars as bodies floating in empty space;

(3) the development of quantitative positional astronomy and star catalogues two centuries before any other civilisation of which comparable works have come down to us;

(4) the use in these catalogues of equatorial coordinates, and a faithfulness to them extending over two millennia;

(5) the elaboration, in steadily increasing complexity, of astronomical

instruments, culminating in the 13th century invention of the equatorial mounting, as an "adapted torquetum" or "dissected" armillary sphere;

(6) the invention of the clock drive for that forerunner of the telescope, the sighting tube, and a number of ingenious mechanical devices ancillary to astronomical instruments;

(7) the maintenance, for longer continuous periods than any other civilization, of accurate records of celestial phenomena, such as eclipses, comets, sunspots, etc.

Needham also pointed out that the most obvious absences from such a list are just those elements in which occidental astronomy was the strongest: the Greek geometrical formulations of the motions of the celestial bodies, the Arabic use of geometry in stereographic projections, and the physical astronomy of the Renaissance.

Liu Jinyi et al. (1984) also put forward ten points which are similar to those of Herbert Chatley. Their viewpoints, I think, describe its contributions rather than characteristics. As regards the fundamental characteristics, they were not clarified. Zhu Kezhen (1951) considered that there were two fundamental characteristics, i.e. practical application and protracted nature; but he did not mention it in detail. I suppose the former is more important than the latter and shall discuss it here.

At the present time astronomy is a pure science and belongs to fundamental sciences, but the early period of a science in its development is always different from the late period. Thomas S. Kuhn (1979) pointed out that "Early in the development of a new field, social needs and values are a major determinant of the problems on which its practitioners concentrate. Also during this period, the concepts they deploy in solving problems are extensively conditioned by contemporary common sense, by a prevailing philosophical tradition, or by the most prestigious contemporary sciences." In China, astronomy originated in the need of agriculture and astrology, and due to the influence of Chinese social conditions and traditional culture, developed in a way quite different from that of Greek astronomy. From the school of Pythagoras (c. 582-500 B.C.), Greek astronomy intended to set up a model of the universe, while Plato (427-347

B.C.) further saw that any philosophy with a claim to generality must include a theory as to the nature of our universe. But in so doing, just as S. A. Mason (1953) pointed out, he did not wish to stimulate the observation of the heavens; on the contrary, he desired only to make astronomy a branch of mathematics. This ideological line determined the rationalism of European astronomy, though later astronomers took to the observation of the heavens to obtain data for calculation, test and improvement of their models of the universe.

On the contrary, natural philosophy in China did not develop to the full and occupied no distinguished position (Ye Xiaoqing, 1984). Chinese sages only wanted astronomers "to observe the heavens so as to investigate the change of human affairs on the Earth" (The Classic of Changes, *Yi Jing*) as well as "to observe the Sun, Moon and stars in order to issue the official calendar" (the Yao Canon of the *Shu Jing*, Historical Classic). This ideological line determined the pragmatism of Chinese astronomy.

On the other hand, since the calendar reform directed by Julius Caesar in the middle of the first century B.C. the calendar used in Europe is a solar one, which developed into the Gregorian calendar, and only requires the accuracy of tropical year in order to coordinate the relation between the days and the months, regardless of the motion of the Moon and the planets, the calendar making occupies a very small position in the Western astronomy. In contrast with that, as far back as the 14th century B.C. China had an embryonic form of a lunisolar calendar, and from the second century B.C. Chinese calendar contained the fundamental contents of modem astronomical almanac, including the calculation and observation of the positions of the Sun, Moon, planets and stars and those of solar and lunar eclipses, so Chinese astronomy was developed by the way of calendar making and had a character of applied science.

The differences of Chinese lunisolar calendar from that of Babylon and Greece are (1) to take "shuo" (the moment when the Sun and the Moon are at the same longitude) as the beginning of a month; (2) to think of the winter solstice point as the starting one for measurement of solar apparent position as well as star positions; (3) to fix the moment of the Sun at the winter solstice point in the eleventh month, and to take this moment as the beginning of a year, and from which to divide a tropical year into 24 periods (12 *jie* and 12 *qi*, solar terms). Of these 20 names are connected with season, air temperature or precipitation, such as *lichun* (the beginning of spring), *dashu* (great heat), *xiaoxue* (slight snow). They directly show the changes of seasons, and make agricultural things very convenient. The system so far helps farmers to know what kind of weather to expect in each period.

The 24 solar terms are directly determined by the apparent position of the Sun and belong to the category of the solar calendar. For coordinating the relation between them and the synodic months it is necessary to arrange the intercalary month (*run*), therefore *qi* (12 solar terms), *shuo* and *run* make up the three elements of Chinese calendar, around which Chinese astronomy developed. The solar terms can be measured by gnomon, because the solar shadow of gnomon is the longest at winter solstice and the shortest at summer solstice. At the moment when the Sun and the Moon have the same longitude, the Moon cannot be seen. Only when a solar eclipse takes place, it can be proved that the Sun and the Moon have the same longitude and the same latitude, so observation and calculation of eclipses became an inseparable part of Chinese calendar-making. On the one hand, for raising the accuracy of prediction of the solar terms, the beginning of a month, the intercalary month and eclipses, it was necessary to improve the calculation method; on the other hand, for raising the precision of their observation, new instruments had to be made and new observational methods had to be invented. And both sides complement each other. According to the study by Chen Meidong (1983), the evolution of Chinese calendar can be shown in Table 1.

Table 1

Error of Time	*qi*	*shuo*	eclipse	planetary position
206 B.C. -220 A.D.	3-2 days	1day	1day	8°
220-589	2-1/5 day		15-4ke①	8°-4°
589-1127	20-10ke		4-2ke	4°-2°
1127-1368	10-1ke		2-0.5ke	2°-0. 5°

① 1ke=$14^{m}4$.

Calendar making in China not only served agricultural production, but also formed a part of the superstructure. To promulgate the calendar was a symbol of dominion and only the court should have it in hand. To use the calendar promulgated by an emperor meant recognition of his political power. In the calendrical chapter of *Shiji* (*Historical Records*), Sima Qian said: "When a new dynasty was established, the emperor must change his surname, alter the calendar, transform the colour of ceremonial dress and calculate the position of vigour in order to undertake the mandate of heaven." After the emperors You and Li, the Zhou Dynasty declined and the emperor did not promulgate the *shuo*, so the calendar of the Lu dukedom, which used the *shuo* promulgated by the Zhou emperor, was not corrected either. In the sixth year of Wengong of the Lu dukedom (621 B.C.) the Duke did not promulgate the *shuo* of the intercalary month. About this matter the classics *Zuozhuan* (Master Zuoqiu's Enlargement of the *Spring and Autumn Annals*) wrote critical remarks as follows: "Not to inaugurate solemnly the first day of the intercalary month was an infringement of the proper rule. The intercalary month is intended to adjust the seasons. The observance of the seasons is necessary for the performance of the labours of the year. It is those labours by which provision is made for the necessities of life. Herein then lies caring for the lives of the people. Not to inaugurate properly the intercalary month was to set aside the regulation of the seasons—what government or the people could there be in such a case?" (English translation by Legge, 1872).

By the end of the period of Spring and Autumn, Zigong, a student of Confucius, wanted to cancel the system of offering a sheep for promulgating the *shuo*. Confucius opposed it and said: "You love the sheep but I love the rite. " Right up to the seventeenth century, when the Qing court appointed Adam Schall von Bell (a German Jesuit, 1592-1666) to calculate the official ephemeris, because of the five Chinese characters "*Yi Xi Yang Xin Fa*" (Based on the New Western Method) printed on the front cover of the ephemeris, Yang Guangxian, a scholar from Anhui Province, accused him of usurping state power and of stealing secret information under the cover of compiling the calendar, thus causing consternation in the Qing court. Consequently, on the lst day of the 4th month of 1655, the ministries of rites and punishments drew up a proposal, according to which Adam Schall should be put to death by dismemberment. On the next day while the regents were holding a meeting to ratify the proposal, they had to flee in alarm from a sudden earthquake. Thereafter earthquakes continued from time to time and a comet appeared in the sky. According to traditional Chinese astrology, the Qing court regarded these phenomena as manifestations of the anger and discontent of the Heaven, and offenders must have their penalties reduced. Hence Adam Schall and his assistant Ferdinand Verbiest (1623-1688) were released from prison and then took charge the Royal Bureau of Astronomy again (Xi Zezong, 1982).

Similar to the case of Babylonia, Chinese astrology belongs to the judicial or portent system (Nakayama S., 1966), which by the observation of celestial phenomena (especially abnormal) divines important events, such as victory or defeat in a war, the rise and fall of a nation, success or failure of the year's crop, and the actions of emperors, empresses, concubines, princes, feudal lords and court officials. Here astronomy played a check on the ruler, and astronomers were regarded as interpreters of celestial signs (Eberhard D., 1957). For the former case, we can take an example from the astronomical chapter of *Shiji*: "When Mercury appears in company with Venus to the east, and when they are both red and shoot forth rays, then foreign kingdoms will be vanquished and the soldiers of China will be victorious. When they are to the west, it is favourable to a foreign country." For the latter, we can take another example from the "Five Elements" chapter of *Hanshu* (History of the Han Dynasty): On the first day (Wushen) of the 12th month of the third year of the Jianshi era of the reign of Emperor Cheng (January 5, 29 B.C.) a solar eclipse took place in the sky and in that night an earthquake occurred in the Weiyang Palace. Astrologer Gu Yong reported to the Emperor: "Solar eclipse at 9° of Wunu (the 10th lunar lodge) means that something will be wrong with the empress, while an earthquake within the screen wall lays the blame on a noble concubine. Now both of them take place at the same time, portending that Yin will make attack upon Yang. I think, the empress and the concubine will together do the prince harm." When the Emperor asked another astrologer Du Qin, Du also said: "The solar eclipse happened at Wei (13^h-15^h) on Wushen day. Wu and Wei represent earth (one of the Five Elements) which corresponds to the central region. Combining it with the fact that the earthquake occurred within the palace, I suppose the close concubines will do harm to each other so as to contend for the love of the Emperor, and when affairs go wrong on Earth, abnormal phenomena appear in the Heaven. If the emperor undertakes moral conduct, the disaster can be eliminated by itself. If he neglects the warning of the Heaven and does not care it, the disaster will come."

The sayings of Gu and Du represent the difference between Chinese and Babylonian astrology in that the theoretical foundation of Chinese astrology is the Yin-yang theory, the Five Elements theory and the Heaven mandate theory. The Yin-yang theory explains all the phenomena in the universe in terms of a fundamental dichotomy which corresponds to that between heaven and earth, male and female, and so on. The Five Elements theory was used to systematize the relations of things by placing them in the constellation of natural agents—wood, fire, earth, metal and water. The Heaven mandate theory considers that the monarch is a man of transcendent virtue, whose title to the throne is bestowed by the Heaven, in other words, he is the agent of the natural order and he rules under its auspices. If, then, his conduct is contrary to the natural order, he is no longer qualified for the throne. In this respect, the royal astronomers were emperors' advisors, and celestial phenomena were matters of great concern to the throne, implying grave political consequences. For example, please read the proclamation of the Emperor Wen of the Han Dynasty in 178 B.C. for a solar eclipse: "We have heard that when the Heaven gave birth to the common people, it established princes for them to take care of and govern them. When the lord of men is not virtuous and his dispositions in his government are not equable, the Heaven then informs him by a calamitous visitation, in order to forewarn him that he is not governing rightly. Now on the last day of the eleventh month there was an eclipse of the Sun—a reproach visible in the sky—what visitation could be greater?... Below us, we have not been able to govern well and nurture the multitude of beings; above us, we have thereby affected the brilliance of the three luminaries (i.e., the Sun, the Moon, and the stars). This lack of virtue has been great indeed. Wherever this order arrives, let all think what are our faults and errors together with the inadequacies of our knowledge and discernment. We beg that you will inform and tell us of it and also present to us those capable and good persons who are foursquare and upright and are able to speak frankly and unflinchingly to admonish us, so as to correct our inadequacies. Let everyone be therefore diligent in his office and duties. Take care to lessen the amount of forced service and expense in order to benefit the people." (English translation by Dubs H. H., 1938) This is the beginning of a new system of selecting talented persons for government, which lasted many centuries.

Since celestial phenomena were so important to the state affairs, astronomical work was of course given much attention and became a part of government work. About 2000 years B.C. an observatory was established. During the regime of Qin Shihuang (259-210 B.C.), the first emperor of China, there were over 300 persons engaged in astronomical observations in court. According to *Jiu Tang Shu* (*The Old History of Tang Dynasty*), at that time (618-907 A.D.) as a bureau, the royal observatory worked under the direction of the Department for the Imperial Archives and Library and consisted of the following 4 parts:

(1) calendar making: 63 persons.

(2) astronomical observations: 147 persons.

(3) time-keeping (managers of clepsydras): 90 persons.

(4) time-service (reporting time by bell and drum): 200 persons.

It is a characteristic of ancient Chinese astronomy that there were so many astronomical workers in a government and their heads had positions of such high rank. This characteristic was at first sight noted by the Jesuit Matteo Ricci (1552-1610) of Italy, who used it to do missionary work. He never ceased saying that "astrology" was generally practiced by the Chinese society of his time, and it would have been an error not to see in this somewhat inappropriate term all the social importance and philosophical elevation with which it was clothed in the Far East (Bernard H., 1935). Matteo Ricci wrote on May 12, 1605 to a correspondent in Europe: "I address to Your Reverence urgent prayers for a thing which I have for long requested and to which I have never received any reply: it is to send from Europe a Father or even a Brother who is a good astronomer. In China the king maintains, I believe, more than 200 people at great expense to calculate the ephemerides each year. If this astronomer were to come to China, after we had translated our table into Chinese, we would undertake the task of correcting the calendar, and, thanks to that, our reputation would go on increasing, our entry into China would be facilitated, our sojourn there would be more assured and we would enjoy great liberty." At the invitation of Matteo Ricci, missionaries who had a good command of astronomy arrived in China in 1620 and European astronomy began to be widely introduced into China.

In Europe national observatories were built only from the end of the seventeenth century. In the Islamic world no observatory existed for more than 30 years, and it always declined with the death of a king. Only in China did the royal observatory last thousands of years, in spite of the changes of dynasties.

Not only the royal observatory but also the astronomical records lasted thousands of years. The Chinese term *tianwen* is now used simply to mean astronomy, but this is a decided shift in connotation; in classical writings it is ordinarily used in the sense of portent astrology. The major part of the *Tianwenzhi* (astronomical chapter) in the official histories is devoted to the observational records of celestial abnormal phenomena and their connection with political events. As a result, the 24 Histories preserve voluminous and detailed collection of such observations—a collection which has so far attracted the attention of scholars both in China and abroad, and some remarkable results have been achieved when it is related to modern astronomical problems such as the remnants of supernovae, solar activity and so on (Xi Zezong, 1983).

Apart from the astronomical chapters in the 24 Histories, there are *Lizhi* (calendrical chapters) which described how to compute the motion of the Sun, Moon and planets, how to predict eclipses and how to observe these phenomena and stellar positions.

In summary we can say, ancient Chinese astronomy mainly comprised two parts—calendar making and celestial phenomena observation，and instrument making was in the service of these two tasks. These tasks were considered a part of political affairs，the royal observatory was one of government departments，and the heads of astronomical profession were royal advisors，men of high rank and position. They were not interested in pure science for science's sake，and they did not spend enough time in developing abstract laws. So the development of astronomy in China was closely connected with the feudal society and could not be expected to transform into modern astronomy.

References

Bernard H. Matteo Ricci's Scientific Contribution to China. Beijing，1935.

Chatley H. Ancient Chinese Astronomy. Occasional Notes of R. A. S，1939(5)：65-74.

Chen M. Observation practices and evolution of the ancient Chinese calendar. Lishi Yanjiu，1983(4)：85-87.

Dubs H H. The History of the Former Han Dynasty. Baltimore：Waverly Press，1983：240-241.

Eberhard D. The political function of astronomy and astronomers in Han China//Fairbank J K. Chinese Thought and Institutions. Chicago：University of Chicago Press，1957.

Kuhn T S. The Essential Tension. Chicago：University of Chicago Press，1979，118.

Legge J tr. The Chinese Classics，vol.Ⅴ，part Ⅰ. London：Trubner & Co.，1872：245.

Liu J，et al. Astronomy and Its History(in Chinese). Beijing，1984：34-35.

Mason S A. A History of the Sciences. London：Routldge & Kegen Paul Ltd，1953：23-24.

Nakayama S. Characteristics of Chinese astrology. ISIS，1966，57(4)：442-454.

Needham J. Science and Civilisation in China，vol. 3. Cambridge：Cambridge University Press，1959：458.

Ricci M. Opere storiche，2. Macerata，1913：284-285.

Xi Z. Verbiest's contribution to Chinese science//Proceeding of the First International Conference on the History of Chinese Science. Leuven，Belgium，1982.(in press)

Xi Z. The application of historical records to astrophysical problems//Proceedings of Academia-Sinica-Max Plank Society Workshop on High Energy Astrophysics. Beijing，1983：158-169.

Ye X. On the position of science and technology in traditional Chinese philosophy//Proceedings of the Third International Conference on the History of Chinese Science. Beijing，1984.(in press)

Zhu K. Ancient China's great contributions to astronomy. Kexue Tongbao，1951，2(3)：215-219.

Discussion

S. S. Lishk：Were angular distance of heavenly bodies measured in terms of earth distances "Li"?

Xi Zezong：No.

L. C. Jain：In Chinese calendrical calculations two words，*Phing Chhao*（floating difference）and *Ting Chhao*（fixed difference）were in use. Could you kindly comment on whether any other Asiatic nation made use of these words during the contemporary period or earlier periods?

Xi Zezong：These were the developments of later period in China.

S. Nakayama：Does ten days difference make really a success or failure of crops?

Xi Zezong：Difference of one unit value in astronomical system will lead it into crisis.

S. D. Sharma：Yuga of 60 year cycle has been used both in Indian and Chinese tradition. Could you kindly explain how the same was used in Chinese Calendar?

Xi Zezong：I think that the two 60 year cycles have no common origin.

〔《大自然探索》，1984 年第 3 卷；英文刊于 Swarup G, Bag A K, Shukla K S. *History of Oriental Astronomy*（Proceedings of IAU Colloquium No. 91，Cambridge：Cambridge University Press，1987〕

中国科学院自然科学史研究所 40 年

1997 年是中国科学院自然科学史研究所成立 40 周年。作为筹备时期到所的一个研究人员，不禁浮想联翩，愿就自己记忆所及，写点回忆，供对这个所的成长过程有兴趣的同行们参考。

一、建所背景

1956 年是中国科学院发展史上极其重要的一年。是年 1 月，中共中央召开了知识分子问题会议，周恩来在会上作了意义深远的《关于知识分子问题的报告》，提出了制定十二年（1956～1967 年）科学发展远景规划的任务，吹响了向科学进军的号角。中国科学院副院长、党组书记张稼夫在会上汇报科学院工作时说：

> 中国科学院慎重地考虑了今后科学工作的任务和急需发展的学科，可以归纳为 4 个方面：一是对当前世界上最新的、发展最快的学科必须迎头赶上；二是调查研究中国的自然条件和资源情况；三是研究社会主

> 义建设所需要解决的重大科技问题；四是总结祖国科学遗产，总结群众和生产革新者的先进经验，丰富世界科学宝库。[1]

根据第四条，中国自然科学史的研究就被纳入了十二年远景规划的议程之内。

2月28日，竺可桢副院长在西苑饭店召开有关专家座谈，讨论如何制定科学史规划问题。刘仙洲、袁翰青等人一致主张，要把科学史建设成为一门学科，要设立专门机构，要有专职人员来搞。会上大家委托叶企孙、谭其骧和我来收集资料和做起草工作，由叶企孙任召集人。正在我们酝酿起草文件的时候，又传来了一个好消息：中共中央宣传部部长陆定一于5月26日向首都科学界和文艺界发表了《百花齐放，百家争鸣》的重要讲话。他说："我们有很多的农学、医学、哲学等方面的遗产，应该认真学习，批判地加以接受，这方面的工作不是做得太多，而是做得太少，不够认真，轻视民族遗产的思想还存在，在有些部门还是很严重。"[2]我们又借用这次东风，提出由中国科学院召开一次中国自然科学史讨论会，主要是进行学术交流，也讨论十二年远景规划。

中国自然科学史讨论会于7月9～12日在北京顺利召开，出席会议者近百人。在开幕式上，竺可桢副院长作了《百家争鸣和发掘我国古代科学遗产》的报告，长达80分钟，会议闭幕后第三天（7月15日），《人民日报》即发表了全文。当时的卫生部部长李德全自始至终参加了会议。郭沫若院长出席闭幕式，并作了重要讲话，提出要研究少数民族在科学上的贡献。这次会议建议中国科学院派代表团参加9月在意大利召开的第八届国际科学史大会，尽快成立中国自然科学史研究室。

由竺可桢、李俨、刘仙洲、田德望和尤芳湖组成的中国科学史代表团，于8月20日出发前往意大利，并途经莫斯科向苏联科学院吸取办科学技术史研究所的经验。代表团一行到达佛罗伦萨后，大会秘书长隆希立即邀请竺老在9月3日的开幕式上发言，并于9月9日通过中国为会员国。其后因"两个中国"问题退出，1985年又重新参加。

在竺老等离开北京期间，传出8月24日毛主席同音乐工作者谈话时曾说，在自然科学方面，我们也要用近代外国的科学知识和科学方法来整理中国的科学遗产，直到形成中国自己的学派。所以，在代表团由意大利回国后，就更加紧张地进行了科学史的学科建设工作：10 月 26 日决定创办《科学史集刊》，由钱宝琮任主编；11 月 6 日第 28 次院务常务会议正式通过成立中国自然科学史研究室，为所一级的院部直属机构，报请中央任命学部委员（院士）李俨为室主任。至此筹备工作即算完成。

二、初步发展（1957～1966 年）

1957 年元旦，中国自然科学史研究室在北京九爷府挂牌亮相，但正式工作人员只有 8 人：李俨、钱宝琮、严敦杰、曹婉如、芶萃华、黄国安、楼韻午和我。除楼韻午为图书管理人员外，其余 7 人均为研究人员，行政由历史所代管。同年 4 月，副主任章一之（原河北师范学院副院长）来后，才开始建立行政班子（人事兼秘书：李家毅；会计：谭冰哲；总务：褚泽臣）。这年到室来的还有研究生杜石然和张瑛，以及大学毕业分配来的薄树人、唐锡仁和梅荣照。人员虽然不多，但很精干。难得的是，在本室成立之前，中国科学院于 1954 年成立了一个中国自然科学史研究委员会，这个委员会的 17 名成员[①]都是在国内外享有盛誉的一流学者，他们对这个室的初期工作给予了热情的支持和指导，起了学术委员会的作用。在建室初期，从经费预算、房屋设施到人事调配，竺老无不一一过问。叶企孙先生勤勤恳恳，风雨无阻，每星期要乘公共汽车从北京大学到东城来上班两天，一直坚持到“文化大革命”开始。今天，我们在建所 40 周年的时候，对为科学史事业作出贡献的这些老一辈科学家深表敬意，对其中还健在的几位，祝他们健康长寿，作出更多的贡献。

1958 年“大跃进”使这个刚刚建立的研究室提出了盲目的冒进计划，即所谓“1”“2”“6”“7”“18”。这五个项目经过几年的折腾，最后完成的只有“6”（六门专史）中的《中国数学史》（钱宝琮主编，1964 年出版）、《中国化学史稿（古代之部）》（张子高主编，1964 年出版）和《中国古代地理学简史》（侯仁之主编，1962 年出版）。《中国天文学史》则直到“文化大革命”以后，才由中国天文学史整理研究小组改编，并于 1981 年出版。

“大跃进”期间，中国自然科学史研究室由院部下放到编译出版委员

---

① 他们是竺可桢（主任）、叶企孙（常务副主任）、侯外庐（副主任）、向达、李俨、钱宝琮、丁西林、袁翰青、侯仁之、陈桢、李涛、刘庆云、张含英、梁思成、刘敦桢、王振铎和刘仙洲。

会就近领导，当时归编译出版委员会领导的还有情报所、图书馆、科学出版社等。

为了克服1958～1960年盲目冒进所造成的严重经济困难，党中央决定自1961年起实行“调整、巩固、充实、提高”的八字方针。在贯彻八字方针的过程中，中国科学院将编译出版委员会撤销，将情报所移交国家科委；拟将我室并入历史所，不料遭到全体人员的反对。后来决定仍保留独立建制，划归哲学社会科学部领导。

这一时期出版的重要著作还有《中国古代科学家》（1959年）、《宋元数学史论文集》（1966年）和钱宝琮校点的《算经十书》。另有一本《中国古历通解》，作者王应伟先生当时已年过八旬，他一不要工资报酬，二不要课题经费，作为我所的特约研究员，每日来工作半天，奋战四年（1959～1962年），完成了这部40多万字的著作。此书当年未能出版，现已由陈美东和薄树人校订一过，今年即可问世。

《科学史集刊》从1958年4月创刊至1966年，共出版9期，发表论文79篇，是当时科学史界对外的唯一窗口，起到了很好的国际交流作用。美国*ISIS*（国际科学史界权威刊物）对其中许多文章作了摘要。1981年我去日本访问，薮内清先生向我表达的第一个意愿就是希望这个刊物复刊。同年8月在罗马尼亚和韩国同行相遇，他们也表达了同样的意愿。这个刊物于1981年由《自然科学史研究》代替，改为每年4期的定期刊物，这标志着我国科学史事业进入了一个新阶段，是非常值得庆贺的。

三、“文化大革命”（1966～1976年）

从1964年下半年开始，全室大部分人员已先后下到安徽寿县和北京房山参加“四清”工作，研究工作基本上已处于停顿状态。1970年3月13日全体人员下放到“五七干校”，被编为14连，后于1972年7月11日又全部回到北京，大家分外高兴。此时研究人员怀着强烈的责任心，想要恢复业务工作，侥幸有机会能接到任务而工作的只有两件事：一是受历史所委托，为郭沫若主编的《中国史稿》提供科技史方面的资料；二是受中国科学院二局委托，为纪念哥白尼诞生500周年撰写论文《日心地动说在中国——纪念哥白尼诞生五百周年》。这两项工作刚一完成，1973 年秋冬之交，哲学社会科学部又被套上了紧箍咒：“两停一撤”（停止一切业务工作，停止一切外事活动，撤销学部业务行政领导小组）。1974 年 11 月 7 日，工宣队重新进驻，大搞运动，直至 1975 年夏才告一段落。从此才算正式启动业务，决定拜工人为师，兵分三路，开门办所：一路参加到中国科学院成立的祖国天文学整理研究小组中，到首都钢铁公司白云石车间，合作编写“中国天文学史”；一路派人去大连，将大连造船厂工人请到所里来，合作编写“中国科学技术史”；一路到北京第一机床厂，合作编写“科学技术发明家小传”。“四人帮”垮台以后，工人师傅陆续退出写作队伍，只有最后一本书，是以双方合作的形式完成出版的。

这一时期有一件大事必须一提：1975 年秋，邓小平同志主持国务院工作期间，哲学社会科学部划归国务院新成立的政治研究室（主任胡乔木）领导，这个研究室决定将中国自然科学史研究室扩建为自然科学史研究所。虽然不久又来了一次“反击右倾翻案风”，邓小平第二次被“打倒”，政治研究室解散，但这个决定还是坚持下来，一直坚持到今天。

四、繁荣发展（1977～1997 年）

粉碎“四人帮”，迎来了科学的春天。1977 年 5 月，中国社会科学院成立。和数理化学部、生物地学部、技术科学部一样，哲学社会科学部原来是中国科学院下属的四大学部之一，属于跨学科性质的自然科学史归哲学社会科学部领导还可以，尽管一直到 1966 年 3 月哲学社会科学部副主任刘导生还说：“你们的归属未定，最好还是归自然科学部门，由竺可桢先生直接管。”现在中国社会科学院和中国科学院彻底分了家，自然科学史脱离了它的研究对象，就更难办，问题更突出。1977 年 8 月 31 日在中国社会科学院负责人召集的一次座谈会上，段伯宇和我建议将自然科学史研究所划回中国科学院，这一倡议得到了会议主持人刘仰峤和考古所所长夏鼐等人的立即支持。此后我所迅速行动，同中国科学院联系，最后由两院联合向中央写了报告，于 12 月间得到批复，自 1978 年 1 月 1 日起归中国科学院领导，人员和设备全部移交。

1978 年是具有伟大历史意义的一年。3 月 18 日召开了全国科学大会。12 月 18 日召开党的十一届三中全会，这次会议作出了把工作重点转移到社会主义现代化建设上来的战略决策，提出了解放思想、开动脑筋、实事求是、团结一致向前看的指导方针。和全国各行各业一样，从此科学史所也出现了一个前所未有的大好局面。

（1）1978 年，我所的原有研究力量集结为古代科学史研究室，另建近现代科学史研究室，并拟建科学史综合研究室，后因人事变动等原因，第三室未能建立。至 1984 年，又将古代科学史研究室分建为数学史天文学史研究室、物理学史化学史研究室、生物学史地学史研究室、技术史研究室和中国科技通史研究室，这就是现在的 6 个研究室。

（2）成立编辑部。1980 年创刊《科学史译丛》，到 1989 年停刊为止，共出版 33 期，翻译了许多国外优秀科学史文章。1981 年创刊《自然科学史研究》，每年 4 期。1988 年接办由中国科学技术协会创刊的《中国科技史料》，也是每年 4 期。这两个刊物各有侧重，是国内外研究中国科学史者必读刊物，前者于 1992 年、1995 年分别获中国科学院优秀期刊三等奖，后者于 1992 年被国家科委、中共中央宣传部、新闻出版署评为全国优秀科技期刊三等奖。

（3）1980 年发起组建中国科技史学会。自成立以来，这个学会一直挂靠在我所，历届秘书长皆由我所人员担任。在历届常务理事名单中，我所人员都在 1/3 以上。用首届理事长钱临照先生的话来说：“自然科学史研究所是一面旗帜，是这个学会的依靠力量。”

（4）1978 年重新回到中国科学院以后，接受的第一个重点任务是要为广大干部写出简明中国科学技术史和 20 世纪科学技术史，这就是 1982 年出版的《中国科学技术史稿》和 1985 年出版的《20 世纪科学技术简史》。这两本书得到了广大读者的欢迎，前者一版、再版，后者也即将增订再版。前者获 1982 年全国优秀科技图书二等奖，在其基础上编写得更为通俗的《简明中国科学技术史话》最近又获 1996 年国家科学技术进步奖三等奖。后者获中国科学院 1989 年自然科学奖二等奖。

（5）除《20 世纪科学技术简史》外，获中国科学院自然科学奖二等奖的工作还有《彝族天文学史》（1989 年获奖，下同）、《中国古代地理学史》（1991

年）、《中国力学史》（1991 年）、《中国古代地图集（战国—元）》（1992 年）、《中国古代重大自然灾害和异常年表总集》（1994 年）和中国近现代物理学家论文的收集与研究（1995 年）。另有《中国古代建筑技术史》于 1988 年获中国科学院科技进步奖二等奖。获中国科学院自然科学奖三等奖的工作有五项：《中国古代科技史论文索引》（1989 年）、徐霞客及其游记研究（1990 年）、明代朱载堉科学和艺术成就研究（1990 年）、中国古代历法系列研究（1992 年）和《热力学史》（1992 年）。

（6）除中国科学院外，我所研究工作获其他部委一、二等奖的有：河南淅川编钟的研究与复制获第一机械工业部 1980 年重大科技成果奖二等奖；湖北曾侯乙编钟的研究与复制获文化部 1984 年重大科技成果奖一等奖。

（7）实事求是地说，上述这些获奖项目并不足以全面反映科学史所 1978 年以来的优秀研究成果。理由是：第一，中国科学院的评奖有指标的限制，我们这样兼有自然科学和社会科学二重性的工作很难评上；第二，有些多卷本的科研成果，尚未全部出版，还没有参加评选；第三，有些同志出于这样那样的考虑，对自己的研究成果并没有报请评奖。总的来说，40 年来，我所同人出版专著 300 多种，发表论文近 5000 篇。对于仅有 100 多人的一个小所来说，人均产量是很高的。

（8）我所不但发表了许多高质量的论文和专著，还一贯重视科普工作。1978 年 3 月 18 日全国科学大会开幕之日，我所主编的《中国古代科技成就》一书，在北京王府井新华书店发行，购买者排成长龙，蔚为壮观。此书其后被译成英文（1981 年）、德文（1989 年），并由台北明文出版公司翻印成繁体字（1983 年），在中国港台地区，以及海外地区流传很广。1995 年又被中宣部、国家教委、文化部、新闻出版署和团中央联合推荐为“百种爱国主义教育图书”之一，至今简体字本印数已超过 13 万册，社会效益极为显著。

（9）对于一个研究所来说，不但要出成果，还要出人才，特别是在我国，大学内没有科学史系，我所需要的研究人员，基本上都得自己来培养。大学毕业生（多为理工科）来后，一种是边干边学，在工作中成长；一种是读研究生，先进行系统学习，而后工作。实践证明，这两种办法都是行之有效的。自 1978 年以来，我所已培养出博士 7 人、硕士 70 多人。他们无论分配在所内或所外，大多数人工作都很出色，现任两位副所长就是 1978 年考来的研究生。我所高级研究人员占的比例，是全院最高之一。

（10）这个所在国际同行中地位如何，也是大家关心的。1929 年成立的国际科学史研究院是国际科学史界的最高荣誉机构，现在院士名额控制在 120 人以内，通讯院士控制在 180 人以内。随着老的去世，每 2 年补选一次。在有名额的情况下，得票超过半数方能当选；若最后一名空缺有几个人票数相等，都不当选。我所现有该组织的院士 1 人、通讯院士 2 人。我国自 1985 年重新参加国际科学史和科学哲学联合会科学史分部以来，连续三届有一人被选为理事，这 3 人中有 2 人来自我所。现任国际东亚科学、技术和医学史学会副主席的孙小淳是我所 1993 年毕业的博士生，年仅 32 岁。自改革开放以来，我所研究人员应邀出国访问、讲学、开会、合作研究的足迹，已遍历欧、亚、澳、美四大洲；到我所来访问的学者，每年也络绎不绝。由我所主办的 4 次有关中国科学史的国际会议（1984 年北京、1990 年北京、1992 年杭州、1996 年深圳）也很成功，现在正在准备申办 2001 年的第 21 届世界科学史大会。

五、几点反思

对于一个研究机构来说，40 年的历史不算长，但也不太短。如上所述，我们已经取得了很大的成绩；但作为国家队，这些成绩又显得很不够，中国科学院有许多人现在还不知道有这个研究所。毛泽东同志在《组织起来》一文中说："我们决不能一见成绩就自满自足起来。我们应该抑制自满，时时批评自己的缺点。"以我自己坐井观天之见，觉得在欢庆 40 周年的时候，有以下几点值得反思。

（1）40 年来，我们国家经历的政治风云，给这个研究所成长过程打上了深刻的烙印，95%以上的成果都产生在"文化大革命"以后的近 20 年以内就是一个明证。十一届三中全会以来的正确的政治路线和思想路线给我们提供了一个与先前完全不同的工作环境，使大家可以专心致志地从事研究工作。我们应该珍惜这个得来不易的条件，脚踏实地做好工作。

（2）这个所的隶属关系，到 1985 年以前，在中国科学院内部一直变化不定，也妨碍了它的发展。1985年4月16日中国科学院发文各学部：

> 经院领导研究决定，自然科学史研究所的有关业务、方向等问题，由数理学部考虑，并负责组织研究所和重大成果的评议工作；有关研究员的晋升和学科史评价等，根据专业情况，由有关学部协同组织办理。

当时的学部职能和今天专管院士的学部不一样，主要是分管中国科学院各所的业务工作，后来演变为数理化学局，一直到今天的基础科学局。把自然科学史列为自然科学中的基础科学，就像文学史是文学的一部分一样，是名正言顺的，是合情合理的。现在有人想把自然科学史归入哲学中，是没有道理的。

（3）目前在经济体制转型的过程中，经费不足是许多科研单位的共同困难，而科学史所尤其困难。加之社会分配不公，研究人员（特别是中青年）的待遇偏低，人们的心理得不到平衡，这在一定程度上影响了研究生的来源和在职人员钻研业务的积极性。为了解决这个矛盾，除了呼吁国家增加投入和积极开辟其他财源外，我觉得"安贫乐道"的精神还是应该提倡的。"一箪食，一瓢饮，在陋巷，人不堪其忧，回也不改其乐"，孔子的得意门生——颜回的这种艰苦学习精神是不会因为时代的变迁而失色的。法国小说家莫泊桑说："一个人以学术许身，便再没有权利同普通人一样生活。"

（4）科学史研究具有个体脑力劳动的特点，研究人员自选题目或接受出版社来的一些写作任务，都是顺理成章的事，无可非议；但作为国家办的一个科研机构，又不能完全放任自流，各自为政，还要发挥综合性、多学科相互配合的集体优势，接受上级交下来的一些任务或组织一些重大的科研项目，这样才能说明单位存在的必要性。一个乒乓球队，队员个个都是单打冠军，但团体赛不能上场，这算什么球队？这些年来，我所也组织了许多重大项目，但完成得不理想，我觉得关键问题有两个：一是如何处理个人项目和集体项目的关系，二是如何改善集体项目的组织管理工作。关于前者，我认为，承担重大项目的主要负责人不宜同时承担另外的项目，要集中精力做完一件事后再做另一件。关于后者，我觉得，从所的科研管理工作角度考虑，要坚持计划的严肃性，加强定期检查，并在干部业务考核中把完成重点项目的情况列为考核的主要内容，甚至和工资、奖金等挂钩。

（5）中国自然科学史研究室成立时，其研究对象仅限于中国，而且是中国古代。1975 年虽改建为所，但人员构成和研究对象并没有发生变化。1978 年重新回到中国科学院以后，研究近现代科学史和方法论的呼声很高，乃有近现代科学史研究室的建立。方法论（包括科学史研究的理论和方法）研究室则胎死腹中，未能诞生，这方面的研究目前所外力量远大于所内。近现代史研究室虽然成立了，但发展得很慢，随着老的研究人员的离退休，目前呈现萎缩之势。如何在发挥中国古代科学史研究优势的基础上，开辟新的研究领域，路甬祥副院长来所的几次谈话，有许多很好的设想，颇有启发意义，我们应该认真研究、落实。只有抓住机遇，迎接挑战，为国家做出更大的贡献，才能继续存在下去。

“多少事，从来急；天地转，光阴迫。一万年太久，只争朝夕。”衷心祝愿自然科学史研究所在未来跨世纪的 10 年中，能有一个大的战略转变，旧貌换新颜，人才辈出，成果更辉煌！

参 考 文 献

[1]《当代中国》丛书编辑部. 中国科学院（上）. 北京：当代中国出版社，1994：76.
[2] 陆定一. 百花齐放，百家争鸣. 人民日报，1956-06-13.

〔《自然科学史研究》，1997 年第 16 卷第 2 期
（中国科学院自然科学史研究所建所 40 周年纪念专号）〕

Current State of Scholarship in China on the History of East Asian Science

Since August 1993 when the 7th International Conference on the History of Science in East Asia was held in Kyoto，Chinese scholars have made remarkable contributions to the studies in this field. Here I would like to brief some achievements arranged by subject.

The History of Science in Japan and Korea

More than 50 papers in this topic were published in China. Most of them deal with the scientific and technical exchange between China and Japan or Korea. Such as：

(1) "Sino-Korean Exchange of Cartography in History" by Wang Qianjin in *China Historical Materials of Science and Technology* (CHMST) 15 (1) (1994).

(2) "Comparison of the Ancient Constellations between China and Korea" by

Pan Nai in *Studies in the History of Natural Sciences* (SHNS) 15 (1) (1996).

(3) "On the Exchange of Physics between China and Japan during Early Modern Times" by Wang Bing in SHNS 15 (3) (1996).

(4) "Abolishment, Persistence and Rehabilitation of Kanpo Medicine during the Meiji Reform and Its Influence on China" by Jin Shiying in *Chinese Journal of History of Medicine* 23 (1) (1993).

But there are also excellent studies of the history of science in Japan and Korea. For example, two papers by Shen Kangshen on Seki Nikakazu have been translated into Japanese. The first is "Qin Jiushao's General Solution of *Dayan* Problems and Seki's Corresponding Solution" in the Japanese Journal *Studies in the History of Mathematics* 109 (1986), 1-23; the second is "Seki Nikakazu and Li Shanlan's Power and Formula of Natural Numbers", ibid. 115 (1987), 21-36. Moreover, in 1993 he published "A Typical Case Study of Seki's Solution to Equations of Higher Degree". He pointed out that when he inquired into the relations between the lengths of n-regular polygons with the radii of their inscribed circles and circumcircles where n=3, 4, …, 20. Seki correctly arranged and numerically solved the equations of higher degree even to 18. Letting the side of regular polygon be 1, to calculate r, the radius of the inscribed circle, and R, the radius of the circumcircle, Seki obtained the results to 9 decimal places. Among 36 figures mistakes were made only once at the last three places, 3 times at the last two and 11 times at the last one. The accuracy is very satisfactory.

We hosted the Second International Conference on Oriental Astronomy at Yingtan, Jiangxi Province, in October of 1995, the first of which was sponsored by Professor Nha Ⅱ-Song at Yonsei University, Seoul, in October 1993. The Third International Symposium on the History of Mathematics and Mathematical Educations Using Chinese Characters was held at Inner Mongolia Normal University, Huhhot, 22-24 July, 1996.

Compilation of Sources

A General Collection of China's Books and Records on Science and

Technology, which is of great service to researchers both in China and abroad, was published by Henan Education Press. It consists of 10 volumes in 51 parts, together amounting to 500 000 words. Arranged according to discipline, each volume—such as agriculture, astronomy, biology, chemistry—begins with a long article devoted to its development in China, and an abstract with 500-5000 words in front of each document, such as *Zhoubi Suanjing*(The Arithmetical Classic of the Gnomon and the Circular Paths).

The *General Collection of China's Books and Records on Science and Technology* consists only of reprinted ancient books. *Zhonghua Dadian*(A Comprehensive Collection of Chinese Classified Works from Pre-Qin to Late Qing Dynasty) is being compiled. Like *Gujin Tushu Jicheng* (Collection of Books Ancient and Modern), it is divided into 21 *dian*(sections) and over 90 *fendian*(sub-sections), among which 28 belong to science and technology. They are:

(1) Section of mathematics, physics and chemistry (3 sub-sections, 20 million words);

(2) Section of heaven and earth sciences (4 sub-sections, 15 million words);

(3) Section of biology (3 sub-sections, 15 million words);

(4) Section of medicine, pharmacy and health (3 sub-sections, 50 million words);

(5) Section of agriculture and water conservancy (7 sub-sections, 40 million words);

(6) Section of industry (5 sub-sections, 40 million words);

(7) Section of transportation (3 sub-sections, 10 million words).

The *Comprehensive Collection* amounts to 700 million words, and is expected to be completed by 2010. If one were to read 100 000 words every day, it would take 20 years to finish reading it!

A new series of International Symposia on Ancient Chinese Classics of Science and Technology began in August 1996 at Zibo, Shandong Province; the first was devoted to *Kaogongji*(Artificer's Record). About 30 papers were presented at this Symposium.

Traditional Crafts

Chinese historians of science also pay attention to traditional crafts, a series of books on which is being prepared. It includes 16 volumes: (1) introductory orientations, (2) weaving and dyeing, (3) making wine, vinegar, etc., (4) constructing, (5) machine, (6) ceramics, (7) metal craft, (8) fine gold and silver workmanship and *cloisonné* enamel, (9) sculpture, (10) paper-making and printing, (11) the process of preparing Chinese pharmacy, (12) furniture, (13) lacquering, (14) repairing and identifying of relics, (15) folk handicraft, and (16) famous craftsmen through the ages. All of them will be published in two groups by 2000.

Chinese historians not only aim to write these books, but also to launch a tide of propaganda to protect the traditional crafts and to make the work legitimate. According to statistics in the early 1990's, in Japan there were 36 nationally important traditional crafts and 36 national craftsmen. In 1991 Japanese funds for protecting traditional crafts amounted to 6.5 billion yen. We would like to learn from the Japanese example of protecting traditional crafts.

History of Science of National Minorities

The Chinese nation includes over 50 national minorities. From 1992, to the present, three International Conferences on the History Science and Technology of National Minorities in China were held (1st, Huhehot, 25-31 July 1992; 2nd, Yanbian, 14-17 August 1994 and 3rd, Kunming, 7-11 August 1996). Many of their books on science, technology and medicine have been translated into Chinese, such as *Four Canons of Medicine* of the Zang nationality, *Astronomical Principle* from the Mongolians, *On Cosmology and Humanity* from the Yi nationality, *Water Book* from the Shui living mostly in Guizhou Province, and *An Outline of Calendar and Astrology* from the Dai living in Yunnan Province.

In addition to the translation of the original documents, we are organizing to write a series of monographs on their history of science and technology, consisting of 11 volumes：(1) general history，(2) astronomy and calendars，(3) mathematics and physics，(4) chemistry and chemical industry，(5) geography，water conservancy and shipping，(6) medicine，(7) metallurgy，(8) spinning and weaving，(9) machines，(10) farm machines，(11) architecture. Six volumes will appear this year.

Traditional East Asian Culture and the Frontiers of Modern Science

For the sake of making the past serve the present，in June of 1996，the 58th Xiangshan (Fragrant Hill) Science Conference sponsored by the State Science and Technology Commission of China and the Chinese Academy of Sciences will focuses its topic on the relationship between East Asian culture and the frontiers of modern science. Academician Chen Shupeng and I chair the conference. All of the 35 participants show that East Asian culture is able to make contributions to the development of modern science in four respects.

The first is the role of the system of thought in the integrative trend of modern science. The development of modern science during the past 400 years has established an enormous analytical system and gained great achievements in the study of nature. Yet it has shortcomings. It is necessary to develop the study of synthetical，nonlinear，complex and open systems，and it is in this respect that East Asian culture has its superiority. Nobelist I. Prigogine，the founder of the dissipative structure theory，has said：“We are heading towards a new synthesis，a new naturalism. Perhaps we will eventually be able to combine the Western tradition，with its emphasis on quantitative formulation，with a tradition like the Chinese one，centered towards a view of a spontaneous self-organizing world.” German physicist H. Haken，the founder of synergetics，has also said that synergetics is deeply connected to Chinese integrative thinking. Although Aristotle said，“the whole is greater than the part”，Westerners always forget this teaching when they analyze a concrete problem. Working from an organic conception of the body，which views the various parts as forming an organic whole，Chinese medicine successfully prevents and cures diseases. In this sense it is superior to Western medicine.

The second is that the notion that the heaven and man are integrated which facilitates the solution of the problem of "environment and development" and leads to the harmonious coexistence of mankind and the environment and the sustainable development of human society. Early in the Zhou dynasty the government appointed officers to manage the affairs concerning the mountains, forests, rivers and lakes. The government also issued laws forbidding people from cutting down trees or grasses and catching beasts, birds, fish and shrimp out of season. The philosopher Han Fei (c. 280 B.C.-233 B.C.) discovered that the expansion of population would bring social problems. He said: "If everybody bears five sons and every son bears five sons again, the grandfather has 25 grandchildren when he is still alive. Thus the people will be too many and the wealth and goods too poor, then there will be conflicts between people, and the society is difficult to avoid disorder." Han's ideas preceded T. R. Malthus' population theory (1798) by more than 2000 years. Hence from the history of East Asia we can learn a lot about sustainable development. *A Draft for the History of Environmental Protection in China* by Luo Guihuan et al. (1995) is worth reading.

The third is that the historical records on natural phenomena provide modern science materials which make it possible to extend the study of some modern observed phenomena "backward" over an extremely large time span. A recent example is the investigation of the history and status of heavy rock avalanches and landslides in the Three Gorges Area. This project, undertaken by the Research Chamber of the History of Water Conservation and the Academy of Water Conservation Science of China, is an indispensable part of the preparatory work for the transcentury Three Gorges Project. Researchers consulted the historical records and geological prospecting data accumulated in the past 1800 years, and successively conducted site investigations three times. Based on these preparations, they formulated a corresponding historical model of this area and put forward a feasibility report. This report presents the segments of the river where heavy rock avalanches and landslides occurred massively during the past 2000 years as well as the periods and seasonal variation rules of such massive occurrence. According to this report, the most serious cases only resulted in short-term blockage of the river without the formation of a year-long barrage of accumulated rocks. It is also demonstrated in this report that the rock avalanches occurring at Huanglashi and Xintan respectively in Zigui county and Badong county of Hubei Province are the largest in scale and hence the most serious and potentially harmful. Such rock avalanches, therefore, should be prevented by means of barricades which would not restrict the construction of the Three Gorges Project. And thus, for similar geological disasters that are likely to take place in the Three Gorges Area, this report is a dependable reference for the geographical distribution, inductive factors, the possible scale and frequency. It also provides a scientific basis for the prediction of the influences of possible disasters on engineering construction, future operation, the safety of nearby towns and safe navigation. It is shown here that the "Historical Model" has brought us the results that could not be obtained via theoretical analyses and calculations based on geological theories.

The fourth is to view traditional science as a gene from which modern science can be developed. A practical example is the success in the machine proof of geometrical theorems by Academician Wu Wenjun on the inheritance of traditional Chinese mathematics.

"Mechanization" was proposed with reference to "axiomatization". The idea of axiomatization is originated in ancient Greece. Euclid's *Elements*—the representative work in this realm—constructs a logical deduction system composed of definition, axioms and theorems. In ancient China, mathematical works since the Han Dynasty (202 B.C. -220 A.D.) ushered in other types of expressions, with the monograph *Nine Chapters of Arithmetics* as the main representative of this period. This book consists of nine parts (chapters), devoted to 246 practical problems. In each part, a general algorithm is summed up after presenting specific questions of the same category. By this relatively mechanical algorithm, there will be limited and definite choices for the next step after each step forward. By advancing along such a regular and inflexible route, the conclusion is reached. This way of doing things, however, is precisely in accordance with the programmed operation of computers. Using the root-extraction method by successive multiplication and additions and the method of solving equations with positive-negative coefficients which were developed during the Song(960-1279) and Yuan(1271-1368) Dynasties, Wu programmed a microroutine on a Model HP25 pocket calculator with only eight storage cells. With this program, the calculator can solve even quintic equations and the solution accuracy can be predetermined arbitrarily.

Another characteristic of the mathematical development during the Song and Yuan Dynasties is the transformation of many geometrical questions to solve algebraic equations or equation sets(analytic geometry that was developed later in the 17th century by Frenchman R. Descartes deals with said questions in just the same way). Following this was a concept analogous to the modern concept of polynomials and its relevant algebraic approaches, i.e. the rules for polynomial operations and the method of elimination of unknowns. Based on his solid foundation of geometry and topology, Wu represented the geometrical problems by algebraic means which assimilate the two major characteristics of mathematics during the Song and Yuan Dynasties. He then put forward a complete set of feasible algorithms for solving algebraic equation sets in order to apply them to a computer. This drive first succeeded in the machine proof of geometrical theorems, followed by these algorithms'expansion in differential geometry in 1978. In 1983, Zhou Xianqing, a young visiting scholar, then studying in the United States, presented Wu's method at the Pan-America Symposium on the Machine Proof of Theorems, proving in one vigorous effort more than 500 geometrical theorems of a higher degree of difficulty using his self-programmed software. This caused a sensation throughout the international academic world. J. S. Moore stated that the mechanization of the proof of geometrical theorems had been in the dark before Wu's work. However, not resting on his laurels, Mr. Wu said, "We should continue to carry forward the distinguishing mechanization feature of traditional ancient Chinese mathematics, and explore in various branches of mathematics to seek approaches to the realization of a machine proof, since we know the establishment of mechanized mathematics is a task that would have only been fulfilled on the whole by the end of the 21st century."

As mentioned above，we can see that it is very useful for modern science to study the history of science in East Asia. We do hope to gain more achievements in the next three years.

〔Kim Y S，Bray F. *Current Perspectives in the History of Science in East Asia*，Seoul：Seoul National University Press，1999〕

中国科学技术史学会20年

一、成立大会

1980年10月6～11日，国庆节后的北京，秋高气爽，晴空万里，来自全国科研机构、高等院校、文博、图书、出版、新闻等151个单位的274名专职的和非专职的科学史工作者，聚集在王府井北口中国人民解放军总参谋部第四招待所内酝酿成立中国科学技术史学会。大家自愿申请，每人填表一张，交入会费一元，经会议主席团审批通过，成为第一批会员。主席团则由中国科协选聘的27名专家组成。10月11日，由233名会员以无记名投票方式，选出49名理事，另为台湾地区保留2个理事名额，宣告了中国科学技术史学会的成立。接着，第一次理事会选举了15名常务理事。常务理事会又选出钱临照为理事长，仓孝和、严敦杰为副理事长，李佩珊为秘书长，黄炜为副秘书长，而今前三位已经去世，我们对他们表示哀悼，特别是钱临照先生，他生前一直关心着我们学会的工作，过去五次大会都是在他参与领导下召开的[1]。第一届其余10名常务理事为丘亮辉、许良英、李少白、杨根、杨直民、陈传康、范岱年、张驭寰、席泽宗、程之范。

成立大会是在中国科协和中国科学院的关怀和支持下召开的。筹备期间，中国科协副主席兼党组书记裴丽生多次接见筹备人员，周密布置。会议期间，国家科委副主任兼中国社会科学院副院长于光远，中国科学院副院长李昌、钱三强，中国科协副主席茅以升，均先后到会讲话，强调研究科技史的重要性，号召科技史工作者要解放思想，认真总结国内外科技发展的历史经验，为我国的“四化”建设提供借鉴。学会成立之日，中国史学会执行主席周谷城发来了贺信，中国考古学会理事长夏鼐、北京史学会会长白寿彝等许多嘉宾亲临祝贺，盛况极为热烈，大家深受鼓舞。

这次大会分 10 个小组，交流学术论文 226 篇，在金属史、化学史和天文学史等方面都有一些新的较重大的发现，并开始注意近代科技史、少数民族科技史、主要发达国家科技史、科学思想史和科学史的理论研究，呈一派欣欣向荣的局面。与此相较，1956 年 7 月 9～12 日中国科学院在北京召开的中国自然科学史讨论会只有论文 23 篇，内容仅限于中国古代，而且只有农、医、天、算四门。经过 24 年的努力，科技史这门学科在中国大有发展，学会的成立是水到渠成。1956 年中国科学院中国自然科学史研究室和一些产业部门研究室的成立，把科技史职业化是第一个里程碑[2]，而学会的成立是我国科技史事业发展的第二个里程碑。

二、参加国际组织：IUHPS/DHS

在学会第一届常务理事会第一次会议上，讨论的一个主题就是如何参加第二年（1981 年）在罗马尼亚首都布加勒斯特召开的第十六届国际科学史大会。

第一届国际科学史大会是 1929 年在巴黎召开的，其后除第二次世界大战期间中断了十年（1937 年第四届，1947 年第五届）外，每三年举行一次，自第十五届（1977 年）起，改为每四年一次。1956 年由竺可桢、李俨、刘仙洲、田德望和尤芳湖组成的中国代表团到意大利佛罗伦萨参加了第八届大会，当年 9 月 9 日正式接纳我国为会员国。后来因为国际科学史与科学哲学联合会科学史分部（IUHPS/DHS）与联合国有关系，而台湾当时还以“中华民国”的名义占据着联合国的席位，我们又主动退出了这个机构。时间过了 25 年，台湾也没有参加，可是1981年8月我和华觉明、查汝强等一行八人去参会时，却发生了问题。科学史分部的负责人说：

> 你们来参加大会，当然欢迎；但是要成为这个国际组织的成员，还得等一段时间。你们来了人，没有写书面申请。台湾写了书面申请，没有来人。就是写了书面申请，也不能马上解决。现在不是我们一个学会的问题，国际科联（ICSU）将要就这个问题进行讨论，想出一个统一的解决办法。

这次罗马尼亚之行，虽然没有完成入会任务，但也颇有收获：带去的17篇论文，受到与会者普遍好评。我被选为东亚科学史组组长，与美国的席文一道主持了一天的会议。最有深远意义的是，在这次大会上，我们和韩国、印度等亚洲国家的同行，初次见面，一见如故，今天在座的苏巴拉亚巴（B. V. Subbalayappa）和金永植都是那时认识的。20年来，我们相互支持，做了不少事情。

从罗马尼亚回来以后，特别是1983年第二届理事长柯俊主持工作以后，狠抓这件工作，又是向中国科协不断请示汇报，又是信函往返，还请该组织的主席和秘书长先后来访，由查汝强、李佩珊和他们谈判，在中国科协主持下签了协议，最后终于1985年8月在美国伯克利举行的第十七届大会上解决了问题。

1985年8月2日下午召开会员国代表会议，讨论吸收新的会员国问题，按字母顺序排列，需要讨论表决的有巴西、智利、中国、哥伦比亚和拉丁美洲地区的国家。会议执行主席、秘书长夏（W. Shea）首先提出："先讨论中国入会问题，这个问题经过几年酝酿，比较成熟。"在柯俊就我们学会情况作过简单介绍以后，有几个国家发言表示赞成，最后表决，全体一致通过。8月6日下午开第二次全体会员国代表会议，选举新的领导机构，李佩珊被选为理事，这在该组织历史上有两项打破纪录：一是当年入会当年当选，二是妇女当选。[3]

从1985年以后，我们和这个国际组织一直保持着良好的关系。继李佩珊之后，柯俊和陈美东又连续担任过两届理事。1997年7月在比利时列日举行的第二十届大会上，我们申办第二十一届大会虽没有成功，但是得到了许多国家的同情，明年去墨西哥申办2005年的第二十二届大会是很有希望的，这正是我们新的一届理事会需要努力去做的事。

三、恢复国际中国科学史会议

1982年在比利时开始的国际中国科学史会议，本来与我们学会没有多大关系，1984年在北京举行第三次会议，也是以中国科学院的名义召开的。但是1990年在英国剑桥开过第六次后，1993年在日本京都开第七次时，未与中国学者充分协商，就把会议改名为国际东亚科学史会议，对此许多中国学者有意见。1994年8月，学会第五次代表大会召开时，8月22日下午钱临照先生在主席团会议上明确提出："不管国际东亚科学史会议如何，国际中国科学史会议还应继续开下去。"此一倡议，得到许多代表的热烈响应，但是如何开，则拿不定主意。一种意见认为要继续开第七次、第八次……一种意见则认为不要争那个序列了，我们只叫国际会议，在哪个地方开，再加个地名和时间就可以了，如"国际中国科学史会议·1996·北京"。

1995年3月11日是一个转折点，第五届常务理事会第三次会议正在开会之时，接到深圳市南山区人民政府发来的一份电传，愿意拿出20万元支持第七届国际中国科学史会议，路甬祥理事长当即发表重要讲话：

> 深圳市南山区愿意拿出20万元支持第七届国际中国科学史会议，这表明，随着社会经济的发展，社会已开始更加关注科学的发展。这个系列国际会议要每隔三四年一届一届地连续开下去，我们要坚持高举这面旗帜。根据我们现在的情况，会议地点和经费都不会成问题，科学院和国家自然科学基金委员会也应给予一定的支持。当然，我们也要积极参与和支持国际东亚科学史会议，只要向他们打个招呼，说清楚就行了。

路甬祥讲完话后，与会人员一致同意使用"第七届国际中国科学史会议"名义，并命我立即着手筹备工作。令人兴奋的是，第一个回信表示愿意担任国际顾问和参加会议的是诺贝尔物理学奖获得者杨振宁，3月16日发函，3月28日即得到回复。经过紧张的筹备和激烈的斗争，第七届国际中国科学史会议终于1996年1月16～20日在深圳胜利召开，有来自11个国家和地区的120余人参加了会议，论文集也已出版[4]。接着，德国柏林工业大学于1998

年 8 月又成功地举办了第八届。第九届目前正在酝酿中。

事实证明，我们继续开国际中国科学史会议，并不影响参加国际东亚科学史会议的活动。1996 年在汉城（今首尔）和 1999 年在新加坡召开的第八、九届国际东亚科学史会议都有许多中国学者参加，上海交通大学科学史与科学哲学系已经决定承办第十届东亚科学史会议，第一轮通知即将发出。两个会议并存，有困难，也有好处，好处是互相补充，同行之间也多一次聚会的机会。

四、与台湾同行的沟通

1980 年学会成立时，为台湾同行保留了两个理事名额，这一点非常重要。10 年后，1990 年 2 月 24 日我到台湾“中研院”讲《中国科技史研究的回顾与前瞻》[5, 6]，谈到这件事时，听众都很赞赏，当时有人就说，“我们可以出两个人担任”，并且提出了具体人选。1994 年刘钝到台湾，终于达成了共识，他们出三名理事，其中一人担任常务理事，这就是第五届代表大会上选举的结果，第六届仍将保持这个局面。能有这么友好的局面，是两岸关系不断改善的结果，也是我们不断努力的结果。

《中国科技史料》1982 年第 1 期发表了拙文《台湾省的我国科技史研究》，第一次向台湾同行招手，文末明确表示：

> 我们欢迎台湾的科学史工作者到大陆来参观、访问和进行学术交流，并进行研究课题合作，为提高我国的科学史研究水平而共同努力。[7]

此文产生了深远的影响，1984 年即有台湾学者郭正昭（原任台湾“中研院”近代史研究所研究员）来北京参加第三届国际中国科学史会议，临别用英文写了三句感言：

> Pride in our past,
> faith in our future,
> efforts in our modernization.

把这三句话译成中文就是：“为我们的过去而自豪，为我们的未来而自信，为我们的现代化而奋斗。”郭正昭离开北京后，即取道香港到台湾，向彼岸的同行介绍了我们的情况，而这件事远远发生在《自立晚报》的两名记者来北京之前。从1985年起，两岸同行即在美国、澳大利亚等地的国际会议上频频会面。1991年台湾清华大学历史研究所主编的《中国科学史通讯》出版以来，更把两岸的工作融合在一起了，自然科学史研究所发生的事情，有时我看了这个刊物才知道。

五、组织学术活动

召开学术会议是学会的主要工作，我会自成立之日起，即狠抓学术交流工作，虽然经费困难，但每年开学术会议也有七八次之多。据不完全统计，20年来共召开学术会议150余次，交流论文9000多篇。除了各专业委员会召开的学科史（如天文学史、数学史……）讨论会外，有些会议颇具特色。

（1）国际中国少数民族科技史会议已开过四次：第一次，1992年，昆明；第二次，1994年，延边；第三次，1996年，昆明；第四次，1998年，南宁。今年11月将要在四川西昌开第五次。我国是一个多民族的国家，对少数民族科技史的研究是改革开放以来的一个特色。

（2）地方科技史志会议，已开过十四次，下月将在山西太原开第十五次。编纂地方志是我国史学的优良传统，这一系列会议的召开对各地科技志的编写起了很好的组织、推动和保证质量的作用。到目前为止，全国已出版省级科技志28部，占31个省（自治区、直辖市）的90%[①]，看来任务已接近完成。但2000年3月，科技部又下发了《关于开展“地方科技志”的续修与志书开发利用工作的通知》。1998年2月，中国地方志指导小组颁发的《关于地方志编纂工作的规定》也要求这项工作“应延续不断，每20年左右续修一次”，所以地方科技志的工作也是可持续发展，会也要一年一年开下去。

（3）对重要人物、重大事件和重要著作的纪念活动连续不断。1980年10月在学会成立大会上，即有人提出要在第二年（1981年）纪念郭守敬诞生750周年和“授时历”颁行700周年，第二年这个学术活动进行得轰轰烈烈、有

① 不包括港澳台地区的数据。

声有色。1987 年 8 月 31 日至 9 月 2 日，本会和中国物理学会等联合主办的纪念牛顿《自然哲学数学原理》出版 300 周年学术讨论会影响很大，严济慈、周培源、钱学森、于光远、王大珩等均到会作了报告。1988 年 11 月 19～24 日，本会与福建省人民政府等联合召开的纪念苏颂创造水运仪象台 900 周年学术讨论会，争取了许多海外华侨参加，与当地签订了数十个经贸合同，对当地经济的发展起了推动作用。1999 年 12 月 23 日，本会与美国贝尔实验室、中国电子学会等联合举办的纪念晶体管（transistor）发明 50 周年学术报告会，《科技日报》曾以整版篇幅予以报道。

（4）对科学思想史、科学技术与社会、科学史理论问题和科学史教育问题等，也都不止一次地召开过专门学术会议，进行讨论。

总而言之，会议内容丰富，形式多样，对我国的科学史事业起了不可取代的推动作用。

六、编辑出版学术刊物

学会现有两个学术刊物——《自然科学史研究》和《中国科技史料》，均系与中国科学院自然科学史研究所合办。两刊各有所侧重，但均为每年 4 期，到今年第 2 期为止，《自然科学史研究》出版了 74 期，发表论文 786 篇；《中国科技史料》出版了 87 期，发表文章近 1000 篇。《中国科技史料》创刊在学会成立之前，1988 年才由学会接办[8]，现在两个刊物由同一个编辑部负责编辑出版。这个编辑部设在自然科学史研究所，只有 4 个人，他们的工作是很辛苦的，而最大的困难则是经费不足，自然科学史研究所每年补贴数万元，仍然无法按照国家出版局 1999 年 4 月颁发的《出版文字作品报酬规定》支付作者稿费，至今仍维持在每千字 20 元的标准。但科技史工作者仍然踊跃投稿，刊物质量并无下降。特别是去年和今年两个刊物的编委会先后改组以后，设立常务编委制，实行集体审稿，严格把关，使刊物更有起色。

《中国科技史料》于 1992 年被中共中央宣传部、国家科委和新闻出版总署评为全国优秀科技期刊。1986 年 9 月 16 日一位台湾学者在给我的来信中，称赞"《自然科学史研究》是大陆少见的扎实的学术期刊"，该刊曾两次获中国科学院优秀期刊三等奖，今年已进入自然科学综合类核心期刊。

七、大搞科普，荣获“先进学会”称号

今年5月29日，《科学时报》公布了“科学家推介的20年来100部科普佳作”，其中属于我国学者自己创作的有63种。在这63种中，中国科技史学会会员写的占1/4，共16种，而排在前六名的全是本会会员写的：

（1）李佩珊、许良英主编《20世纪科学技术简史》（1999年，再版）；

（2）刘兵主编《保护环境随手可做的100件小事》（2000年）；

（3）阎康年著《贝尔实验室》（2000年）；

（4）戈革著《玻尔和原子》（1999年）；

（5）申振钰主编《超常之谜》（2000年）；

（6）刘兵著《超导史话》（1999年）。

这六本书都是在最近一年半之内出版的。若往前推，1999年12月20日《科学时报》公布的“科学家推介的20世纪科普佳作”，属于科学史的两种，也都是我会会员写的：一是吴国盛著《科学的历程》（1995年），一是卢嘉锡、席泽宗等主编《彩色插图中国科学技术史》（1997年），尤其是吴国盛的书，影响极大，曾获“五个一工程”等多种奖励。

我会不但科普著作多，而且是中国科协举办各种科普展览的得力助手。1999年10月中国科协在杭州召开首届学术年会，举办“20世纪重大科技成就回顾与展望”的大型科普展览，我会负责撰稿和收集图片，顺利完成任务。在主会场展出时，受到领导和代表的好评，后经修改和补充，又于1999年12月在全国科普大会上展出。这套展品即将出版。

“20世纪重大科技成就回顾与展望”的展览尚未结束，又接受了中央精神文明建设指导委员会和中国科学技术协会的新任务，筹办“崇尚科学，破除迷信”的大型展览，这个展览轰动北京，党和国家领导人都来观看。现在又在为中国科协第二届年会准备“诺贝尔奖100年”的科普展览。

这些突出成绩经中国科协先进学会工作领导小组聘任的专家评选委员会评选，报组织工作委员会审定，中国科协五届常务委员会第15次会议通过，于2000年1月11日授予中国科技史学会“先进学会”光荣称号。接着，今年5月，我会秘书长王渝生亦被调任中国科技馆馆长。

八、为已故科学家修墓立碑

20年来学会做的事情很多，无法一一列举，这里只再说一件不起眼的小事。近代科学家徐寿（1818～1884）的墓地长期泡在水中，杂草丛生，臭气熏天，惨不忍睹。我会技术史专业委员会协助徐氏后裔向江苏省无锡市有关单位呼吁，并找到全国政协副主席钱伟长帮忙，才促成了徐墓的迁移。1999年9月24日举行了徐寿新墓落成仪式。新墓在无锡市西郊梅园公墓附近，该处地势开阔，山明景秀，无锡市准备把它建成一个爱国主义教育基地。对于这件事，无锡各界反映良好，认为这是缅怀先贤、尊重科学、尊重人才的义举德政。

我会创始人、物理学家钱临照生前在八宝山人民公墓买了一块墓地，希望死后能和他的妻子合葬在一起。为了办成这件事，会员鲁大龙多次奔走，终于今年7月23日在那里举行了一个小型的落成仪式，到会20余人，会上呼吁中国科学技术大学出版社出版他的文集，在诞生100周年的时候再举行一次纪念活动，烈日炎炎下家属很受感动。

九、三点建议

1999年，上海交通大学成立了科学史与科学哲学系，中国科学技术大学成立了科技史与科技考古系，自然科学史研究所在中国科学院通过了定位评估，中国科技史学会在中国科协获先进学会称号，四喜临门，喜气洋洋。与此同时，科学界的领导也对科学史作了充分的肯定。中国科协主席周光召说：

> 科学史在帮助公众理解科学方面，可以起到重要的作用。通过科学史，非专业人员可以对科学理论及其演变过程有一个大概的了解，特别是，它能提供一般教科书所不能提供的科学家作出科学发现的具体过程，从而体会到探索自然奥秘的幸福和艰辛；它还能宏观地揭示科学作为一种社会活动的发展规律，具体地展现科学技术作为推动历史的杠杆的巨大作用。不仅对于公众，对于科技工作者和管理工作者，学习科技史也是十分有益的。[9]

中国科学院院长路甬祥于 1999 年 6 月 11 日在自然科学史研究所定位评估会上说：

> 科学史这门学科不仅在自然科学和高新技术研究的科学院是一个重要的、不可替代的、不可缺少的科学领域，同时，科学史学科的建设与发展，对于我们国家进一步强调弘扬科学精神、普及科学知识、提倡科学方法的社会主义文化建设也是非常有意义的。

但是，中国科协和中国科学院的领导对科学史定位这样高，并不等于我们科学史工作者写出来的东西就是弘扬科学精神、普及科学知识和提倡科学方法，就是有益于人民大众，有益于科技工作者和管理工作者。20 年来，会员写出来的东西绝大多数是高质量的，但也有粗制滥造，甚至是玄谈海侃的。王化君的一篇文章《科学技术史研究应以科学精神为指导》[10]中批评的一些现象就值得注意。我们应该谦虚谨慎、兢兢业业地做好工作。《自然科学史研究》和《中国科技史料》应该加强书评和学术讨论，有些不同意见也可用读者来信形式发表。此其一。

第二，有了钱不一定能把事情办好，但没有钱很难办事。学会经费全靠中国科协拨款，每年只有 19 000 元，自 1995 年起自然科学史研究所每年支持 15 000 元，为开这次会议，又专拨 20 000 元。按会章，个人会员、团体会员、外籍会员都要收会费。事实上，我们只收过个人会员的会费，按上次理事会的决定，是归专业委员会所有，实际上为数很少，也很难收上来。我们是否可以依照兄弟学会（如中国天文学会）的办法，收团体会员会费，不仅科学史所，中国科大、上海交大、内蒙古师大等都作为团体会员，每年交一定数量的会费，这些钱对这些单位来说数量很少，但“集腋成裘，聚沙成塔”，集聚到学会来就能办点事。另外，还鼓励大家“化缘”，如有企业单位或个人愿意给以赞助的，可按会章给予一定荣誉。

第三，中青年科学史讨论会于 1992 年开过第四次以后再没有开过，还应继续下去。现任理事年龄偏老，第五届理事会 69 名理事，除去六年来去世的 8 人，61 人中，55 岁以下的只有 8 人，这 8 人中港台地区的又占了 3 人，也就是说大陆的 57 名理事中只有 5 人在 55 岁以下，仅占 1/12，这与会章要求的不少于 1/3，相差很远，在这次选举中，我们必须注意多选年轻人。钱临照在第一次大会的闭幕式上说“要寄希望于青年”，这句话还是应该贯彻的。

参考文献

[1] 席泽宗. 钱临照先生对中国科学史事业的贡献. 中国科技史料，2000，21（2）：102-108.

[2] 席泽宗. 中国科学院自然科学史研究所 40 年. 自然科学史研究，1997，16（2）：101-108.

[3] 柯俊，席泽宗，李佩珊. 参加第 17 届国际科学史大会的情况. 自然辩证法通讯，1985，7（6）：75-77.

[4] 王渝生，赵慧芝. 第七届国际中国科学史会议文集. 郑州：大象出版社，1999.

[5] 席泽宗. 中国科技史研究的回顾与前瞻. 科学史通讯，1990，（9）：2-9.

[6] 席泽宗. 科学史八讲. 台北：联经出版事业公司，1994：19-43.

[7] 席泽宗. 台湾省的我国科技史研究. 中国科技史料，1982，3（1）：98-101.

[8] 林文照. 回顾与展望——纪念《中国科技史料》创刊 20 周年. 中国科技史料，2000，21（2）：95-101.

[9] 周光召. 序//吴国盛. 科学的历程. 长沙：湖南科学技术出版社，1995.

[10] 王化君. 科学技术史研究应以科学精神为指导//冯玉钦，张家治. 中国科学技术史学术讨论会论文集 1991. 北京：科学技术文献出版社，1993：19-22.

〔《中国科技史料》，2000 年第 21 卷第 4 期，本文是 2000 年 8 月 22 日在中国科学技术史学会第六届代表大会暨庆祝学会成立 20 周年大会上的报告〕

科学技术史

1982 年全国发表有关科学技术史的文章有 750 多篇，为 1981 年的两倍多。现作一简略介绍。

一

杜石然、范楚玉等的《中国科学技术史稿》（科学出版社）是一部综合性的科技史著作，全书分上、下两册，对中国古代科学的萌芽、积累、奠基、体系形成、充实提高、持续发展、到达高峰、缓慢前进，以及西方科学技术的开始输入（从 17 世纪到 1840 年）和近代科学技术引进（1840～1919 年）等问题进行了叙述。作者们认为，中国古代科学与古希腊、古印度及中世纪的阿拉伯的科学有着明显的不同，形成了一个完整的体系。这个体系一经产生，就形成一个无形的壁垒，具有一定的独立性、保守性和排他性，这是近代科学未能在中国产生或被接受的原因之一。自给自足的小农经济、封建专制的思想统治、官办的科学技术、历代封建统治者不懂科学的社会功能，以及盲目自大的天朝大国思想，也是阻碍中国科学技术发展的因素。

《新疆财经学院学报》1982年第1期上发表的陈武全的文章《试论桎梏我国科学技术发展的文化传统》，从另一个角度探讨了这个问题。陈文认为，中国古代"注重实践轻视求知的哲学传统，很少能给科技发展提供方法论上的启示和思想上的鼓舞""无视物质福利的伦理学传统使科技发展失去了根本的刺激力量""缺乏概念化的思维逻辑与定量分析的学术传统，使科技发展停留在经验阶段，难以成为系统化理论""学而优则仕，使科技人才难以成长""劳心者治人，劳力者治于人，使理论与实践脱离，知识分子与工匠脱离"。这种文化传统使近代科学没能在中国产生。《科研管理》1982年第4期刊载了叶晓青的《中国近代科技引进的若干不利因素》，她认为近代科技引进之所以失败，除了政治腐败以外，"认识肤浅和急功近利造成引进原则的失误""引进与原有基础差距过大，缺乏消化吸收能力"，此外还有"传统自然观的束缚"。金观涛等的《历史上的科学技术结构——试论十七世纪之后中国科学技术落后于西方的原因》[《自然辩证法通讯》(简称《通讯》)1982年第5期]，统计了从公元前6世纪到19世纪末这2500年时间内近2000项科技成果，根据各项成果在学科范围内的地位及其对社会影响的大小，制定不同的计分标准，最小定为1分（如制取铅白），最多可到1000分（如中国的三大发明和牛顿的《自然哲学数学原理》），作出中国和西方科技水平累加增长曲线，并以不同的时间尺度，对中国和西方在不同的历史时期里科技成果的净增值（绝对增长）作出统计。结果表明：中国和西方科学技术发展有一个显著不同的特点，即中国科学技术的发展是连续稳步地缓慢增长，而西方则是中间有个大跌荡，15～16世纪后呈现加速发展的过程。作者们认为加速发展的机制是"理论—实验—理论"和"技术—科学（包括理论和实验）—技术"这样的两个循环过程，这里的理论是建立在构造性的自然观基础上的，科学实验必须是受控实验，技术必须具有开放性体系。构造性自然观、受控实验、开放性技术体系，这三个子系统相互作用，循环加速，近代科学就是在这样一种结构中加速发展起来的。而在中国古代科技体系中，则始终没有形成这种循环加速的结构，这就是近数百年来中国科学落后于西方的原因。

金观涛等人的文章尽管有许多值得商榷之处，但却是一个新的尝试，它标志着系统论、信息论、控制论和数学方法正在向科学史研究领域渗透。李永明和王晓明在《医学与哲学》1982年第10期上发表的《中西医发展规律初探》，与金观涛等人的文章有类似之处，并且应用了模糊数学。《中华医史杂志》1982 年第 2 期发表的聂广和涂汉的文章《要重视中医发展规律性的研究》，除建议用上述三论研究医学史外，还指出："科学史研究不仅要回答'是什么'，更重要的是回答'为什么'，因此由静态的考证走向动态的联系，由经验事实的搜集走向内在规律的探讨是发展的必然趋势。"

二

（1）数学史。与日本三上义夫、苏联尤什凯维奇、英国李约瑟、比利时李伯瑞特等人的观点不同，梅荣照等提出中国古代数学是有理论的，这理论集中表现在魏晋时期数学家刘徽对《九章算术》所作的注中。刘徽对《九章算术》中重要的概念给出了严格的定义；对正确的公式，或从理论上加以说明，或按照逻辑推理的方法推导出这些公式；对于经验公式或错误公式，则从理论上指出它的近似程度、错误原因，并提出一些理性推断；对于与几何有关的定理和公式，则运用几何图形或几何与代数相结合的方法进行论证。此外，他还第一次把极限方法引入数学（《人民日报》1982 年 4 月 23 日报道和《通讯》1982 年第 6 期梅荣照《刘徽的数学理论》）。

《科学通报》1982 年第 16 期刊载的尤玉柱的《峙峪遗址刻号符号初探》一文指出，在山西朔县峙峪村北的旧石器遗址（距今约 28 000 年）中发现的许多刻划的骨片留有数目不等的刻划，五以内的斜纹出现得较多，表明旧石器时代晚期已知简单数字并且能够运用。沈康身的《更相减损术源流》[《自然科学史研究》（简称《研究》）1982 年第 3 期]，对我国古代数学中这一常用的算法作了系统的论述。刘钝在《郭守敬的〈授时历草〉和天球投影二视图》（《研究》1982 年第 4 期）中，论证了远在法国教学家蒙日之前，郭守敬就用两个互相垂直的平面上的正投影图表示天球上各要素之间的关系，这在画法几何史上具有重大意义。

（2）物理学史。1982 年物理学史方面的文章较少，王锦光、洪震寰的《我国古代对虹的色散本质的研究》（《研究》1982 年第 3 期）和张瑞琨、朱新轩的《宋应星的〈论气〉及其在声学上的成就》[《华东师范大学学报（自然科学版）》1982 年第 2 期]，都对这一领域的某些问题作了研究。

（3）化学史。发表在《研究》1982 年第 2 期上的《砷的历史在中国》和

《单质砷炼制史的实验研究》，是化学史研究方面的一项成果。王奎克、郑同等认为，在公元4世纪前半叶，晋代炼丹家葛洪（284～364）在《抱朴子内篇》卷十一《仙药》中就已记载了可以制取单质砷的方法，这项记载比西方马格努斯用肥皂与雄黄共炼取得单质砷早900多年。他们还根据《抱朴子内篇》的有关记载做了实验。

张运明提出，我国古代火药中的主要配料——硫黄，并不是天然硫黄，而是在产硫铁矿的矿山上就地筑炉，利用共生的煤或附近矿山上的煤加热而制成的［《火药是用硫黄配制的吗》，《中国科技史料》（简称《史料》）1982年第1期］。刘秉诚认为，不能简单地把《天工开物》中的“无名异”和二氧化锰等同起来，这种东西是由某种超基性岩、基性岩及其喷出岩风化残余而成的外生风化壳淋积型钴土矿，或含钴的氢氧化锰矿中的矿物；《天工开物》中的“回青”是风化型钴矿床的矿石、钴玻璃，或含钴黄铁矿型和硅卡岩型矿床的含钴矿物（《〈天工开物〉中的“无名异”和“回青”试释》，《研究》1982年第4期）。

孟乃昌在《研究》1982年第4期上发表了《秋石试议》，进一步考证李约瑟在20世纪60年代的一项重要发现。李约瑟当时指出，中国古书记载的“秋石”就是德国化学家温道斯于1909年完成的合成性激素结晶剂。台湾刘广定曾于1981年在《科学月刊》第5、6期上发表《人尿中所得秋石为性激素说之检讨》和《补谈秋石与人尿》，对李约瑟的说法提出质疑。因此，关于这个问题，还有待进一步研究。

（4）天文学史。陈遵妫的《中国天文学史（第二册）》（上海人民出版社），详尽地叙述了星象（三垣、四象、五官、二十八宿、星图、星座等）。杜昇云的《苏州石刻天文图恒星位置的研究》［《北京师范大学学报（自然科学版）》1982年第2期］认为该图上恒星赤纬的测量值有0.59°的系统误差，从春分点经夏至点到秋分点的半个天球上恒星的赤经偏小，另半球则偏大。陈美东、戴念祖的《中朝越日历史上太阳黑子年表》（《研究》1982年第3期）共收录四国黑子记录162次（公元前165年～公元1648年），其中中国记录占127次，比云南天文台在1976年发表的数据增加了17次。云南天文台丁有济等最近在《古代太阳活动各种周期峰年》（《天文学报》1982年第3期）中说，我国历代共有黑子记录近300条，在陈、戴所统计的时期内有黑子记录的年份就有154年。庄天山查到历史上关于“日夜出”的5条记录，判定3条为冕状极光，一条为对日照，一条不得其解（《奇异的天空现象——日夜出》，《自然杂志》1982 年第 7 期）。刘金沂根据二十四史中记载的行星见伏度有趋向性的变化，提出木星逐渐增亮的看法（《历史时期的行星亮度变化》，《百科知识》1982 年第 6 期）。查有梁的《中国古代历法的科学方法论》（《自然辩证法学术研究》1982 年第 1 期）指出，中国历法有两大特点为前人所忽视。一是在系统观测的基础上，应用“准公理方法”建立体系，这种建立体系的方法可称为“系统反馈谐合法”，现代物理学中的一些重要理论正是应用这种方法建立的。一是把观测到的日、月、五星等天体作为一个整体的多周期系统对待，可称为“统计周期逼近法”，类似于量子力学的方法。他认为这些方法在今天仍有现实意义。陈久金等近年来在四川大、小凉山地区进行天文历法知识调查，得知彝族使用过一年为十个月的“太阳历”以后，追本溯源，认为夏民族和齐宗室与彝族同源于西羌族，《夏小正》所用的历法是一年分十个月，每月三十六天的“太阳历”（《论〈夏小正〉是十月“太阳历”》，《研究》1982 年第 4 期）。

（5）地学史。1982 年出版的《科学史集刊》第 10 期（地质出版社）刊登了 17 篇文章，其中有李鄂荣的《庐山第四纪冰川论争五十年》、徐兆奎的《清末地理学家王锡祺》和唐锡仁的《图理琛与〈异域录〉》等。唐锡仁指出，图理琛（满族）曾于 1712～1715 年出行土尔扈特（在今苏联伏尔加河下游、里海北岸的地区），回国后将沿途在西伯利亚乌拉尔山地以及伏尔加河下游一带所了解到的山川地形、道路远近和风俗物产等情况，写成《异域录》一书，是我国第一部关于俄罗斯地理的著作，他的名字应该与张骞、法显、玄奘、郑和并列。徐兆奎认为王锡祺（1855～1913）用了 21 年时间，选录清代国内外学者 600 余人（包括他自己）所写的地理总论、各省形势、旅行纪程、山水游记、各地的风土物产以及各大洲各国的地理情况，编成《小方壶斋舆地丛钞》，这是我国历史上最大的一部地理丛书；可是多少年来，在中国地理学史的著作中，几乎见不到他的名字，这不能不说是一件憾事。此外，唐锡仁、郑锡煌的《中国地理学史研究三十年（1949—1979）》和曹婉如的《中国古代地理学史的几个问题》（分别刊于《研究》1982 年第 1 期和第 3 期），都概括地介绍了中国地理学史的若干问题和研究状况。黄汲清的《辛亥革命前地质科学的中国先驱》（《史料》1982 年第 1 期），评介了华蘅芳、周树人（鲁迅）、邝荣光、章鸿钊等人的著作。

（6）生物学史。《史料》1982 年第 2 期上发表了容镕的《我国生物学、农学对达尔文的影响》，指出在达尔文的几部主要著作中，先后引证或提到中国方面的材料就有 100 多处，而他的自然选择实现生物进化的思想，则是直接受到我国人工选择的方法和原理的启发。史念海的《论历史时期黄土高原生态平衡的失调及其影响》（《生态学杂志》1982 年第 3 期），研究了历史上黄土高原生态平衡问题，具有一定的现实意义。庞秉璋的《我国古代关于朱鹮的某些史料与考释》（《动物学杂志》1982 年第 5 期）、刘昌芝的《我国现存最早的水产动物志——〈闽中海错疏〉》（《研究》1982 年第 4 期）和姚德昌的《从中国古代科学史料看观赏牡丹的起源和变异》（《研究》1982 年第 3 期），也各自在自己研究的课题中提出了新见解。

三

（1）技术史。战国早期曾侯乙编钟、编磬的复制成果（《光明日报》1982 年 12 月 25 日和 1983 年 1 月 10 日），是技术史研究的一件大事。湖北省博物馆和中国科学院自然科学史研究所等六单位，对湖北随县曾侯乙墓出土的 65 个编钟，逐件进行测绘，每个纽钟取得 47 个数据，每个甬钟取得 55 个数据（《考工记》仅有 10 个），共测得 3300 多个数据，并对这些数据用数理统计方法进行分析，从而完成了一系列新发现。湖北省博物馆和中国科学院武汉物理研究所在复制曾侯乙墓出土的 32 块编磬过程中，证明了《考工记》中一些论述的正确性，并纠正了过去一些错误的注释。

65 个曾侯乙编钟，连同支架共重 5 吨多，这样多的铜当时是从哪里来的？夏鼐和段玮璋作了答复。他们在《考古学报》1982 年第 1 期发表的《湖北铜绿山古铜矿》一文中指出，当时铸造业与采矿、冶炼业是分地进行的，已有了分工。黄石市铜绿山古矿区遗留有炼渣约 40 万吨，按含铜品位 12%计，就该炼出红铜 4 万吨。中国社会科学院考古研究所在原地所做的模拟实验证明，铜绿山发现的炼铜竖炉，其冶炼工艺是铜氧化矿的还原熔炼，在正常情况下，一炉每天可产红铜 300 千克。

中国硅酸盐学会主编的《中国陶瓷史》（冯先铭等执笔，文物出版社），是技术史方面的又一重要成果。全书详尽地阐述了从原始社会至清代中期我国陶瓷的出现、发展和沿革的历史，生动地记载了中华民族对世界文明的这一重大贡献。清华大学图书馆科技史研究组出版了《中国科技史资料选编》，其中辑录了有关陶瓷、琉璃、紫砂工艺的原始资料。林乔源等的《中国漆的核磁共振研究》（《科学通报》1982 年第 5 期），用核磁共振方法研究中国漆中饱和漆酚及漆粉的结构，从而对影响漆性质的因素及决定漆优劣的条件有了比较明确的认识，为鉴定中国漆的质量和改进漆的性能提供了数据。

张含英的《历代治河方略探讨》（水利出版社）一书，列举了大量史料，系统地论述了从上古到近代治理黄河的方略大要。章巽的《古航海图考释》（海洋出版社）一书，刊印了大约绘于 18 世纪以前的 69 幅航海图抄本，包括北自辽宁，南到广东的航海路线图。

周国荣在《中国钻探发展简史》（地质出版社）一书中，以古代和新中国成立前为重点，叙述了井盐钻探、地质矿产、岩心钻探的历史发展，并兼及水井、工程水文和海洋地热钻探。

（2）农学史。农学史方面的专门刊物，1982 年已增加到 3 个，即《农业考古》、《农史研究》和《中国农史》。单这三个刊物上这一年发表的文章就有 98 篇，再加其他刊物上的农史文章，数目相当可观。从这些文章可以看出两个趋势：一是研究范围扩大到农林牧副渔各个方面，不再像以前那样多限于大田耕作方面；一是考古学与少数民族地区资料受到了重视。例如，在《农史研究》第 2 辑（1982 年 3 月出版）上有贾文林的《从我国新石器时代遗址的分布看当时农用地开发的趋势》、杨式挺的《从考古发现试探我国栽培稻的起源、演变及其传播》和陈文华的《出土文物中的古代农作物》等文，还附有《中国农业考古资料索引》第一编，介绍了 1949 年 10 月至 1979 年 4 月各地农作物考古的发现。在《中国农史》1982 年第 1 期上则有李根蟠和卢勋的《苦聪人早期原始农业的生产和生活》、宋兆麟的《从彝族对野蜂的利用看人类由食蜂到养蜂的发展》等文。

李璠在《世界农业》1982 年第 2、第 4、第 6 期上发表《中国主要栽培植物的起源和传播》，对原生在我国较主要的 37 种栽培植物，从原产地古植物遗存、历史记载、野生种的分布、变异类型多样性，以及古名称和品种传播等方面作了扼要的叙述。张养才《历史时期气候变迁与我国稻作区演变的关系》（《科学通报》1982 年第 4 期）一文，探讨了历史上气候变迁与稻作区演变之间的关系。

《西北农学院学报》1982 年第 2 期刊载了姜义安的《古农学专家石声汉先生事略》。张寿祺在《农史研究》第 2 辑上提出，唐代杰出的文学家和哲学家柳宗元，在农业科学史上也应占有重要的一席，他的《时令论》是一篇重要的“农时”论述，他的《种树郭橐驼传》是一篇不可多得的关于种树的科技作品，他的《牛赋》对宋代保护耕牛起了良好的作用，他的《临江之麋》宣传一般农家可以驯鹿养鹿，他的《井铭·并序》对改进灌溉技术作出了贡献，他的《晋问》对山西省的农业、牧马业，特别是林木业，作了绘声绘影的素描，创造了极好的农业科技文艺写作的风格。

（3）医学史。1982 年出版的医学史著作，值得注意的有刘长林的《〈内经〉的哲学和中医学的方法》（科学出版社），以及他与任应秋合编的《〈内经〉研究论丛》（湖北人民出版社）。后者收集了论文 15 篇（其中包括日本山田庆儿《〈黄帝内经〉的形成》译文一篇），从各个不同的角度（包括哲学、天文、气象、校勘等）作了详细研究。其中任应秋的《〈黄帝内经〉研究十讲》一文，既对当前《内经》研究中的问题作了概述，又提出了自己的看法。

在医籍整理方面，张善忱、张登部编的《针灸甲乙经腧穴重辑》（山东科学技术出版社），参考有关文献，对原书作了校勘和词释。傅方珍注释的《医宗金鉴·妇科心法要诀》（湖南科学技术出版社），根据自己的临床经验，对原书逐条作了注解和补充。

《陕西中医学院学报》1982 年第 3 期是孙思邈专号，刊登文章 13 篇，研究了《周易》对孙思邈《千金方》学术思想的影响、孙思邈在医学流派发展上的贡献等问题，介绍了孙思邈对方剂学、外科、儿科等各方面的贡献，还对《新唐书》和《旧唐书》中孙思邈传作了注释和今译。《中华医史杂志》1982 年第 1 期刊登了介绍蒙医的文章，第 3 期介绍了契丹医和维吾尔医，第 4 期介绍了藏医。这个杂志的第 2～3 期上连续发表了季始莱、田树仁、初维德分别写的三篇文章，对该刊 1981 年第 2 期上发表的李友松的《曹操兵败赤壁与血吸虫病的关系之探讨》提出不同的看法，一致认为李友松的观点属于牵强附会，曹操兵败与血吸虫病无关。第 3 期还有陈先赋的《四川大足宝顶石窟“仲景腹诊图”辨误》，认为那幅石刻与张仲景毫无关系，是根据佛教“三皈五戒”和“因果报应”的理论，宣传戒酒的“酒后昏乱图”中的“辱母图”。

四

研究科学思想史的文章在 1982 年显著增加。席泽宗的《中国科学思想史的线索》（《史料》1982 年第 2 期）一文，概述了从古到今中国科学思想的发展状况，论述了这门学科的意义和任务。王祖陶的《中国古代关于物质和运动守恒科学思想的发展》（《研究》1982 年第 2 期）一文，对这一问题作了系统论述。《学术月刊》1982 年第 10 期发表的束景南的《杨泉哲学思想与天文思想初探》，《哲学研究》1982 年第 11 期发表的刘文英的《从〈创世纪〉看纳西族的原始宇宙观念》，《医史》1982 年第 4 期发表的马伯英的《试论祖国医学奠定时期的认识论与方法论特征》和胡乃长的《魏晋南北朝医学思想简论》，《医学与哲学》1982 年第 6 期发表的郑洪新的《中医气学理论的哲学思想探讨》，《中医药学报》1982 年第 3 期发表的施毅和陈少强的《中医心理咨询思想初探》等文，都对科学思想史的各问题作了探讨和研究。此外，李仲钧对我国古代关于“海陆变迁”的思想资料进行了考辨（《科学史集刊》第 10 期）。芶萃华和许抗生提出，我国古代的生物分类学思想受阴阳五行说的影响，而不是后期墨家和荀子的正名思想，也不是董仲舒的“天人感应”思想（《研究》1982 年第 2 期）。

关于科学团体史的研究在 1982 年形成了一个高潮。夏湘元和王根元编写了《中国地质学会史（1922—1981 年）》（地质出版社）。《地质评论》从 1982 年第 2 期起连续发表了地质学的各个分支学科在我国发展的概貌，如《六十年来我国前寒武纪地质工作的回顾与展望》《中国非金属矿山地质工作的主要成就及展望》等。中国天文学会为纪念成立六十周年而编辑了会史、大事记、各分支学科简史、回忆录等。《物理》和《化学通报》各在 1982 年 8 月号上发表了有关该学会的历史和人物的专辑，专文叙述了吴有训、叶企孙、萨本栋、饶毓泰、吴承洛、侯德榜、王琎、高济宇、陈裕光、张洪元、范旭东等人。《中国科技史料》1982 年第 1 期介绍了中国机械工程学会，第 2 期介绍了墨海书馆、中国自然科学社、中国科学工作者协会、中国微生物学会、中国地理学会，第 3 期介绍了中国化学会、中国化工学会、中国轻工学会，第 4 期介绍了中国纺织工程学会、中国植物生理学会。《中共党史资料》1982 年第 1 辑刊载了胡琦等的《关于创办延安自然科学院的经过》，《研究》1982 年第

2 期刊载了林超的《中国现代地理萌芽时期的张相文和中国地学会》,《医史》1982 年第 4 期刊载了刘文菉的《"中央国医馆"始末》,《近代史研究》1982 年第 3 期刊载了林文照的《中国科学社的建立及其对我国现代科学发展的作用》,《自然杂志》1982 年第 8 期刊载了柳大纲、刘惠的《中国化学会五十年》,第 12 期发表了中国天文学会的《中国天文学会六十年》,这些文章都对各科学团体的情况作了介绍。

(本文写作得到范楚玉和丁蔚的帮助,在此表示感谢。)

〔中国史学会《中国历史学年鉴》编辑部:《中国历史学年鉴 1983》,
北京:人民出版社,1983 年〕

僧一行观测恒星位置的工作*

恒星有运动。这运动可以分为两个分量：视向速度和切向速度。视向速度由观测光谱线的位移，用多普勒-别洛波尔斯基公式：

$$V_r = \frac{c(\lambda' - \lambda)}{\lambda} \tag{1}$$

可以算出。这公式是 1847 年由多普勒提出，1900 年由别洛波尔斯基用实验证明的。这都是晚近的事。

切向速度公式为

$$V_t = 4.74\frac{\mu}{\pi} \tag{2}$$

其中，μ 为以每年若干弧秒计的自行，π 为视差。因此在知道了距离和自行以后，V_t 即可求出，第一次天体距离的测量，是由俄国斯特鲁维、德国白塞耳、英国汗德逊于 1835～1840 年间分别开始的。一般人认为自行是英国哈雷于 1718 年发现的，但也有些人认为这在哈雷之前约一千年，中国伟大的天文学家僧一行（张遂，683～727）就曾发现了这个现象[1-8]。

---

* 本文曾在中国科学院召开的中国自然科学史第一次讨论会上宣读。

梅文鼎的主要根据是《唐书》[9]和《新唐书·天文志》[10]的一段话。其中说明僧一行所测的二十八宿的距星的去极度数和以往不同：从牵牛到东井，这十四宿，都是古代的数值大，而唐代的小，其余十四宿的则相反。具体的数值见表 1 和表 2。

表 1 极距减小者

	牛	女	虚	危	室	壁	奎	娄	胃昴	毕	觜	参	井
古测（P_0）	106°	101°	104°	97°	85°	86°	76°	80°	74°	78°	84°	94°	70°
唐测（P）	104°		101°	97°	83°	84°	73°	77°	72°	76°	82°	93°	68°
$P-P_0$	−2		−3	0	−2	−2	−3	−3	−2	−2	−2	−1	−2
计算所得	−0.9	−0.9	−2.4	−2.4	−2.8	−3.1	−3.2	−3.3	−2.8	−2.4	−1.7	−1.5	−1.1
误差	1.1		0.6	2.4	0.8	1.1	0.2	0.3	0.8	0.4	0.3	0.5	0.9

表 2 极距增加者

	鬼	柳	星	张	翼	轸	角	亢	氐	房	心	尾	箕	斗
古测（P_0）	68°	77°	91°	97°	97°	98°	91°	89°	94°	108°	108°	190°	118°	116°
唐测（P）	68°	80.5°	93.5°	100°	103°	100°	93.5°	91.5°	98°	110.5°	110°	194°	120°	119°
$P-P_0$	0	+3.5	+2.5	+3	+2	+2	+2.5	+2.5	+4	+2.5	+2	+4	+2	+3
计算所得	+0.9	+0.9	+1.7	+2.4	+3.2	+3.2	+3.3	+2.9	+3.2	+2.9	+2.4	+2.4	+1.7	+0.9
误差	0.9	2.6	0.8	0.6	1.2	1.2	0.8	0.4	0.8	0.4	1.6	1.6	0.3	2.1

按照《唐书》记载，当时春分点在奎 5°多，秋分点在轸 14°少，冬至点在斗 10°，夏至点在井 13°少。故表 1 的星宿代表从冬至经春分点到夏至的半个天球，表 2 的星宿代表从夏至经秋分到冬至的半个天球。

梅文鼎看了这两张表以后，即以为僧一行可以由此进一步推断出恒星的自行[1, 7]。例如，梅文鼎说："近两至处，恒星之差在经度，故可言东移者，亦可言岁西迁。近二分处，恒星之差竟在纬度，故星实东移，始得有差。若只两至西移，诸星经纬不应有变也。"[1]由此可以看出，梅文鼎对于岁差现象并未彻底了解。现在我们知道计算岁差的公式为[11]

$$\begin{cases} \alpha = \alpha_0 + (t-t_0)\dfrac{\mathrm{d}\alpha}{\mathrm{d}t} + \dfrac{(t-t_0)^2}{2!}\dfrac{\mathrm{d}^2\alpha}{\mathrm{d}t^2} + \dfrac{(t-t_0)^3}{3!}\dfrac{\mathrm{d}^3\alpha}{\mathrm{d}t^3} + \cdots\cdots & (3) \\ \delta = \delta_0 + (t-t_0)\dfrac{\mathrm{d}\delta}{\mathrm{d}t} + \dfrac{(t-t_0)^2}{2!}\dfrac{\mathrm{d}^2\delta}{\mathrm{d}t^2} + \dfrac{(t-t_0)^3}{3!}\dfrac{\mathrm{d}^3\delta}{\mathrm{d}t^3} + \cdots\cdots & (4) \end{cases}$$

一般说来，若所希望的准确度到 $0^{\mathrm{s}}.01$ 和 $0''.1$，而赤纬不大时，即使（$t-t_0$）达到 25～50 年，也只取到 $\dfrac{\mathrm{d}^2\alpha}{\mathrm{d}t^2}$ 和 $\dfrac{\mathrm{d}^2\delta}{\mathrm{d}t^2}$ 项。现在我们所讨论的问题，虽然（$t-t_0$）可以达到好几百年，但所希望的准确度只到度，故可以只取得到 $\dfrac{\mathrm{d}\alpha}{\mathrm{d}t}$ 和 $\dfrac{\mathrm{d}\delta}{\mathrm{d}t}$ 项。

于是

$$\begin{cases}\alpha-\alpha_0=(t-t_0)\dfrac{\mathrm{d}\alpha}{\mathrm{d}t}=(t-t_0)(m+n\sin\alpha\tan\delta) & (5)\\ \delta-\delta_0=(t-t_0)\dfrac{\mathrm{d}\delta}{\mathrm{d}t}=(t-t_0)n\cos\alpha & (6)\end{cases}$$

由（6）可以看出：

当 $\alpha=0^h$（春分），　$\dfrac{\mathrm{d}\delta}{\mathrm{d}t}=n$，赤纬增加。

当 $\alpha=12^h$（秋分），　$\dfrac{\mathrm{d}\delta}{\mathrm{d}t}=-n$，赤纬减小。

当 $\alpha=6^h$，18^h（二至），　$\dfrac{\mathrm{d}\delta}{\mathrm{d}t}=0$，赤纬不变。

赤纬增加即极距减小，赤纬减小即极距增加，因为

$$P=90^\circ-\delta \qquad (7)$$

现在我们把（5）、（6）、（7）式应用到僧一行的观测资料上。按照下列公式：

$$\begin{cases}m=46''.08506+0''.027945\,T+0''.00012\,T^2 & (8)\\ n=20''.04685-0''.008533\,T-0''.00037\,T^2 & (9)\end{cases}$$

算得 500 年的 $m=3^s.04$，$n=20''.26=1^s.35$。取 $t=723$ 年（该年僧一行制成黄道游仪）。但 t_0 取在什么时候就有问题。我们首先取落下闳作“太初历”的时候（公元前 104 年），因为《元史》里有“二十八宿之距度，古今六测不同”，而第一次为落下闳所测[12]。《畴人传·一行传》里也说“古历星度及汉落下闳等所测，其星距远近不同，然二十八宿之体不异”。这样 $t-t_0=800$ 年。但计算结果与观测所得相较，误差在 1°以上者，竟达 70%以上。我们认为这样大的误差是不可能的。按黄赤交角[13]：

$$\varepsilon=23^\circ27'08''.26-46''.845\,T-0''.0059\,T^2+0''.00181\,T^3 \qquad (10)$$

算得落下闳时代 $\varepsilon\approx23^\circ43'$，僧一行时代 $\varepsilon\approx23^\circ35'$；而汉唐所测得黄赤交角为 24°。化分圆周为 $365\dfrac{1}{4}^\circ$ 的度（中国古度）为分圆周为 360°的度，得 $24^\circ\approx23^\circ42'$，可见汉唐所测误差都只有几分。当然，不能将长时期地用土圭量日影求得的黄赤交角的精确度来对比恒星位置测量的精确度，因为后者要难得多。但是，把两次观测误差加起来，不超过 1°，总还是可以相信的。这样，若设两次观测相距 600 年，则应用（5）、（6）和（7）式算出的结果是表 1 和表 2 中的第

四行。本来所有数值都该用 1.0148 来乘（化 360 度的度为$365\frac{1}{4}$度的度），但考虑到乘后的变化不大，就没有乘。

表 1 和表 2 中三、四两行的相应数值相减得到第五行的误差。26 个数值中大于 1 度的，共有 9 个，只占 1/3，这个结果应该认为满意。

723-600=123 年，这正是我国另一位伟大天文学家张衡（78～139）活动的时期，因此我国第一次测量二十八宿距星的去极度数可能是在后汉时期。但是现存汉人著作里，并找不到这些数据。只有《开元占经》中所引《石氏星经》的距星去极度数才和《唐书·天文志》中所列的古测数值相同[14]，不同的只有几个，即牛 110°、女 106°、危 99°、奎 70°、参（缺）、柳 79°、星 93°、轸 99°、亢（缺）、心 108°.5 等 10 个。其中牛、女、奎、星、轸的数值，显然是《开元占经》中的记载有错误，危、柳的数值可能是《唐书》中的记载有错误。经过调整后，误差超过 1°的，只剩下 6 个，不到总数的 1/4，更令人满意。

从这里可以看出，现存《甘石星经》绝非如日人上田穰和新城新藏所认为的是公元前 360～公元前 300 年间的作品[15-17]，而是后汉时期的作品。还有五个理由来支持这一论点：①《畴人传·僧一行传》内有："古以牵牛上星（α-Cap）为距，太初改用中星（β-Cap）"，而《开元占经》所引的即用中星（β-Cap）为距星。②钱宝琮先生曾详细地论证过《甘石星经》，他认为《开元占经》中的《甘石星经》是梁时的作品。[18]书可能是梁时作的，但这并不排斥观测资料是东汉时期积累的。③《开元占经》《石氏星经》中二十八宿距度下，有些又附以古代度数，如石氏曰："心三星，五度。古十二度。"这个古十二度，可能是原《石氏星经》中的度数，而五度则为汉代《石氏星经》的度数。④黄道的概念起源很迟，《后汉书》里才有二十八宿的黄道距度[19]，而《甘石星经》中已有了黄道度数。⑤中国关于"度"的观念开始于汉代。

因此，可以得出这样一个结论：起初是战国时期有甘氏、石氏做出星经（像占学的作品），经后汉时人加以科学地改进，才成为今存的《甘石星经》。把《甘石星经》中二十八宿距星的极距和唐时测得的比较，有显然的变化，这变化完全可以用岁差来解释。

主张僧一行发现恒星自行的学者们，还有另一根据，即《新唐书·天文志》《旧唐书·天文志》[9, 10]里除叙述一行所测二十八宿极距和古代的不同外，还有约 130 颗星的位置也有显著变化。这 130 颗星的位置变化可以分为三大类：①赤纬有显著变化者；②黄纬有显著变化者；③和其他星比较，相对位置有显著变化者。

先看赤纬有显著变化的星（表 3）。天囷中最亮的星是 α-Cet，由（5）和（6）式算出它在汉唐间的赤纬变化是+3°。1875 年该星的 $\delta=+3°36'$。假若在唐时，这星刚跨过赤道，而当时观测误差又是 1°的话，则正好与事实相符合。

表 3　赤纬有显著变化的星

星名	旧测	唐测	增减
天囷（13 星）	—	−0°	+
雷电（6 星）	−5°	+2°	+7°
霹雳（5 星）	−4°	（四星）+（一星）−	+
土公吏（2 星）	—	+6°	+

霹雳五星中赤纬最小的一颗，也是最亮的一颗 γ-Psc，它在汉唐间的赤纬变化应为+2°.9，而 1875 年的 $\delta=+2°36'$，足见唐时它还没有跨过赤道，僧一行的观测是正确的。赤纬次小的一个是 β-Psc。它 1875 年的 $\delta=+3°9'$，汉唐间的赤纬变化为 2°.8。当时的观测误差范围内认为它已跨过赤道，是有可能的。

雷电和土公吏（皆在飞马座），用岁差很难解释。但也不能用自行解释，因为雷电一（ζ-Peg）的自行 μ_δ 每千年才 7″，而且是负值；土公吏一（31Peg）也只每千年+17″，不足以解释那样大的变化。

由于岁差，恒星黄纬每年的变化：

$$\frac{\mathrm{d}\beta}{\mathrm{d}t}=\kappa\sin(\lambda+N_0) \tag{11}$$

其中，λ 为黄经，κ 和 N_0 为常数，对于 1950 年 $\kappa=0''.4707$，$N_0=6°59'.30''$；可见至少要经历 3800 多年，黄纬才变化半度，这显然不能说明表 4 中的两次观测结果之差。但同时也不能用自行说明。这些星中自行最大的一颗天江二（36-Oph）其

$$\mu_\alpha=-0.''493，\mu_\delta=-1''.120$$

即在赤经方面每千年才有 8′13″改变，就是在赤纬方面也不过每千年 18′40″，以当时观测技术绝发现不了。同时这种自行数量太小，也解释不了表中那样大的变化。

剩下的唯一可能解释就是古代黄纬测量得不准确。这可用下列一个事实

证明：狗国四星在人马座，彼此位置很近，今平均黄纬$\beta\approx-5°$，按表4中的两次观测，黄纬是增加的，而且唐时已到黄道上，但现在却又在黄道南5°，足证古时观测有误。

表4 黄纬有显著变化的星

星名	旧测	唐测	增减	星名	旧测	唐测	增减
天关（1星）	−4°	0°	+4°	长垣（4星）	0°	+5°	+5°
天江（4星）	−	0°	+	天椁	+	0°	−
建星（6星）	+0.5°	+4.5°	+4°	天高（4星）	−	0°	+
云雨（4星）	−	+7°	+7°	狗国（4星）	−	0°	+
虚梁（7星）	−4°	+4°	+8°	罗堰（3星）	0°	+	+
外屏（7星）	−3°	0°	+3°	天尊（3星）	+	0°	−

到后汉时才把这一事实和二十八宿黄道距度结合起来，更可以证明黄道观念是相当晚才出现的。而且利用黄道坐标所量星的位置很不准确。

至于和其他星比较，相对位置有显著变化的星，列在表5中。

表5 相对位置有显著变化的星

星名	古时位置	唐时位置	引起变化的原因
北斗（7星）			
α UMa	星7°*	张13°	岁差
β UMa	张12°	张12.5°	岁差
γ UMa	翼2°	翼13°	岁差
δ UMa	翼8°	翼17°（强）	岁差
ε UMa	轸8°	轸10°.5	岁差
ζ UMa	角7°	角4°（弱）	（根据岁差计算，数值约同，但符号相反，可能是原文把次序颠倒了）
η UMa	亢4°	角12°（弱）	
文昌（6星）	二星在鬼，四星在井	四星在柳，一星在鬼，一星在井	岁差
上台（2星）	井	柳	岁差
中台（2星）	星	张	岁差
天宛（16星）	昴、毕	胃、昴	（可能是原文把次序颠倒了）
王良（5星）	壁	四星在奎，一星在壁	岁差
外屏（7星）	觜	毕	距离改变，古时毕16°，觜2°，唐改为毕17°.5，觜0°.5
八魁（9星）	室	五星在壁，四星在室	岁差

* 原文为1°，可能是7°之误。

由表5可以看出，这些星的位置绝大多数都可以用岁差解释，成问题的是ζ UMa，η UMa和天宛一组星。但是这些星位置的反常变化，也不能用自行解释，因为 ζ UMa 的 μ_α 为正；η UMa 的 μ_α 虽为负，但也只每年 $-0''.114$，一千年的变化还不到 $2'$，也丝毫无法解释上述的观测结果；天宛一组中，虽有几个星的 μ_α 为负值，但自行最大的 εEri 的 μ_α 也不过每千年 $-16'7''$，以当时的观测技术是不可能发现的。

至此，我们完全可以肯定：僧一行并没有发现自行，以后在天文学史的著作里，不必再提此事；同时，对于《甘石星经》制成的年代，也值得重新考虑，成书于后汉时期的可能性很大。

参考文献

[1] 梅文鼎. 历算全书. 卷二.
[2] 阮元. 畴人传 • 梁令瓒传.
[3] 齐召南. 唐书 • 天文志. 按语.
[4] 朱文鑫. 历法通志. 第二章.
[5] 竺可桢. 中国古代在天文学上的伟大贡献. 科学通报，1951，2（3）.
[6] 陈遵妫. 中国古代天文学简史. 上海：上海人民出版社，1955.
[7] 陈遵妫. 中国古代天文学的成就. 北京：中华全国科学技术普及协会，1955.
[8] 林端炤. 唐代卓越的天文家——僧一行. 光明日报，1956-01-16.
[9] 刘昫等. 旧唐书. 卷 31. 天文志.
[10] 欧阳修. 新唐书. 卷 35. 天文志.
[11] Елажко С Н. Курс Сферической Астронмии（易照华，杨海寿译. 球面天文学教程. 第十章. 北京：高等教育出版社，1954.
[12] 宋濂，王祎等. 元史. 卷 52. 历志.
[13] Newcomb. Tables of the Sun.
[14] 瞿昙悉达. 开元占经. 卷 60.
[15] Veta J. Shih Shen's Catalogue of Stars，the Oldest Star Catalogue in the Orient.
[16] 新城新藏. 中国上古天文. 第八章. 沈璿译. 上海：中华学艺社. 1936.
[17] 新城新藏. 东洋天文学史研究. 第一章. 沈璿译. 上海：中华学艺社. 1933.
[18] 钱宝琮. 甘石星经源流考. 浙江大学季刊，1937（1）.
[19] 范晔. 后汉书. 卷 13. 历法.
[20] Schlesinger F. Catalogue of Bright Stars. Yale University Observatory，1930.

〔《天文学报》，1956 年第 4 卷第 2 期〕

张 衡

张衡（78～139），字平子，今河南省南阳市石桥镇人。他生长在东汉王朝的繁荣时期，那时国家在各方面都有相当的发展：①从 57 年到 105 年，在不到 50 年中间，全国人口增加了 1.5 倍，耕地面积扩大到 730 多万顷，恢复到西汉平帝时的最高水平。②西起河南荥阳，东到千乘海口（今山东高青县北），在长达 1000 多里的距离上进行规模空前的治黄工程，完成于张衡出生的前 8 年（70 年），参加劳役的有几十万人，所花费用数以百亿计。这次工程完成以后的 800 多年，黄河没有改道。③班超出使西域，说服了 50 多个国家和中国互通友好，这时候张衡正是 20 岁左右。④纸的发明和推广，这一具有世界历史意义的事件，也正好发生在张衡游学洛阳（当时为东汉都城）的前后。由此可见，张衡在科学上的一切成就，并不是偶然的，它只是当时祖国广大劳动人民在生产上和文化上所获得成就的一个方面。

就张衡本人说，能够在科学上作出伟大的贡献，又有他的内在因素。第一，刻苦钻研，艰苦奋斗。据《后汉书·朱晖传》记载，张衡幼年时，他的母亲曾经接受过朱晖的救济，可见张衡在小的时候，生活环境并不好，但是他仍能好学不倦，“如川之逝，不舍昼夜”[①]。第二，谦虚。《后汉书》卷八十九《张衡传》说他“虽才高于世，而无骄尚之情”。第三，一心一意做学问，不计较个人名利。他在《应间》一文里说：“君子不患位之不尊，而患德之不崇；不耻禄之不伙，而耻智之不博。”

不追求名利是一回事。但在封建社会里，知识分子除了做官以外，又很少有别的谋生办法。大约在 23 岁（100 年）那一年，张衡终于到南阳太守鲍德那里当了主簿（掌管文书工作）。从此以后，他共做官 37 年，占全部生涯 62 年的半数以上。在 37 年中间，换过 8 种工作，其中以担任太史令（掌管天文工作）的时间最长（先后两次共计 14 年），成就也最大，在祖国天文学史上写下了辉煌的一页：发明水运浑象和候风地动仪，著《灵宪》和《算罔论》。

浑象是个直径 8 尺的空心铜球，里面有根铁轴贯穿球心，球的方向就是天球的方向，也就是地球自转轴的方向。球和轴有两个交点，象征天球上的北极和南极。北极高出地平三十六度（相当于现今 34°56′），这就是洛阳的地理纬度。在球的外表面上刻有二十八宿和中外星官。紧附在球的外面有地平圈和子午圈，天球半露在地平圈之上，半隐在地平圈之下，天轴即支架在子午圈上。另外还有黄道圈和赤道圈，互成二十四度（相当于现今 23°42′）的交角。在赤道和黄道上，各列有二十四气，并且从冬至点起，刻分成三百六十五又四分之一度，每度又分四格，太阳每天在黄道上移动一度。

浑象已经把东汉时期所知道的天文现象，差不多包罗万象地表现了进去。但张衡的贡献却远不止于此，他又利用齿轮系把浑象和表示时间的漏壶联系起来，用漏壶滴出来的水的力量发动齿轮，齿轮带动浑象绕轴旋转，一天一周。因此这个水运浑象就能把天象近似正确地表示出来，人在屋子里看着仪器，就可以知道某星正从东方升起，某星已到中天，某星就要在西方下落。这个仪器不但表明了张衡精通天文，而且深明机械原理。张衡的这项创造，后经唐代一行和梁令瓒，宋代张思训、苏颂和韩公廉的发展，成为世界上最早的天文钟。

此外，张衡又做了一个瑞轮蓂荚，把它和水运浑象联系在一起。这个仪器从每月的初一起，一天转出一片木叶出来，这样到十五日共出现十五片；然后每天转入一片，到月底落完。因为阴历月是和月亮的圆缺配合的，所以

① 参见崔瑗《河间相张平子碑》。

看了蓂荚既可以知道日期，也可以知道月相，一举两得，实属方便。

为了说明他所发明的这一套水运浑象系统，张衡写下了《浑天仪图注》，可惜这部图文并茂的著作早已失传。根据现有的辑文来看，它确是浑天学说的经典作品，在我国天文学史上占有重要地位，内容大致如下：①“天圆如弹丸，地如卵中黄，孤居于内，天大而地小，天之包地，犹壳之裹黄。”②在天球上有黄道和赤道：赤道好像一条腰带，沿东西方向围绕在天的中腰，距南北极各九十一又十六分之五度[①]；黄道与赤道成二十四度的交角，为太阳运行的轨道。③天球有一半在地平线以上，一半在地平线以下，并且每天绕地旋转一周，故二十八宿半见半隐，更见更隐。④天转好像车轮一样，有一个轴，南极、北极就是天轴的所在，在北极附近的星常见不隐；南极入地三十六度，在南极附近的星，常隐不见。

东汉时候，中国发生地震的次数比较多。根据《后汉书》的记载，在从96年到125年的30年中，就有23年发生过较大的地震。对于这些地震现象，当时人们感到非常恐惧。什么地方发生了地震，都要向朝廷报告，由太史令把它记录下来。张衡为了充分掌握地震的情报，在他第二次担任太史令的时候，于阳嘉元年（132年）发明了候风地动仪——世界上的第一架地震仪。这个仪器用铜铸成，直径八尺，很像一个大酒樽，顶上有个凸起的盖子，周围铸着八个龙头，对准东、西、南、北和东南、东北、西南、西北八个方向。每条龙的嘴巴里都衔着一粒小铜球。地上对准龙嘴蹲着八个铜蛤蟆，昂着头，张着大嘴巴。哪儿发生了地震，对准那个方向的龙嘴巴就会张开，龙嘴巴里的铜球，就“当啷”一声落在铜蛤蟆的嘴里，管理的人听到声响跑去一看就知道何方发生了地震。有一天，一个铜球“当啷”地落了下来，但在洛阳并没有感到地震，于是许多学者纷纷议论，怀疑它是否准确。过了几天，甘肃地方派人来报告说，那一天在那里有地震发生，实践证明了张衡发明的这架仪器的准确性。可惜在封建社会里，创造发明得不到重视，这架仪器久已失传，直到最近才由王振铎先生经过一番钻研，把它复原出来。

张衡著的《灵宪》和《算罔论》也已失传，不过《灵宪》现在有辑文。从辑文的内容来看，其中是有一些宝贵的东西的。例如，他说：“月光生于日

---

① 古时中国分圆周为$365\frac{1}{4}$度，$91\frac{5}{16}$度即现今的90°，本文中凡用中文数字写的度数，都是古度。

之所照，魄生于日之所蔽；当日则光盈，就日则光尽。”这一段话正确地说明了月亮不会发光，月光是日光的反照。月亮不停地绕着地球转，当它转到地球和太阳中间的时候，它被太阳照亮的一半，正好背着地球，向着地球的是黑暗的一半（见图）。这一天，我们在地球上完全看不见月亮，叫作“朔”，发生在阴历每月初一，这就是张衡所说“就日则光尽”的现象。月亮继续朝前转，到了阴历每月十五或十六，月亮转到地球的另一面，这时地球在太阳和月亮的中间，月亮被太阳照亮的一半，正好面对着地球，我们看到圆圆的满月，也就是张衡所说的“当日则光盈”。

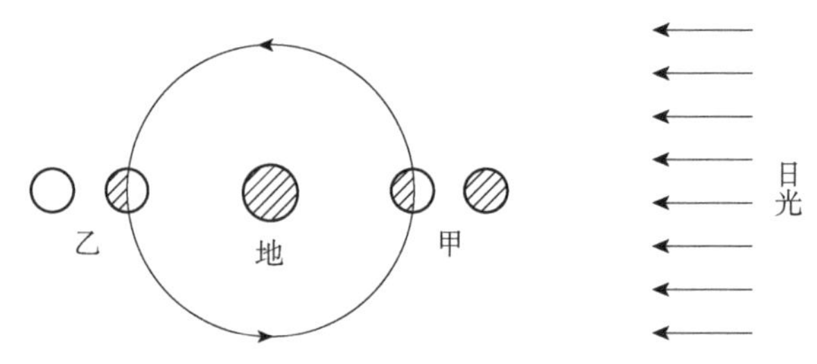

不但如此，张衡在《灵宪》里面还进一步说出了月食的道理：“月光生于日之所照……当日之冲，光常不合者，蔽于地也，是谓暗虚，在星则星微，遇月则月食。”这就是说，望月的时候，月光常常没有了，这是因为被地影遮了的缘故。地影叫作“暗虚”，星碰上暗虚则变暗（笔者按：这是臆想，不是事实），月亮转到暗虚就发生月食。但由于“月行有九道”（见《浑天仪图注》），即是知道月亮绕地运行的轨道（白道）和黄道有交角。所以张衡也会知道，并不是每逢望月，月亮都会碰上暗虚。由此可见，张衡已基本上掌握了月食的原理。

周兴和张衡是同时代的天文学家，他们曾经联合起来进行了保卫《四分历》（在当时是比较科学的一种历法）的斗争。事情是这样的：东汉时候的皇帝们为了巩固其统治地位，令其御用学者捏造出一套唯心主义的“图谶之学”，妄称刘姓是“膺受天命”来统治世间的。一般学者为了求得皇帝的赏识，个个都大谈图谶之学。延光二年（123 年）亶诵、梁丰等不顾“四分历”的优点，利用图谶之学作为指导思想，建议废除“四分历”，恢复西汉时期的“三统历”。张衡对亶、梁的这一建议坚决反对，提出了许多问题，亶、梁不是回答不来，就是答错。皇帝一看没有办法，就下令让臣子们进行讨论。于是一场大辩论展开了：刘恺等八十四人认为“太初历”合图谶应该恢复；李泓等四十余人认为“四分历”本起图谶，最得其正，不宜易；只有黄广、任佥等少数人和张衡、周兴站在一起，不附会图谶，从科学方面说道理，认为应该用“四分历”。幸得尚书令陈忠在就这场辩论向皇帝作总结报告时支持了张衡和周兴的意见，“四分历”才得以维持下去。陈忠在奏文中说：国运盛衰与历法无关，历法只能根据观测来制定；“太初历”和“四分历”都有不符于观测结果的地方，但是太初历的误差远比“四分历”多，所以还是应该用“四分历”。

张衡不但反对利用图谶之学来牵强附会地修改历法，而且进一步地冒犯着朝章国典上书皇帝，要求把图谶之学一概禁绝。他说：现今学者喜谈虚伪的图谶，就像画工不愿画狗马而愿画鬼怪一样，原因是鬼怪无形，可以随便乱涂，而狗马人人常见，画得不像不行；因此我建议把所有的图谶之书一律检查出来，加以禁绝。

但是，必须指出，由于阶级立场的限制，张衡在思想上只能部分地获得对于神学的解放，而不能成为彻底的无神论者。关于这一点，只要和差不多同时代的王充（27～97）一比，就一目了然。第一，王充从唯物主义的认识论出发，说明图谶捏造附会，把帝王说成是与众不同的神圣，那完全是欺人的谎言。张衡却只考究了一些前代的历史事实，证明图谶绝非“圣人”所作，没有效验，因而不可信。第二，王充不仅批判图谶里的“天人感应”说，且更进一步从根本上否认一切神鬼的存在。张衡在反对图谶的同时，却维护另一套迷信，认为“九宫风角，数有征效”“圣人明审律历以定吉凶，重之以卜筮，杂之以九宫，经天验道，本尽于此”[①]。第三，王充对儒家学说统统抱着批判的态度，张衡则是颂扬儒家经典，只要求加以清理，使“朱紫无所眩，典籍无瑕玷”，而利教育人才，改良政治。因此，在反对图谶这个问题上，张衡的意见实质上是反映了中间阶层知识分子的折中思想。

尽管如此，张衡反对图谶的议论还是引起了当权者的怀恨。在他上《请禁绝图谶疏》后的不久，就被免去太史令职位，被调到宫中当一名有职无权的顾问——侍中。有一天，皇帝把他叫到跟前，问他世界上什么人最可恨，他一想当然是那些万恶的宦官，但是当他刚要说出口时，站在旁边的宦官都瞪着眼睛。张衡一看情势不妙，便把到了舌尖上的话又吞到肚子里去。从此以后，他与宦官们的矛盾更尖锐化了。他在《思玄赋》里说：“欲巧笑以干媚

① 《后汉书》卷八十九《张衡传》“请禁绝图谶疏”。

兮，非余心之所尝”“弯威弧之拨剌兮，射嶓冢之封狼”，意即要我卑躬屈膝地献媚那些宦官，我不干，我要拿上大弓把他们射死。宦官们也觉得把他留到宫中，终是后患，于是就联合起来建议把他调到外地去做官。

张衡被调任河间相（管理今河北省河间、任丘、高阳、献县一带地方）以后，在那里大干了一番。首先是秘密调查土豪、劣绅、贪官、污吏和恶霸，然后一一将他们捉拿法办，接着又清理冤狱，释放好人，一时“郡中大治，称为政理”。但不久张衡就发现“诸豪侠游客，悉惶惧逃出境”[①]，捉到的多是些从犯，真正大的吞舟之鱼却都漏了网。由此他感到一个人的力量实在有限，无法与周围恶势力作斗争，于是请求告老还乡。不准，又被调到朝中作尚书，过了一年即去世，享年六十二岁。

由于阶级出身（没落的官僚家庭）的限制，以及在官场中所处的地位，张衡不可能和农民站在一起进行阶级斗争，到了没有办法的时候，便产生了消极避世的思想。尽管如此，在张衡思想中，人民性的一方面还是起了主导作用，他曾经说：“亲履艰难者知下情，备经险易者达物伪”（见《后汉书》卷八十九《张衡传》上疏陈事），因此他才能反对图谶和积极为民除害。同时，我们认为张衡在科学、文学等各方面能有这样大的贡献，也是和他思想上的人民性这一方面分不开的。

张衡是有名的天文学家，遗留下来的著作有《温泉赋》和《归田赋》等22篇，其中以《二京赋》最为出名，在东汉文学史上有着优越的地位。他对史学也很有兴趣，曾经对司马迁的《史记》和班固的《汉书》提出十几条修改意见，并且曾经请求专门从事历史研究工作，可惜未获批准。他也研究过地理学，绘出一幅地形图，流传了好几百年。唐代的张彦远在《历代名画记》卷四里又把他列为后汉时期六大名画家之一。在数学方面，他对圆周率也有研究。

新中国成立之后的中国人民，以祖国历史上有这样一位在多方面作过重大贡献的科学家而感到骄傲。1955年全国发行了纪念邮票。1956年河南南阳重修了他的坟墓和墓后的读书台，在高大的墓的周围砌了秀丽的围墙，前面原来的两座碑记也加了碑楼。墓前又立起一个石碑，碑上有中国科学院院长郭沫若的题词：

---

① 见《四愁诗》序。

如此全面发展之人物，在世界史中亦所罕见。

万祀千龄，令人敬仰。

郭院长的这几句话代表了全国人民对张衡的敬爱，我们是永远纪念着他的。

〔中国科学院中国自然科学史研究室：《中国古代科学家》，北京：科学出版社，1959 年第 1 版，1963 年第 2 版〕

郭守敬的天文学成就及其意义

今年是我国古代著名的天文学家、水利学家郭守敬诞生 750 周年和他的“授时历”颁行 700 周年。郭守敬曾经在北京（当时叫大都）长期居住和工作，并且为北京增辟水源和运粮问题做出过杰出贡献。现在北京的通惠河就是郭守敬为解决南粮北运主持修凿和命名的；北京市给水工程用的京密引水渠，自昌平经昆明湖到紫竹院一段，基本上也还是沿着郭守敬当初开辟的水路。饮水思源，今天在北京五个学会联合纪念郭守敬，是很有意义的。

郭守敬，字若思，今河北邢台人，生于宋绍定四年，卒于元延祐三年，享年 86 岁，是一位高寿的科学家。这位科学家出身于知识分子家庭，幼年时在河北磁县紫金山中，向刘秉忠学习过天文和水利。十五六岁时，即能按照书上的画图，制作天文仪器；21 岁负责他家乡邢台城北面的石桥工程，做得很出色，为此，当时著名文学家元好问曾经写了一篇文章来记述这件事。

从元中统三年（1262 年），也就是元世祖忽必烈夺取皇位的第三年起，郭守敬入仕做官，在元朝政府的直接领导下从事科学活动，一直到他去世为止。由于推荐人张文谦说他“习知水利，巧思绝人”，郭守敬在为官的早期与晚期，都主管水利方面的工作，先后修治河渠水道数百处，对发展农业生产起了重要作用，只是在中间一段时间主管天文，而在这一段所取得的成就也最为突出，称他为13世纪最伟大的天文学家也并非过誉。

至元十三年（1276年）夏天，郭守敬46岁的时候，元朝政府决定改革历法，调王恂、郭守敬主持其事。郭守敬认为，要创制一部好的历法，首先要进行天文观测，而观测又离不开仪器，于是他首先抓制造仪器的工作。经过他自己的刻苦钻研，先后设计、制造了近20种天文仪器，其中简仪、仰仪、高表、景符、正方案皆如《元史·天文志》所说："臻于精妙，卓见绝识，盖有古人所未及者。"简仪是对传统的浑仪进行了革命性的改革而成的，它的设计和制造水平在世界上领先三百多年，直至1598年欧洲著名天文学家第谷发明的仪器才能与之相比。仰仪是用针孔成像原理，把太阳投影在半球形的仪面上，从而直接读出它的球面坐标值。高表是把传统的八尺表加高到四丈，使得在同样的量度精度下，误差减少到原来的1/5。景符是高表的辅助仪器，它利用针孔成像原理来消除高表影端模糊的缺点，提高观测精度。正方案是在一块四尺见方的木板上画19个同心圆，在圆心外立一根表，当表的影端落到某个圆上时就记下来，从早到晚记完后把同一个圆上的两点连接起来，它们的中点和圆心的连线就是正南北方向；如果把它侧立过来，还可以测量北极出地高度，这是一种便于携带到野外工作的仪器。

用这些先进仪器武装起来的灵台，坐落在现今北京建国门附近的中国社会科学院所在的一带，内分计算、观测、时间三个局，有工作人员近百名。其设备之完善，建筑规模之宏大，工作人员之众多，当时在全世界都是首屈一指的。经过全体工作人员的努力，至1280年夏天新历制成，郭守敬等向忽必烈进行了汇报。忽必烈引用《尚书·尧典》"历象日月星辰，敬授民时"一语，将此历命名为"授时历"，并决定从1281年起在全国通行。"授时历"的主要成就有如下几个方面。

第一，对一系列天文数据进行实测，并对旧的数据进行检核，选用其中精密者。例如，回归年的数据取自南宋杨忠辅的"统天历"（1199年），朔望月、近点月和交点月的数值取自金赵知微重修的"大明历"（1181年）和元初耶律楚材的"西征庚午元历"（1220年），但这些数据都是各种历法中最好的。对于二十八宿距度的测量，其平均误差不到5′，精确度较宋代提高一倍。新测黄赤交角值，误差只有1′多。

第二，废除沿用一千多年的"上元积年"和"日法"。上元是若干天文周期的共同起点，从这个共同起点到编历年份的年数叫上元积年。某一时刻测得日、月、五星的位置离各自的起点总有一个差数，以各种周期和各相应的差数来求上元积年，运算很繁，数字很大，再加上古代没有小数概念，各种周期的奇零部分都用分数表示，分数的分母（日法）又各不同，更加重了计算工作的繁重性。唐代曹士芀曾企图废除上元积年，南宫说提出百进位小数制，但都是昙花一现，未能成功，郭守敬把这两项改革坚持到底，大大地简化了历法的计算工作。

第三，“授时历”用三次差内插法来求太阳每日在黄道上的视运行速度；用类似球面三角的弧矢割圆术，由太阳的黄经求它的赤经赤纬，求白赤交角，以及求白赤交点与黄赤交点的距离，这两种方法在天文史和数学史上都具有重要意义。

第四，在创制“授时历”的过程中，进行了一次空前规模的大地测量工作。南起南海（北纬15°），北至北海（北纬65°），在南北长一万一千里，东西宽六千余里的地带上，建立起27个观测站，分别测量当地冬夏至日影长度、昼夜时刻数和北极出地高度。按现代计算，除个别有疑问的地点外，北极出地高度（即纬度）测量的平均误差只有0.35，在当时条件下，可以说是够准确的了。

清代的阮元，在编《畴人传》时，于《郭守敬传》的末尾写的一段评语是：“推步之要，测与算二者而已。简仪、仰仪、景符、窥几之制，前此言测候者未之及也。垛叠招差、勾股弧矢之法，前此言算测候者弗能用也。先之以精测，继之以密算，上考下求，若应准绳。施行于世，垂四百年，可谓集古法之大成，为将来之典要者也。自三统以来，为术者七十余家，莫之伦比也。”阮元的这段评语，可以说写得客观、公允、符合实际。“授时历”是我国古代历法中最好的一个，是中国古典天文学的最高峰，清代梅文鼎、黄宗羲等许多学者都对它做过较深入的研究。从元至元十八年（1281年）一直到明崇祯十七年（1644年），在我国使用了364年，是古代历法中用得最久的一个，并且传到朝鲜和日本，在那里开花结果。

朝鲜高丽王朝和李氏王朝世宗时期均使用“授时历”，简仪、仰仪等都在朝鲜复制。日本于1667年由保科正之提出，以“授时历”取代“宣明历”，后经涩川春海的努力，利用“授时历”的原理和方法，通过实测，制成适合于日本的历法，于1684年（贞享元年）经日本天皇批准采用。涩川春海这一把“授时历”的普遍原理与日本具体情况相结合的做法，掀起了日本人研究“授时历”的高潮，在其后不到一百年中，有专门著作 50 多种，而以建部贤弘的《授时历解议》（约 1690 年）最好。直到最近，日本人也还在热心地研究“授时历”，20 世纪 60 年代东京大学中山茂有关“授时历”“岁实消长”的一系列论文发表，70 年代有京都大学山田庆儿《授时历的道路》一本专著出版。现在，日本正在和美国合作，把“授时历”译成英文出版。一部 13 世纪的著作，流传如此之广，影响如此之大，是很少有的。太阳系里的小行星，月面上的环形山，都用郭守敬来命名，是当之无愧的。

考察郭守敬取得成功的个人因素，大致上可以归纳成四点：一是从小爱好学习。当时有人说他“生有异操，不为嬉戏事”，以为他有什么天生的特性，不爱玩耍，其实，是他把心思全用在学习上了，不想玩耍罢了。勤奋是成功的要素，对于任何人都是如此。二是注重实践。他的指导思想是“历之本，在于测验”，利用观测取得第一手资料是搞好历法的根本，而观测手段又是决定观测精度和深度的根本，于是他又首先抓仪器的制造。在制作仪器的过程中，他总是先做模型，经过试验、改进，最后才用金属铸造。他的这一套以实践为第一性的思想方法和工作方法，是“授时历”取得辉煌成就的基础。三是对于前人的科学遗产，善于分析比较，分辨它们的优缺点，有的予以接受，有的予以改进，有的予以摒弃。如回归年的长度（365.2425 日）取自杨忠辅的“统天历”，简仪是对浑仪的改造，烦琐无用的上元积年则予以摒弃。可以说他对前代天文学进行了批判性的总结。四是太史院同人的通力合作，同心探求。1278 年元军攻下南宋都城临安（今杭州）以后，忽必烈把金、宋两个司天监的人员集中到大都，又从各地选拔了一些新人，组成了一支强大的天文队伍。领导这支队伍的张文谦、王恂、张易、许衡和杨恭懿，又都是郭守敬在紫金山时的老朋友，他们合作得很好。不幸的是，在“授时历”制成前后，这些人都相继去世，整理资料、总结经验、著书立说的工作，都落在郭守敬一人肩上。因而我们今天往往把“授时历”的成就归在郭守敬一人名下。

马克思说，一切科学工作，一切发现，一切发明，都是部分地以今人的协作为条件，部分地又以对前人的劳动的利用为条件。“授时历”的成就正是如此取得的。今天，我们纪念郭守敬诞生 750 周年和“授时历”颁行 700 周年，就是要总结“授时历”作者们的这些成功经验，以为借鉴，把我国的现代天文事业迅速搞上去。

郭守敬的成就是我们民族的骄傲，但是正如邓小平同志在全国科学大会上所说："我们祖先的成就，只能用来巩固我们赶超世界先进水平的信心，而不能用来安慰我们现实的落后。"今天我们在新长征的起点上缅怀前贤，目的就是要把往昔的光荣作为今日的激励，立壮志，下决心，鼓干劲，攀高峰，争取在不久的将来把祖国在天文学上的领先地位重新夺回来，为人类做出较大的贡献。

〔北京天文学会等：《纪念元代卓越科学家郭守敬诞生750周年学术论文集》，北京：中国科学技术史学会，1981年〕

钱临照先生对中国科学史事业的贡献

1996年1月，鲁大龙博士在第七届国际中国科学史会议上曾有一篇报告《钱临照与中国科技史》，就这一问题，谈之甚详[1, 2]。在此之前，李志超教授也有过一篇《为钱临照先生献寿——从中国科技史学会到科大科学史研究室》[3]。今天，就我与钱老的多年亲身接触（图1），再作一些补充，以庆祝他的铜像落成揭幕。

图1　钱临照（右）与席泽宗最后一次谈话
（1998年4月22日）

一、对李约瑟的影响

1954 年我与钱老第一次见面时，他才 48 岁，但那时他已是著名的物理学家，在人生的道路上已有许多令人钦佩的事迹。关于这些事迹，1995 年抗日战争胜利 50 周年时，他曾以“国破山河在，昆明草木春”为题，以回忆录形式，在《科技日报》上分为三次发表[4-6]。第三部分与科学史有关的一段是：

> 晚上孩子们睡了，老母以摸纸牌为戏，妻子利用闲时以绣花补贴家用，我则伏案看书写文章。三人围坐在一盏小油灯下。对于经历了战乱、尝过颠沛流离之苦的我们来说，也算是一种享受了，就在这种安定的气氛下，我写了《释墨经中之光学、力学诸条》一文。

钱老《释墨经中之光学、力学诸条》[7]一文，现在已被看作是“《墨经》研究的里程碑”[8]，它对李约瑟走上研究中国科技史的道路产生了深远的影响。1943 年李约瑟到昆明访问时，正逢钱老完成他的这篇力作，钱老和他大谈这部世界上最早的系统性很强的光学著作。钱老谈得津津有味；李约瑟听得非常入神，他对中国先哲的成就大为惊讶，从而使他着手筹备编纂《中国科学技术史》。正如李约瑟研究所所长何丙郁所说：

> 不可错误地认为李约瑟是中国科技史研究的先驱。在 20 世纪前半期，一些中国前辈在这一领域已有相当的贡献，竺可桢、李俨、钱宝琮、钱临照、张资珙、刘仙洲、陈邦贤等，他们在后方，同李约瑟谈话时，自然会提到各学科的科学史问题，他们告诉他读什么书、买什么书和各门学科史中的关键要领等，这使李约瑟得到了很多的帮助和指导。[9]

这在李约瑟《中国科学技术史》第一卷中也可以明显地看出来。在他感谢的科学家的名单中，排在第一名的就是钱临照。[10]

二、对科技史事业重要性的论述

钱老在 30 多岁时就涉足中国科技史领域，写出《释墨经中之光学、力学诸条》这样颇具影响的好文章，但因忙于实验物理的工作，一直到“文化大革命”结束以前，再没有过多地涉足科学史事业。20 世纪 70 年代中期，中国科学院自然科学史研究委员会正、副主任竺可桢（1890～1974）和叶企孙（1898～1977）去世后，钱老责无旁贷地成了中国科学史事业的带头人。如果说 1954 年竺可桢发表的《为什么要研究我国古代科学史？》[11]是新中国成立以后科技史事业发展的第一个标志的话，那么，1984 年钱临照发表的《应该重视科学技术史的学习和研究》[12]则是第二个标志。后者视野更广阔，把研究范围拓宽到了全世界。他说：

> 我之所以提倡科学技术史的学习和研究，首先是科学技术史为人类文明史的重要组成部分。开展科技史的研究，是一项基本的文化建设，属于一般智力投资，它在提高民族文化素质，进行唯物主义、爱国主义和国际主义教育以及中外文化交流等方面都有重要的意义。珍重本民族的科学遗产，是珍重自己历史，有自立于世界民族之林能力的标志之一。研究国外科学技术史，是汲取全人类智慧精华的一种途径，也是衡量有无求知于全世界决心的标志之一。因此，任何一个伟大的民族，总是十分重视科学技术史的教育和研究工作。一个不懂得本民族科技史，亦不了解世界科技史的民族，将不会成为一个伟大的有作为的民族！至今还认为科技史可有可无、可学可不学的观点，显然是不正确的；至于那种以为科学技术史与实现四个现代化没有多大关系的论点，则是对科学技术史的莫大误解。其实，科技史与实现四化有着密切的关系……

文章最后说：

> 当前我们迫切需要提高对科学技术史意义的认识，有关部门应重视科学技术史的研究和教育工作，加强领导并在组织上和研究条件等方面给予一定的保障。科技史工作者更应进一步认识自己肩负的重任，在前辈科学史家开创的道路上，继承和发扬他们的史识和史德，刻苦钻研，写出更多更高水平的科学史著作。

这篇文章可以说是多年来钱老在各种场合为科学史事业奔走呼喊的总结。其中提到的前辈科学史家的“史识和史德”，这里没有说明，但从 1980 年 10 月 22 日他对我一篇文章的复信（图 2）中可以有些了解：

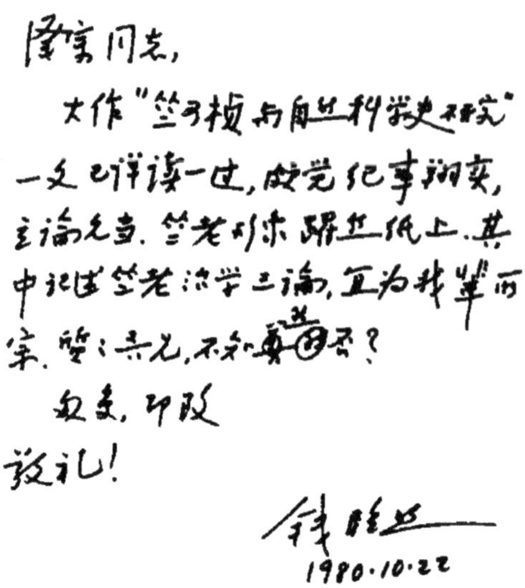

泽宗同志，

大作"竺可桢与自然科学史研究"一文已详读一过，颇觉纪事翔实，立论允当。竺老形象跃然纸上。其中记述竺老治学三论，宜为我辈所宗。质之吾兄，不知然否？

匆复，即颂

敬礼！

钱临照

1980.10.22

图 2　钱老给席泽宗的复信

> 大作"竺可桢与自然科学史研究"一文已详读一过，颇觉纪事翔实，立论允当，竺老形象跃然纸上，其中记述竺老治学三论，宜为我辈所宗，质之吾兄，不知然否？

拙文中所述竺可桢的三点治学精神是：

> （1）不盲从，不附和，一以理智为依归。如遇横逆之境遇，则不屈不挠，不畏强暴，只问是非，不计利害。（2）虚怀若谷，不武断，不蛮横。（3）专心一致，实事求是，不作无病呻吟，严谨整饬毫不苟且。[13]

这也就是现在所说的科学精神，是竺可桢先生从哥白尼、布鲁诺、伽利略、开普勒、牛顿、波义耳等人身上总结出来的。[14]

三、对实验科学史的重视

1980 年 10 月 6～11 日，中国科技史界 270 余人在北京隆重集会，成立了中国科学技术史学会。这次会议从筹备开始，即是在钱老的具体指导下进行的，会上大家又一致推选他为首任理事长。他任职的三年期间（1980～1983 年）对学会的大政方针和人事安排都做了妥善部署，为 20 年来的发展奠定了基础，并且以后始终关心着学会的工作。关于这方面的情况，留待将来再说，今天只谈这次成立大会上钱老对我的一次具体帮助。

在这次会上，我宣读了一篇短文《伽利略前 2000 年甘德对木卫的发现》[15]。钱老听后说：

> 这件事很重要，是个新发现；但你只是文字考证，不能令人绝对信服。我建议，你组织青少年，到北京郊区做观测；如能成功，就有了强有力的说服力。

根据钱老的指示，在 1981 年 3 月 26 日木星冲日之前的半个月（此时最容易观测），由刘金沂负责，组织了由 10 个人组成的观测队，到河北兴隆山上用肉眼观察木卫，其中有 8 个人在 3 月 10 日和 11 日凌晨 0 时至 1 时 30 分连续两夜各自独立地看到了木卫三，有 3 个 13 岁的初中一年级学生看到了木卫三和木卫二，有一位还看到了木卫一，他们三人都能看到比 $6^{m}.6$ 还暗的星。后来，我们从《1981 年美国天文年历》得知，1981 年 3 月 11 日 0 时 44 分木卫四被木星掩食，我们没能看到它，只是由于方位问题，而不是由于它的亮度不够。至此，我们以实践证明，木星的四个“伽利略卫星”不用望远镜都能看到，木卫三尤其容易，而甘德的记录非常逼真[16]。这一结果发表后，轰动了全世界的天文学界，国际天文学联合会主席、澳大利亚悉尼大学名誉教授布朗（R. H. Brown）说这是很有意义的一件事，钱老的同龄人、日本学士院院士、京都大学名誉教授薮内清则写了专文[17]，认为这是实验天文学史的开始。

钱老在《纪念胡刚复先生百年诞辰》一文中精辟地指出：“众多的科学家之所以能作出杰出的贡献和获得丰硕的成果，其共同点都在于能摒弃形而上学，而以敏于观察、勤于实验为信仰所致。”[18]钱老在科学史领域除了倡导我做木卫的肉眼观察验证以外，在其后指导中国科学技术大学科学史研究室的工作中，更以实验性课题为特色，硕果累累，这里仅举一二。华同旭博士的漏刻研究[19]，李志超教授的浑仪、浑象研究[20-22]，一个对应于时间，一个对应于空间，都是辛辛苦苦动手做实验，取得的丰硕成果；还有张秉伦教授和孙毅霖合作的秋石方复原实验[23]，用铁一般的事实否定了李约瑟关于秋石为性激素的说法，因此名扬海外，颇得好评。

四、颂我古兮不薄今，扬我中兮不轻洋

在中国科学技术史学会第一届常务理事会上，讨论提交 1981 年第十六届

国际科学史大会论文时，钱老主张以中国古代科学史为主；在讨论 1984 年在北京召开的第三届国际中国科学史会议时，钱老又把国内论文录取范围限定在中国古代。这给人造成一种错觉，似乎他只注意中国古代科学史，其实不然，这从上引《应该重视科学技术史的学习和研究》一文的内容就可以看出来，他只是反对蜻蜓点水，不做深入研究，抄抄写写。他对李约瑟的《科学前哨》（*Science Outpost*）[24]一书评价甚高，在 1994 年 5 月 20 日给我的信中说：

> 此书虽小，较之《中国科学技术史》只能算是小书，但我认为与后者有同等价值。我国抗战八年，现存后方科学活动，记之维详，惟此一书而已，我们自己也无系统记载……李约瑟尊重这段苦难中国科学家的活动，名之曰《科学前哨》，意味深长，我国人不能不知。

在这本书的"前言"中，李约瑟夫妇对《科学前哨》这个书名的解释是：

> 并不是因为我们在中国，我们与中英科学合作馆的英国同事就自认为是科学前哨；而是我们大家，英国科学家和中国科学家一起，在中国西部构成了一个前哨。
>
> 如果本书有什么永恒价值的话，是因为记录了一个伟大民族不可征服的执着，尽管不充分……人们不需要敏锐的洞察力，就能看出整个一代人的奋发、牺牲、忍耐、信心与希望。与他们一起工作，我们非常自豪，因为今天的前哨将会是明天的中心和统帅部。[25]

今天的中国虽然还远远没有成为世界科学的中心和统帅部，但新中国成立以来还是取得了很大的进展，对此钱老感到十分高兴，他在年近 80 岁的时候，出任"当代中国丛书"中的《中国科学院》卷主编，辛苦多年，成书上、中、下三册，洋洋 150 万言，对中国科学院前 40 年的历史，做了较为忠实的反映[26]。

颂我古兮不薄今，扬我中兮不轻洋。他曾亲自动笔写了长达 4 万多字的《西方历史上的宇宙理论评述》[27]，主编了"世界著名科学家传记"丛书中的《物理学家》两册[28, 29]。他对许良英研究爱因斯坦和戈革研究玻尔感到由衷的高兴，多次说到我们国家有两个这样的专家很好。他带领学生研究牛顿和阿拉伯光学家伊本·海赛姆（Ibn al-Haytham）等，并派石云里出国学习阿拉伯天文学史，可以说他是全方位地注意到了科学史的各个领域。如果说有缺点的话，就是注意“外史”不够。

五、尊师重道，为叶企孙冤案平反做贡献

钱老对长辈非常尊重，对年轻人则严格要求，注意培养。1996年严济慈先生去世后，他写的《望桃李春色，仰蜡炬高风——回忆吾师严济慈先生的教育工作》[30]，情节非常感人。“文化大革命”期间，叶企孙先生以“特务”罪名，受到监禁，出狱后仍然被定为“不可接触的人”，钱老则多次前往探视，促膝谈心，并于1982年发表《纪念物理学界的老前辈叶企孙先生》[31]一文，用过硬的材料，第一次公开肯定了叶先生1938年在天津从事的活动是爱国抗日活动，不是特务活动。这段材料来自他偶然读到的高叔平编著的《蔡元培年谱》。该书第140页上有录自蔡元培《杂记》中的一段文字：

> 叶企孙到香港，谈及平津理科大学生在天津制造炸药，轰炸敌军通过之桥梁，有成效。第一笔经费，借用清华大学备用之公款万余元，已用罄，须别筹。拟往访宋庆龄先生，请作函介绍。当即写一致孙夫人函，由企孙携去。

此事发生在1938年11月，他以此为线索，命研究生胡升华进行详细调查，写出硕士论文《叶企孙先生——一个爱国的、正直的教育家、科学家》，中共河北省委也以此为据，于1986年8月20日做出为“叶企孙派到冀中地区的特务熊大缜”平反昭雪的决定，文曰：

> 熊大缜同志是1938年4月经我党之关系人叶企孙、孙鲁同志介绍，通过我平、津、保秘密交通站负责人张珍和我党在北平之秘密工作人员黄浩同志，到冀中军区参加抗日工作的爱国进步知识分子。当时，他放弃出国留学机会，推迟结婚，为拯救民族危亡，毅然投笔从戎。到冀中后……他研制成功了高级烈性黄色炸药，用制造出的手榴弹、地雷、子弹等，武装了部队，提高了我军战斗力，还多次炸毁敌人列车。同时，他还通过各种渠道，利用叶企孙教授之捐款，聘请和介绍各方面技术人

> 才到冀中参加抗战……对冀中之抗战做出了不可磨灭的贡献。定熊大缜同志为国民党 CC 特务而处决，是无证据的，纯属冤案。因此，省委决定为熊大缜同志彻底平反昭雪，恢复名誉，按因公牺牲对待。凡确因熊大缜特务案件受到株连的同志和子女亲属，由所在单位党组织认真进行复查，做出正确结论，并做好善后工作。

至此，叶企孙的特务冤案才算彻底解决，而在这一解决的过程中，钱老支持的科学史研究又起了不小的作用[32]。

六、严格把关，热心培养青年

1978 年 5 月，我去合肥到钱老家中做客，正碰上负责科大少年班的一位同志和他谈话，说过几天有位领导人要到少年班来参观，为了迎接，要布置教室，要钱老届时讲课如何如何。钱老大为不满，说这样弄虚作假，我不干，说这样做只能把小孩子带坏。那次谈话给我留下深刻的印象，觉得钱老真是铁面无私，寸步不让。过了 6 年以后，钱老果然把这种严格认真的作风带到第三届国际中国科学史会议上来了。

第三届国际中国科学史会议定于 1984 年 8 月在北京召开。我向中国科学院写了一个报告，请求严东生副院长担任主席。严东生说：这事情还是得请钱老，钱老德高望重，有凝聚力。钱老接受任务后，1983 年 9 月 20 日第一次和我见面，就提出了三点要求。

（1）国内学者参加会议必须凭论文。论文要密封审查。每篇文章要请三位专家审查，两人同意方可通过。不能采取分配名额办法，不搞照顾，不问年龄、性别、职称，大家一律平等。

（2）内容限于中国古代科学史，综述性文章不要，讨论中国近代科学落后原因之类的文章不要。

（3）每篇文章包括参考文献在内，限定 4000 字，超出字数者要求压缩；自己不愿压缩者，将来交超出部分的版面费。文章最好用英文写，如是中文，应有一页纸的详细英文摘要。

这三点要求，在当时的组织委员会讨论时，遭到了许多人的反对，尤其第三点，有人认为简直不可能，“科学史的文章，4000 字哪能说明问题”。后经让步，扩大为 5000 字，但要严格执行。成立由杜石然、王奎克、艾素珍组成的审查小组，每篇文章由杜石然、王奎克二人共同决定送谁审查，由艾素珍执行，绝对保密。这样选拔的结果，确实很好，一批年轻人，像刘钝、王渝生、罗见今、金正耀和马伯英等，得以脱颖而出，使外国人觉得我们确有人才，欣欣向荣。

国际中国科学史会议在英国剑桥开过第六届以后，到日本京都开第七届时被改名为国际东亚科学史会议，钱老对此事极为不满。1994 年 8 月中国科学技术史学会第五次代表大会在北京怀柔召开之际，他明确提出，不管东亚科学史会议如何，国际中国科学史会议还要继续开下去。此一倡议，得到了与会许多代表的热烈响应，中国科学院路甬祥院长也表示支持。此后，已于 1996 年 1 月在深圳开过第七届，1998 年 8 月在柏林开过第八届，而今第九届正在酝酿中。

时间过得很快，钱老于去年 7 月 26 日逝世，至今已经八个多月了。今天，我们能有这么多的人来集会纪念他，交流学术，正表明他关心的科技史事业兴旺发达，后继有人。钱老如果在天有知，亦当含笑于九泉。

参考文献

[1] 鲁大龙. 钱临照与中国科技史. 中国科学史通讯，1996（11）：123-132.

[2] 鲁大龙. 钱临照与中国科技史//王渝生，赵慧芝. 第七届国际中国科学史会议文集. 郑州：大象出版社，1999：133-138.

[3] 李志超. 为钱临照先生献寿——从中国科技史学会到科大科学史研究室. 中国科学史通讯，1992（3）：173-177.

[4] 钱临照. 国破山河在，昆明草木春：入“虎穴”，仪器安全运昆明. 科技日报，1995-11-13.

[5] 钱临照. 国破山河在，昆明草木春：重应用，成批生产显微镜. 科技日报，1995-11-20.

[6] 钱临照. 国破山河在，昆明草木春：坚信念，克服困难苦作甜. 科技日报，1995-11-27.

[7] 钱临照. 释墨经中之光学、力学诸条//国立北平研究院. 李石曾先生 60 岁寿辰纪念论文集. 昆明：国立北平研究院，1943：135-162.

[8] 徐克明. 《墨经》研究的里程碑. 中国科技史料，1991，12（4）：12-17.

[9] 何丙郁. 如何正视李约瑟博士的中国科技史研究. 西北大学学报，1996（2）：93.

[10] 李约瑟. 中国科学技术史 • 第一卷：导论. 袁翰青，王冰，于佳译. 北京：科学出版社，上海：上海古籍出版社，1990.

[11] 竺可桢. 为什么要研究我国古代科学史. 人民日报，1954-08-27.

[12] 钱临照. 应该重视科学技术史的学习和研究. 科学报，1984-03-31.

[13] 席泽宗. 竺可桢与自然科学史研究//纪念科学家竺可桢论文集. 北京：科普出版

社，1982：41-57.
［14］竺可桢. 科学之方法与精神. 思想与时代，1941（1）.
［15］席泽宗. 伽利略前2000年甘德对木卫的发现. 天体物理学报，1981，1（2）：85-88.
［16］刘金沂. 木卫的肉眼观测. 自然杂志，1981，4（7）：538-539.
［17］薮内清. 實驗天文学の試み. 现代天文学讲座月报，1982（14）：1-2.
［18］钱临照. 纪念胡刚复先生百年诞辰——谈物理实验. 物理通报，1987（5）：2-5.
［19］华同旭. 中国漏刻. 合肥：安徽科学技术出版社，1991.
［20］李志超. 关于黄道游仪及熙宁浑仪的考证和复原. 自然科学史研究，1987，6（1）：42-47.
［21］李志超，陈宁. 关于张衡水运浑象的考证和复原. 自然科学史研究，1993，12（2）：120-127.
［22］李志超. 天人古义——中国科学史论纲. 郑州：河南教育出版社，1995：285-296.
［23］张秉伦，孙毅霖. “秋实方”模拟实验及其研究. 自然科学史研究，1988，7（2）：170-183.
［24］Needham J，Needham D . Science Outpost. London：The Pilot Press，1948.
［25］李约瑟，李大斐. 李约瑟游记. 科学前哨. 余廷明，滕巧云，唐道华等译. 贵阳：贵州人民出版社，1999：1-318.
［26］钱临照，谷雨. 中国科学院. 北京：当代中国出版社，1994.
［27］钱临照. 西方历史上的宇宙理论评述//中国科学技术大学天体物理组. 西方宇宙理论评述. 北京：科学出版社，1978：7-55.
［28］钱临照，许良英. 世界著名科学家传记·物理学家Ⅰ. 北京：科学出版社，1990.
［29］钱临照，许良英. 世界著名科学家传记·物理学家Ⅱ. 北京：科学出版社，1992.
［30］钱临照. 望桃李春色，仰蜡炬高风——回忆吾师严济慈先生的教育工作. 科技日报，1996-12-01.
［31］钱临照. 纪念物理学界的老前辈叶企孙先生. 物理，1982，11（8）：466-470.
［32］胡升华. 叶企孙先生与“熊大缜案”. 中国科技史料，1988，9（3）：27-34.

〔《中国科技史料》，2000年第21卷第2期，本文是2000年4月4日在中国科学技术大学举行的“纪念钱临照先生学术报告会”上的报告〕

竺可桢与自然科学史研究

一、对天文学史和气象学史的研究

我在中山大学念书的时候，历史系一位教授向我推荐："你知道竺可桢否？他是中国近代气象学的开山祖师，有一篇关于二十八宿起源的文章，可以说是世界第一，中外没有能超过的，你应该看一看。"当时因为我的兴趣是天体物理学，也没有找来看这篇文章。及至分配到中国科学院编译局（科学出版社的前身）工作，恰巧在竺老的引导下，我走上了天文学史的研究道路，《二十八宿起源的时代与地点》一文读之再三，而且多次听到他和钱宝琮先生就这篇文章所作的讨论，并且叫我做了一些计算。就这一问题，他先后发表了三篇文章[1]，有独到的研究，确是他在天文学史方面的代表作，值得首先介绍。

中国古代将黄、赤道附近的天空划分成二十八个区域，每个区域至少选两颗星来代表，其中一颗叫"距星"，这就是二十八宿或二十八舍。二十八宿从角宿开始，沿着月亮运行的方向，自西向东排列是：角、亢、氐、房、心、尾、箕，斗、牛、女、虚、危、室、壁，奎、娄、胃、昴、毕、觜、参，井、鬼、柳、星、张、翼、轸。二十八宿又按这个次序每七个构成一组，叫作“四象”或“四陆”，分别代表四方和四季，即东方（春）苍龙，北方（冬）玄武（龟、蛇），西方（秋）白虎，南方（夏）朱雀（鸟）。二十八宿各宿所占的赤道广度很不相同，最大的井宿有 33 度，最小的觜宿只有 2 度。四陆所占的广度也很不相同，据《汉书·律历志》东方为 75 度，北方为 98 度，西方为 80 度，南方为 112 度（按古时分圆周为 $365\frac{1}{4}$ 度计）。

在中国以外，古代印度（包括现在的巴基斯坦和孟加拉国）、阿拉伯、伊朗、埃及等国，也有类似的二十八宿体系。这有一个起源和传播的问题。19 世纪欧洲人得悉这一情况以后，从 1840 年开始，便展开了一场激烈的论战。两位法国学者——19 世纪中叶的毕奥（J. B. Biot）和 20 世纪初期的德·索绪尔（Leopold de Saussure），还有荷兰的薛莱格（G. Schelegel）主张起源于中国，薛为此于 1875 年出版了一本《星辰考原》，厚 800 多页。德国学者韦伯（L. Weber，1860 年）、英国学者金斯米尔（Kingsmill，1907 年）和爱特金（Edkin，1921 年）主张起源于巴比伦，而英国的白赖南（W. Brenand，1896 年）和美国的伯吉斯（E. Burgess）与惠特尼（W. P. Whitney，1864 年）却主张起源于古印度。到了 21 世纪初叶，日本学者也参加了这场论战：新城新藏主张起源于中国，而饭岛忠夫则反对此说，饭岛忠夫以为，不但二十八宿，就是整个中国天文学，都是起源于西方的。

对于这样一个重大的中国科学史问题，国外争论了一百多年，而在竺老 1944 年发表文章以前，中国竟无一人注意。正如竺老所说：“宛若二十世纪初叶，日俄以我东三省为战场，而我反袖手旁观也。”竺老代表中国人放了可贵的第一枪，而且一上战场即“横扫千军如卷席”，对反对中国起源说者所持的理由予以有力批驳，对主张中国起源说者所持的理由又似是而非者予以纠正，最后从中国天文学的特点（注重昏星观测、以斗建定季节、以立春为一年的开始、一年四季冬夏长而春秋短等）来论证二十八宿必起源于中国，又以二十八宿体系不符合印度天文学的特点（对拱极星不感兴趣、偏重理论计算、分一年为六季等）来反推不起源于印度，最后的结论是：二十八宿起源于中国，再传到印度，再传到其他地方。

关于二十八宿起源的地点问题，在竺老发表文章以后，国内外学者基本上趋于一致。1953 年，法国学者费利奥扎（Filliozat）在《古代印度和科学交流》一文中说："二十八宿出现在伊朗约是公元 500 年，埃及是科布特时代（公元 3 世纪以后）；至于阿拉伯，它虽可能较《可兰经》时代（公元 7 世纪）为早，但也早不了多少。所以一般都认为是由印度传过去的。"[2]关于二十八宿起源于中国，不起源于印度，考古学家夏鼐于 1976 年又做了进一步的论证[3]，在一次会上他公开申明他是继承和发展竺老的观点的。但关于起源的时间，竺老则定得过早，首先引起钱宝琮的反对[4]，其后又受美国奈给保尔（O. Neugebauer）关于巴比伦黄道带起源研究[5]的影响，乃于 1956 年的文章中，把它推迟到公元前 4 世纪。但是竺老最后说："中国二十八宿创立的时期，仍有待于更多事实的发掘和更深入的研究才能确定。"现在我们可以告慰竺老的是：1978 年夏天在湖北随县发掘的战国初期曾侯乙墓（安葬于公元前 433 年或稍晚）内，在一个油漆衣箱的盖子上，有用古篆文写的一圈完整的二十八宿星名，并有与之相对应的青龙、白虎图像，这不但把二十八宿出现的文献记载提前了，而且证明四象与二十八宿相配的起源年代也是很早的[6]。1979 年上海潘鼐根据《石氏星经》所进行的研究，也表明"二十八宿的成立，至迟当约为春秋中后期"[7]。

竺老关于中国天文学史的另一篇重要文章是《论以岁差定〈尚书·尧典〉四仲中星之年代》（1927 年）。这篇文章不仅是用现代科学方法整理我国古代天文史料的开始，而且对历史学界产生了巨大的影响。20 世纪 20 年代，我国历史学界受欧洲科学的影响，对古史材料重新估价的口号高唱入云，作为儒家最早经典的《尚书》（又名《书经》或《书》）便首先受到怀疑，认为是后人的伪作。一时疑古派很占优势。但是，另一派认为，《尚书》开头几篇都有"曰若稽古"便足以证明，这些文章非当时所作，而是后人的追记，不过他们追记时未必没有根据，因此我们也不能轻易不信。信古派有这么一种看法，但没有充分的论据。此时竺老异军突起，把握住《尚书·尧典》中"日中星鸟，以殷仲春""日永星火，以正仲夏""宵中星虚，以殷仲秋""日短星昴，以正仲冬"四句话，认为这是春分、夏至、秋分和冬至四个节气之日于初昏以后观测南方中天恒星的记录。接着他设计出一套方法：先考虑观测地点（主要是纬度）和晨昏蒙影时刻，从理论上求出二分二至时南中星的赤经；再从《天文年历》（1927 年）中查出观测星的赤经，将这两个数据之差用岁差常数（50″.2）来除，就得到是 1927 年以前多少年观测的。他先用这个方法对确实可靠的《汉书》中的记载进行试算，发现符合得很好；再把它应用到《尧典》上，所得结果是：《尧典》中所记的四仲中星，除了“日短星昴”以外，其他三个都是殷末周初（即三千年前）的天象。

历史学家徐炳昶读了竺老这篇文章，无比佩服，他在《中国古史的传说时代》一书的序言（1941 年）中说：“读到《科学》上所载，专家竺可桢先生所著的《论以岁差定〈尚书·尧典〉四仲中星之年代》一文，欢喜赞叹，感未曾有！余以为必须如此才能配得上说是以科学的方法整理国故！这样短短的一篇严谨的文字印出，很多浮烟瘴墨的考古著作全可以抹去了！”

徐炳昶先生赞赏竺老的科学方法，并认为所得结果是对他的最大支持，并把竺老的论文收集在他的书中。但是徐老不同意竺老关于“尧都平阳”（北纬 36 度）的选择。事过五十多年以后的今天，重庆特殊钢厂赵庄愚先生根据《尧典》中的上下文判断出四仲中星不是在一个地方观测的，而是在“旸谷”（山东东部）、“明都”（湖南长沙以南）、“昧谷”（甘肃境内）和“幽都”（北京一带）四个地方观测的，这样再用类似的方法计算，结果证明：“日短星昴”也不例外，四仲中星构成一个系统，属于距今四千年以前的天象，也就是夏朝初年的天象。这比竺老的结果又向前推了一千年，祖国文化的历史悠久再一次得到了证实。（赵文将在上海科学技术出版社出版的《科技史文集·天文学史专辑》中发表。）

关于中国天文学史，竺老还有一篇综合性的论述，那就是 1951 年 2 月 25～26 日发表在《人民日报》上的《中国古代在天文学上的伟大贡献》。文章首先指出，中国古代天文学有两大特点，一是注重实用，二是历史悠久，连绵不断；接着分三个时期叙述了从殷周到明末的我国天文成就。这篇文章对宣传爱国主义起了很好的作用。许多报刊取材于此文，写了好多短文；《科学通报》和《旅行杂志》做了全文转载；苏联《自然》杂志也于 1953 年 10 月号译载了这篇文章。

作为《中国古代在天文学上的伟大贡献》一文的姊妹篇，《中国过去在气象学上的成就》于 1951 年 4 月 16 日在中国气象学会第一次代表大会上报告以后，《气象学报》《科学通报》等四家刊物竞相刊载，流传甚广，影响很大。文章认为，在观测范围的推广和深入、仪器的创造和发明、天气中各项现象的理论解释这三个方面，我国在 15 世纪以前都是领先的。现在有一点需要更正的是，在这篇文章中，竺老认为张衡的候风地动仪是两个仪器，即观测风向的

“相风铜乌”和观测地震的“地动仪”。后来张德钧[8]和王振铎[9]都说明，候风地动仪是一个仪器，《三辅皇图》中记载的相风铜乌起源甚早，非始于张衡。

如果说《中国过去在气象学上的成就》是我国古代气象学的概括，那么为《中国近代科学论著丛刊——气象学》写的序（1953 年），便是我国近代气象学史的总结。在这篇文章中，竺老既批判了那种对新中国成立前的气象工作全盘否定的极左态度，又指出新中国成立前气象工作的缺点是脱离实际、盲目地崇拜挪威派锋面学说、严重地受了环境决定论的影响。这种一分为二的、实事求是的态度可以说是科学史工作者的模范。

竺老从经、史、子、集，以及笔记、小说、日记、地方志、诗文集中所搜集的气象学史料是大量的，不过他没有用来写“中国气象学史”这么一本书，而是用来研究气候变迁。众所周知，气候变迁是他用力最多、成就最大的一个领域，从 1925 年发表《南宋时代我国气候之揣测》起，先后共发表这方面文章 7 篇[10]，而以 1972 年发表的《中国近五千年来气候变迁的初步研究》为最成熟。这是他五十年来在这方面工作的心血结晶。文章指出，五千年来，在前两千年中，黄河流域平均温度比现在高 2℃，冬季温度高 3～5℃，与现在长江流域相似，后 3000 年有一系列的冷暖波动，每个波动历时 400～800 年，年平均温度变化范围为 0.5～1.0℃。他还论证了气候波动是世界性的。这篇文章内容丰富，立论严谨，得到美、英、日、苏各国科学界的一致称赞，并引起了周恩来同志的重视和关怀。就在这篇文章发表以后，一次我去拜访他，谈到气象学史的问题，他说，就以这篇文章中的资料为线索，再补充一些东西，就可以构成一部中国气象学史，希望将来能有人做这件工作。

二、对于科学家的研究

竺老对中外历史上有成就的许多科学家进行过深入的研究，宣传他们的成就，总结他们的治学精神和治学方法，以激励后人。

《北宋沈括对于地学之贡献与纪述》（1926 年）第一次系统地评述了沈括（1031～1095）在地理学、地质学和气象学上的贡献，文中许多观点至今为人们所引用。文章指出，沈括在地形测量（457）①和地面模型的制作（472）方

① 括号中的数字表示所使用的材料在胡道静《新校正梦溪笔谈》（中华书局，1957 年版）中的号数。

面领先于世界；他关于华北平原成于黄河、海河堆积（430）和浙江雁荡山谷地成于流水侵蚀（433）的认识都符合今天的地质学知识；他关于陆龙卷的记载（385）是我国气象史上稀有的资料；他注意到了气候和纬度、高度的关系（485）；他对经济地理贡献尤多，如关于食盐（208）和茶叶（221）的论述，记录了品种、产地、销区，以及税收和运输等情况。这里需要说明的是关于沈括预见到石油“后必大行于世”的问题。沈括是把石油的烟作为一种制墨的新材料来说的，并不是当作现代意义下的能源来说的，原文是：“鄜、延境内有石油……余疑其烟可用，试扫其煤以为墨，墨光如漆，松墨不及也；遂大为之，其识文为‘延川石液’者是也。此物后必大行于世，自余始为之。”（421）。“延川石液”是一种墨的名称，清人唐秉钧在《文房肆考》中曾提到过。竺老对这一段文字有误解，其后又以讹传讹，被很多人引用来说明沈括预见到石油在今天国民经济中的作用。这是不恰当的，希望以后的出版物中能有所改正。

1941 年是明代地理学家徐霞客（1587～1641）逝世 300 周年，浙江大学在贵州遵义开会纪念，竺老作了《徐霞客之时代》的报告，认为徐霞客既具有中国人“忠、孝、仁、恕”的旧道德，又有为寻求自然奥秘，历艰涉险的新精神，纵览与徐霞客同时代的欧洲探险家，如弗朗西斯·德雷克（Francis Drake）、托马斯·卡文迪许（Thomas Cavendish）等，“无一不唯利是图，其下焉者形同海盗，其上焉者亦无不思攘夺人之所有以为己有，而以土地人民之宗主权归诸其国君，即是今日之所谓帝国主义也。欲求如霞客之以求知而探险者，在欧洲并世无人焉”。短短几句话充分地揭露了资本主义原始积累时期向外扩张的殖民性质，正如马克思所说：“资本来到人间，从头到脚，每个毛孔都滴着血和肮脏的东西。”[11]

关于与徐霞客同时代的徐光启（1562～1633），竺老共写过三篇文章[12]，对之推崇备至。徐光启比英国唯物主义的真正始祖、近代实验科学的倡导者弗朗西斯·培根（1561～1626）小一岁，后去世七年。竺老于 1934 年在《近代科学先驱徐光启》一文中，将此二人进行比较研究，发觉徐光启比培根伟大得多：第一，培根著《新工具》一书，强调一切知识必须以经验为依据，实验是认识自然的重要手段，但仅限于书本上的提倡，未尝亲身操作实践；徐光启则对天文观测、水利测量、农业开垦统富有实践经验，科学造诣远胜于培根。第二，培根过分强调归纳法的重要性，忽视了演绎法的作用；徐光启从事科学工作，则由翻译欧几里得几何入手，而这本书最富于演绎性，培根之所短，正是徐光启之所长。第三，培根著《新大陆》（*New Atlantis*）一书，主张设立理想的研究院，纯为一种空想；徐光启则主张数学是各门科学的基础，应大力发展，同时还应延揽人才，研究与数学有关的十门学科，即所谓“度数旁通十事”，包括天文气象、水利、音乐、军事、统计、建筑、机械、地理、医学和钟表，既具体又适用。第四，培根身为勋爵，曾任枢密大臣，但对国事毫无建树；徐光启任宰相，对发展工农业做出了重要的贡献，由他在北京通县训练的四千名战士，后来在辽东作战中屡建奇功，他曾预见日本将来可能假道朝鲜侵略中国，建议在多煤多铁的山西省建立兵工厂，铸造洋枪大炮。第五，论人品，培根曾因营私舞弊，被法院问罪，关进监狱；徐光启则廉洁奉公，不受馈赠，盖棺之日，身无分文。

对徐光启、培根二人进行了这番比较以后，竺老给自己提出了一个问题：“何二者贤、不肖之相去如此其远，而其学术之发扬光大乃适得其反耶？”培根逝世后四十三年间，《新大陆》一书不胫而驰，凡经十版，英国皇家学会即依照理想研究院的模型而成立于 1660 年；《新工具》一书所起的影响更大，被认为是“实验科学之父”，牛顿、波义耳、惠更斯等无一不奉之为圭臬。反观徐光启的著作，逝世后十分之九散失，清初黄宗羲（1610～1695）作《明儒学案》，凡朱熹、王阳明学派之有一言足录者，无不采入，就是和徐光启同样信耶稣的金声（进行抗清斗争，被俘后不屈而死），也未遗漏，唯独没有徐光启。徐光启培养人才的建议，除了崇祯皇帝批了个“有关庶绩，一并分曹料理，该衙门知道”外，三百年间无人过问。

1934 年竺老提出这个问题，没有回答，只是慨叹了一句：“是则徐之不幸耶？抑亦中国之不幸耶？！”经过十年研究以后，于 1943 年发表《科学与社会》一文，正确地回答了这个问题。他说：一个人物无论如何伟大，一种运动无论如何风靡，都不能离开时代的背景，而可得到一个合理的解释。欧洲近代科学之兴起，有人归功于牛顿和伽利略、开普勒几位科学家，实是大误。要了解牛顿（1643～1727）之何以能在 17 世纪应运而生不先不后，这不能不推想到那时代已经成熟，所以有水到渠成的形势。[①]接着分析了 16、17 世纪欧洲社会环境及其对于科学的需要，又用 1669 年牛顿给埃斯顿（F. Aston）

① 竺老在《为什么中国古代没有产生自然科学?》（刊于 1946 年《科学》第 28 卷第 8 期）一文中，有差不多相同的一段话，这里的引文是把两处并起来的。

的信证明牛顿所关心的问题都是当时生产上急待解决的问题；指出牛顿对于科学上的三个最大贡献（万有引力定律、微积分、白光通过三棱镜后分为七种颜色），若非牛顿出世，在当时的欧洲也要被旁的科学家发现，但时间可能稍晚。事实上微积分和万有引力定律是谁发现的，当时已有激烈争论。莱布尼茨亦发明微积分，胡克亦发现万有引力定律。竺老的结论是：英雄所见略同，以英雄乃时势所造成；时势同则英雄之见解与造诣亦相同；文艺复兴以后，欧洲科学突飞猛进，人才辈出，乃由生产的需要所促成；徐光启逝世后三百年间近代科学之所以不能在中国生根，也正因为生产落后之故。

对于欧洲近代科学从何时算起的问题，竺老也有精辟的论述。他不同意把牛顿当作近代科学的开始，把哥白尼当作希腊科学的继承人。他说："这种评论完全是颠倒事实的言论。哥白尼（1473～1543）的学说是从实际的观测结果出发，结实地站在科学事实的基础上，绝不是只凭空想，是唯物的不是唯心的，和毕达哥拉斯学派有着根本的区别。"他在《哥白尼在近代科学上的贡献》（1953 年）一文中，高度赞扬了哥白尼"离经叛道"的勇敢精神，并引述德国诗人歌德的话说："自古以来没有这样天翻地覆地把人类的意识倒转过来。因为若是地球不是宇宙的中心，那么无数古人相信的事物将成为一场空了。谁还相信伊甸的乐园，赞美的歌颂，宗教的故事呢？"所以恩格斯把哥白尼的不朽著作，当作近代科学的独立宣言，是完全正确的。在这篇文章中，竺老第一次写了"地动说传入中国"一节。以此为线索，在竺老的指导下，作者和其他几位同志在 1973 年写了《日心地动说在中国——纪念哥白尼诞生五百周年》一文[13]，发表后受到了国内外的好评。

恩格斯在《自然辩证法》的导言中把哥白尼的《天体运行论》（1543 年）当作近代科学的开始，以牛顿和林奈（1707～1778）作为第一阶段的结束。竺老认为，"恩格斯把林奈和牛顿并列不是偶然的"，林奈是第一个给世界上全体人类以一个称号，一个科学名词 Homo Sapiens，意思是"有智慧的人"，他于 1753 年建立的双名制生物分类，使杂乱无章的千万种动植物统可用一个简单系统来分类命名，这个功绩正和牛顿的万有引力定律把天空中万千物体极其复杂的运动归纳成一个简易明晓的规律一样，这在科学史上统是具有革命性的伟大贡献。但是，他和牛顿一样，受到同样的时代的限制，这限制就是哲学上的一种偏见，即自然界的绝对不变性。林奈是虔诚的宗教徒，他晚年对于动植物种类不可变的学说虽不如当初的坚持，而且相信杂交可能产生新种，但他的学生遍布欧洲各国，统信动植物种类一成不变为金科玉律，这对 19 世纪进化论的传播起了很大的阻碍。“但是，牛顿和林奈受时代限制的这种缺点并不减少他们在科学史上丰功伟绩的光辉。”（《纪念瑞典博物学家卡尔 • 林奈诞生 250 周年》）

在这个自然界绝对不变的形而上学的自然观上打开第一个缺口的是康德和拉普拉斯的星云说，第二个是赖尔的缓慢进化说，第三个是人工合成有机物，第四个是格罗夫的热之唯动说，第五个是达尔文的进化论，第六个是洪堡的自然地理学（《自然辩证法》第 173～174 页）。洪堡（1769～1859）走遍了西欧、北亚和南北美洲，对气象学、火山学、地貌学和植物地理学都有开创性的贡献。竺老对洪堡和中国的关系甚有研究，他在《纪念德国地理学家和博物学家亚历山大 • 洪堡逝世一百周年》（1959 年）一文中指出：①洪堡发现我国西藏南部在北纬 30° 上的雪线为 5000 多米，比南美洲赤道上基多地方的雪线高 200 多米。同时他又指出在青藏高原上到 4600 米高度尚可种植五谷（现已查明只到 4200 米），但在喜马拉雅山南坡只到 3270 米高度。他解释喜马拉雅山北坡雪线和森林草地带特高，是由于大块凸起的青藏高原吸收了大量太阳辐射，因而形成一个热源。这一解释最近已为我国气象学家所证实。②由于洪堡的建议，道光二十一年（1841 年）在北京俄国教堂中建立的地磁气象台，是我国第一个正式气象台和地磁台。台中所作从 1841 年到 1882 年（中间有两度停顿）的气象和地磁记录，至今尚有比较价值，竺老曾写过专文：《前清北京之气象纪录》（1936 年）。③洪堡推断中国古代地理学超越同时代的古希腊和古罗马。他对中国古代的天象记录非常重视，他把贝窝所译《续文献通考》中的新星记载和西方的记录作对比，因而提出这样的问题：“为什么 1604 年开普勒新星见于《续文献通考》，而 1572 年的第谷新星却不见呢？以中国古代天文学家的勤快，当不至于遗漏吧？”[14]洪堡提出的这个疑问，已在竺老的指导下，由作者于 1954 年作了回答：1572 年第谷新星见于《明史》，《续文献通考》给遗漏了。再者，洪堡在《宇宙》中所列历史上的新星只有 21 颗，我们已经寻找到 90 颗之多[15]。

竺老在评价这些杰出科学家功过和贡献的同时，尤其注意他们的治学方法和治学态度，在这方面他有一篇很好的文章，即《科学之方法与精神》（1941 年）。他认为，“科学方法可以随时随地而改换，但科学精神是永远不能改变的”。他从哥白尼、布鲁诺、伽利略、开普勒、牛顿、波义耳等人身上总结出了三点精神（也就是治学态度）：“①不盲从，不附和，一以理智为依归。如遇横逆之境遇，则不屈不挠，不畏强暴，只问是非，不计利害。②虚怀若谷，不武断，不蛮横。③专心一致，实事求是，不作无病之呻吟，严谨整饬毫不苟且。”这三点精神，竺老不只是说给别人听的，而是贯彻在他的一生中。1942年1月在反对孔祥熙的游行中，他走在队伍的最前面；1947年11月他抵制了蒋介石要他更正“于子三之死是千古奇冤”的谈话；1968年2月他顶着林彪、“四人帮”的逆风论证中国科学院在十七年中执行的是红线，这符合第一点。他从不压制和打击与自己不同意见的人，我亲眼看到钱宝琮经常和他争论得面红耳赤，但争论完了仍然是好朋友；他曾接受群众的意见，在报刊上公开更正自己文章中的错误，这符合第二点。他赞同法国科学家彭加勒（1854～1912）的意见：“惟有真才是美。”他从不作无病呻吟、随意夸张之文，他的论文都是一改再改，精益求精，二十八宿起源问题写了三遍，气候变迁问题写了七遍，这符合第三点。我的意见是：竺老就是这三点精神的体现者，是我们学习的榜样。

三、对科学史的组织倡导工作

竺老是巴黎国际科学史研究院院士，从1916年发表《朝鲜古代的测雨器》到1974年2月7日去世，共发表科学史文章约五十篇，占他全部著作的1/6。从天文、地理到气象、航空[16]，人和事物都有，中外古今齐全，资料真实丰富、领域辽阔、观点鲜明、数量众多。此外，他还给我们留下了三十八年又三十七天（自1936年1月1日至1974年2月6日）的日记，约八百万字，这日记本身就是中国近、现代科学史长编，而且其中包含着他的大量读书笔记，如1944年6月18日记载着：“据英人研究，猫的名称我国与埃及竟相同。猫在英国的历史尚不到一千年，但在埃及四千年前已受人崇拜。在公元前1800年一碑上即有Mau字，即猫，与中国同音。可怪也……于汉初自埃及传至欧洲，于948年始达英国。”对于这份丰富的遗产，亟待我们组织人力进行研究。但是，竺老一生中，花费时间最多的还不是写作，而是做组织领导工作。他主持浙江大学13年，桃李满天下；他创建中研院气象研究所；他领导中国科学院多方面的工作。这里只想说说我所知道的他对自然科学史的组织、领导和倡导。

1949 年中国科学院成立后不久，即“决定要从事两项重要的工作：一是中国科学史的资料搜集和编纂，二是近代科学论著的翻译与刊行”。郭沫若院长说：“我们的自然科学是有无限辉煌的远景的，但我们同时还要整理几千年来的我们中国科学活动的丰富的遗产。这样做，一方面是在纪念我们的过往，而更重要的一方面是策进我们的将来。”（《中国近代科学论著丛刊》序，1953 年）这两项重要的工作，即落在竺可桢副院长的肩上。竺老于 1952 年召集对科学史有兴趣的科学家举行了一次座谈会，讨论如何开展工作。1954 年成立了中国自然科学史研究委员会，由竺老任主任，叶企孙和侯外庐任副主任（均系兼职）。委员会负责协调国内科学史的研究工作，并在中国科学院历史研究所第二所（即现在中国社会科学院历史研究所）内设立办公室，筹建专门的研究机构，此时竺老每星期来半天处理日常工作。为了使这项工作引起社会上的重视，竺老于 1954 年 8 月 27 日在《人民日报》上发表了《为什么要研究我国科学史？》一文，文章从历史上地震记录的研究对厂矿企业、铁路、桥梁、水库、电站等选址的作用和历史上的新星记录对天空无线电辐射源研究的作用等方面，论证了研究我国科学史的重要性和必要性。

1956 年在竺老的主持下，制定了科学史研究的长远规划，召开了中国自然科学史第一次讨论会。在讨论会的开幕式上，竺老作了《百家争鸣和发掘我国古代科学遗产》的报告，正确地回答了在全国向科学技术进军，力争在短期内赶超国际水平的时候，为什么还要“在故纸堆里去找题材，到穷乡僻壤中去总结经验”的问题，对今天的科学史工作仍有现实意义。报告要求，科学史应从三个方面对社会主义做出贡献：①阐明中华民族在世界科学史上所占的地位；②发掘我国劳动人民已经掌握的防治疾病、增加生产和减免自然灾害的一切知识和方法，分门别类地把它们整理出来，综合分析，做出总结，再进一步应用到实践上去，为人民谋福利；③科学是国际性的，一种技能的发现，一种知识的获得，往往是辗转传授，要研究中外科技史上的交流，促进各国人民之间的友好关系。

开完中国自然科学史第一次讨论会，竺老又于同年 9 月率代表团到意大利参加第八届国际科学史大会，参加了主席团，并宣读了关于二十八宿起源的论文，得到各国学者的好评。回国后即紧张地进行中国自然科学史研究室的筹建工作，该室于 1957 年 1 月 1 日正式成立。在中国自然科学史研究室的筹建过程中，从经费预算、房屋设施到人事调配，竺老无不一一过问。李俨和钱宝琮这两位高级研究人员的调进，都是竺老向周恩来同志面谈，得到批准的。

1957 年创办《科学史集刊》，竺老因兼职过多，未担任主编和编委，但这个刊物开编委会，有请必到；送去审查的稿子，他都很快提出具体意见。他为这个刊物写了《发刊词》，指出："科学史工作者的任务不仅要记录某一时代的科学成就，而且还必须指出这种成就的前因后果、时代背景以及为什么这种成就会出现于某一时代某一社会里，而不出现于别的时代别的社会里。"这个要求是相当高的。他多次建议，《科学史集刊》应该与农业生产挂钩，由他约请辛树帜写的《我国水土保持的历史研究》，在第二期上刊出后，得到农学界的好评，并被日本《科学史研究》详细摘录发表。

竺老对协助国际友人、培养人才、鼓励后进非常辛勤。他去世后，英国学者李约瑟曾在 1974 年 8 月 16 日的《自然》上著文称赞竺老"具有远见卓识，同情他人，和蔼可亲……许多在中国工作过的西方科学家都对他的成功的帮助，深表感谢"。自我和他认识之日起，每问问题，他总详细回答，回答不了的，写信告诉，例如，1955 年 12 月 28 日的一封信是：

泽宗同志：

日前承告知《史记·天官书》"贱人之牢，其牢中星实则囚多，虚则开出"疑是司马迁已知变星。揆之《〈史记〉正义》之言更为明了。近阅朱文鑫《〈史记·天官书〉恒星图考》引王元启《〈史记〉正伪》云"贯索九星正北一星常隐不见，见则反以为变"云云。按西洋 R. Coronae Borealis 到 1795 年始知为变星，其星等可自 5.9-15.0，最亮时也只六等，可知我国古代天文观测者目光尖锐。

变星中最易发现者应该是 Mira（Oceti）蒭蒿一（星等 3.4-9.2）和 Algol（β Persei）大陵五（星等 2.4-3.5），古代不知是否已经觉得，请你便中注意。

此致

敬礼

竺可桢

1955.12.28

又启者：

按贯索中有三个变星，其中 S（6.1-12.0）在半圈之外。T 在贯索第六星旁(星等2.0-9.5),在西洋于1866年始发现T为新星,但Leon Campell书 *The Story of Variable Stars* 中疑为recurring nova,可能我们在古代曾见到过。朱文鑫所说近第六星者,疑是T变星,非R。

桢又及

1959年,自然科学史研究室组织编写《中国天文学史》和《中国地理学史》,每部稿子都是20万~30万字,送给他看,他除了随手改正错别字和批注意见外,还写出总的意见。

1952年,龚育之发表文章批评《科学通报》,他立即到清华大学去访问(当时龚还是学生),征求意见。1960年薄树人在《科学史集刊》第三期发表《中国古代的恒星观测》,他立即找自然科学史研究室主任李俨要求见这位同志。

自然科学史研究室的归属关系几经改变,但他始终关心这个单位和这方面的工作。1957年冬天的一个早晨,许多人还没有上班,他就来送消息,说:"袁翰青先生可能离开情报所,你们赶快欢迎他到这里来。"1965~1966年,他组织人力编写世界科学家传记,写世界科学发展史的文章,并且自己带头写了《魏格纳传》,共六章,7万~8万字。不幸的是,这些稿子在"文化大革命"中全部散失。1970年自然科学史研究室已被"一锅端",全体下放到河南"五七干校"劳动,他听说有人要处理一批科学史的书,便赶快写信到河南,希望能有人回来接收。1972年4月,我从"五七干校"回京探亲,去拜访他,他说:"毛主席说,要研究自然科学史,不读自然科学史不行。可是现在把自然科学史室关门,这哪里符合毛泽东思想!"

很遗憾,竺老逝世早了一点,没有看到以后的变化。竺老逝世后第二年,邓小平同志主持中央工作期间,恢复了自然科学史研究室的工作,并将它改为研究所。竺老逝世后的第三年,"四人帮"垮台,科学的春天到来了。1978年自然科学史研究所重新回到中国科学院,科学史和方法论的研究被列为中国科学院的重点项目之一,也是全国科技重点项目之一,竺老所倡导的历史地震记录的搜集整理工作、天象记录的整理和利用工作,都有大批人力在做出新的成绩并达到新的水平,一套中国科学史丛书正在编写中,世界、近代科学史的研究也已提到日程上,今年10月即将召开第二次全国科学史讨论会和成立中国科学技术史学会,竺老在天有灵,亦当含笑于九泉。

参考文献

［1］竺老关于二十八宿的三篇文章是：①二十八宿起源之时代与地点. 思想与时代，1944（34），竺可桢文集（以下简称文集）：234-254. ②中国天文学中二十八宿的起源（英文）. Popular Astronomy，1947，55（2）. ③二十八宿的起源//第八届国际科学史大会论文集（英文）第1卷，1956：364-372，译文见文集：317-322.
［2］费利奥扎（Filliozat）文见世界史杂志（法文），1953，1（2）. 转引自［3］.
［3］夏鼐. 从宣化辽墓的星图论二十八宿和黄道十二宫. 考古学报，1976（2）；又见考古学和科技史. 北京：科学出版社，1979：29-50.
［4］钱宝琮. 论二十八宿之来历. 思想与时代，1947（43）.
［5］Neugebauer O. The Exact Sciences in Antiquity（古代的精密科学）. Princeton，1952：97-98.
［6］王健民，梁柱，王胜利. 曾侯乙墓出土的二十八宿青龙白虎图象. 文物，1979（7）.
［7］潘鼐. 我国早期的二十八宿观测及其时代考. 中华文史论丛，1979（3）.
［8］张德钧. 候风仪. 文物，1962（2）.
［9］王振铎. 张衡候风地动仪的复原研究（续完）. 文物，1963（5）.
［10］竺老关于气候变迁的七篇文章是：①南宋时代我国气候之揣测. 科学，1925，10（2），文集：52-57. ②中国历史上气候之变迁. 东方杂志，1925，2（3），文集：58-68. ③中国历史时期的气候波动（英文）. Geographical Review，1926，16：274-282. ④中国历史时期的气候变化（英文）. Gerlands Beitrage zur Geophysik，1931，32：29-31. ⑤中国历史上气候之变迁. 国风，1933，2（4）. ⑥历史时代世界气候的波动. 光明日报，1961-04-27～28，文集：412-425. ⑦中国近五千年来气候变迁的初步研究. 考古学报，1972（1），文集：475-498.
［11］马克思. 所谓原始积累//马克思恩格斯选集，第2卷. 北京：人民出版社，1972：265.
［12］竺老关于徐光启的三篇文章是：①纪念明末先哲徐文定公. 宇宙，1933，4（8）. ②近代科学先驱徐光启. 申报月刊，1934，3（3）. ③徐光启纪念论文集. 序言；文集：432-435.
［13］席泽宗，严敦杰，薄树人. 日心地动说在中国——纪念哥白尼诞生五百周年. 中国科学，1973（3）：270-279.
［14］洪堡（Humboldt）. Cosmos（宇宙），第3卷：219.
［15］席泽宗. 古新星新表. 天文学报，1955，3（2）.
［16］竺老有一篇关于早期航空史的长篇文章，见文集：8-17.

〔《纪念科学家竺可桢论文集》，北京：科学普及出版社，1982年；本文修改后成为《竺可桢传》下篇第七章，北京：科学出版社，1990年〕

王韬与自然科学

王韬生于清道光八年十月初四（1828 年 11 月 10 日），苏州吴县（1995 年撤销）人，初名利宾，字兰卿。1845 年考取秀才。1849 年遭父丧，又逢家乡大水，只身走上海，至墨海书馆当编辑，改名王翰，字懒今。1862 年 2 月 2 日化名黄畹，上书太平天国苏福省长官刘肇均，请与外国媾和，借其势力以图中原，并献攻打上海之计。不久，清军攻下上海七宝附近的太平军营垒，缉获此书，指为通贼，加以逮捕，禁闭 135 日。[①]获释后，于 10 月 4 日逃到香港，改名王韬，字紫诠。以后刊行他的著作及早年尺牍，一律改用此名。王韬在香港居住 21 年半（1862 年秋至 1884 年春），其间曾到英国旅居 3 年并东游日本。1884 年获李鸿章默许，回到上海，任《申报》主编，并曾担任格致书院（Chinese Polytechnic Institute）院长。1898 年（即戊戌变法维新之年）1 月 9 日卒于上海，享年 70 岁。

王韬在港期间，先是协助理雅各（James Legge，1815～1897）将儒家经典译成英文。1873 年理雅各被牛津大学聘为汉学教授回国以后，王韬与黄胜、

① 吴申元在《内蒙古大学学报（哲学社会科学版）》1982 年第 2 期上发表《王韬非黄畹考》，但作者认为吴的论据很不够，故这里仍用一般说法。

钱昕伯等合办《循环日报》，开我国民营报纸的先声，影响很大。1926 年，戈公振在《中国报学史》（第 7～8 页）中说："循环云者，意谓革命虽败，而藉是报以传播其种子，可以循环不已也。……当时该报有一特色，即冠首必有论说一篇，多出王氏手笔。取西制之合于我者，讽清廷以改革。《弢园文录外编》，即集该报论说精华成之。其学识之渊博，眼光之远大，一时无两。"

《弢园文录外编》是王韬政治观点的集中表现，其言论要点为：①救国以内治为本，内治包括"肃官常，端士习，厚风俗，正人心"；②内治以重民为先，主张君主立宪，"因民之利而导之，顺民之志而通之"；③图强以变法为要，变法包括"取士、学校、练兵、律例"四方面的改革；④变法以人才为重；⑤人才以通今为先。他说："凡事必当实事求是，开诚布公，可者立行，不可行者始终毅然不摇。夫天下事从未有尚虚文而收实效者，翻然一变，宜在今日。"（《弢园文录外编》，上海中华书局 1959 年版，第 17 页，以下凡引用此书只注明页码）。又说："即使孔子而处于今日，亦得不一。"（第 11 页）

王韬这种变的观念，这种革新的意图，对早期主张变法的郑观应、何启、胡礼垣、陈虬有很大影响，对 1898 年的戊戌维新运动也很有影响。1897 年以梁启超为首的时务学社曾将《弢园文录外编》详加校对，命工精刻，重印出版，以广流传，并有徐逢科作序为之推荐："合中西而一致，括经济之大全，纲举目张，了如指掌，先得我心者也。欲求自强，非熟阅此编不可。"

辛亥革命以来，发表了不少研究王韬的著作和文章，注意力集中在他和太平天国的关系、他的变法自强思想和他在报道文学方面的创新。其实，王韬著述很多，据《弢园著述总目》和《弢园老民自传》等记载，约有 50 种之多。他在研究春秋历法、把西方科学介绍到中国、提倡中国工业化等方面，也都有贡献，本文的目的就在补这一领域的空白。但因时间仓促，探讨得尚不够深入，只能说是抛砖引玉。

一、《春秋历学三种》

王韬幼年即对《春秋》《左传》致力颇深。在他于 1889 年刊行的《经学辑存》中，有研究春秋时期日食和历法的三种，即《春秋朔闰至日考》三卷、《春秋朔闰表》一卷和《春秋日食辨正》一卷。这三部著作是他于 1867～1870 年旅居英国时的研究成果，1959 年上海中华书局加以点校，重新出版，命名为“春秋历学三种”。

在孔子著的《春秋》一书中（不包括续经），记载有 36 次日食、690 个月名、389 个日名干支。根据这些材料来研究自鲁隐公元年（公元前 722 年）至鲁哀公十四年（公元前 481 年）这 242 年间的历日制度，由来已久，但王韬后来居上：

（1）用一种现成历法来推算春秋时期的朔、闰、日食，若《春秋》中的记载与推算结果不符，则认为是记载错误或历法不准。汉代刘歆“作三统历谱，以说春秋”，宋仲子用古六历进行推算，都是这一种。晋代杜预批评这种方法是削他人之足以度己之迹。

（2）杜预则不作任何假设，忠实地钻研《春秋》和《左传》中记载的朔、闰、日食，而编排出一种历谱，名曰“春秋长历”。可惜的是，他把《春秋》《左传》中相互矛盾的资料并成一团使用，因而所得结果也就很难符合历法的本来面目了。

（3）杜预以后，后秦姜岌造“三纪甲子元历”，元郭守敬造“授时历”，都用他们的历法，推算了春秋时期的日食，但没有进一步利用这些日食资料来编排春秋历谱。王韬则利用英国湛约翰（John Chalmers）所著《周幽王以来日食表》(Astronomy of the Ancient Chinese，Appendix to the *Chinese Classics* by James Legge，vol. Ⅲ，Part I，1865)，考证出《春秋》中的 36 次日食有 32 次是可靠的。要排除的 4 次是：僖公十五年和宣公十七年的日食，中国不见；襄公二十一年十月和襄公二十四年八月的日食，为两个月连续发生日食，不可能。利用这 32 个可靠的日食定出该月的朔日，再由此逆推至其年正月朔，看其当“儒略历”的何月何日，即可知其与冬至的关系。如冬至在正月内，则为建子；如冬至在正月朔之前，则为建丑。这样就解决了朱熹所说的千古不决的疑难——《春秋》开头第一句“春王正月”问题。王韬研究的结果是：鲁文公以前建丑，文公以后，建子越来越占优势。

在确定日食发生的月份与正月之间月数时，还要看其间有无闰月，有无连大月，这就要由经文中所载的历日干支来决定，即用杜预的方法。但是王韬方法有个优点，即可以利用这 32 次日食，把 242 年划分为 33 个独立间隔，其中有 31 个区间是封闭的，两次日食间的天数以平均朔望月除，即可得到其间的月数。这样就给安排闰月又提供了一个参考依据。王韬利用这种办法编排出了基本上符合当时实际的《春秋朔闰表》，并对有关春秋历法的大问题做出了回答：

（1）周不颁朔，列国之历各异，故经、传日月常有参差。晋用夏正，宋用“商历”，卫用“鲁历”。所谓三正，是不同地区的历法，并非夏、商、周三代的历法。

（2）《左传》中记载“文公元年闰三月”，王韬认为无此事。错在左氏以为日食必在朔，不知古时用平朔，日食有不在朔者。《春秋》斯年“二月癸亥，日有食之”，若癸亥为二月晦，则“四月丁巳，葬僖公”，不必置闰，即可解释。王认为前一年（僖公三十三年）已闰十二月，这里也不能再有闰月。

（3）襄公二十七年（公元前 546 年），《春秋》有“十二月乙亥朔，日有食之”，《左传》作“十一月乙亥朔”。王韬认为此处传是而经误。但《左传》接着说“辰在申，司历过也，再失闰矣”，却又错了，“如再失闰，则近此数十年间日食皆不能合，何以去之千百年，历家就能推算，与经符合乎？”

（4）《左传》中僖公五年（公元前 655 年）正月辛亥朔和昭公二十年（公元前 522 年）二月己丑的两次“日南至”，都先天二三日，与实际不符。他说：“所推冬至，稿凡三易。一次宗元郭守敬“授时历”，以隐公三年（前 720）岁为庚午冬至，次年为乙亥冬至。第二次用新法增损，以隐公三年为辛未冬至，虽与左氏所载正月朔旦辛亥日南至相合，则与中西日食月、日，一皆不符。因定隐公三年为癸酉冬至。盖《左传》所记两冬至，皆先天二三日，本难与今法强合也。”

王韬在研究春秋历法方面的这些重大突破，是与他继承清代学者徐发、江永、施彦士等人的工作分不开的。但是青出于蓝而胜于蓝，他的工作比这些人都深入和系统。在王韬之后半个世纪，日本学者新城新藏于 1928 年发表《春秋长历》（原文刊于《猎野教授还历纪念论丛》，中译见《东洋天文学史研究》，第 287～368 页，上海中华学艺社，1933 年），所得结果大同小异，用新城自己的话说是“光绪初年，王韬之研究大略采用与本论文相同的方法，且得大略相同的结果”（第 367 页）。但在一个主要不同点上，王韬是正确的，而新城错了。新城力斥三正说为“诬妄”，不承认当时各国间历法的不一致，王韬则用“周不颁朔列国之历各异说”和“晋用夏正考”充分论述了当时各国历法的不同。今天，各方面对新城的评价很高，给予王韬一定的地位，也是应该的。

二、《西国天学源流》

王韬最早在上海墨海书馆工作时，与李善兰（1811～1882）为莫逆之交，对西方自然科学很感兴趣，曾与伟烈亚力（A. Wylie，1815～1887）合译《西国天学源流》。这本书虽然字数不多，但如王韬本人在书的末尾所指出的："虽寥寥数十页，而词简意赅，巨细精粗无乎不实，异同正变无乎不备"，使中国人对从古希腊泰勒斯（Thales，公元前624？～前547？）到1846年海王星发现为止的世界天文学史有一全面的了解。其中所提到的天文学家有60余人，而见于阮元《畴人传》者仅7位，即依巴谷、托勒密、哥白尼、第谷、开普勒、牛顿和卡西尼。如果说，李善兰译《谈天》，对欧洲近代天文学提供了一个横断面，那么《西国天学源流》就提供了一个纵断面，两者互为经纬，开阔了中国人的眼界。这本书中提供的以下几条资料，至今读来仍令人深感兴趣。

（1）"古人恒言天狼星色红，今色白，不知何故？"这个问题，现在的恒星演化理论也无法解释。1977年美国天文学家布瑞车（K. Brecher）发表文章说，可能是有一块宇宙云遮掩过天狼星，把它的光线滤成了红色。但这只是一种猜测。布瑞车的文章发表在美国《技术评论》（*Technology Review*）第80卷第2期上。

（2）"埃及诸国有古时极高石柱，不知何用意？"由对这些石柱的研究，近年来发展出一门考古天文学（Archaeoastronomy），现在美国有专门刊物，每年三期，英国的《天文学史杂志》（*Journal for History of Astronomy*）每年也出一期增刊，刊登这一方面的文章，出版的专门书籍那就更多了。

（3）"古书有云，空中有小体，浮行往来，似指木星、土星之月也。"这里所说的古书，不知指西方何书，但本文的作者于1980年发现，在中国的《开元占经》中有战国时期天文学家甘德发现木卫的记载，见《天体物理学报》1981年第1卷第2期。其后，杨正宗等在北京天文台做的模拟观测表明，木星的4个大卫星和土星的光环，在良好的条件下，肉眼都能看见（《科学通报》，1982年第15期），从而证明了这一段资料。

（4）关于伽利略以前望远镜发明的历史，有这样两段资料，有待考证："亚里士多德（公元前384～前322）有用镜法，时未有玻璃，或磨金板为之”“伽利略（1564～1642）未生时，英国迦斯空（？）于 1549 年已用远镜于象限仪。迦斯空死后 20 余年，无人知用者。而法兰西有某者造之，夸为创事，且造分厘镜（可能即显微镜），其死，二器亦无传。而伽利略复为之”。由于我们没有找到《西国天学源流》的原本，我们对这位英国人和法国人考证不出来，希望能有朋友帮助解决。

然而更重要的不是它记载的这些奇闻，而是王韬利用这部天文学史对我国学者中间一些错误观点的批判：第一，阮元在《畴人传》中讥笑哥白尼不能坚守前说，以至“动静倒置，上下易位”；王韬则以大量事实说明“法益久而益密，历以改而始精，今之谈天者殊胜于古”，哥白尼学说已被光行差等的发现所证实，必须予以接受。第二，阮元认为，行星所走的轨道，不管是椭圆，还是正圆，都是一种假象。王驳之曰：“此乃未明推验实理之故耳。今准椭圆之线，以推其得数，必较密于古。奈端（牛顿）曾求其故，知天空诸体，其道不能不行椭圆，乃由万物摄力（引力）自然之理，非徒假象与数以明之也。”第三，对梅文鼎以来的西学源出中土说，王韬认为这是“攘人之美，据为己有”，例如，欧洲人把代数学叫“东来法”，其东是指欧洲之东，即阿拉伯国家，并非中国。第四，一些盲目自大者，认为“西历固无可议，其制造机器诚为精密不苟，然形而下者谓之器，形而上者谓之道，西人亦只工具，其下焉者矣”。王韬则认为：“东方有圣人焉，此心同，此理同也；西方有圣人焉，此心同，此理同也。盖人心之所向即天理之所示，必有人焉，融会贯通而使之同。”也就是说，在伦理道德方面，中国有的，外国也能够有，中国并不占任何特殊地位。就这样，王韬步步紧逼，把封建顽固派在接受西方自然科学方面所设下的思想障碍，一一予以抨击，对近代自然科学在我国的传播起了良好的推动作用。

三、《重学浅说》及其他

除《西国天学源流》外，王韬介绍西方自然科学的著作还有《重学浅说》、《西学图说》和《西学原始考》。王韬认为：“数学之中以重学（即力学）为最繁，亦以重学为最适用”，举凡建筑房屋，架设桥梁，制造钟表，计算天体位置，莫不与焉。于是他和伟烈亚力合译《重学浅说》，介绍了从阿基米德开始到牛顿为止的力学发展史；讨论了力学的分类；指出了力学作用和化学作用的不同，前者仅改变物体的形状和位置，后者则改变物体的性质；详细论述了杠杆、滑轮、斜面、轮轴、尖劈、螺旋等六种简单机械的力学原理，指出“凡繁器大率合此六器而成，分言之各具一理，合言之总归一公理，增力不能增速，增速不能增力也。凡机器之制，无论繁简若何，用法若何，均不能出此六器之外”。

《西学图说》包括天文图说、空气说、声学浅说、光动图说和曲线图说等五大部分。在天文学部分详细介绍了当时关于太阳系的知识，介绍木星时，论述了利用木卫食测定光速的办法。值得注意的是，他把行星分为三类：内类（水星、金星、地球、火星）、中类（当时知道的 14 个小行星）和外类（木星、土星、天王星、海王星），而且指出外类的特点之一是：“有光带形迹平行于赤道。”当时只发现了土星的光环，而作者却把它当作这 4 个行星的共有特征。这却成了一个预见，近几年观测证明了其他 3 个行星也都有光环。

《西学图说》论述了宇宙的无限性，谓“太虚无尽界，无尽界中有无尽星气（即星系）。何谓星气？聚万万星于一处，远望之蓬蓬勃勃如一点白气。而万万星即万万太阳。每一太阳想亦有数地球所环绕之。天河亦星气（星系），本地球上所见太阳及诸恒星，皆天河中之星也。太阳为本地所环绕也，最近，故视之最大……若在他星气中望之，则太阳及诸恒星皆在天河中而成一点白气矣”。

《西学图说》详细地介绍了“岁差之源生于地动，地动之理有七”（自转、公转、岁差、章动、和太阳一起绕昴星团运动、半年差、半月差）。除和太阳一起绕昴星团的运动应该改为绕银河系中心运动以外，其他几点都是对的。遗憾的是，在这里王韬错误地把阴阳历中置闰月的原因归之于岁差，他说：“日居于中，地球环日而行，月又绕地球而一周，每年自正月朔至十二月晦所行之轨道稍又不及，是生岁差，积差一月，则必置闰，此古说之浅而不可易者。”事实上，岁差是回归年和恒星年之差，而不是如王韬所说的十二个朔望月和回归年之差。此外，在《西学图说》开头介绍太阳时，还错误地把月亮也当作了行星之一。这真是“智者千虑，必有一失”。

《空气说》介绍大气的成分、大气的折射现象和散射现象，以及大气对人类的重要性。

《声学浅说》讨论了声音的产生和传播，指出声波必须在媒质中传播，在空气中传播速度小，水里大，固体里尤其大。还讨论了回声问题。

《光动图说》介绍了属于几何光学的各种问题，即光源、光速，折射定律、反射定律，凸透镜、凹透镜，望远镜和显微镜。

最后，在《曲线图说》中介绍了圆锥截线（圆、椭圆、抛物线、双曲线）的各种形与质。

王韬在 1853 年和 1858 年曾与艾约瑟（Joseph Edkins，1823～1905）合译《格致新学提纲》，“凡象纬、历数、格致、机器，有测得新理，或能出精意创造一物者，必追纪其始，既成一卷，分附于《中西通书》之后”。到 1890 年又将这一部分材料编辑成《西学原始考》，放在《西学辑存》中出版。《西学原始考》可以说是一部科学技术史年表，至今还有一定的参考价值。例如，我们可以从其中查到：“公元前 776 年希腊国俗必择一日，君贤赛走，四年一举，因以是年纪为历首，此为希腊纪年之始”；“公元前 292 年小亚细亚人查利斯（？）于海口造灯塔”；“公元后 539 年，东罗马始铸其王之状貌于银钱”；“1310 年欧洲各国始用烟筒”；“1515 年葡人始自中国携回橘树，栽于园圃”；“1839 年法人戴开（L. J. M. Daguerre，1787～1851）始创照相法，以照人相”；“1858 年设电缆于大西洋，明年又设电缆于红海”。

除《西国天学源流》、《重学浅说》、《西学图说》和《西学原始考》外，《西学辑存》中还有《泰西著述考》和《华英通商事略》两种。后者与自然科学无关；前者介绍明清之际来华的 92 名传教士（其中包括一名郑玛诺，是广东香山县人，自幼到罗马学习，深于音学，康熙十年回到北京，十三年卒）的 210 种著作目录，可作为目录学看待，这里不赘述。

四、王韬论科学技术的社会功能

《弢园文录外编》中有“兴利”一篇。文章一开头，王韬就批评了“中国自古以来重农而轻商，贵谷而贱金，农为本富而商为末富，如行泰西之法，是舍本而务末”的错误观点，把矛头直指向清政府。他说：“即其所言农事以观，彼亦何尝度土宜，辨种植，辟旷地，兴水利，深沟洫，泄水潦，备旱干，督农肆力于南亩，而为之经营而指授也哉？徒知丈田征赋，催科取租，纵悍吏以殃民，为农之虎狼而已！”就是说，那些大言不惭地说“农为本富”的人，并没有利用科学技术来帮助和指导农民发展生产，而是只知道搜刮民脂民膏，其可恶程度如同虎狼。接着，他提出了当今之世“利之最先者曰开矿，而其大者有三：一曰掘铁之利……一曰掘煤之利……一曰开五金之利”；“其次曰织纴之利”；“此外则一曰造轮船之利……一曰兴筑轮车铁路之利”。再加上他还有一篇文章《设电线》，一篇文章《制战舰》，这样就为我们提供了他所设想的中国工业化的蓝图：首先是发展钢铁、冶金和能源，这是一切工业的基础；其次是纺织工业，纺织用机器，“事半功倍，捷巧异常，其利无穷”，便于积累资金；然后兵工、交通运输和电讯，而这几大部类又是互相联系的。

王韬在提出发展工业的同时，又批评了反对发展工业的种种错误观点，其中最重要的一条是：工业化会带来失业的危险。有人说：“机器行则夺百工之利，轮船行则夺舟人之利，轮车（火车）行则夺北方车人之利。”王韬反驳说：“不知此三者，皆需人以为之料理，仍可择而用之，而开矿需人甚众，小民皆可借以糊口。总之，事当创始，行之维艰，惟不能惑于人言，始能毅然而为之耳。”（第47页）

在提倡兴办各种工业的同时，王韬又清醒地看到单有这些还不够。他说：“我谓今之自谓能明洋务者，亦尚未极其晓畅也……其所称建制船舶，铸造枪炮，开设机器，倡兴矿务，轮舶之多遍至于各处，一切足以轶乎西人之上而有余，富国强兵之本，当必以此为枢纽，讲求西法，千载一时。不知此特铺张扬厉语耳。求其实效，仅得二三。有明之季，西洋人士航海东来，多萃处于京师。汤若望曾随李建泰（反对李自成的明朝大学士，传见《明史》第253卷）出师，军中铸有西洋大炮，则《克录》一书著于此时，泰西能敏之人所在多有，亦无救于明亡，盖治国之要不系于是也。”（第32页）他认为：“有利器而无善用利器之法，与无利器同；有善法而无能行善法之人，与无善法同。”（第224页）“故今日我国之急务，其先在治民，其次在治兵，而总其纲领则在储才。诚以有形之仿效，固不如无形之鼓舞也；局厂之炉锤，固不如人心之机器也。”（第16页）这样，在人与物的关系上，王就认识到了人的因素第一；要富国强兵，就得发展工业，就得先改革考试制度，办好教育，储备人才。从这一点来说，王韬的观点对今天中国的“四化”也还有一定的参考意义。

综上所述，可以看出，王韬虽然以改革家著称于世（见 *Encyclopaedia Britannica Micropaedia*，X，539-540），但他在自然科学方面的工作也是不应忽视的。他博古通今，学贯中西。在研究春秋历法方面，他提出了新方法，解决了几大疑难，排定了近于当时实际的历谱，至今为人们所称道。

他对世界科技史和西方近代科学的翻译、介绍、宣传，开阔了中国人的眼界，扫除了一些思想障碍，起了启蒙作用。他在发展工业方面所提出的一套设想，比当时急功近利的洋务派远为高明，而且在处理人与物的关系上，在估价科学技术对社会的作用方面，有些见解还有一定的现实意义，值得我们借鉴。

〔《香港大学中文系集刊》，1987 年第 1 卷第 2 期〕

朱 文 鑫

朱文鑫

朱文鑫，字槃亭，号贡三。1883 年 10 月 9 日生于江苏昆山，1939 年 5 月 15 日卒于江苏苏州。从事天文学研究。

朱文鑫的父亲朱剑昉出身于书香门第，擅长数学。朱文鑫少年时在江苏吴县读书，博习经史，既勤奋好学，又善于思考，参加过县、府、道的科举考试，录为秀才，又中“五贡”之一的副贡。后人在清末被称为“新学”的江苏高等学堂。1905 年以优异成绩毕业后，任苏州师范传习所教员和苏州女学校长。1907 年他赴美求学。1910 年在威斯康星大学获理学学士学位，其后又在该校任助教一年。在留美期间，他曾担任中国留美学生会会长，著有《中国教育史》和《潘巴斯切圆奇题解》两书，并对 18 世纪法国天文学家梅西耶（C. Messier）所发表的 103 个星团和星云的位置进行了重测。回国后，先以《梅氏表之覆测》（1930 年）为名由江苏省土地局印刷出版，后更名为《星团星云实测录》（1934 年）由商务印书馆再版。

辛亥革命胜利后，朱文鑫回国，曾在长沙高等工业学校任教半年。之后，到上海担任南洋路矿学校校长（1913～1924年）、东华大学校长（1924～1927年），同时在南洋大学（今上海交通大学）和复旦大学兼任教授，并曾被选为全国欧美同学会总干事。他在这一时期的著作都是数学方面的工具书，如《图解代数》、《微分方程式》（英文）和《算式集要》（英文）等。

1927年国民党政府定都南京以后，朱文鑫进入政界，曾任江苏省政府秘书兼第一科科长、江苏省土地局局长等职。同时竭尽全力研究中国天文学史，取得很大的成就。他在1928年中国天文学会第六届年会至1933年第十届年会上当选为秘书，并兼任第八届年会天文学名词编译委员，在第十届年会上被选为评议员，1939年当选为天文委员会委员。

朱文鑫的主要贡献是利用现代天文知识对中国古代天文学所作的研究。在这方面的著作约有15种，其中重要的有《〈史记·天官书〉恒星图考》（1927年）、《天文考古录》（1933年）、《历代日食考》（1934年）、《历法通志》（1934年）、《天文学小史》（1935年）、《近世宇宙论》（1937年）和《十七史天文诸志之研究》（1965年）。

（1）《天官书》为《史记》130篇之一，系汉代太史令司马迁所撰，是最早系统地描述全天星官（相当于星座）的著作，所记星官共91个，有500多颗恒星。自裴骃、司马贞、张守节等注解开始，后人对这篇文章做过不少阐发，但不尚实测，徒取星经、谶纬之语，益以晋隋诸志，牵强附会，越弄越乱。朱文鑫则亲自观测，参考中文图书49种和外文图书21种，予以条理，并绘出星图，使后学者以图对书，容易理解。为此，中国天文学会评议员会议（理事会）吸收他为中国天文学会永久会员。

（2）《天文考古录》包括15篇文章，其中《历代日食统计》和《中国史之哈雷彗》于1934年曾分别以英文发表于美国《大众天文学》（*Popular Astronomy*）第42卷第3期和第4期上。前者可以说是《历代日食考》的概要，后者收集了自秦始皇七年（公元前240年）到宣统二年（1910年）中国历史文献上的29次哈雷彗星记录。《中西天文史年表》分中国和西洋两部分。中国起于春秋，按朝代分段，西洋从16世纪开始，每50年为一段。每一段中先列天文学家，再列大事，再列仪器，最后是概论。篇幅不长，但翻阅以后，可知中西天文史之大概。此外，还有《中国历法源流》《中国日斑（即黑子）史》《〈汉书·天文志〉客星考》《轩辕流星雨史略》《江苏陨石小史》等篇。

（3）《历代日食考》是 1927 年春天在袁观澜的推动下开始收集资料至 1930 年完成的，不料交商务印书馆付印时，发生 1932 年的“一·二八”事变，全部稿件毁于日本帝国主义的炮火中。朱文鑫重整家中残稿，历时二年，始得于 1934 年出版。全书除绪论和结论外，共 12 章。第一章“古代日食考”，讨论闻名世界而又有争议的《书经》和《诗经》中所记载的两次日食。以下 11 章按春秋、战国及秦、两汉、魏晋、南北朝和隋、唐、五代、宋、元、明、清等朝代来研究。到乾隆六十年（1795 年）为止，从正史中共收集到 920 次日食记录，然后分段列表，第一项是史书上的日食；第二项是相应的公元年月日；第三项是儒略纪日；第四项是东经 120°北京地方平时的合朔时刻；第五项是日食种类，分全食、环食、全环食、偏食四种，根据奥波尔子（T. R. von Oppolzer）的《日月食典》（*Cannon der Finsternisse*，1887 年）列出；第六项为所经地带，亦取自《日月食典》；第七项为备考，史书所记日食现象的原文照录于此，原文有误者，一一考订校正，限于篇幅，表内登载不下的，作为注释，列于表后。

经过这样整理，得偏食 172 次、全食 336 次、环食 345 次、全环食 60 次、无食者 7 次。但在《日月食典》中有 8000 次日食，平均每百年约有日食 237.5 次，其中偏食最多，占 83.8 次；环食次之，占 77.3 次；全食又次之，占 65.9 次；全环食最少，占 10.5 次。朱文鑫认为这一差异，是由于史书中失载者以偏食为多，因偏食所见之地域有限，而食分较少时，古人或不注意或不重视，故失载较多。

（4）《历法通志》与《历代日食考》有同样性质。全书共分 24 章，先举“历法总目”（第 1 章）以为纲；次叙“沿革”（第 2 章）以明变迁；继志“年表”（第 3 章）表明行用年代；复列各“表”（第 4～6 章）以较各个历法中天文数据（如回归年、近点月）之疏密；后述“志略”（第 7～17 章）以论述各历之得失；末附 7 篇短论（第 18～24 章）讨论各历中有共同性的一些问题，如“历代仪象考”“二十八宿距度考”“阴阳五行辨惑”等。这是朱文鑫最得意的一本著作，也是影响最大的一本书，直到 1944 年日本薮内清的《隋唐历法史研究》出版以前，无出其右者，就是今天，也是一本很有价值的参考书。

（5）在二十四史中有天文律历志者凡十七史，《十七史天文诸志之研究》就是对这些“志”作扼要介绍，但不限于此。书的下半部分包括 16 篇短文，有的论题已在二十四史范围之外，《苏颂〈新仪象法要〉论》就是其中之一。朱文鑫在这篇文章中指出，该书“著以图，详以说，古器之规模毕具。机械之制作甚精，即后世西洋钟表之法，亦不能出其范围”。又说水运仪象台“上层浑仪之上，覆以脱摘板屋，便于移动启闭，实开后世天文台旋转屋顶之先。西洋天文台建设活动屋顶始创于普鲁士开赛天文台，时在公历1561年，后于苏颂将近五百年”。对于苏颂水运仪象台和《新仪象法要》的这些评价较英国李约瑟提出早约20年。

（6）《天文学小史》分上、下两册。英国贝利（A. Berry）的《天文学简史》是他写这本书的主要参考书。上册是古代部分，下册是近代部分。在古代部分之前有一篇《绪论》，其中包括作者对天文学和天文学史的看法。他认为“天文为科学之祖，文化之母。世界文化之起源，莫不与天文相表里；世界科学之发达，莫不藉天文以推进”。“天文学史者，所以明人类进化之次第，天文发达之源流也。”“天文之学，原无分乎古今中外，惟有一定之律，而无国界之分，若斤斤于彼我之争者，适见度量之隘矣。”古代部分，分国叙述，中国独列一章，占其篇幅的1/2，巴比伦、埃及、希腊、罗马、印度、阿拉伯、西亚和欧洲合为一章。近代部分从16世纪开始，到20世纪为止，每个世纪一章，共5章，占全书的一半篇幅。这是中国人写的第一本天文通史。

（7）《近世宇宙论》系译作，原著为英国麦克弗森（H. MacPherson）于1928～1929年间在格拉斯哥皇家工学院所作的八次演讲汇集而成。该书从地心说、日心说、银河系结构一直讲到岛宇宙，也可以说是一本宇宙论的小史。

除已经发表的这些著作外，朱文鑫还有许多未成熟和未发表的稿子，如《中西天文学汇表》《中国历法史》《史志月食考》《〈淮南·天文训〉补注》《织女传》《管窥杂识》等。如能汇集这些遗著出版成书，对于我国天文学史的研究，无疑是有益的。

朱文鑫还擅长赋诗和画山水画，遗留有《槃亭文稿》和《槃亭诗稿》。

朱文鑫对天文学，尤其对中国古代天文学的研究，在当时即赢得了海内外的景仰。1940年日本桥川时雄编的《中国文化界人物总鉴》即为其列传，但当时编者尚不知朱文鑫已于前一年（1939年）去世。1940年5月15日在他逝世一周年之际，中国天文学会主办的《宇宙》杂志出专刊纪念他对中国天文学的贡献。

参考文献

原始文献

[1] 朱文鑫.《史记・天官书》恒星图考. 上海：商务印书馆，1927.

[2] 朱文鑫. 天文考古录. 上海：商务印书馆，1933.

[3] 朱文鑫. 星团星云实测录. 上海：商务印书馆，1934.

[4] 朱文鑫. 历代日食考. 上海：商务印书馆，1934.

[5] 朱文鑫. 历法通志. 上海：商务印书馆，1934.

[6] 朱文鑫. 天文学小史. 上海：商务印书馆，1935.

[7] 麦克弗森（MacPherson）H. 近世宇宙论. 朱文鑫译. 上海：商务印书馆，1937.

[8] 朱文鑫. 十七史天文诸志之研究. 北京：科学出版社，1965.

研究文献

[9] 中国天文学会. 宇宙，1940，10（11）（朱文鑫先生逝世周年纪念）.

〔《科学家传记大辞典》编辑组:《中国现代科学家传记（第三集）》,
北京：科学出版社，1992 年〕

论康熙科学政策的失误

一、清代科学开始落后

1952 年 12 月 6 日胡适博士在台湾大学的一次演讲中遗憾地说：

> 西方学者的学问工作，由望远镜和显微镜的发明，产生了力学定律、化学定律，出了许多新的天文学家、物理学家、化学家、生理学家，给人类开辟了一个新的科学世界。而我们这三百年在做学问上，虽然有了不起的学者顾炎武和阎若璩做引导，但只有两部《皇清经解》可以拿出手来，作为清代治学的成绩。双方相差，真不可以道里计。[1]

顾炎武（1613～1682）、阎若璩（1636～1704）活跃于清初顺治和康熙年间。这两位皇帝在位共 79 年（1644～1661 年，1662～1722 年）。拿这 79 年与明末的 72 年［万历元年至崇祯末年（1573～1644 年）］相比，中国科学也是急剧走下坡，一落千丈。

关于明末这一时期的科学，1993 年陈美东先生有一篇很好的总结性文章[2]。他说，这一时期“中国科技已然是繁花似锦，西来的科技知识，更是锦上添花”，“群星灿烂，成果辉煌”。他并且总结出当时科技发展的三个特点，其中的“重实践、重考察、重验证、重实测”和“相当注重数学化或定量化的描述，又是近代实验科学萌芽的标志，是中国传统科技走向近代的希望”。在陈美东说的“繁花似锦”中，我挑出 9 朵花（著作）来，认为它们都是具有世界水平的著作。

（1）李时珍《本草纲目》（1578 年）；

（2）朱载堉《律学新说》（1584 年）；

（3）潘季驯《河防一览》（1590 年）；

（4）程大位《算法统宗》（1592 年）；

（5）屠本畯《闽中海错疏》（1596 年）；

（6）徐光启《农政全书》（1633 年）；

（7）宋应星《天工开物》（1637 年）；

（8）徐霞客《徐霞客游记》（1640 年）；

（9）吴有性《温疫论》（1642 年）。

在短短的 67 年中（1578～1644 年）出现了这么多的优秀科学专著，其频率之高和学科范围之广，在中国历史上是空前的。

在陈美东说的灿烂群星中，徐光启（1562～1633）是一位代表人物。正如袁翰青先生所指出的，“他在科学方面的功绩不局限于科学的任一部门，他多方面地融汇了我国古代科学的成就和当时外来的科学知识，一身兼任了科学工作的组织者、宣传者和实践者，起了承前启后的作用”[3]。竺可桢将他与同时代的弗朗西斯·培根（Francis Bacon，1561～1626）相比，觉得毫不逊色[4]。

第一，培根著《新工具》一书，强调一切知识必须以经验为依据，实验是认识自然的重要手段，但仅限于书本上的提倡，未尝亲身操作实践；徐光启则对于天文观测、水利测量、农业开垦，统统富有实践经验，科学造诣远胜于培根。

第二，培根过分强调归纳法的重要性，忽视了演绎法的作用；徐光启从事科学工作，则由翻译欧几里得《几何原本》入手，而这本书最富于演绎性，培根之所短，正是徐光启之所长。

第三，培根著《新大西洋岛》（*New Atlantis*）一书，主张设立研究院，进行集体研究，自己却未实现。徐光启则主张数学是各门科学的基础，应大力发展，同时应培养人才，研究与数学有关的 10 门学科，即所谓“度数旁通十事”，既具体又切合实际，并亲自建立历局，主持历法改革。

第四，培根身为勋爵，曾任枢密大臣、总检察长和大法官，但对国事并无建树；徐光启任宰相，对农业、手工业和科学的发展，均做出了重要贡献。

第五，论人品，培根曾因贪污受贿，被法院问罪，关进监狱，处以罚款；徐光启则廉洁奉公，临终之日身边不到 10 两银子。

但是，徐光启和培根去世后，中英两国所走的道路完全不同，1644 年是个转折点。斯年，英国克伦威尔（O. Cromwell，1599～1658）率领的铁骑军，在马斯顿打败了封建王朝的军队，为资产阶级革命的胜利奠定了基础，其后虽有反复，但 1688 年“光荣革命”成功以后，在君主立宪制度下，英国就在资本主义的道路上前进。中国则是落后的奴隶制游牧民族，入关建立了清王朝。恩格斯指出：

> 每一次由比较野蛮的民族所进行的征服，不言而喻地都阻碍了经济的发展，摧毁了大批的生产力。但是，在长期的征服中，比较野蛮的征服者，在绝大多数情况下，都不得不适应征服后存在的比较高的“经济情况”，他们为被征服者所同化，而且大部分甚至还不得不采用被征服者的语言。[5]

清军入关以后，所面临的正是恩格斯所说的这种情况。第一位统治者顺治在位 18 年（1644～1661 年）期间，忙于征战，烧杀抢掠，全国人口锐减，生产大大下降。第二位统治者康熙如果继续按照这条残酷的镇压路线走下去，则势必不能长治久安，他只得适应征服后存在较高的经济、文化情况，迅速汉化，而在不断汉化的过程中又要防范汉人。这一民族矛盾就决定了他在信任远道而来的传教士方面，有时超过汉族大臣。通过这一背景来看康熙，他的许多政策措施就会得到较为客观的认识。本文就想从这里做起。

二、《律历渊源》剖析

康熙皇帝姓爱新觉罗，名玄烨，于 1654 年生于北京，即顺治定都北京后

10 年。8 岁时，父亲顺治去世，继承了皇位，第二年改年号为康熙，在一些年长的大臣辅佐下，成了清代的第二个皇帝。14 岁亲政以后，立即果断地清除了辅政大臣鳌拜，废除了奴隶主法权，使满族彻底转变到封建制的轨道上来，安定了社会，巩固了政权，开辟了“康雍乾”三代鼎盛的局面，并平反了南怀仁等的错案，从而赢得了“英明”“伟大”的荣誉[6]。但是在他执政的 61 年间，我们找不出像徐光启这样一位全面发展的科学家，像《本草纲目》《律学新说》等这样具有世界水平的科学著作。有人拿康熙末年（1713～1722 年）组织编写的《律历渊源》100 卷来和徐光启翻译《几何原本》及编译《崇祯历书》来比，而且认为“后来居上”[7]，这个说法似乎欠妥。

第一，在中国历代封建王朝中，律历是体现皇家权威的重要标志。“古者帝王治天下，律历为先，儒者之通天人至律历而止。历以数始，数自律生。”《宋史·律历志》中的这段话充分体现了在中国古代知识体系中律、历、数这三门学科的关系，以及它们在统治者眼中的地位。运用当代已经掌握的知识，修正古代典籍中的错误，是有为君主的重要“文治”之一，康熙要“成一代大典，以淑天下而范万世”（《清史稿·诚隐郡王允祉传》），正是对传统的继承，好大喜功的表现，并非要发展科学才如此做，目的和徐光启不同。

第二，《律历渊源》共分三部分。第一部分《历象考成》42 卷，是在 90 年前的《崇祯历书》的基础上编成的，只是根据南怀仁《灵台仪象志》和《康熙永年历法》等做了一些数据修改，新的内容很少。正如程贞一先生所指出的：“《历象考成》与当时西方天文著作相比，其差距要比《崇祯历书》与以前西方天文成就相比的差距大得多了。”[8]

《律历渊源》第二部分《律吕正义》5 卷，介绍了西方五线谱的编造和用法，是其特色；也肯定了朱载堉的十二平均律，但到乾隆编《律吕正义后编》（1746 年）时，又加以否定，并以问答形式，罗列其“十大罪状”[9]，大大倒退了！

《律历渊源》第三部分《数理精蕴》有 53 卷，被誉为数学百科全书，内容最多，影响也最大，但是我们也要看到它不足的一面。这部书只介绍了中世纪的算术、代数、几何、三角，对 17 世纪新出现的数学只介绍了对数和计算尺。伽利略说：“哲学是写在这部永远摆在我们眼前的大书中的——我这里指的是宇宙。但是，如果我们不首先学习用来写它的语言和掌握其中的符号，我们是不能了解它的。”[10]伽利略说的“哲学”就是近代科学，当时“科学”这一词还没有出现。李约瑟同意柯瓦雷（A. Koyré）的分析，近代科学需要与数学结合，但不是中世纪的数学，数学本身需要改造，必须使数学的本质更接近于物理学。紧接着，李约瑟列举了16世纪中叶以后欧洲数学发生的一系列全新的事情[11]：

（1）维埃特（Viéte，1580年）和雷科德（Recorde，1557年）终于精心制定了一套令人满意的代数符号；

（2）斯蒂文（Stevin，1585年）充分估价了十进小数的功用；

（3）纳皮尔（Napier）在1614年发明了对数；

（4）冈特（Gunter）在1620年创造了计算尺；

（5）笛卡儿（Descartes）在1637年建立了坐标和解析几何学；

（6）1642年出现了第一个加法计算机［帕斯卡（Pascal）］；

（7）牛顿（Newton，1665年）和莱布尼茨（Leibniz，1684年）完成了微积分。

这7件事情中，最重要的是（5）解析几何和（7）微积分，而恰恰是这两项最重要、最新的成果，在1723年出版的《数理精蕴》中毫无反映，我们可以把责任推在传教士身上。但（1）符号代数没有反映，康熙本人就要承担责任了。据詹嘉玲（C. Jami）研究[12]，1712年夏天，法国耶稣会士傅圣泽（J. F. Foucquet，1665～1741）写了一篇《阿尔热巴拉（代数）新法》，向康熙皇帝介绍符号代数，康熙看了以后，觉得“晦涩”，比旧法“更难”“可笑”，就把这门新科学的传播给扼杀了。直到1859年李善兰和伟烈亚力（Alexander Wylie，1815～1887）合译棣么甘（A. De Morgan）的《代数学》（*Elements of Algebra*，1835年），这门新科学才又重新来到中国，但延滞了将近150年。

《数理精蕴》所汇集的数学知识已不先进，再挂上“康熙御制”，又紧箍了人们的思想。就这样，乾嘉时期虽有许多人受其影响研究数学，但成就有限，与世界水平相差越来越远。

三、康熙学习科学的动机和目的

“一门新学科由于他个人的好奇就加以介绍，而由于他自己的不懂又定为无用。”[13]这个人又是“一言九鼎”的皇帝，关系太大了。这样，这位皇帝学习科学的动机和目的就很有研究的必要了。在这方面，1944 年邵力子先生有一段精彩的论述：

> 对于西洋传来的学问，他（指康熙）似乎只想利用，只知欣赏，而从没有注意造就人才，更没有注意改变风气；梁任公曾批评康熙帝，“就算他不是有心窒息民智，也不能不算他失策”。据我看，这“窒塞民智”的罪名，康熙帝是无法逃避的。[14]

以下就沿着邵力子先生的这段话，做一些分析。先说“窒塞民智”。“民可使由之，不可使知之”。任何一个封建皇帝都不可能认真地去普及教育，普及科学。康熙皇帝做得更绝，他把科学活动仅限于宫廷之中。《张诚日记》上写着，1690 年 2 月 17 日康熙皇帝对他们说：“我们这个帝国之内有三个民族，满人像我一样爱敬你们，但是汉人和蒙古人不能容你们。你们知道汤若望神甫快死的那一阵的遭遇，也知道南怀仁神甫年轻时的遭遇。你们必须经常小心会出现杨光先那种骗子。你们应以谨慎诫惧作为准则。”张诚（J. F. Gerbillon，1654～1707）接着写道：“总之他告诫我们不要在我们所去的衙门里翻译任何关于我们的科学的东西，而只在我们自己家里做。”[15]康熙把传教士当作自己家里人，并要求他们对汉人和蒙人进行防范，这就妨碍了科学和文化的交流。张顺洪先生指出：

> 康熙时期的中西文化交流与明末是有很大区别的。明末中西文化交流的活动是在中国士大夫、学者与西方传教士之间自发进行的，皇帝本人并未直接参与。康熙时期情况却不同，皇帝本人对西方科学技术有很大兴趣，而学者与西方传教士之间的文化交流却少见。这样的文化交流活动容易受到皇帝个人兴趣的影响。一旦皇帝本人对西方科学技术失去兴趣，则中西文化交流就会受到挫折。相比之下，明末的中西文化交流更有“群众基础”，更有可能发展成中西文化交流的历史洪流，而这种发展趋势却被明清易代所中断。[16]

为了“窒塞民智”和个人的独断独行，康熙又扼杀了另一门新科学在中国的传播。当巴多明（D. Parrenin，1665～1741）将他给康熙讲授的人体解剖学讲义用满文和汉文整理成书，并绘图予以说明，准备出版时，康熙立即下令："此乃特异之书，不可与普通文籍等量观之，亦不可任一般不学无术之辈滥读此书。"据潘吉星先生研究[14]，巴多明原稿书名为"根据血液循环理论及戴尼（Dienis 或 Diones）的新发现而编成的人体解剖学"，简称《解剖学诠释》（*Antonie Medchoue*），原稿后来传回欧洲，存于丹麦哥本哈根皇家图书馆，1928年才得以出版。

1713 年，康熙对皇子们说：

> 尔等惟知朕算术之精，却不知我学算之故。朕幼时，钦天监汉官与西洋人不睦，互相参劾，几至大辟。杨光先、汤若望（Johann Adam Schall von Bell，1592～1666 年）于午门外九卿前，当面赌测日影，奈九卿中无一人知其法者。朕思，己不知，焉能断人之是非，因自愤而学焉。[18]

"断人之是非"既是康熙学习科学的出发点，也是目的。1702 年，康熙南巡，驻跸德州，当李光地（1642～1718）将梅文鼎的《历学疑问》呈送给他看时，他马上说："朕留心历算多年，此事朕能决其是非。"韩琦博士在《君主和布衣之间——李光地在康熙时代的活动及其对科学的影响》[19]一文中，除举此例外，还有很多叙述，这里只再转述李光地本人受捉弄的一例，以见康熙之为人。

1689 年康熙到南京后，先派侍卫赵昌向天主堂远西学士法国人洪若翰（Jean de Fotaney，1643～1710）、意大利人毕嘉（G. Gabiani，1623～1694）询问"南极老人星，江宁（南京）可能见否？出广东地平几度？江宁几度？"毕、洪等一一计算，又观看天象，验老人星（α Car）出地平度数，详察明白，呈文送上。康熙得知详情以后，在一班大臣前呼后拥下登上南京观象台，李光地也得以随侍。据李光地回忆[20]：

> 既登，余与京江（即张玉书）相攀步上，气喘欲绝。上颜色赤红，怒气问余："你认得星？"
>
> 余奏曰："不晓得，不过书本上的历法抄袭几句，也不知到深处，至星象全不认得。"
>
> 上指参星问云："这是什么星？"
>
> 答以参星。
>
> 上云："你说不认得，如何又认得参星？"

奏云："经星能有几个，人人都晓得。至于天上星极多，别的实在不认得。"

上又云："那是老人星？"

余说："据书本上说，老人星见，天下太平。"

上云："甚么相干，都是胡说。老人星在南，北京自然看不见，到这里自然看得见；若再到你们闽广，连南极星也看见，老人星那一日不在天上，如何说见则太平？"

上问淡人（高士奇）："李某学问如何？"

曰："不相与，不知。"

李光地本来是想讨好康熙，结果适得其反，遭到了康熙的责备。这年五月康熙回到北京以后，就将他降级使用，对他是个很大的打击，所以李光地记得这么详细。但从上述对话中，康熙说福建、广东一带连南极星也能看见，又反映出他的天文知识不够深入。事实上，在福建、广东一带，南极星是看不见的。

南京观象台上的这场天文对话，完全是个预谋，由此就可以看出他学习天文的目的是什么了，并不是发展科学，而是一种"利用"，用来炫耀自己，批评别人，梁启超的论断是对的。

四、康熙科学政策的失误

梁启超批评康熙"失策"，这绝不是苛求于前人，而是正确的历史结论。不要说与他同时代的法王路易十四（Louis XIV，1661 年亲政，1715 年去世）和俄国彼得大帝（A. Peter，1689 年亲政，1725 年去世）相比，康熙在科学方面所采取的政策措施，远远落后；就是与 100 年前的徐光启（1562～1633）相比，也是落后的。徐光启在主持改历的时候，提出了一套发展天文学的方法。他说：

欲明天事，只有深伦理，明著数，精择人，审造器，随时测验，追合于天而已。……除此之外，无他道焉。（《崇祯历书·恒星历指·叙目》）

这套方法，也可以说是政策。1996 年我在北京一次天文学会议上讲出这段话，把其中我加了着重点的 20 个字，命名为 20 字方针，大家听了以后，都对徐光启感到钦佩，有人甚至提出要把这20个字刻到我们国家正在制造的大望远镜LAMOST（大天区面积多目标光纤光谱望远镜）上。拿这段话来检查康熙的所作所为，那他就相差太远了。

（一）用人问题

徐光启临终前把李天经由山东请到北京负责历局工作，可谓“知人善用”。康熙即位时年仅8岁，就碰上了杨光先状告汤若望。这场学术问题、政治问题、宗教问题纠缠在一起的纷争，最后以杨光先失败告终。康熙于1669年4月1日任命比利时人南怀仁（Ferdinand Verbiest，1623～1688）为钦天监监副，南怀仁敬谢不就，改为治理历法，待遇同监副，是业务上的最高负责人，监正为满族官员。这一格局一直维持到1826年葡萄牙人高守谦（Verissimo Monteiro da Serra）因病回国，钦天监才不用欧洲传教士主事。不可否认，这些人也都或多或少地做过一些有益的事，但是他们毕竟不是专业的天文学家。有专业背景的神职人员和有宗教信仰的职业科学家还是有区别的。前者以传教为目的，科学是一种工具，是他们的敲门砖。当他们的仪器制造、历法计算能满足皇宫的需要时，也就无须再向前探索了。康熙聘请南怀仁与法王路易十四请意大利天文学家卡西尼（G. D. Cassini，1625～1712），在效果上是不一样的。难道在150多年中，中国自己就找不到一位天文台长？就在康熙初年，中国就有两位天文学家，号称“南王北薛”。王是江苏人王锡阐（1628～1682），薛是山东人薛凤祚（1600～1680），他们精通数学、天文，学贯中西。尤其是王锡阐，在美国吉利斯皮（G. G. Gillispie）主编的《科学家传记辞典》中，还请席文（N. Sivin）先生为他写了一篇长达10页的传记[21]。而在这部书中，中国科学家被列传的仅有9人。对于近在身边，年仅40多岁的这位杰出青年科学家，康熙根本不予理睬，这怎么能算是尊重人才。如果说，由于政治立场的不同，王锡阐不能用，为什么薛凤祚也不能用。事实上，康熙对汉人一直不放心，后来对梅文鼎也只是表面上礼遇而已。1713年创办蒙养斋，李光地虽然起了很大作用，但实际上的决策权仍由朝廷掌握，康熙的三儿子胤祉是全权代表。

（二）培养人才和集体研究问题

康熙在位期间，1662年伦敦成立了皇家学会，1666年法国成立了皇家科学院，1700 年柏林成立了科学院，院长莱布尼茨。对于欧洲发生的这一系列学术建制，康熙并非一无所知。据韩琦研究，白晋和傅圣泽都向康熙介绍过法国的“格物穷理院”（即法国科学院）和“天文学宫”（即建于 1667 年的巴黎天文台），蒙养斋的建立和全国大地测量工作的进行，即与此有关[22]。但蒙养斋后来成了一个单纯编书的机构，《律历渊源》100 卷编成以后，也就结束，研究工作很少。由全国大地测量所完成的《皇舆全览图》（1718 年）是一项重大成果，但秘在内府之中不让人看；对于测绘方法也没有记载，以至到乾隆时代，再进行测绘工作时（1756～1759 年），仍然不得不请耶稣会士做指导[23]。

康熙年间所进行的大地测量工作，实际上是法国皇家科学院科研计划的一部分，康熙不自觉地做了此工作的组织者。当《皇舆全览图》在中国还在严格保密的时候，巴黎已于 1735 年出版，广为流传。詹嘉玲（C. Jami）正确地指出：

> 严格地来讲，几乎不能使用“科学交流”一词。耶稣会士的资料称，康熙曾于 1693 年派遣白晋出使欧洲，其使命是为中国带回其他学者，并试图将此行作为外交使团。但事实上，康熙从未制定过专门对法国的科学交流政策。将这种形式描述成两国之间的一种学术交流，仅仅是由法国耶稣会士造成的。[24]

康熙时代与欧洲交流的唯一渠道就是耶稣会士。第一位走向世界的中国人樊守义（字利如），到欧洲旅游 28 年（1682～1709 年），精通拉丁语和意大利语，回国后，康熙只是在避暑山庄召见一次，并不任用[25]。康熙身为一国之君，不学外语，当然可以，但有这么多的传教士在中国，办个外语学校，让八旗子弟学学外语，这是易如反掌的事，都没有做，更不要说组织中国学者翻译外国科技书籍了。这真是送上门来的大好机遇，却给错过去了！

（三）制造仪器和观测问题

“工欲善其事，必先利其器。”在徐光启主持编译的《崇祯历书》中有《测量全义》（1631 年）10 卷，第 10 卷为《仪器图说》。“仪器”这一词在此卷中首次出现①。这表明科学仪器的制造和研究，被有意识地提到日程上来了。在

① 张柏春：《明清测天仪器的欧化——十七、十八世纪传入中国的欧洲天文仪器技术及其历史地位》，博士学位论文，北京，1999。

天文仪器发展史上，望远镜的出现是一个飞跃。1609 年，伽利略用望远镜观测天象以后，消息很快传到了中国。1618 年邓玉函（Johann Schrek，1576～1630）已把小型望远镜带到中国。1618 年汤若望与李祖白合译《远镜说》，对伽利略的发现和发明做了介绍。1629 年徐光启建议制造望远镜来观测行星和该年 9 月 9 日的日食，这和伽利略首次用望远镜观天只相差 20 年。可是过了 40 年以后，1669 年康熙命令南怀仁做天文仪器的时候，望远镜反而不做了。并不是南怀仁不知道望远镜，他在《灵台仪象志》卷二中写着“玻璃望远镜、显微镜”，但就是没有做。这过错要由康熙来承担。1730 年 8 月 17 日，巴多明从北京写给法国科学院院长德梅朗（Dortous de Mairan）的信中说：“皇宫里有许多望远镜和钟表都出自欧洲最能干的工匠之手。康熙皇帝比任何人都清楚望远镜和钟表对于精确地观察天象是必不可少的，但是他没有下令他的天文学家们去使用这些器具。”[26]观象台的天文学家在皇家的控制下，并不想进行新的发现，只要做些方位天文学的观测，满足历法工作需要就行了，而南怀仁的六架大型仪器足够矣。

更糟的是，南怀仁的这些仪器制成以后，并没有拿来进行观测。潘鼐先生发现，《灵台仪象志》星表中的黄经，是利用《崇祯历书》上的数据加上累积岁差归算而得，并非实测，黄纬则完全一样；赤经、赤纬大致是从黄经、黄纬归算而得，也非实测[27]。不仅如此，整个清代所编的星表都是依据前人或欧洲的星表，加上岁差归算到所用历元，只有少数数据是出自观象台的实测[27]。徐光启要求的“审造器，随时测验，追合于天”，早已抛到九霄云外了。

更令人遗憾的是，清代统治者把精巧的仪器视为皇家礼器，应该留在宫中供皇帝一人使用，观象台的仪器比御用仪器少得多。据李迪、白尚恕调查，收藏在故宫中的科学仪器近千件，望远镜就有一二百架，多为康熙、乾隆时物[28]。这么多的科学仪器，收藏在深宫秘院中，不让发挥作用，该当何罪！

（四）理论问题

徐光启的 20 字方针，头 6 个字是“深伦理，明著数”，这里的“伦理”并不是现在的伦理学，而是理论。中国传统科学的一个弱点就是系统性、理论性不强，《康熙几暇格物编》就是如此。在天文学方面，康熙所关心的问题都是一些普通常识问题，对于从欧洲传进来一些理论问题，不管是托勒密体系、第谷体系还是哥白尼体系，他都未予以重视，进行研究。《数理精蕴》53卷，分上、下两编，上编《立纲明体》，下编《分条致用》，似乎系统性、理论性很强。但在上编“数理本原”部分，回溯于河图洛书，正宗归于《周髀算经》，其次才是《几何原本》，而这里的《几何原本》又非利玛窦、徐光启的译本，而是传教士给康熙的进讲本。欧几里得几何在这里被大卸八块，本来的公理演绎体系已消失得无影无踪[29]，这就是康熙对待数学和理论的态度。

（五）“西学中源”问题

西学中源说并非康熙首创，但康熙的提倡却起了很大的推波助澜作用。1704年11月21日，他在听政时发表《三角形推算法论》①（全文600余字），文中说：

> 论者以古法、今法（西法）之不同，深不知历原出自中国，传及于极西，西人守之不失，测量不已，岁岁增修，所以得其差分之疏密，非有他求也。

1711年，他与直隶巡抚赵宏燮讨论数学问题时又说：“夫算法之理，皆出自《易经》，即西洋算法亦善，原系中国算法，被称为阿尔朱巴尔。阿尔朱巴尔者，传自东方之谓也。”[30]

康熙最重要的一着是，1705年5月11日召见梅文鼎（1633～1721），面谈三天，亲授机宜，并赐“绩学参微”四个大字。梅文鼎受宠若惊，感恩戴德，回去后三番五次地说：

> 御制《三角形论》言西学实源中法，大哉王言！撰著家皆所未及。（《绩学堂诗钞》卷四）
>
> 伏读御制《三角形论》，谓古人历法流传西土，彼土之人习而加精焉。大语煌煌，可息诸家聚讼。（《绩学堂诗钞》卷四）
>
> 伏读圣制《三角形论》，谓众角辏心以算弧度，必古算所有，而流传

① 《御制三角形推算法论》有两种版本：一为满汉对照本，收入《满汉七本头》内，刊刻年代约为1707年；一为《康熙御制文集》本，收入第3集卷19，刊刻于1714年。关于此文的写作年代，王扬宗（《康熙、梅文鼎和西学中源说》，《传统文化与现代化》，1995年第3期，第77-84页）和韩琦（《白晋的〈易经〉研究和康熙时代的西学中源说》，《汉学研究》，1998年，第16卷第1期，第185-201页）有不同的看法。本文暂从王扬宗的说法。

西土。此反失传，彼则能守之不失且踵事加详。至哉圣人之言，可以为治历之金科玉律矣。(《历学疑问补》卷一）

《历学疑问补》是梅文鼎论证西学中源说的代表作。随着这一著作收集在《梅氏历算全书》中于雍正元年（1723 年）的正式出版，这一学说遂遍传宇内，广为人知。同年，御制《数理精蕴》也正式出版，其中《周髀算经解》又说：

汤若望、南怀仁、安多（A. Thomas）、闵明我（C. F. Grimaldi）相继治理历法，间明算学，而度数之理渐加详备，然询其所自，皆云本中土流传。

西学中源说既有“圣祖仁皇帝”提倡于上，又有“国朝历算第一名家”梅文鼎论证于下，又得到西洋传教士的一致认同，这就成了乾嘉时期的思想主流[31]。回归“六经”，本来是明末遗民反思亡国之痛，和清初统治者寻找统治方法，两拨儿人殊途同归；有了西学中源说，就更增加了一层含义：“六经”等古书中不但有“修身、齐家、治国平天下”的办法，也有先进的科学技术。要发展科学，不用到自然界去探索，不要向西方学习，研究古书就行了。阮元编《畴人传》有此目的，戴震作《考工记图注》、陈懋龄编《经书算学天文考》，等等，都是沿着这条道路走的。

正当我们的先辈们深信西学中源说，把回归“六经”作为自己奋斗目标的时候，西方的科学技术却迈开了前所未有的步伐。直到英国发生了工业革命（1770～1830 年）以后，用坚船利炮打开了我们的大门的时候，才恍然大悟，发现我们自己大大落后了。

综上所述，似乎可以得出这样的结论：按照明末发展的趋势，中国传统科学已经复苏，并有可能转变成为近代科学。由于清军入关，残酷的战争中断了这一进程。到了康熙时期，全国已基本上统一，经济也得到很大发展，而且有懂科学的传教士在身旁帮忙，国内、国外的环境都不错，是送上门来的一个机遇，使中国有可能在科学上与欧洲近似于“同步起跑”，然而由于政策失误，他把这个机会失去了。

后记 1999 年 10 月 11 日《科学时报·读书周刊》B4 版发表了赵新社的一篇短文《换一个角度看康熙》，介绍田时塘教授等新著《康熙皇帝与彼得大帝——康乾盛世背后的遗憾》。此书用对比的手法，把康熙置于俄国沙皇彼得这架坐标仪上，以剖析其所思所为对其以后中国的影响。该书指出，1700 年中国国民生产总值占全世界的 23.1%，而俄国只占 3.2%，可是后来的发展两国全然不同，原因就出在这两位领导人各为自己的国家制定的发展方向和构建的制度不同。中国与工业革命失之交臂，进而从封建社会向半殖民地半封建社会沦落，形成百年屈辱史，康熙也肩负有责。此书的结论与本文不谋而合，可供参考。

1999 年 10 月 12 日

参考文献

[1] 姚鹏，范桥. 胡适讲演. 北京：中国广播电视出版社，1992：37-38.
[2] 陈美东. 明季科技复兴与实学思想//赵令扬、冯锦荣. 亚洲科技与文明. 香港：明报出版社，1995：64-84.
[3] 袁翰青. 袁翰青文集. 北京：科学技术文献出版社，1995：87.
[4] 竺可桢. 近代科学先驱徐光启. 申报月刊，1934，3（3）.
[5] 恩格斯. 反杜林论//马克思恩格斯选集. 第 3 卷. 北京：人民出版社，1974：222.
[6] [法] 白晋. 康熙皇帝. 赵晨译. 哈尔滨：黑龙江人民出版社，1981. Bouvet J. Portrait Historique de L'Empereur de China. Paris，1697.
[7] 钱宝琮. 中国数学史. 北京：科学出版社，1964：268.
[8] 程贞一. 清代中西交流初期康熙对天文学的影响//李迪. 第 2 届中国少数民族科技史国际学术交流会论文集. 北京：社会科学文献出版社，1996：1-14.
[9] 戴念祖. 中国声学史. 石家庄：河北教育出版社，1984：292.
[10] Galileo G. Opera. vol. 4. Florence，1842：171// [英] 李约瑟. 中国科学技术史. 第 3 卷. 《中国科学技术史》翻译小组译. 北京：科学出版社，1978：355.
[11] [英] 李约瑟. 中国科学技术史. 第 3 卷. 《中国科学技术史》翻译小组译. 北京：科学出版社，1978：348-349.
[12] Jami C. 欧洲数学在康熙年间的传播情况：傅圣泽介绍符号代数尝试的失败. 徐义保译//李迪. 数学史研究文集. 第一辑. 呼和浩特：内蒙古大学出版社，1990：117-122.
[13] 许康. 论康熙帝的科技管理——纪念爱新觉罗•玄烨诞生 340 周年. 科技管理，1995，（1）：19-22.
[14] 邵力子. 纪念王征逝世 300 周年. 真理杂志，1944，1（2）.
[15] [法] 张诚. 张诚日记. 陈霞飞译. 北京：商务印书馆，1973：72.
[16] 张顺洪. 康熙与中西文化交流//许明龙. 中西文化交流先驱. 北京：东方出版社，1993：115-134.

[17] 潘吉星. 康熙与西洋科学. 自然科学史研究，1984，3（2）：177-188.
[18] 圣祖仁皇帝庭训格言. 清末铅印本：23.
[19] 韩琦. 君主和布衣之间：李光地在康熙时代的活动及其对科学的影响. 清华学报（新竹），1996，26（4）：421-445.
[20] 李光地. 榕村语录・榕村续语录. 陈祖武点校. 北京：中华书局，1995：741-742.
[21] Sivin N. Wang Hsi-shan（1628-1682）//Dictionary of Scientific Biography. XIV. New York：Charles Scribner's Sons，1976：159-168.
[22] 韩琦. 康熙朝法国耶稣会士在华的科学活动. 故宫博物院院刊，1998（2）：68-75.
[23] 杜石然，范楚玉，陈美东等. 中国科学技术史稿（下）. 北京：科学出版社，1982：213.
[24] Jami C. 18 世纪中国和法国的科学领域的接触. 耿升译. 清史研究，1996（22）：56-60.
[25] 方豪. 中西交通史（4）. 台北：华冈出版有限公司，1997：187.
[26] 朱静编译. 传教士看中国朝廷. 上海：上海人民出版社，1995.
[27] 潘鼐. 中国恒星观测史. 上海：学林出版社，1989：377，253-255.
[28] 李迪，白尚恕. 故宫博物院所藏科技文物概述. 中国科技史料，1981（1）：95-100.
[29] 樊洪业. 耶稣会士与中国科学. 北京：中国人民大学出版社，1992：236.
[30] 圣祖实录. 第 245 卷. 北京：中华书局，1985：431.
[31] 江晓原. 试论清代西学中源说. 自然科学史研究，1988，7（2）：101-108.

〔《自然科学史研究》，2000 年第 19 卷第 1 期；
本文是 1999 年 8 月在新加坡召开的第九届国际
东亚科学史会议上的特邀大会报告之一〕

天文学思想的发展

一、目的

远古以来，天文学始终是各种不同的哲学派别的斗争场所。关于天体的起源和演化，关于宇宙的构造，关于宇宙是否有限……这些问题一直是唯心主义和唯物主义争论的中心。这项研究的目的就是要阐明在天文学的发展过程中，唯物论是如何一步步取得胜利的。

二、内容

1. 日心系统学说的发展史

从毕达格拉斯学派（公元前 6 世纪）开始，经过阿利斯塔克（公元前 3 世纪）、比鲁尼（11 世纪）、尼古拉（15 世纪）、哥白尼（16 世纪）、布鲁诺、伽利略，一直到开普勒的完成，应该给以很好的系统性的总结。

在研究这个题目时，同时应该搜集中国的材料。例如，在公元前 1150 年左右，周朝粥熊即已注意到地球的运动，他说："运转亡已，天地密移，畴觉之哉？"这比希腊的毕达格拉斯学派倡议"地球和其他一切天体，都是围绕着一个设想的'中心火'运动"要早约六百年。又如，在《尚书·考灵曜》篇内已注意到地球的公转，《春秋纬·元命苞》内已提到地球的自转。关于这些材料，如细加搜罗，一定是有一些的。

哥白尼的学说传到中国后，对思想界有些什么影响，也值得研究。

2. 天体演化学说发展史

从德谟克利特（公元前5～公元前4世纪）开始，经过笛卡儿（17世纪）、罗蒙诺索夫到康德和拉普拉斯，给以很好的总结。

中国古代关于天体起源和演化的理论很少；但是也可以从《淮南子·天文训》、张衡《灵宪》等书内去找一找，加以历史唯物主义的批判和分析。

3. 中国古代关于宇宙的概念

远在春秋战国时期，老子、管子、孔子等人即给宇宙下了个较为科学的定义："上下四方谓之宇，往古来今谓之宙。"同一时期，对于空间和时间的无限性也有所讨论。例如，《庄子·知北游》有"冉求问于孔子曰"："未有天地，可得而知乎？"曰："可，古犹今也；无古无今，无终无始。"又《庄子·庚桑楚》："有长而无本剽者，宙也"。这些都是说宇宙在时间上是无始无终的。同样，在《庄子·庚桑楚》也谈到宇宙在空间上是无限的："有实而无埒处者，宇也。"埒是画界分程的意思，由这里可以明显地看出，空间是无限的。

从老、庄开始一直到近代，时空观念在中国是如何发展的。这是一个值得研究的问题，也是一个空白点。

4. 中国古代六家论天的哲学意义

中国古代关于宇宙构造的看法，有盖天、宣夜、浑天、昕天、安天、穹天六家。但后三家仅限于六朝时期，所起影响不大。主张宣夜论者亦不多。争论最大的是盖天和浑天学说，自西汉末年到晋初，扬雄、王充、蔡邕、张衡、葛洪等人辩论至烈。对于六家学说产生的时代背景及其形成后所生影响，我们应该予以研究。对于盖天、浑天论战人的思想基础也应予以研究。

5. 其他

如古代希腊人的宇宙观等，如有人力，都可以研究。

三、研究状况

天文学思想的发展这方面的研究在国内可以说是个空白点，没有人研究。在资本主义国家有不少人做，但他们受阶级本能所限，多半是站在唯心论的立场来做的。因此我们只能从他们的著作中吸取一些材料，至于他们的观点和方法我们能接受的就不多。苏联科学院自然科学史研究所和苏联科学院天文史委员会都在做这方面的工作，并且已有一些著作发表，如拉依科夫的《俄国太阳中心世界观史概要》等书。不过苏联的研究多半偏重俄国和西方国家，对于中国和东方的作得很少。我们必须研究天文学思想在我国的发展情况以丰富世界文化宝库。

四、对开展这项研究工作的建议

（1）在准备成立的中国自然科学史研究室下设天文史组，使组内有一部分人和哲学研究所合作研究这类题目。

（2）公开征求，再由哲学研究所负责组织。参加这项研究工作的人，最好能具有：①天文学的基本知识；②读过中国通史和世界通史，并能阅读古文和一两种外国语；③有一定的辩证唯物主义和历史唯物主义的修养。

（3）希望在7年以内能有30～50篇论文发表。在12年以内写成《中国天文学思想发展史》和《世界天文学思想发展简史》二书。

〔《自然辩证法研究通讯》，1956年创刊号〕

地心说和日心说

古代描述宇宙结构和运动的两种学说。地心说认为地球位于宇宙的中心不动，所有的天体都绕之运转；日心说则认为太阳是宇宙的中心，地球和其他行星绕日运动。

一、地心说

世界各古代民族从朴素直观的观念出发，最初都主张地心说，如中国古代的浑天说。最典型的地心说是古希腊哲学家提出的。公元前 4 世纪，柏拉图在他的《蒂迈欧篇》里提出，天体代表着永恒的、神圣的、不变的存在，它们必然是沿着最完美的圆形轨道绕地球作匀速运动，行星运动也是匀速圆周运动的组合。从这一观念出发，他建立了以地球为中心的同心球式的宇宙模型。其后，克尼多斯的欧多克斯、卡利普斯和亚里士多德又发展了他的学说。为了使地心说也能解释行星亮度的变化，公元前 3 世纪的阿波隆尼又提出了本轮均轮的概念，认为所有的天体都沿着本轮作匀速圆周运动，本轮的中心又沿着均轮作匀速圆周运动，地球则处在均轮的中心。本轮均轮系统到公元 2 世纪的托勒密时发展到完备的程度。他在其巨著《天文学大成》中，用本轮、均轮、偏心轮、等大轮等一系列圆周运动，对每个天体找出一种组合，用以预告它的位置。这个预告与实际相差在很长时间内未超过 2 度，这是本轮均轮系统之所以能沿用 1400 多年的认识论原因。另外，还可以举出两条社会原因：一是与一般人的常识相吻合；二是不违背亚里士多德物理学和宗教教义。

二、日心说

公元前 3 世纪，古希腊学者阿利斯塔克最早提出了日心说思想，认为恒星所在的天球不动，地球每日绕轴自转一周，同时在一年中又绕太阳公转一周，并以此解释天体的种种运动。在这个模型中，地球失去了特殊身份，它与五大行星一起绕着太阳转，太阳在中心岿然不动。这个模型与以地球为中心的同心球模型相比，不但简单，而且能解释阿波隆尼以前的地心说所无法解释的行星亮度的变化。但是，它在观念上与当时普遍认为地球是宇宙中心的传统看法相冲突；在经验上并没有观测到应该存在的“视差”现象，也不能预报天象，因而它未能为当时的人们所接受。随着航海事业的发展、观测技术的提高和地心说的本轮均轮体系日趋复杂，15 世纪波兰天文学家哥白尼发展了阿利斯塔克的日心说思想，写了《天体运行论》一书。他在该书中提出了一个以太阳为中心的行星系统，为天文学的发展开辟了一条新途径。其后的开普勒和牛顿正是沿着这条新途径前进，建立了行星运动三定律和牛顿力学。恩格斯在《自然辩证法》一书的导言中，把这部书当作自然科学的独立宣言。哥白尼以后，日心说经过 300 多年的发展，随着开普勒、伽利略和牛顿工作的进展，特别是恒星光行差和视差的发现，终于否定了地心说。天文学的发展表明，太阳仅仅是一个普通恒星，它并不在宇宙的中心。

〔中国大百科全书总编辑委员会《哲学》编辑委员会、
中国大百科全书出版社编辑部：《中国大百科全书 · 哲学 I 》，
北京：中国大百科全书出版社，1987 年〕

中国天文学史的几个问题

一、生产需要和天文学发展的关系

天文学是一门自然科学，它是人类在生产实践中向自然作斗争所得到的知识结晶。问题是由于所处的地理条件不同，中国天文学的产生和发展跟希腊不同。希腊是航海事业促进了天文学的发生和发展，而中国则是农业和畜牧业促进了天文学的发展。早在传说中的尧舜时期，人们还没有定居下来以前，在茫茫无际的草原上或森林中放牧和打猎的时候，已经学会了利用北斗七星来辨方向和利用初昏时在南方天空所看到的明星来定季节。早期殷墟甲骨文中的“[illegible]”或“[illegible]”大概即北斗七星，《尚书·尧典》有云：“日中星鸟，以殷仲春；日永星火，以正仲夏；宵中星虚，以殷仲秋；日短星昴，以正仲冬。”这句话中已经包括了春分、夏至、秋分和冬至四个节气。在这个基础上进一步的发展就是在秦汉之际形成的二十四节气系统。二十四节气的全部名称首见于《淮南子》。二十四节气可以分为四大类：①属于四季变化的有立春、春分，立夏、夏至，立秋、秋分，立冬、冬至八个；②属于温度变化的有小暑、大暑、处暑、小寒、大寒五个；③属于降雨（雨量）的有雨水、谷雨、白露、寒露、霜降、小雪、大雪七个；④属于其他农事的有惊蛰（表示蛰伏在土壤里的冬眠生物，如蜈蚣、蛇等要惊醒起来，过冬的虫卵也要孵化起来）、清明（表示冬季的萧条景象完全改变，一眼看出去自然界的景象清明了）、小满（表示农作物都欣欣向荣，比以前丰满）、芒种（芒是谷穗尖端的细毛，芒种即是说种稻谷的时候到了）四个。第一类是决定气候变化的天文条件，是一种必然性。但必然性总是要通过偶然性来表现。例如，逢夏至的时候，炎热的天气总是要到来，但在不同的年份里，夏至日的天气可以相差很多，这个差别决定于气象条件，气象条件直至目前在一定程度上还是一种偶然性。这个偶然因子中最主要的是温度和雨量，二十四节气中有十三个是属于温度和雨量的，这不但说明它掌握了气候变化的必然条件，而且也照顾了偶然条件。气候的变化既然规定了农业生产的季节性，二十四节气完全为农业生产服务，也就十分显然。所以我们说农业生产上的需要促进了中国天文学的早期发展。

但是，这只是一个方面。另一方面，长期地停留在农业社会，没有工业革命，也阻碍了天文学的发展。农业所需要的时间精确度，不差几天就行了。工业则需要更为精确的时间测量，新中国成立后十年来，我国天文学的主要工作就是为了适应大地测量部门的需要，用很大的人力、物力，把时号发播的精确度提高到千分之二秒，这项工作已于 1958 年完成。但是，原子物理学、地球物理学和星际航行学等的迅速发展又向天文学提出了新的任务。任务带学科，天文学在我国的发展前途是不可限量的。

二、古代天文学中实践和理论的关系

历法工作是过去中国天文学的主要工作，自汉代以来，中国历法的特点是要把合朔（日月同经度）的时刻放在每月初一，把冬至放在十一月。但是回归年（365.2422 日）不能被朔望月（29.5300 日）整除，而且实用上一月或一年也不能带有日的小数。因此需要截长补短，积零为整，用大小月相间和闰月的办法来进行调整。闰月是否安插得当，合朔是否正在初一，这要依靠观测来检验。然而合朔是看不见的，只有逢日食的时候才能看到，因而日食的计算和观测也成了历法的一个重要组成部分。计算结果若与观测不合，就需要修改历法，变更理论。例如，唐开元九年（721年）“麟德历”计算日食屡次不应，政府就命僧一行等另作新历（“大衍历”），新历于开元十七年颁行以后，不到三年就有许多人提出不同意见，认为“大衍历”并不好。但和观测记录一对比，知当时的三种历法中，“九执历”只合十分之一二、“麟德历”合十分之三四，只有“大衍历”十得七八，于是“大衍历”才得继续实行下去。从这里可以看出理论对于实践的依赖关系：理论的基础是实践，又转过来为实践服务，同时理论又为实践所检验。就这样实践、理论，再实践、再理论，循环往复，一步步提高了中国的历法和日食计算水平。关于提高的过程，可以用明末徐光启的话来说：“所载日食，自汉至隋凡二百九十三，而食于晦日者七十七，晦前一日者三，初二日者三，其疏如此。唐至五代凡一百一十，而食于晦日者一，初二日者一，初三者一，稍密矣。宋凡一百四十八，则无晦食，更密矣；犹有推食而不食者十三。元凡四十五，亦无晦食，更密矣；犹有推食而不食者一，食而失推者矣，夜食而书昼者一；至加时先后，至三、四刻者，当其时已然……高远无穷之事，必积时累世，乃稍见其端倪；故汉至今千五百岁，立法者仅十有三家，盖于数十百年间一较工拙，非一人之心思智力所能黾勉者也。”（见《徐文定公集》卷4，第70-71页）徐光启的这一段话说出了我国历法由粗略到精密的过程，也说出了科学的进步非一人之力所能作为，而是长时期的许多人的劳动结果。

三、天文学发展和社会发展的关系

从中国天文学的发展可以看出：凡是社会生活安定经济繁荣的时期，天文学都有很大的发展。新中国成立前的中国天文学共有四个高潮。一个是封建社会刚开始形成的战国时期，由于那时的生产关系适应了生产力，学术上形成百家争鸣的局面，天文学得到了很大的发展。《庄子·天运篇》和《楚辞·天问篇》提出了一系列问题，例如，宇宙的构造怎样？天体是怎样形成的？这个时期有了比较完备的历法（“四分历”），认识了五个行星，并且知道金星与火星有逆行：将天空分成了二十八宿和十二次，等等。

汉代的四百年是中国封建社会的蓬勃发展时期，也是中国天文学的第二个高潮。这一时期奠定了中国天文学的基础，直到明末西法传来以前，中国天文学本质上没有超出汉代天文学的范围。浑仪、浑象的发明，浑天说的提出，行星会合周期的精密测量，日、月交食周期的研究，历法的完备化，著作的丰富，这一时期真可以说是古代中国天文学史的黄金时代。

隋统一全国以后，刘焯利用内插法处理日月和行星的不均匀运动，制成“皇极历”，并且提议发动一次大规模的大地测量来否定自刘宋以来已被怀疑的“日影千里差一寸”的传统看法。但由于隋炀帝的重重压迫，农民纷纷起义，刘焯的办法未获实行隋就灭亡了。唐朝建立以后，采取了一系列政策来缓和阶级矛盾和发展生产，也形成了天文学发展的第三个高潮。这时除实现了刘焯的理想外，“大衍历”和“宣明历”等又有许多新的创见，经过一行和梁令瓒改进后的水运浑象已初具近代自鸣钟的规模。

我国的封建经济在宋元时期得到了进一步的发展，生产的发展又大大地推动了科学的前进。具有世界意义的三大发明（印刷术、火药、指南针），就在这个时期完成。作为自然科学之一的天文学也形成了第四个高潮：进行过六次恒星位置测量，发明了许多种仪器，如苏颂的水运仪象台、郭守敬的简仪等都是世界闻名的。

明清时期我国经济虽然仍在发展，但比起欧洲来那是太缓慢了，而且始终没有越出“以农立国”的范围，所以欧洲传教士带进来的一点天文学知识也就够用了，无甚大的发展。此时欧洲则是新兴的资产阶级登上了政治舞台，哥伦布发现新大陆（1492 年），远洋航行需要更精密的天文测量，而望远镜的发明又提供了这种可能，于是欧洲天文学便迅速发展而成为近代科学，把我们落在后面了。只有在新中国成立后的今天，我国的天文事业才能快马加鞭，迎头赶上去！

四、天文学家的哲学思想和政治态度

古代中国的天文学家多半是为统治阶级服务的，他们的世界观当然不免是唯心主义的。然而他们所从事的天文工作，又能自发地产生唯物主义。这样就形成了他们思想上的二重性。在这个问题上是唯心主义的，在那个问题上又是唯物主义的。但是我们发现：常常是思想上唯物主义成分较多、政治上进步的天文学家，才能提出新的见解。例如，我国历史上第一个大天文学家张衡，他在政治上写出《二京赋》，讽刺当时的汉王朝，说“水所以载舟，亦所以覆舟”，提倡在天下太平的时候政府也不应该花天酒地，纸醉金迷，而要克勤克俭，厉行节约。在修养方面不计较个人名利，他说：“不患位之不尊，而患德之不崇；不耻禄之不伙，而耻智之不博”，名利这个东西“得之在命，求之无益”。在哲学上他更是冒犯着朝章国典，向皇帝上书论争，建议把当时的国家指导思想——唯心主义的“图谶之学”一概禁绝。显然，张衡之所以能在天文学上有那样辉煌的成就是和他的这些进步思想和行为是分不开的。再如宋代的沈括，在政治上他支持王安石的变法维新，在治学态度上他坚持实事求是的观测精神，尤其他在对劳动人民的态度上，认为“技巧、器械、大小、尺寸、黑黄苍赤，岂能尽出于圣人；百工、群有司、市井、田野之人莫不与焉”。于是大量收集当代劳动人民的创造发明，著《梦溪笔谈》。在《梦溪笔谈》中关于天文学方面的有些见解直至今天看来，也还是新颖而有趣的。比方他主张以十二气为一年，“直以立春之日为孟春之一日，惊蛰为仲春之一日，大尽三十一日，小尽三十日，岁岁齐尽，永无闰余”。这是最彻底的阳历，比今天我们所用的阳历还要好。从这里可以看出，一个科学家当他和群众相结合的时候，才是最富有创造力的时候。

五、天文学发展中的矛盾和斗争

由上所述得知：中国天文学的发展是合于辩证唯物主义和历史唯物主义的，天文学家要有所创见也必须是唯物主义思想占上风。但这并不表示在中国天文学的发展中就没有唯心主义倾向。由于历史条件的限制，过去的天文学家没有自觉地学习过辩证唯物主义，因而在认识问题的过程中，往往会把在一定的实践水平上所认识到的东西当作绝对真理，而犯片面性和绝对化的错误。正如列宁所说：“人的认识不是直线的（也就是说，不是沿着直线进行的），而是无限地近似于一串圆圈、近似于螺旋的曲线。这一曲线的任何一个片断、碎片、小段都能被变成（被片面地变成）独立的完整的直线，而这条直线能把人们（如果只见树木不见森林的话）引到泥坑里去，引到僧侣主义那里去（在那里统治阶级的阶级利益就会把它巩固起来），直线性和片面性，死板和僵化，主观主义和主观盲目性就是唯心主义的认识论根源。”（见列宁《哲学笔记》，中译本第 411-412 页，1956 年，人民出版社）由这一根源所形成的唯心主义思想，在天文学中常常以保守派的形式表现出来。进步与保守之争，构成天文学发展中唯物主义和唯心主义斗争的一条线索。我们认为这种矛盾是天文学发展中的内部矛盾，这种矛盾就是在科学家掌握了辩证唯物主义以后，由于科学实践上水平的限制，也不一定能够完全避免。对于这种矛盾应该采取“百家争鸣”的方针来解决。此外，在天文学发展中，还有唯物主义和唯心主义斗争的另一条线索，那就是统治阶级及其御用的知识分子为了达到一定的政治目的，有意识地将天文学的一些成就加以歪曲或给以唯心主义的解释，这种人为的附加必然遭到天文工作者自发的唯物主义的反抗，从而形成“对抗性”的矛盾，这类矛盾是属于历史范畴的东西，在社会主义国家里不会有，因为马克思主义坚持科学只能是对自然界本来面目的了解，用自然界本身来说明自然界，而不给以任何附加。

在以往的历史上，这两种矛盾不是孤立的，它们相互影响，相互制约。不过在具体问题中，我们还是可以区别出来，哪一个是主要矛盾。像汉代浑天说和盖天说的争论，就是全面（相对地说）和片面之争、进步和保守之争。这里不牵涉政治问题，完全是学术争论，通过这个争论，抛弃了盖天说，丰富了浑天说，使中国关于宇宙结构的学说得到了进一步发展。再如，从刘宋时期何承天开始一直进行到元代郭守敬为止的平朔和定朔之争，在知道了太阳和月亮运动速度的不均匀性以后，还主张用大小月相间的平朔法，而不使用更符合天象的定朔法，显然是保守思想在作怪，对于这种保守思想，通过八百多年的斗争，先进的定朔法才彻底取得胜利。

关于第二类矛盾和斗争，在世界天文学史上有个极其鲜明的例子，即哥白尼日心说对托勒密地心说的斗争。托勒密生活在 2 世纪，他总结了当时一千五百多年以来所积累的天文资料，而提出地球中心说。这一学说就当时的认识及科学实践水平来说，是伟大的。只是后来奴隶主、封建贵族把它和《圣经》上的《创世纪》结合起来，作为上帝创造世界的科学根据（实为歪曲），并把它加以神圣化以后，才成为唯心主义的东西。所以哥白尼所反对的已不是一千多年以前单纯天文学中的托勒密学说，而是被歪曲了的为统治阶级服务的一种偶像。这就是哥白尼学说在当时那样地遭到统治阶级仇视的原因。这一原因使得学术争论转变成政治斗争：布鲁诺被教廷用火烧死在罗马的鲜花广场上了，年老的伽利略受到宗教裁判所的审讯。这一场斗争和欧洲的资产阶级革命相联系，虽然新学说遭受到重重迫害，然而终于是胜利了。

在中国，由于两千多年的封建统治，没有社会性质的改变，中国天文学中也没有出现像哥白尼学说对被歪曲了的托勒密学说那样剧烈的斗争，然而第二类性质的矛盾和斗争仍然是存在的，不过斗争的旗帜不鲜明而已。就拿“三统历”来说：它是我国有文献可考的第一部比较完整的历法，内容很丰富，这是不可否认的；但由于作者刘歆为了支持王莽的托古改制，便将《易经·系辞》附会在“太初历”上，使天文学神秘起来。例如，1 月=29 $\frac{43}{81}$ 日（=29.5309日），本来是一个观测结果，但在“三统历”中就成为：“元始有象一也，春秋二也，三统三也，四时四也，合而为十成五体。以五乘十，大衍之数也，而道据其一，其余四十九所当用也。故蓍以为数，以象两两之，又以象三三之，又以象四四之。又归奇象闰十九，及所据一加之。因以再扐两之，是为月法之实，如日法得一，则一月之日数也。”（见《前汉书》卷 21）换句话说，即

$$1\text{月}=\frac{\left\{\left[(1+2+3+4)\times 5-1\right]\times 2\times 3\times 4+19+1\right\}\times 2}{81}=29\frac{43}{81}\text{日}$$

“三统历”的这一套神秘主义，并没有被紧接它之后的新“四分历”所接受。可见“四分历”的作者是不同意这种唯心主义地解释科学事实的，但受到历史条件的限制，没敢公开反对。后来，在“四分历”的施行期间，又有许多人主张用唯心主义的“图谶之学”来修改它，后经张衡、周兴和蔡邕等人的坚决反对，才没有被修改，但蔡邕却因此受到处分，被逐放到北方边疆。

再举一个例子。依据《石氏星占》“岁星所在，五星皆从而聚于一舍，其下之国可以义致天下”（见《史记·天官书》和《开元占经》），《汉书》的作者班固有意地把汉高祖至灞上和至灞上后的第十个月（即第二年汉元年七月）所发生的天象联系在一起，写成“汉元年冬十月，五星聚于东井，沛公至灞上”（见《汉书·高帝纪》），以说明“汉得天下，上应天象”。北魏高允虽已怀疑这件事情的正确性，但没有彻底解决问题。这样就形成一千多年来的聚讼纷纭，秦汉时改正与否，争论不休，一直到近代才告解决。这样就不知道浪费了多少人的时间和精力，阻碍了科学的进步。由此可见，这些对天文学成就的有意歪曲，它是一种外来附加，这种附加妨碍着天文学的发展。不幸的是，今天在帝国主义国家里这种有意歪曲还很严重，垄断资产阶级的一些御用学者正在歪曲天文学的一些最新成就（如河外星系谱线的红移等）来替垂死的资本主义制度及资产阶级的宇宙观进行辩护。对于现代天文学的这种

唯心主义倾向，我们应该给以应有的注意，随时地揭露它，批判它。只有这样，才能使天文学得到高速度的发展，中国天文学的历史经验，充分地证明了这一点。

以上五个问题是自己在编写中国天文学史过程中的一点体会。过去研究中国天文学史的人，对这些问题很少注意，为了引起大家的兴趣，本着抛砖引玉的精神，把自己不成熟的意见发表在这里，供参考。

〔《科学史集刊》，1960 年第 3 期〕

从历法改革与日食观测看理论对实践的依赖关系

在许多天文学书中，常常引用一个故事，说是在夏朝的时候，掌管天文的羲和，因为喝醉了酒，玩忽职守，致使一次日食未能预报，造成社会上的很大混乱，于是夏帝仲康派人把他杀了。当时制度规定，天文学家预告日食，如若不准，就要“杀无赦”。中外许多学者往往把《尚书·胤征》中的这段记载，当作世界上最早的日食记录，并且以此来论证中国天文学发展很早。但是这段话是否可靠？如说当时有日食发生，并记录下来，那是可能的；若说那时能准确预报日食，则是不可能的。

预报日食需要理论作指导，这种理论要建立在大量的观测基础上，并为观测的实践所检验。古代对于日食这种奇异现象，许多原始民族总是以一种恐怖感来注意它的。后来发现，这种现象和月亮的圆缺变化有一定的联系：日食总是发生在月亮缺到尽头，又开始生明的时候；月食总是发生在月圆的时候。从地球上看来，月亮的圆缺又与它和太阳之间的位置有关系：阴历的每月月初，黄昏时月亮先从西边出来，离太阳很近；然后逐渐远离，到每月十五附近月圆时，二者相距 180°，然后距离又逐渐缩小，一直到等于 0°。

把这几个关系上升到理论，中国古代的天文学家就得出一套历法：当日、月的经度相同，即它们的距角等于 0°，叫作“朔”，为一月的开始。日食必然发生在朔，但朔的时候不一定发生日食，因此天文学家们既得“告朔”，也得预告日食。这两件事情都预告对了，你的历法就是好样的；否则，你的历法就不会被采用，已经采用了的也会被淘汰。这个用实践来检验历法的标准，从汉朝起就确定下来了。《汉书•律历志》说：“历本之验在于天。”我国现存的历史上第一部有详细记载的汉朝“太初历”，先后和 28 家历法进行比较，经过 36 年的辩论，才得到稳固的地位。北齐武平七年（576 年），政府想要改历，有张孟宾、刘孝孙、郑元伟、宋景业四家来推算该年六月朔（576 年 7 月 12 日）的日食，结果都不对，彼此争论不休，至齐灭亡（577 年），未能改成。唐开元九年（721 年），当时行用的“麟德历”已几次预报日食不准，唐玄宗命一行等重新修历，新历（“大衍历”）于开元十七年颁行以后，不到三年就有许多人提出不同意见，认为“大衍历”并不好，但和历年日食观测记录一对比，知当时的三种历法中，“九执历”只合十分之一二，“麟德历”合十分之三四，只有“大衍历”十得七八，于是“大衍历”才得继续实行下去。南宋绍兴五年正月朔（1135 年 1 月 16 日）日食，太史推算错误，常州布衣陈得一预告准确，于是太史退位，由陈得一主持改历，八月历成，名“统元历”。

陈得一的推算是否准确？也不是。所谓准确，也是相对的、历史的、有条件的。明末徐光启做过一个统计：“日食自汉至隋凡二百九十三，而食于晦日（月底）者七十七，晦前一日者三，初二日者三，其疏如此。唐至五代，凡一百一十，而食于晦日者一，初二日者一，初三日者一，稍密矣。宋凡一百四十八，则无晦食，更密矣。”宋代的“明天历”规定，推算初亏时间以相差二刻以下为亲，四刻以下为近，五刻以上为远；推算食分以相差一分以下为亲，二分以下为近，三分之上为远。明末清初的民间天文学家王锡阐则进一步提高到“食分求合于秒，加时求合于分”，并且每遇日食，必以自己的观测结果与计算结果相比较；当二者不一致时，一定要找出原因，而一致时，犹恐有偶合之缘，也还要继续研究。王锡阐的经验是“测愈久则数愈密，思愈精则理愈出”。在人类探索自然的历史长河中，观测的时间越久，次数越多，则所得数据越精密，所建立的理论越完善。但是新的理论还要在实践中得到进一步的检验、证实、丰富和发展。王锡阐在他的《晓庵新法·序》里说："以吾法为标的而弹射，则吾学明矣。"

一个封建时期的学者敢于把自己提出的理论当作靶子，让别人射击，认为这样才可以发展这门科学。今天，我们有些同志自称信奉唯物主义，熟读《实践论》，但听到实践标准，就如临大敌，好像一讲实践标准，就会大祸临头似的，这岂非咄咄怪事？

彻底的唯物主义者是无所畏惧的。

〔《中国自然辩证法研究会通信》，1978 年第 11 期〕

陈子模型和早期对于太阳的测量

一、引言

本文作者之一从《周髀算经》卷上陈子和荣方的对话：

> 夏至南万六千里（x_0），冬至南十三万五千里，日中立竿测影。此一者，天道之数。周髀长八尺（h），夏至之日，晷一尺六寸（λ_0）。髀者，股也；正晷者，勾也。正南千里（$x_1=x_0-1000$ 里）勾一尺五寸（λ_1），正北千里（$x_2=x_0+1000$ 里）勾一尺七寸（λ_2）。

得出这里有三组相似直角三角的关系，如图 1 所示。

图 1 中 H_0 为太阳的垂直高度（垂高），h 为髀（表）高，x_1，x_0，x_2 为各表至日下无影处的距离；λ_1，λ_0，λ_2 为各测点夏至日中午时的日影长度，即“正晷”。由图 1 得：

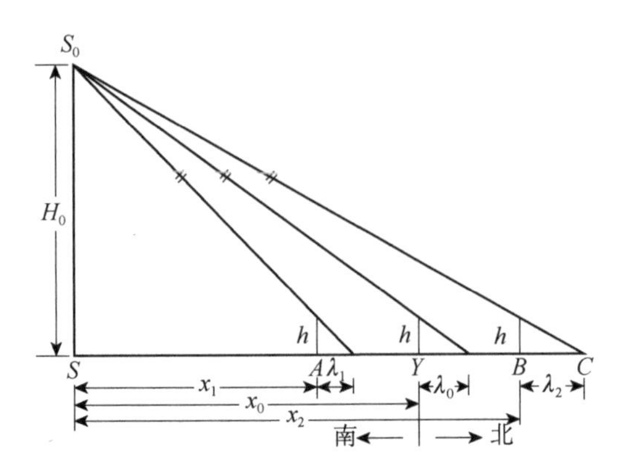

图 1　陈子模型中三个直角三角形的相似关系

$$\frac{H_0}{h}=\frac{x_1+\lambda_1}{\lambda_1}=\frac{x_0+\lambda_0}{\lambda_0}=\frac{x_2+\lambda_2}{\lambda_2}$$

即

$$\frac{H_0-h}{h}=\frac{x_1}{\lambda_1}=\frac{x_0}{\lambda_0}=\frac{x_2}{\lambda_2}=\frac{x_2-x_1}{\lambda_2-\lambda_1}$$

故有

$$x_2-x_1=\left(\frac{\lambda_2-\lambda_1}{\lambda_0}\right)x_0 \tag{1}$$

这是陈子模型的基本公式。由这公式，陈子把日影的测量与太阳的运行建立了一个解析性的关系。在天地一一对应的假设下，他因此可以由实际日影的测量而推算太阳在不同季节的位置[1]。

由这关系，陈子对太阳多方面的现象作了分析。这些现象正是陈子和荣方对话一开头所提出来的一连串问题：

> 日之高大，光之所照，一日所行，远近之数，人所望见，四极之穷，列星之宿，天地之广袤。

本文的目的是分析陈子如何利用公式（1）的关系，推导出对这些问题的解释。

二、陈子模型及其应用

（一）陈子模型的基本假设

陈子模型假设太阳在一平面环绕北极旋转，这平面与地平行，而地平不动。太阳的位置在每年同一时间，譬如夏至，出现在同一位置而其光以直线放射。在这些假设之下，陈子公式的推导是正确的，在数学上没有任何省略。为表明日影差 $\lambda_2-\lambda_1$ 与髀位差 x_2-x_1 的关系，陈子公式可改写为

$$x_2-x_1=\frac{x_0}{\lambda_0}(\lambda_2-\lambda_1) \tag{1'}$$

由此可见，要利用这公式以所测量的日影差求髀位差来分析太阳的位置，必须先确定夏至中午日影长度为零的地点与观测地点之间的距离 x_0，以及当时观测地日影长 λ_0。

由上所引陈子的话可知 x_0=16 000 里，λ_0=16 寸。把此两数代入陈子公式（1′）即得

$$x_2-x_1=1000（\lambda_2-\lambda_1）里/寸$$

这就是陈子推演的结论“于地千里而日影差一寸”[2]。我们需要知道这两个数据的来源，确定这两数与实际测量是否有关。

陈子观测的地点可能是周的东都洛阳。现在我们知道，此地的地理纬度 $\varphi=34°46'$。由此纬度可推算出 λ_0 和 x_0 的数据。图 2 示明，太阳的地平角高度 θ 与观测地点纬度 φ 的关系。由图 2 得

$$\theta=\overset{\frown}{SH}=90°-\overset{\frown}{ZS}$$

$$\varphi=\overset{\frown}{HN}=90°-\overset{\frown}{NZ}$$

但太阳赤纬 δ 为

$$\delta=\overset{\frown}{SE}=90°-\overset{\frown}{NZ}-\overset{\frown}{ZS}$$

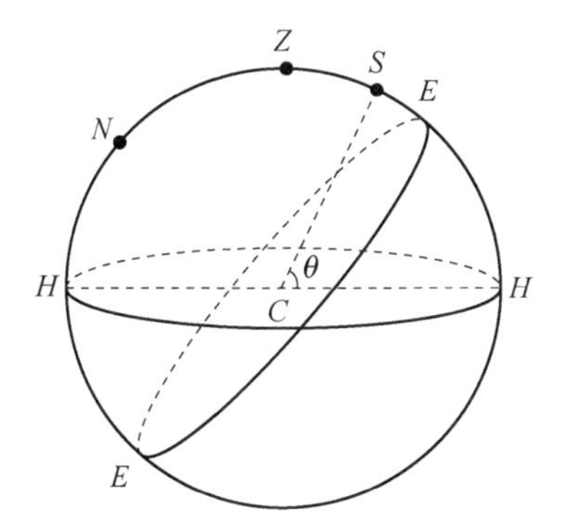

图 2　太阳与观测地的关系

注：N 为北极，C 为地心，EE 为赤道，HH 为地平圈，Z 为天顶，θ 为太阳的地平角高度

故

$$\theta = 90° - (\varphi - \delta) \tag{2}$$

以陈子的假设，由图3得

$$\tan\theta = \frac{h}{\lambda_0} \tag{3}$$

由（2）代θ入（3）得

$$\begin{aligned}\lambda_0 &= h\cot\theta = h\cot[90° - (\varphi - \delta)] \\ &= h\tan(\varphi - \delta)\end{aligned} \tag{4}$$

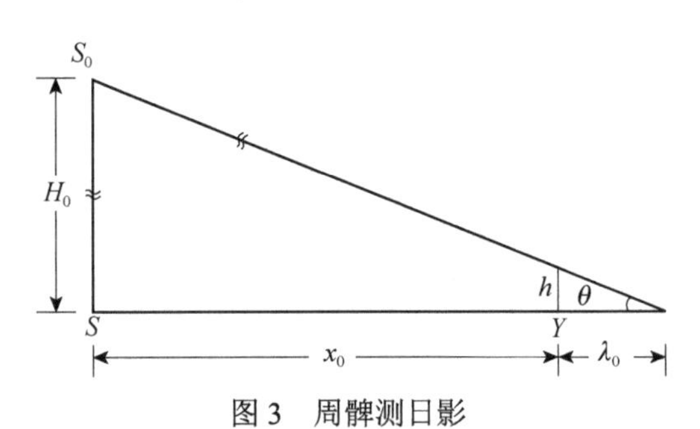

图3　周髀测日影

注：h为髀高，λ_0为日影长，S_0为太阳

陈子观测的时间是在夏至日中午，那时太阳的赤纬δ恰等于黄赤交角。将现在δ=23°27′的数值代入（4）得

$$\begin{aligned}\lambda_0 &= 8\tan(34°46' - 23°27') \\ &= 8\tan 11°19' = 1.60095\text{尺}\end{aligned} \tag{5}$$

这正符合“晷一尺六寸”。可是陈子时期的黄赤交角较大，如在公元前5世纪，这交角应为23°46′，日影λ_0则变为1.56尺，小于1.6尺。这误差可能是由表不直、地面不平、测量方位不是正南北等因素引起的。故不能排除1.6尺确系实测结果。在φ=34°附近，子午线1°的长为111.2千米。故

$$\begin{aligned}x_0 &= 111.2 \times (34°46' - 23°27')\text{千米} \\ &= 1256.6\text{千米}\end{aligned} \tag{6}$$

一千米约大于古代二里（古代里比现代里略小）。因此16 000里比实际距离约大6.37倍。在陈子时期要测量地面两点相距很远的距离，是非常困难的，因为山丘水泽实际行程距离与平面距离总是相差很多，故无法判断此数是否建立于测量上。上引陈子之话有“此一者，天道之数”。由此可知，此数是他所采用的，并不是他自己所求得的。事实上，整个陈子模型的理论与这距离

之实际数字并无关系，但这理论所得的计算结果与此数有比例关系。因此，x_0在陈子模型中可以作为一个定标系数（scaling parameter），陈子对太阳一些现象的分析均可用 x_0 来表达而不变更陈子原有的理论。

（二）对太阳周年视运动的分析

由上述陈子模型中的平行假设，陈子可利用天地对应的关系，由洛阳观测地所测太阳在不同轨道的日影而分析太阳不同轨道之间的距离，因此可求得太阳周日轨道在一年之内的逐渐迁移。

如图 4 所示，陈子的观测地点洛阳不在北极之下 N 点，而在北极之南的 Y 点。这两点间的距离 NY 可由在洛阳观测北极之勾长而得。陈子说：

> 今立表高八尺，以望极，其勾一丈三寸。

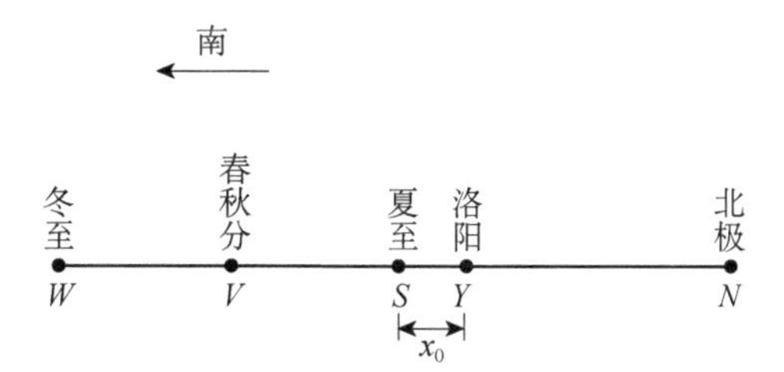

图 4　北极 N 与观测地洛阳 Y 观测夏至 S 和冬至 W 之间的距离关系示意图

由公式（1）得

$$\begin{aligned} NY = x_N - x_Y &= \left(\frac{103-0}{16}\right)x_0 \\ &= 6.4375\,x_0 \end{aligned} \tag{7}$$

因此，夏至日道半径 NS 为

$$\begin{aligned} NS = NY + YS &= 6.4375\,x_0 + x_0 \\ &= 7.4375\,x_0 \end{aligned} \tag{8}$$

冬至由洛阳观测的距离 YW 为

$$\begin{aligned} YW = x_W - x_Y &= \left(\frac{135-0}{16}\right)x_0 \\ &= 8.4375\,x_0 \end{aligned} \tag{9}$$

因此冬至日道半径 NW 为

$$NW = NY + YW = 14.875\ x_0$$

春秋分太阳的轨道正在冬夏至太阳轨道的中间，因此春秋分日道半径 NV 为

$$NV = \frac{1}{2}(NS + NW) = 11.156\ 25\ x_0 \tag{10}$$

如把陈子所采用的距离 16 000 里代入公式（8）、（9）和（10）的 x_0，即得夏至日道半径 119 000 里，春秋分日道半径 178 500 里和冬至日道半径 238 000 里。如把实际数值 1 256.6 千米代入以上公式的 x_0，则得夏至日道半径 9345.96 千米，春秋分日道半径 14 018.94 千米和冬至日道半径 18 691.93 千米。由此可见，陈子模型由日影的测量可说明太阳绕北极的轨道半径随时在变化：在一年中间，由夏至最小逐渐增大，经过秋分日道半径，到冬至时最大，比夏至时大一倍，即 NW=2NS；然后再逐渐缩小，经过春分日道半径，再回到夏至日道半径。

（三）光和声在陈子模型中的应用

为了解释太阳周日视运动和昼夜现象，陈子对光的性质作了一些分析。他认为光与声在性质上是类似的，因此光的性质可由声的知识求得。正如声音播达的范围是有限的，如人所听闻远近，宜如声音所播，陈子说："人所望见远近，宜如日光所照。"为了求定日光所照的范围，陈子说："冬至夏至，观律之数，听钟之音。"那就是说，以音律之数求日照的范围。公元 3 世纪赵君卿注陈子上录之语时说："观律数之生，听钟音之变，知寒暑之极，明代序之化也。"

古代生律之数为八十一[3]。《管子·地员》叙述五声生成之法说：

> 凡将起五音，先主一而三之，四开以合九九。以是生黄钟小素之首，以成宫。

陈子采用这生律之数的方法，把太阳运行所占及日光所照的整个范围的直径定为 81 万里。他说：

> 冬至昼，夏至夜，差数及日光所还观之，四极径八十一万里，周二百四十三万里。

由此 81 万里和冬至日道半径 238 000 里，陈子求得太阳的光照半径 r_1 为

$$r_1 = \left[\frac{1}{2}\times 810\ 000 - 238\ 000\right]\text{里} = 167\ 000\text{里}$$

由这光照半径，陈子模型大致上可解释昼夜现象及昼夜长短随着太阳轨道迁移的变化。图 5 解示夏至日道和冬至日道在日中与夜半光照的范围。每当 Y 点在光照范围之外时，观测地洛阳就进入夜晚。图 5 同时也可解释北极之下一年四季所见日光现象：

> 春分之日夜分以至秋分之日夜分，极下常有日光。秋分之日夜分以至春分之日夜分，极下常无日光。故春秋分之日夜分之时，日所照适至极。

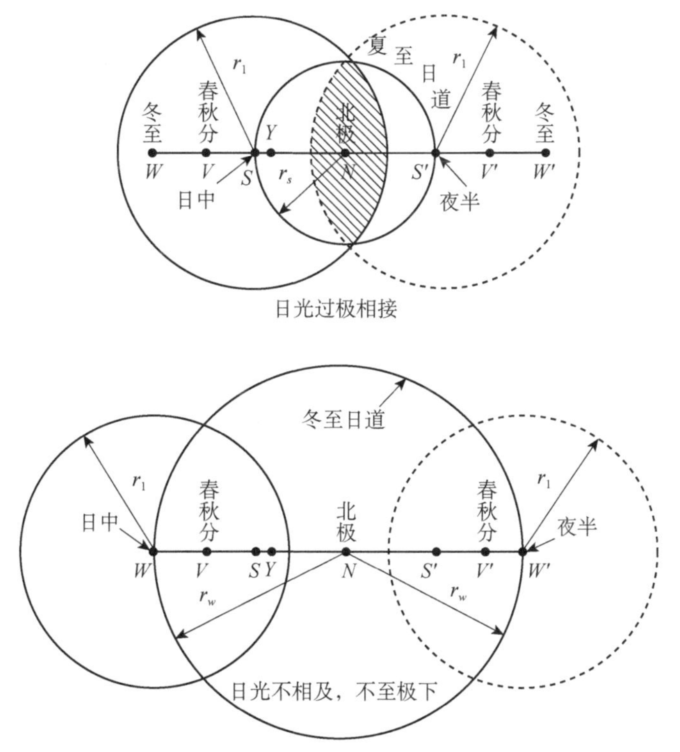

图 5　陈子模型夏至与冬至时日中与夜半太阳光照的范围

注：r_s 和 r_w 分别为夏至日道和冬至日道的半径，r_1 是光照半径

陈子又说：

> 夏至之日中与夜半，日光九万六千里过极相接。冬至之日中与夜半，日光不相及十四万二千里，不至极下七万一千里。

陈子这里所说的夏至日光过极相接和冬至日光不相及、不至极下，见图 5。

陈子然后分析当太阳在观测地洛阳之东与西时光照范围的分布，他说：

夏至之日正东西，望直周，东西日下至周五万九千五百九十八里半。冬至之日正东西方，不见日，以算求之，日下至周二十一万四千五百五十七里半。

如图6所示，当夏至日正东时，日下至周的距离 $S''Y$ 正是

$$
\begin{aligned}
S''Y &= \sqrt{r_s^{\,2}-r_Y^{\,2}} = \sqrt{(119\,000)^2-(103\,000)^2}\text{里} \\
&= 59\,598.5\text{里}
\end{aligned}
\tag{11}
$$

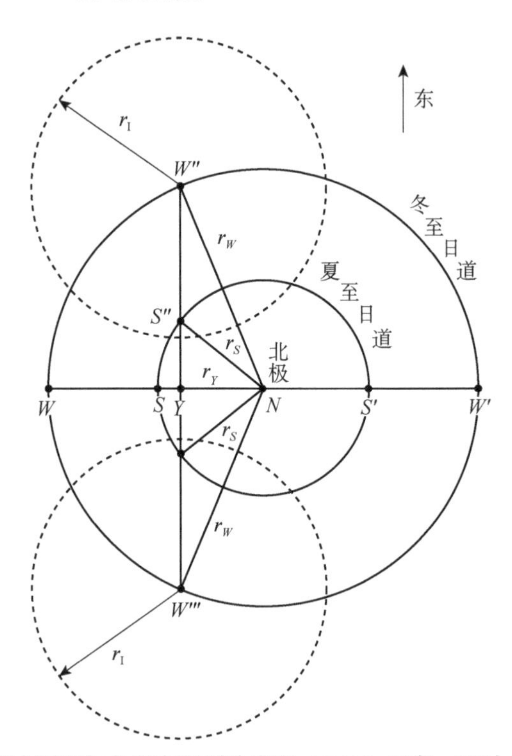

图6　陈子模型中夏至与冬至在观测地洛阳（Y处）正东、西时太阳光照的范围

注：r_S和r_W是夏至日道半径和冬至日道半径，r_Y是北极与观测地之间的距离，r_1是光照半径

当冬至日正东时，日下至周的距离 $W''Y$ 正是

$$
\begin{aligned}
W''Y &= \sqrt{r_W^{\,2}-r_Y^{\,2}} = \sqrt{(238\,000)^2-(103\,000)^2}\text{里} \\
&= 214\,557.5\text{里}
\end{aligned}
\tag{12}
$$

因为 $W''Y>r_1$，故“冬至之日正东西方，不见日”，恰如图6所示。

三、陈子对太阳的测量

除了测量太阳投射的影子以分析与计算太阳周日运动的轨道及其在一年

中的变迁外，陈子并企图求定太阳的绝对距离和它的线半径 r_0。然而太阳离我们太远了，以地面做基线，用三角方法来求它的绝对距离，所得结果误差太大。三角测量只是在距离近的时候才能有效地使用。不过，在某些情况下，陈子公式所求得的相对值仍有其价值。譬如，以日影差之比率来求距离差时，其中一部分误差就相互抵消。

由图 3 或图 7 相似直角三角形所得的下列关系

$$\frac{H_0}{h}=\frac{x_0+\lambda_0}{\lambda_0}$$

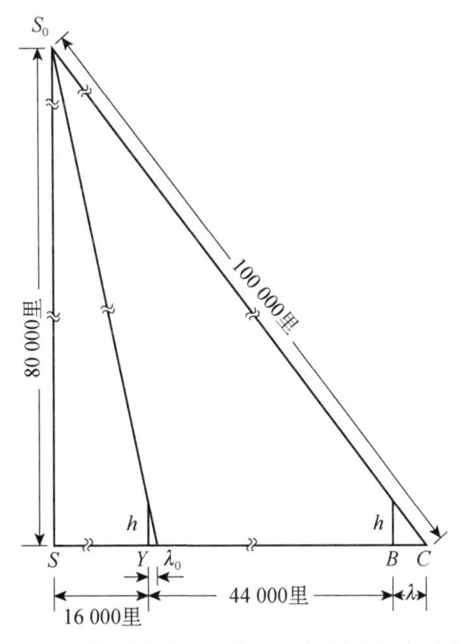

图 7　陈子模型中太阳垂高距离与斜高距离示意图

注：地面假设为平面，髀离 h 为 8 尺，距离 SY=16 000 里为采用之数

来求太阳的垂高 H_0

$$H_0=\frac{x_0}{\lambda_0}h+h\approx\frac{x_0}{\lambda_0}h \tag{13}$$

代 $h=8$ 尺，$\lambda_0=1.6$ 尺，$x_0=16\,000$ 里入（13）式，陈子得到 $H_0=80\,000$ 里。在陈子模型里，H_0 也就是太阳轨道平面与地平面之间的距离。在洛阳观测太阳，所见距离是斜高距离，并不是垂高距离；但知道了垂高距离以后，斜高距离可用勾股定理求得。在天与地对应的假设下，太阳轨道位置的迁移相当

于地上髀位的迁移。如图 7 所示，陈子选了夏至中午日影为六尺的地方 B 求太阳斜高距离。此地（B）离洛阳的距离（YB）可用陈子公式（1）求得：

$$YB=\left(\frac{\lambda_B-\lambda_0}{\lambda_0}\right)x_0=\frac{60-16}{16}\times 16\,000\text{里}$$
$$=44\,000\text{里} \tag{14}$$

因此，图 7 中的勾为 80 000 里，股为 60 000 里（=16 000 里+44 000 里）。以勾股定理“勾股各自乘，并而开方除之”，得弦 100 000 里，即从 B 点斜至日的距离。这个数值太小了！原因在于陈子模型全部忽略了地面的曲度。而且太阳太远，不适合用这种直接测量的方法。

事实上，天体距离的测定是一件非常困难的事。自古以来太阳距离测定的误差非常之大。就是在 16 世纪，哥白尼（Copernicus，1473～1543）和第谷・布拉赫（Tycho Brahe，1546～1601）仍认为太阳地平视差为 2′51″，太阳与地球之间的平均距离为地球半径的 1210 倍，而事实上是 23 540 倍。根据现存古代资料，除了公元前 5 世纪的陈子之外，还有阿利斯塔克（Aristarchus，约公元前 315～前 230）讨论到太阳距离与大小的问题。他的著作被收入在帕普斯（Pappus，4 世纪）的文集中，然后被译成阿拉伯文和拉丁文而保留下来。希腊原稿上没有插图。近代赫斯（Heath）的英文版[4]，注解详尽，图文并茂。在此值得把阿利斯塔克的工作与陈子的作一比较。

阿利斯塔克假设上下弦正当月球表面明暗平分时，地球与月球和太阳形成一直角三角形，如图 8 所示，$\angle EMS=90°$。阿利斯塔克认为，就在这时，$\angle MES=87°$；由此他求得日地距离 ES 与月地距离 EM 比率的范围：

$$18<\frac{ES}{EM}<20$$

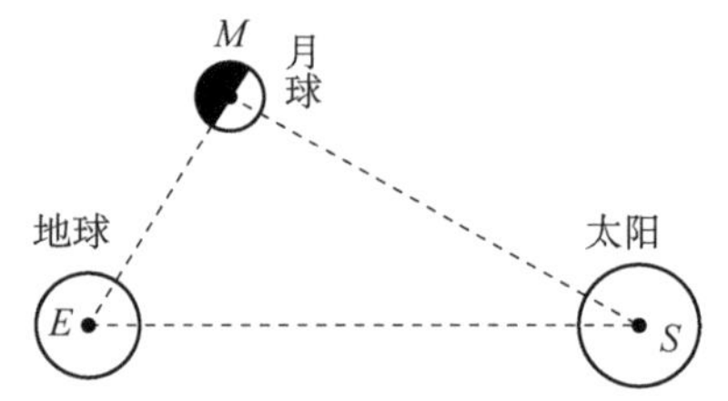

图 8　阿利斯塔克月球明暗平分时，日、月、地之间的关系

注：$\angle EMS=90°$

由这距离比率，阿利斯塔克利用了如图 9 所示的月食现象，并假定此时在月

球轨道处的地影锥直径 IK 为月球直径的 2 倍，从而求得太阳直径 d_s 与地球直径 d_e 比率范围为

$$\frac{19}{3}<\frac{d_s}{d_e}<\frac{43}{6}$$

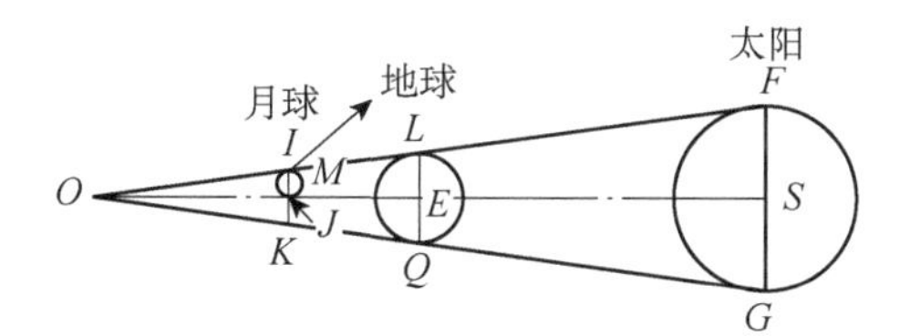

图 9　阿利斯塔克对月食时日、月、地三者几何关系的认识

注：当时在月球轨道处的地影锥宽 IK 是月球直径 d_m 的两倍。
$d_m=IJ$，太阳直径 $d_s=FG$，地球直径 $d_e=LQ$

由图 8 与图 9 可见，阿利斯塔克在处理太阳距离与大小的问题时，对于日、月、地之间的几何关系的认识比陈子先进得多。不过他所求得的结果也有很大的误差。这是因为他的模型所需要的精细测量，是非常难以实现的。譬如图 8 中的 $\angle MES$，几乎无法测量得精确。这个数值很小的误差就会引起很大的错误。有些近代学者，如奈给保尔（Neugebauer）认为阿利斯塔克模型中的数据，如 $\angle EMS=87°$ 和 $IK=2d_m$ 均为计算方面所假定而来的，并非实地测量的数据，因此，阿利斯塔克所得结果与实际不符合[5]。日地距离和月地距离之比并不是如阿利斯塔克所得在 18～20 倍之间，而是在 392 倍以上；太阳的直径也不只比地球直径大 6～7 倍，而是约大 109 倍。

陈子虽然对太阳和地球的几何关系没有阿利斯塔克认识得正确，但他的工作也建立在正确的数学推理上，并注重实际测量。对太阳的大小问题，陈子也进行了直接的测量。他的方法是取一竹筒长八尺（t），径一寸（d），如图 10 所示观测太阳。

当太阳恰好填满竹筒孔时即得下列比率关系：

$$\frac{d_s}{R_s}=\frac{d}{t}=\frac{1}{80}$$

因此太阳直径

$$d_s=\frac{d}{t}R_s=\frac{1}{80}R_s \tag{15}$$

陈子说："候勾六尺，即取竹空，径一寸，长八尺，捕影而视之；空正掩日，而日应空之孔。"这就是说，当太阳恰好填满竹筒孔时，日影正是六尺。当时

太阳的距离照陈子公式（1）相当于表位在图 7 的 B 点［见式（14）的计算］，因此，图 10 中的 R_s 相当于图 7 中的 S_0C，即 $R_s = 100\,000$ 里，故陈子得 $d_s = 1250$ 里。

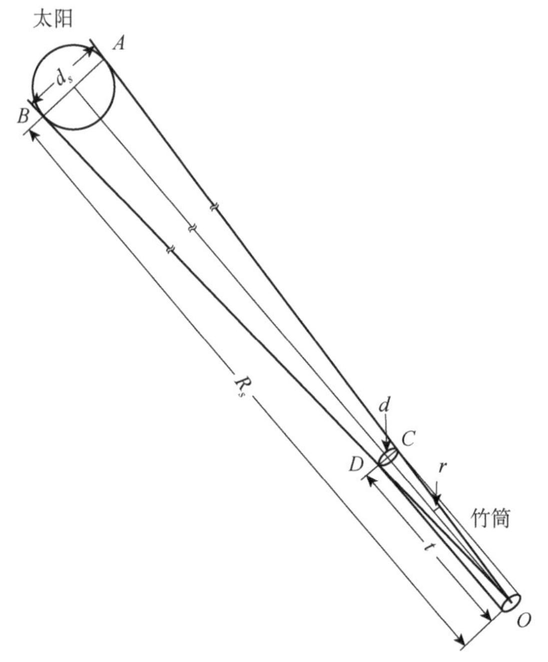

图 10　陈子以竹筒测量太阳直径 d_s 与其距离 R_s 比率的示意图

陈子所得的太阳线直径失之太小，其误差主要来自太阳的垂高距离，而非来自测量。这可由陈子所测得的比率（1/80）而得的角直径来估定。由图 10 可得

$$\tan r = \frac{d/2}{t} = \frac{0.5}{80} = 0.006\,25$$

$$r = 21'31''，\angle d_s = 43'02''$$

这比太阳平均角直径的实际值 31′59″大 34%，在当时来说是很精确的。阿利斯塔克采用的是 2°，到阿基米德（Archimedes，约公元前 287～前 212）才用类似的方法测得太阳角直径在 0. 45°（即 27′）到 0. 55°（即 33′）之间[6]。

四、几点评论

由上面的分析可见，陈子模型中最大的缺点是地平的假设。然而在陈子时期能从观察而认识到地面是一个球体的表面，是很难做到的。陈子假设太

阳在一平面内环绕北极旋转，也有其缺陷；因为太阳的视运行是环绕黄极，而不是北极。不过，这假设所引起的错误比地平假设来得小。值得注意的是，在陈子模型中没有谈到天的形状，只是认为太阳在一平面内环绕北极运行。虽然陈子对地的形状的认识有根本性的错误，但他的工作仍建立在正确的数学推理上，陈子不但注重实际测量，而且把观测与理论结合起来，推导出一个代数函数关系来研究太阳的运行。这种方法是一个超时代的成就。

由代数函数关系［公式（1)］，陈子可利用在观测地洛阳的日影测量来分析太阳的周日运行轨道及其在一年中的迁移。为评估陈子公式的误差，我们可用现知的子午线来查验陈子给春秋分日道半径（r_v）的测量计算。当然，在陈子模型中，大地为一平面，无球形概念。但陈子所求到的春秋分日道半径（即北极到赤道的距离）的四倍应相当于现知的子午线。春秋分日道半径 r_v（即图 4 中的 NV）可由公式（10）而得。因此：

$$\text{子午线} = 4r_v = 4\times(11.156\,25\,x_0)$$
$$= 56\,075.775\text{千米}$$

在此计算中，我们把陈子为 x_0 所采用的距离数值 16 000 里取而代之为实际数值 1256.6 千米［见公式（6)］。由地球的平均直径 $d_e = 12\ \ 740$ 千米得子午线全长为 40 023.89 千米。因此，由陈子测求的春秋分日道半径所导引出来的子午线长比真值仅大 40%，这是值得注意的。

由于地平不动的假设，以陈子模型来解释昼夜现象与昼夜长短随着太阳轨道迁移的变化是很困难的。陈子巧妙的方法是，仿照声音的性能而假设阳光照射也有一个范围，超出这个范围就是黑暗。由这假设，陈子模型大致上不但可说明昼夜现象与其变化，而且也可解说北极之下有无日光的现象。虽然以现代水平评论，陈子将声之生律之数应用在阳光所照四极之径上以求光照半径，不是一种科学的推理。不过在公元前 5 世纪的陈子时期，他们对光与声之间的关系并不如我们现在了解得清楚。陈子以声的知识来求光的知识，实在有其直觉的科学价值。他在与荣方讨论治学方法时曾说：“同术相学，同事相观。”把光和声联系起来正是一个实例。在公元前 5 世纪时，中国声学已有相当的成就[7]，光学在墨家的研究下也开始有所发展[8]。

另一点在此值得说明的是，陈子工作中对勾股定理的熟练应用。也许源于伟烈亚力（A. Wylie）1852 年不正确的英文翻译，许多西方学者错误地认为《周髀算经》之“周公、商高对话”中商高以积矩法所证明的勾股定理只是一个

$3^2+4^2=5^2$特例。许多科技史家也认为陈子工作中勾股定理的应用是一个特例。譬如，在1969年评论陈子工作中的数学才能时，中山茂有下面一段见解：

> 一个直角三角形定理特例 $3^2+4^2=5^2$。虽然没有证明，但文中对这毕达哥拉斯定理很明显地有兴趣，不过总是以 $6^2+8^2=10^2$ 表达。（原文为英文：A right triangular theorem for the one case $3^2+4^2=5^2$. Although no demonstration is given, enthusiasm for this "Pythagorean theorem" is apparent in the text. It was always expressed, however, as $6^2+8^2=10^2$.）[9]

这评论是不正确的。陈子工作中有三个不是 $6^2+8^2=10^2$ 的实例，其中两个已在本文第二小节的第三部分中讨论过，见公式（11）和（12）。第三个实例见于陈子、荣方对话的最后一段有关求"东西矩中径"的计算。陈子用勾股定理求观测地洛阳正东与正西的日光径。洛阳离北极的距离为 103 000 里，取之为勾。日光四极的半径为$\frac{1}{2}\times 81$万里，取之为弦。然后取正东矩中径为股而得

$$\begin{aligned}\text{正东矩中径}&=\sqrt{(405\,000)^2-(103\,000)^2}\text{里}\\&=391\,683.5\text{里}\end{aligned}$$

同样，正西矩中径 = 391 683.5 里，此即陈子对荣方谈的最后一句话："日光四极当周东西各三十九万一千六百八十三里有奇。"由此可见，陈子所用的勾股定理并不局限于 $6^2+8^2=10^2$ 特例。

事实上，《周髀算经》中所载商高证明勾股定理的积矩证明法，即现代所谓的解剖（或拼凑）证明法（dissection proof）。这虽然不是一种公理体系化的演绎证明法（axiomatical deductive proof），但也是一个合乎逻辑的证明法[10]。勾股定理在西方称为毕达哥拉斯定理，但毕达哥拉斯的证明根本就不存在。有些科技史学者认为毕达哥拉斯可能也是用解剖法证明这定理的[11]；但这种看法同样没有根据。据普洛克拉斯（Proclus，410～485）的考察，《几何原本》（*Elements*）书中的证明，是欧几里得（Euclid，约公元前 3 世纪）的证明。其实，勾股定理的原理在埃及与美索不达米亚文明中也早有正确的认识。古代中国的陈子时期，商高的证明已存在一段时间，因此，这时对勾股定理的认识已不限于特例，对原理的普遍性必已有正确的了解。在陈子的工作中，对勾股定理的表达是非常普适的："勾股各自乘，并而开方除之。"

陈子在对太阳直径、距离及其运行轨道的测量与计算时，所用的数学知识，在当时是十分先进的。他同时应用了几何和代数，这就增强了他的分析能力。在陈子工作里，我们还可以看到近代科学方法的一些基本因素，尤其是，用数学把观测和理论结合起来，从而构造出一个模型以解释自然现象，这在当时不能说不是一个超时代的贡献。

参考文献和注释

[1] 程贞一. 陈子及其对太阳的观测工作（英文）. 第五届国际中国科学史会议（1988年 8 月 5～10 日于美国加州大学圣迭戈分校）论文，将刊于中国科学与技术史（History of Science and Technology in China）. 新加坡：世界科学出版公司.

[2] 由此可见，这是一个以测量与理论相结合而推导出来的结论. 以前的看法（认为这是一个假设）是不正确的，如：三上义夫. 周髀算经之天文说. 东京物理学杂志，1911（235）：241；钱宝琮. 周髀算经考. 科学，1929，14（1）：17；能田忠亮. 周髀算经之研究.（京都）东方学报，1933（3）；Chatley H.“The heavenly cover”, a study in ancient Chinese astronomy. Observatory，1938，61：10.

[3] 有关“生律之数为八十一”来源的一个解释，见程贞一. 从公元前 5 世纪青铜编钟看中国半音阶的生成（英文）//中国科技史文集（Science and Technology in Chinese Civilization）. 新加坡：世界科学出版公司，1987：168.

[4] Thomas L. Heath，Aristarchus of Samos，The Ancient Copernicus. Oxford，1913.

[5] Neugebauer O. A History of Ancient Mathematical Astronomy. New York：Springer-Verlag，1975：642-654.

[6] Shapiro A E. Archimede’s measurement of the sun’s apparent diameter. Journal for the History of Astronomy，1975，6：75-83.

[7] 1978 年曾侯乙编钟的出土给公元前 5 世纪的中国声学成就带来了一个崭新的认识，见曾侯乙编钟研究. 武汉：湖北人民出版社，印刷中.

[8] 见如：王锦光，洪震寰. 中国光学史. 长沙：湖南教育出版社，1986.

[9] 中山茂. 日本天文学史（A History of Japanese Astronomy）. Cambridge：Harvard University Press，1969：25.

[10] 程贞一. 商高的解剖证明法（英文）//中国科技史文集（Science and Technology in Chinese Civilization）. 新加坡：世界科学出版公司，1987，附条Ⅱ：35-44.

[11] Bronowski J. The Ascent of Man. Boston：Little Brown，1973：158-160.

〔山田庆儿：《中国古代科学史论·续篇》，京都：京都大学人文科学研究所，1991 年，作者：程贞一、席泽宗〕

科学史和历史科学

美国著名的科学史家、风行一时的《科学革命的结构》一书的作者库恩（Thomas S. Kuhn）于1971年以同样的题目曾经发表过一篇文章。他在文章的开头就写道："尽管历史学家一般地口头上都承认，在过去400年中，科学在西方文化的发展中起了重要作用；但是对于多数历史学家来说，科学史依然是他们学科之外的领域。在许多场合，也许在大多数情况下，这种把科学史拒于门外的做法，看不出明显的害处，因为科学的发展对于西方近代史的许多主要问题似乎没有多大关系。但是一个历史学家，如果要深入考察历史发展的社会经济背景，或者要讨论价值观念、人生态度和思想意识变迁的话，那他就必须涉及科学史。"[①]接着，他又举例说，他在两个大学历史系开设科学史课程，历史系来选课的人反而很少，说明这种分离现象的严重性。他从1956年起开课，在14年中只有5个历史系的学生听课。在听课的学生中，来自历史系的只占 1/20，大部分学生是理工学院的，其余的是哲学系和社会科学系的，甚至从文学系来的都比历史系来得多。起初，他以为这种情况

① Thomas S. Kuhn. *The Essential Tension*. The University of Chicago Press，1977：128（中译本，《必要的张力》，福建人民出版社，1981年版）.

可能只由于他本人是学物理的，没有受过历史科学的训练，教得不好。后来打听到，受过历史科学训练的人开设科学史课程，也同样不受历史系学生的欢迎。还有，开课的题目也没有关系。开“法国大革命时期的科学”或“科学革命”，也和开“近代物理学史”一样不吸引人，也许“科学”一词就把历史系的学生吓跑了。他又做了一个调查，说美国科学史家虽然大多数归属历史系，但这种归属往往不是历史系自愿的，而是来自外界的压力。科学家和哲学家向学校当局建议增设科学史教席时，学校把这个位置放到了历史系。

一、科学史的性质

库恩所谈美国的情况，也很符合中国国情。1990 年，刘广定教授和韩复智教授在台湾大学历史系开“中国科技史”课，听课的 26 人中，有 6 个来自历史系，只占 1/5 多一点。我在 1954 年决定由天文学专业转行搞科学史时，征求两位历史学家的意见，他们都反对。后来我到了历史研究所以后，该所许多同事都感到惊讶，常问“你们这些学自然科学的人，为什么跑到我们这里来了？”好像专业不对口，走错了门。对于要在历史学科内建立科学史这样一个分支，不但群众不理解，有些领导也不理解。中国科学院于 1954 年决定发展科学史这门学科，先成立了一个中国自然科学史研究委员会，由 17 位专家组成，是一个空架子，实体则是在历史研究所内成立科学史组，招收专职的专业人员，我是最早到这个组工作的成员之一。这个组从一开始，就被历史研究所的许多人认为是他们代管的机构，而不是他们的本体。到了 1957 年，这个组终于脱离历史研究所而成为独立的中国自然科学史研究室，但仍属哲学社会科学部领导。哲学社会科学部的领导又认为自然科学史属自然科学，不应归他们管辖，一直到 1966 年“文化大革命”开始之前，他们始终想把这个研究室推出来。1977 年哲学社会科学部独立为中国社会科学院，自然科学史研究所划回中国科学院。至此，在大陆正式把科学史归属在自然科学范围内。但是，我认为，一门学科在行政管理上归哪个部门和它在性质上属于什么，这二者可以一致，也可以不一致，只要对学科发展有利就行。关于这个问题，香港大学前任校长黄丽松于 1983 年 12 月在第二届国际中国科学史会议上致开幕词时说过一段话，可以参考。他说：“在这个会上，我不必讨论什么是科技史，大家都知道，科学技术史便是自然科学和应用科学的历史。我只谈谈科技史到底是一门自然科学还是一门历史科学……李约瑟教授年轻时是生物化学家，曾被推选为英国皇家学会会员，中年时改搞中国科技史，后来被推选为英国学术院院士。英国从前最高学术机构是皇家学会，到了1902年社会科学和人文科学才由皇家学会分出来，独立成英国学术院，有点像中国社会科学院由中国科学院分出来一样。现今英国的学者兼有两个最高学术机构学衔的，听说只有李约瑟教授一人。这件事表示科技史还是应该算作社会科学中的历史科学，而不是自然科学。科学史家要有专业性的自然科学的训练，但是他研究的对象不是自然现象，而是作为社会成员的人类对于自然的认识的发展过程和人类关于这方面知识的积累过程。”[①]

在这里，黄丽松是就研究对象来进行分类的。如按研究方法来分，科学史也属历史科学，它以搜集、阅读和分析文献为主，而不像自然科学那样，以观察和实验为主。科学史有时也要进行一些观察和实验，但那为的是验证和分析文献的记载，属于辅助性的。当然，历史科学和自然科学也有共性，即都要力求公正、客观，实事求是；伪造证据和艺术性的夸张都不允许。

二、科学史和历史科学分离的原因

科学史既然是一门历史科学，为什么许多历史学家又把它拒之门外呢？这有多种原因。

第一，研究对象不同。作为一门社会科学，历史学家首先注意的是人与人之间的关系。在阶级社会出现以后，人与人之间的关系首先表现为阶级关系。政治是阶级斗争的技术，战争是阶级斗争的最高形式。因而过去所谓的历史，实质上就是政治史和战争史，在政治上占统治地位和在战争中耀武扬威的帝王将相是历史的主角。从18世纪法国启蒙大师孟德斯鸠和伏尔泰等开始，历史才向文学、艺术、宗教、经济等领域延伸。20世纪开始，历史开始注意人民大众的作用。1921年美国哥伦比亚大学教授罗宾逊在他“西欧知识分子史”讲座的基础上，出版 *Mind in the Making* 一书，宣布他的新历史观，

---

① 转引自何丙郁. 我与李约瑟. 三联书店香港分店，1985：145-146.

认为历史学应该跳出只谈战争、政治和帝王将相的范围，把文化和思想的发展包括进去。科学史就是在这种新历史观的影响下发展起来的，而它的研究对象则是一个更新的范围：人与自然的关系，人类认识自然、适应自然、利用自然和改造自然的历史。

第二，阅读书籍不同是因为研究对象不同。科学史家所需要读的一些科学著作，往往专业语言很强，大多数历史学家很难看懂。不要说属于近代科学的牛顿、欧拉、拉格朗日、麦克斯韦、玻尔兹曼、爱因斯坦和普朗克的著作，历史学家看不懂；就是中国二十四史中的《天文志》和《律历志》，许多历史学家也是望而生畏。有一次，我和一位学历史的朋友聊天，他问我看什么书，我说："看《周礼》中的'考工记'，二十四史中的'天文''律历'诸志，《墨子》中的'经上''经下''经说上''经说下'等。"他说："我懂了，你看的我不看，我看的你不看，咱们隔行如隔山。"

第三，不但科学史家所读的这些原始著作，历史学家不感兴趣，就是科学史家所写的著作，也往往是资料堆积，令人读起来乏味，像萨顿（G. Sarton）三卷五册的*Introduction to the History of Science*、李俨五卷本的"中算史论丛"，恐怕不是专业研究的人很少去读。还有，在科学史专业队伍没有形成以前，许多科学史的著作往往是高等学校教学的副产品。一些教自然科学的教师，为了吸引学生对本门科学的兴趣，在讲课时引述本门学科发展的一些历史材料，然后把它整理成一本书。这样形成的科学史著作，主要是谈本门学科的逻辑发展，专业性很强，不研究本门学科的学者很少有人去读。

第四，出身不同。一个人对某一方面的兴趣和才能是先天就有，还是后天环境培养形成的，这个问题我们暂且不管。但现在的文、理两科，有的学校在高中就开始分家，无疑是造成斯诺所谓"两种文化"（传统的文学文化和新兴的科学文化）[①]相互分离的原因之一。进历史系的学生，在进历史系之前，就认为他们学的是文科，对自然科学不再注意；而进入科学史专业的人，在大学绝大部分读的是自然科学，只是到了研究生阶段才读科学史，他们往往认为自己学的是科学史，不是历史，天文学史与天文学、物理学史与物理学，比与历史学有更多的共同语言。

① Charles P. Snow. *The Two Cultures and the Scientific Revolution.* Cambridge University Press，1959.

三、科学史的纵深发展

以上是就科学史和历史科学的分离情况和分离原因进行的一般分析。但是任何情况都会有例外。中国是有历史学传统的国家，而中国从司马迁写《史记》开始，就把“天文”“律历”等这些属于自然科学的内容当作它的组成部分。在这一优良传统的影响下，老一辈的一些历史学家就很注意自然科学史，如董作宾的《殷历谱》、夏鼐的《考古学和科技史》，都是很有影响的著作。钱宝琮的《中国算学史》（上册）是由中研院历史语言研究所出版的。王振铎关于中国磁学史的研究，也是历史语言研究所在四川李庄时期进行的。新中国成立后，侯外庐先生在历史语言研究所一再呼吁，历史学家必须注意自然科学的发展，科学史必须成为一门学科。

在世界范围内，从 20 世纪 30 年代开始，科学史出现了一个新的研究方向，即所谓外史（external history）或外部研究（external approach）。传统的科学史，即所谓内史（internal history）或内部研究（internal approach），是把科学当作一种知识，研究它的积累过程，特别是正确知识（positive knowledge）取代错误和迷信的过程，很少注意它和外部社会现象的联系。例如，研究牛顿万有引力定律的产生，只注意它和伽利略的惯性定律，以及开普勒行星运动定律之间的继承关系。外史则把科学家的活动当作一种社会事业，研究它的发展和其他社会现象（如政治、经济、宗教、文化等）之间的相互关系。这方面最早的一篇文章发表于 1931 年。这一年国际科学史联合会在伦敦召开第二次大会（第一次于 1929 年，在巴黎），苏联科学家赫森（B. Hessen）在会上提出的论文是《牛顿〈原理〉的社会经济根源》。[①]他认为，牛顿力学定律的产生是英国当时战争、贸易、运输等方面的需要所推动的结果。这篇文章轰动一时，尽管对他文章的内容有所争论，但沿着这个方向做工作的人剧增，1936 年在英国就有《科学与社会》（*Science and Society*）杂志开始发行。到 30 年代末，有两本重要著作出版：一是英国贝尔纳（John D. Bernal）的《科学的社会功能》（*The Social Function of Science*）（1939 年）；一是美国默顿（Robert K. Merton）的《17 世纪英国的科学、技术和社会》（*Science, Technology*

① 此文见 N. I. Bukharin，et al. Science at the Cross Roads， London，1931: 147-212，1st edition；1971，2nd edition with a new Foreword by Joseph Needham and a new Introduction by P. G. Werskey.

and Society in Seventeenth Century England）（1938 年）。其后，随着科学技术的突飞猛进，科学在社会生活中占的地位越来越重要，科学史的研究也越来越趋向外史。而今，在美国，研究外史的人已经多于研究内史的人。在中国，近 10 年来由自然辩证法专业转到科学史方面来的人多偏重外史，北京《自然辩证法通讯》所刊科学史文章也以外史为主，台湾清华大学历史研究所的科学史研究也以外史为主。内史和外史的相互配合，共同发展，将会把科学史的研究推到更高的一个层次，同时还会对科学哲学、科学社会学、科学学等产生深远的影响。

四、科学史和历史科学的互补关系

在这里需要特别提出的是，科学史的外史趋向有利于科学史和历史科学的结合。首先，外史的研究不需要太多的学科专门知识，这有利于历史学科出身的人参加。其次，研究科学发展的政治、经济、文化、社会背景，科学史家必须依靠历史学家的合作。自然科学要和社会科学建立联盟，研究科学史是一个渠道。要消除斯诺所说两种文化之间的隔阂，学习科学史是一种办法。

科学史研究需要历史学家们的合作，这是很显然的。中国科学院自然科学史委员会成立之初，就包括了侯外庐、向达等几位历史学家，这个人事上的安排即是明证。但是，另一方面，历史学家也有赖于科学史的工作。

第一，能够制造工具，是人区别于动物的重要标志。生产工具的进步是历史发展的重要标志，所谓旧石器时代、新石器时代、青铜时代、铁器时代、蒸汽机时代等，就是按生产工具来分的；而生产工具的制造则有赖于科学技术的进步。因此，深入研究科学、技术和生产这三者之间的相互关系，对于全面地了解社会发展史是非常必要的。这三者之间的关系非常复杂，在不同的时代、不同的国家或地区都有所不同，只有历史学家和科学史家合作，具体情况具体分析，才能给出准确的答案。

第二，科学不仅作为一种物质文明影响着生产力的发展，它还作为一种精神文明影响着人们思想意识的发展。哥白尼的日心地动说、达尔文的进化论，作为一个历史学家如果对这些自然科学理论视而不见，听而不闻，那他很难对历史作出公正而全面的论述。因此，历史学家不但要从生产力的角度，还要从意识形态的角度注视科学史的研究成果。

第三，考古学的新发现，可以丰富科学史研究的新内容，这是大家有目共睹的。李约瑟在他的巨著《中国科学技术史》（又名《中国的科学与文明》）第一卷第一章“序言”中说，研究中国科学技术史必须具备六个条件：①必须有一定的科学素养；②必须很熟悉欧学史；③必须对欧洲科学发展的社会背景和经济背景有所了解；④必须亲身体验过中国人民的生活；⑤必须懂中文；⑥必须获得中国科学家和学者们的广泛支持。接着，他带着当仁不让的口气说：“所有这些难得的综合条件，恰巧我都具备了。”他确实都具备了，竺可桢先生一次送他的礼物《古今图书集成》，就是一万卷。但是，光读万卷书还是不够的，这 30 多年来，他每次来中国都要到考古研究所，到许多省市去看考古新发现，所以后来有一次他对夏鼐说，应该补充第七个条件：必须对中国考古学有所了解。夏鼐在他的论文集《考古学和科技史》的后记中说：第一篇考古学和科技史可算是全书的“代序”。这篇内容，从表面上看是介绍自 1966 年以来我国有关科技史的考古新发现，实际上是想说明考古资料对于科技史研究工作的重要性，同时也是告诉考古工作的同行们，应该设法取得科技工作者的协助，以解决考古学上的问题，有些同时也是科技史上的问题[①]。关于湖南长沙马王堆汉墓出土文物和湖北随县曾侯乙墓出土文物等的综合研究，都是考古学家和科学史家合作的重要成果。河南省考古工作者带头筹备成立省科学技术史学会不是偶然的。

第四，按照传统的说法，历史学家要掌握四项基本知识：职官、年代、版本、目录。其中年代学即和天文学发生密切关系，尤其上古史的研究，更是离不开天文学方法。前巴比伦王朝开始于何时，库格勒（1862～1929）根据泥砖上一段关于金星的记录，断定前巴比伦王朝开始于公元前 2225 年，汉谟拉比在位时间是公元前 2123～前 2081 年之间，但最近的研究，有人认为库格勒的计算可能是错误的，整个时代要晚约 400 年：前巴比伦王朝在公元前 1894～前 1595 年之间，汉谟拉比在位时间是公元前 1792～前 1750 年之间，这样一来，也就和中国的夏朝相当了。中国的《尚书·胤征》篇有“乃季秋月朔，辰弗集于房”的记载，一般史学家认为这是发生在夏朝仲康时期的一次日食，但具体是何年，历来有争论，最近美国彭瑞钧考虑到地球自转的不均匀性，利用电子计算机算出这次日食发生在公元前 1876 年 10 月 16 日，当时的地球自转周期比现在短 60‰秒。武王伐纣发生在哪一年，

① 夏鼐. 考古学和科技史. 科学出版社，1979：135.

也是一个悬而未决的问题，有人说发生在公元前 1122 年，有人说发生在公元前 1027 年，上下相差达 95 年。1978 年，张钰哲把《淮南子・兵略训》中武王伐纣时有彗星出现的一段话，当作是哈雷彗星出现的记载，从而由哈雷彗星的轨道元素回推得武王伐纣为公元前 1057 年。但是，这个记载的可靠性是个问题，从武王伐纣到编写《淮南子》已过了八九百年，就算这段记载是可靠的，也不一定指的是哈雷彗星，因为还有其他周期彗星或非周期彗星也相当亮。最近黄一农有一篇重要文章《中国古史中的“五星聚舍”天象》，对近几年来美国班克奈（D. W. Pankenier）等人利用天象记录对武王伐纣、夏桀以至夏禹等年代所作的断定进行质疑，历史学家们应该关心这方面的进展。

五、简短的结论

由以上的讨论可以看出，科学史是一门历史科学，但是是一门具有特殊研究对象的历史科学。它的研究者除了要接受历史学的训练外，还必须有自然科学的素养。它的内容基本上可以分为两大方面：①研究科学发展本身的逻辑规律；②研究科学发展和各种社会现象（政治、经济、宗教和文化等）之间的互动关系。这些研究对进行科学研究、制定科技政策、搞好科技管理、进行科学教育都有参考价值；对在更深的层次上认识人类社会的历史也是必要的。因此我们希望历史学家热情帮助科学史家，和科学史家密切合作，努力发展这一学科。当然，对于中国科学史来说，我们还有一个继承遗产和总结经验的问题，更应该受到重视。

〔冯玉钦、张家治：《中国科学技术史学术讨论会论文集 1991》，北京：科学技术文献出版社，1993 年〕

The *Yao Dian* 尧典 and the Origins of Astronomy in China*

1 Introduction

Archaeology has provided valuable information on early Chinese astronomy (Xi, 1984; Chen, n. d. a). Perhaps one of the best known cases is the discovery and decipherment of the shell-bone inscriptions of the Shang Dynasty (c. 17th century B.C. to 1111 B.C.). These archaeological artifacts have provided indisputable evidence not only of the nature but also of the dating of Shang astronomy.

More recent archaeological discoveries have provided important new information on a number of unsettled questions about ancient Chinese astronomy. In particular, these discoveries have shed light on the dating of the astronomical contents of the *Yao Dian* and the determination of the origins of astronomy in Chinese civilization. This chapter investigates the significance of these new

* This paper was written in cooperation with Chen Cheng-yih (Joseph C. Y. Chen).

archaeological data. Section 2 presents a reevaluation of the dating of the *Yao Dian*. We then examine，in Section 3 and Section 4，the onset of calendrical science and the development of the equatorial system in relation to positional astronomy. Comparisons of the work of the ancient Chinese with that of the ancient Babylonians are made for both calendrical science and equatorial astronomy.

2 The *Yao Dian* and the Date of Its Contents

The *Yao Dian* 尧典（*The Canon of Yao*）is an ancient document from about the period of Emperor Yao. Approximately a third of the document is devoted to astronomical topics such as the determination of seasons and calendar making. The document survived because it was incorporated into the *Shang Shu*（尚书，*The Book of Documents*）. One of the important questions about the document is its date. According to traditional accounts of ancient Chinese history，Yao was the fourth emperor of the prehistoric *Wu-Di* 五帝（*Five Emperors*）period of about the 24th century B.C. and there is no question that this document was written after the time of Yao. Our interest，however，is in dating the astronomical knowledge contained in it.

According to the *Yao Dian*，during the time of Yao the seasons were determined by the meridian passage of four star-groups，known later as *xiu* 宿，the "equatorial compartments". The relevant passage① described the exact relationship

① 日中星鸟，以殷仲春。
日永星火，以正仲夏。
宵中星虚，以殷仲秋。
日短星昴，以正仲冬。
Needham（1959：245）translates this as follows：
The day of medium length and [the culmination of] the star
Niao 鸟 [serve to] adjust the middle of spring.
The day of greatest length and [the culmination of] the star
Huo 火 [serve to] fix the middle of summer.
The night of medium length and [the culmination of] the star
Xu 虚 [serve to] adjust the middle of autumn.
The night of greatest length and [the culmination of] the star
Mao 昴 [serve to] fix the middle of winter.

between the four *xiu* and the vernal and autumnal equinoxes and the summer and winter solstices. Owing to the gradual westward movement of the equinoctial points along thc ecliptic resulting from the change in direction of the Earth's axis, the relationship between the seasons and the *xiu* described in the passage no longer holds.

Biot (1862) attempted to determine the date when the *xiu*-season relationship recorded in the *Yao Dian* could have been observed. Taking the hour of observation of culmination to be 6 p.m., Biot obtained a date of about 2400 B.C., in agreement with the traditional dating of the Yao period (Biot, 1862: 263). Other than through some uncertainties arising from the exact equatorial extension of the four *xiu*, there appeared to be no escaping Biot's conclusion. However, by taking 7 p.m. as the hour of observation of culmination, Masukichi (1928) showed that the date could be reduced to the 8th century B.C. Although there are no valid grounds for disregarding the traditional view that transit observations by Chinese astronomers were always made at 6 p.m., Masukichi's calculation nevertheless highlights the sensitivity of the result to the precise hour of observation. ①Zhu (1944) approached the problem from a different perspective by examining the number of "*xiu*-determinatives" (stars identifying the equatorial extension of a given *xiu*-see Section 4) at different dates. His results are shown in Table 1. It is seen that the maximum number of *xiu*-determinatives occurred between 2300 B.C. and 4500 B.C., pointing again to a date earlier than 2300 B.C.

It is worthwhile recalling that in the beginning of the present century, the study of ancient Chinese history as evidenced by the *Shiji* 史记 (*Historical Record*) of the first century B.C. had suffered severe setbacks. Many leading historians and sinologists had practically denied the existence of Chinese history prior to the coming of the Zhou 周 Dynasty of about the 11th century B.C. Although the discovery of the shell-bone inscriptions of the Shang Dynasty and the subsequent identification of all but three of the thirty-one Shang kings'names in the inscriptions had restored much of the *Shi Ji*'s account of the Shang Dynasty,

---

① Zhao (1983) has further examined the effect due to different times of observation at different possible sites and has obtained a date between 2200 B.C. and 2000 B.C.

some leading historians and archaeologists maintained the view that there was little development on Chinese soil before the 16th century B.C. and that the pre-Shang account of Chinese civilization given in the *Shi Ji* was not accurate.

Table 1 *xiu*-determinatives used in the Chinese twenty-eight-*xiu* system within 10° of the celestial equator at different dates

Date	No. of *xiu*-determinatives	Names of the *xiu*-determinatives
1900 A.D.	5	Shen 参，Xing 星，Jiao 角，Xu 虚，Wei 危
230 B.C.	8	Shen 参，Xing 星，Yi 翼，Zhen 轸，Kang 亢，Di 氐，Xu 虚，Wei 危
2370 B.C.	12	Bi 壁，Kui 奎，Lou 娄，Bi 毕，Xing 星，Zhang 张，Yi 翼，Zhen 轸，Fang 房，Xu 虚，Wei 危，Shi 室
3440 B.C.	12	Bi 壁，Kui 奎，Jing 井，Xing 星，Zhang 张，Yi 翼，Zhen 轸，Fang 房，Xin 心，Xu 虚，Wei 危，Shi 室
4510 B.C.	12	Bi 壁，Kui 奎，Jing 井，Liu 柳，Xing 星，Zhang 张，Yi 翼，Wei 尾，Dou 斗，Xu 虚，Wei 危，Shi 室
6650 B.C.	10	Bi 壁，Kui 奎，Yi 翼，Wei 尾，Ji 箕，Dou 斗，Niu 牛，Nü 女，Xu 虚，Wei 危
8790 B.C.	3	Kui 奎，Gui 鬼，Zhen 轸

Such a view on the antiquity of Chinese history undoubtedly affected the dating and the interpretation of the origin of the quadrantal *xiu* system, and clearly played a vital role in forming Needham's conclusion (1959：246) on the subject:

> In view of all that we now know about ancient Chinese history, it seems very unlikely that the data in our text could refer to a time earlier than about−1500 [1500 B.C.] at the most generous estimate, and therefore Masukichi's conclusion is perhaps the most attractive. But the possibility remains open that the text is indeed the remnant of a very ancient observational tradition, not Chinese at all but Babylonian.

Our knowledge of prehistoric China has undergone dramatic changes in the last few decades, with stunning new data being revealed as a result of China's relentless archaeological exploration of its own past. Highly developed Neolithic cultures dating back to 6000 B.C. have been discovered, not only along the plains of the central belt and the basins of the central plains, but also in the Yangtze 扬子 Valley in the south. At the time of Yao, there existed, for example, the Dawenkou

大汶口 and Longshan 龙山 cultures in the central and northeast plains, the Liang zhu 良渚 culture along the southeast coast, and the Qijia 齐家 culture in the west (Chen n. d. a).

Inscriptions are found on pottery artifacts dating to the fifth millennium B.C.① Of particular interest are the inscriptions found on ceremonial pottery of the Dawenkou culture unearthed in 1959 at Lingyanghe 陵阳河 in Ju 莒 county in Shandong 山东 Province (Shandong Provincial Culture Relics and Jinan Museum, 1974: 117, Plate 94). These inscriptions, shown in Figure 1, consist of four glyphs, one taken from each of four pieces of ceremonial pottery illustrated in Figure 2. The Dawenkou cultural stratum from which this pottery was unearthed is ^{14}C dated to about 2500 B.C.

Figure 1 Pottery inscription unearthed in 1959 from the Dawenkou cultural stratum of c. 2500 B.C. at Lingyanghe in Ju county in Shandong Province

① For a general account of pottery inscriptions in prehistoric China, see Cheung (1983).

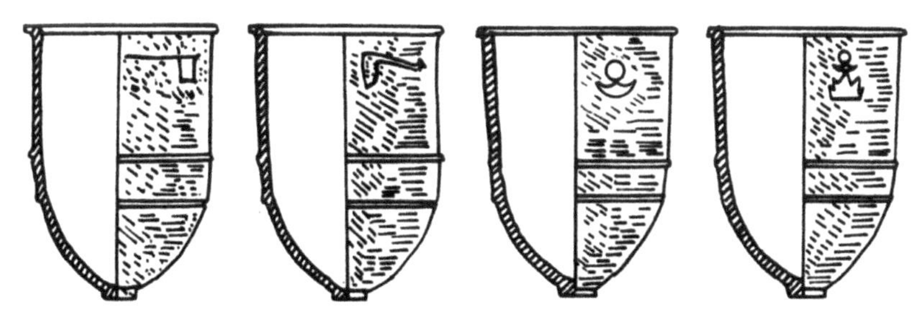

Figure 2 Illustrations of the four-ceremonial pottery vessels with incised glyphs unearthed in 1959 from the Dawenkou cultural stratum of c. 2500 B.C. at Lingyanghe in Ju county in Shandong Province

It is evident that the left-hand two glyphs shown in Figure 1 are pictograms of an axe and a hoe. The other two glyphs are probably ideograms, requiring careful deciphering. Etymological studies indicate that the top-right glyph represents the rising sun; it has been identified with the character *dan* 旦, meaning "morning". The bottom-right glyph represents the "fire (light) of the Sun" and has been identified with the character *jiong* 炅, meaning "seeing". ① A logical supposition is that the four ceremonial pottery vessels bearing these inscriptions probably functioned within the context indicated by the meaning of these incised glyphs. It is of great interest, then, to discover that this context matches that recorded in the *Yao Dian* (Shao, 1978).

The discussion on astronomy in the *Yao Dian* begins with the following passages:

> 乃命羲和，钦若昊天。
> 历象日月星辰，敬授人时。
>
> [Yao 尧] commanded Xi 羲 and He 和 to pay reverence to the grand celestial heavens, to delineate the regularities of the Sun, Moon, stars and constellations and to relate respectfully to people the seasons for observance.

① Yu (1973) identified both of the ideograms as ancient forms of the character *dan*, the upper being derived from the lower by a process of simplification. Tang (1975), on the other hand, identified them both as ancient forms of the character *jiong*. In support of Yu's interpretation, Shao (1978) cited the *Yao Dian* description of the enactment of the welcome reverence to the rising sun. However, on the basis of the descriptions given in the *Shuowen Jiezi* 说文解字 (*Analytic Dictionary of Characters*) in 121 A.D., Chen (n. d. b) suggested that both ideograms developed in their own right, the upper one being an ancient form of the character *dan* and the lower one an ancient form of the character *jiong*.

The text then continues with discussions of duties and functions of astronomy officials sent to different locations in the four directions. The following passage deals with the astronomy official sent to the east：

分命羲仲，宅嵎夷，曰旸谷。

寅宾出日，平秩东作。

［Yao 尧］separately ordered Xi-Zhong 羲仲 to reside at the mountain side in Yang-Gu 旸谷 by the Yi 夷 tribe. There he was to enact the welcome reverence to the rising sun and to regulate the work of the east.

From these passages，we see that the description of the duties and functions of the Yao astronomy official sent to the east matches the possible functions of the ceremonial vessels as indicated by the meanings of the inscriptions found on them. Thus，the two pieces of pottery with ideograms of the rising sun and the light of the Sun (Figure 2，bottom) were probably the ceremonial vessels used by the Yao astronomy officials to pay welcome reverence to the rising sun，while the two pieces with pictograms of an axe and a hoe (Figure 2，top) were probably the ceremonial vessels used to give thanks for the harvest. All of these seem to suggest that the account of official activities of the Yao astronomy officers recorded in the *Yao Dian* was probably based on historical facts. On the basis of this interpretation，together with the fact that these pieces of pottery are ^{14}C dated to c. 2500 B.C. and were unearthed in Shandong，a province in the east，Chen（1981）suggested that these inscribed ceremonial vessels constitute independent evidence supporting the dating of the astronomical knowledge contained in the *Yao Dian* based on the precession of the equinoxes.

3 The Development of Calendrical Science

3.1 The Ancient Chinese Calendar and Its Lunisolar Characteristics

The earliest extant written account of a calendar is found in the *Yao Dian*：

朞三百有六旬有六日，以闰月定四时成岁。

> The qi 朞(duration) of three hundred days plus six *xun* 旬(ten-day periods) and six days[①], forms a year in which the four seasons are fixed by the use of the *run yue* 闰月 (intercalated month).

It is significant that the statement specifically mentions both the seasons and the intercalated month. This implies that the ancient Chinese calendar was constructed in an attempt to keep in step with both the moon's phases and the seasons. In addition to the astronomical periods of a month (*yue* 月) and a year (*sui* 岁), the statement also mentions an artificial ten-day period, *xun* 旬, similar in many ways to the present seven-day week.

The statement records that a seasonal year had 366 days but provides no information on the length of the month. It is, therefore, difficult to deduce how intercalation of the month was implemented. On the other hand, it is reasonable to expect that at a given stage of development the length of the lunation should be determined, if not to a higher degree than, then at least within the same degree of accuracy as, the length of a seasonal year, since the latter is much more difficult to measure than the former. By assuming that the same degree of accuracy was obtained, we obtain an upper bound of 29.6 days for the length of a lunation. The value favors the scheme of using a short month of twenty-nine days and a long month of thirty days to keep in step with the moon's phase rather than the equal-month scheme. To keep pace with the 366-day seasonal year in a short- and long-month scheme requires, mathematically, the addition of two thirty-day intercalated months during every five-year period. It is doubtful, however, that the

---

① It is worthwhile noting that the expression for 366 days is extremely archaic. Compare this expression with that for 547 days found in the shell-bone inscriptions of the 13th century B.C.:

> 三百有六旬有六日。
>
> Three hundreds plus six tens plus six days.
>
> 五百四旬七日（[illegible]）。
>
> Five hundreds, four tens, seven days.

Though the use of a particle between the units and the tens of a number was common in the early shellbone inscriptions of the 14th century B.C., the practice was nevertheless becoming rare in the later Shang. On the other hand, the use of a particle between the tens and the hundreds is not found at all in the shell-bone inscriptions. This seems to indicate that the expression for 366 days was probably preserved from the pre-Shang period. There is also evidence based on the work of Dong (1945) that by the time of Yin 殷 the length of a tropical year was known more accurately than to the nearest whole number of days.

intercalation was implemented systematically at this early stage.

The earliest extant records of the calendrical use of the twenty-nine-day short month and the thirty-day long month are found in the shell-bone inscriptions (*jiaguwen*，甲骨文) of the Yin 殷 period of the Shang 商 Dynasty unearthed at Anyang 安阳. The shell-bone inscriptions also contain evidence that the intercalated month was not always inserted at the end of the year as the thirteenth month，and that the Yin calendar occasionally contained a fourteen-month year (Dong，1930). This implies that，by the Shang period，the intercalation procedure had not yet been systematized. Intercalated months were probably inserted in an ad hoc manner. The problem might also be related to the determination of seasonal changes.

The purpose of the intercalated month is，of course，to keep the lunation in step with the seasons of the year. In order for the lunisolar intercalation to be successful. it is also necessary to determine seasonal changes accurately. According to records preserved in the *Shanhai Jing* 山海经 (*The Classic of the Mountains and Rivers*)，an ancient method for the determination of seasons of the year，practiced in certain parts of China，was to keep track of the positions of sunrise and sunset between two selected mountain ranges，respectively in the east and west (Lu，1984：27，171-172；Chen，1988). No information is available to us on the accuracy achieved by this method.

By the time that the account of the intercalation method for calendar making was incorporated in the *Yao Dian*，the seasons were already determined by the meridian passages of four star-groups (see Section 2). The vernal and autumnal equinoxes were determined by the culmination of the star-groups identified by the stars *Niao* 鸟 (α Hya) and *Xu* 虚 (β Aqr). The summer and winter solstices were determined by the culmination of the star-groups identified by the stars *Huo* 火 (Antares，α Sco) and *Mao* 昴 (η Tau). The use of the meridian passage of stargroups for determining seasons was certainly a significant advance at this early stage of astronomical development.

If the intercalations were implemented systematically，then the precession of the equinoxes，even if its presence was undetected，should have presented no real difficulties for this procedure, as its effect was very small. Even as late as the Yin period of the Shang, the timing of the culminations of the determinative star-groups would only have slipped relative to the time of the seasons described in the *Yao Dian* by approximately half a month. However, the situation could easily have been aggravated if the intercalations were administered as ad hoc corrections without an overall systematic procedure for handling the accumulated shift. By the tenth century B.C., systematic sun-shadow measurements using a gnomon had become available for the accurate determination of the seasons.

No explicit statements on the length of the lunation and the tropical year were found among the shell-bone inscriptions. Dong (1945) deduced, from the information found in the inscriptions, a figure of 29.53 days for the lunation and 365.25 days for the tropical year, and suggested that the well-known Si Fen Li 四分历 ("Quarter-Remainder" calendar) was handed down by the Shang astronomers. However, tacit assumptions were made in deducing these numbers and further evidence is needed before they can be accepted as those determined by the Shang astronomers. Based on Dong's work, it is nevertheless apparent that the Shang astronomers knew the length of a tropical year more accurately than the 366 days given in the *Yao Dian*. The shell-bone inscriptions also confirm that by the 14th century B.C. the Chinese calendar was a lunisolar one in which the moon's phase and seasonal changes were reconciled by expressing the twelve-month year in terms of combinations of short and long months and by the occasional use of an intercalated month.[①] The Yin calendar revealed by the shell-bone inscriptions is consistent with the account of the Yao calendar given in the *Yao Dian*.

3.2 The Nature of Calendrical Science in China

At a very early stage, calendrical science in China underwent different trends of development. One such trend placed an emphasis upon incorporating into the calendar additional astronomical phenomena, such as lunar and solar eclipses and

① The practice in the West of referring to the Chinese calendar as a lunar one began soon after the coming of the Jesuits to China in the 17th century. This practice is now commonly accepted, even among the Chinese public. However, such a terminology most probably originated from a misunderstanding of the Chinese calendar.

planetary motions. Another important trend was to facilitate the civil functions of the calendar by introducing counting cycles dissociated from the cycles of lunations and seasonal changes. These different developments gave rise to the multifunctional characteristics of the later Chinese calendar.

The first known artificial period introduced into the ancient Chinese calendar was the ten-day *xun* 旬，whose purpose was to subdivide the astronomical periods of a lunation and a seasonal year. Thus，a three-*xun* was approximately a lunation and a thirty-six-*xun* was approximately a tropical year. A ten-day period was a logical choice since Chinese numerals，whether in the ciphered grouping form found in the shell-bone inscriptions or in the positional counting rod form for computations，have always been decimal.

The names of the days in a *xun*，

jia 甲，*yi* 乙，*bing* 丙，*ding* 丁，*wu* 戊，

ji 己，*geng* 庚，*xin* 辛，*ren* 壬，*gui* 癸

formed a denary cyclic system known as the *gan* 干 system.

There is evidence from the shell-bone inscriptions indicating that，by the time of the Shang Dynasty in the second millennium B.C.，the denary day-count cycle had been incorporated into a sexagenary one. It is self-evident that the *gan-zhi* 干支 cyclic system used for the sexagenary daycount was derived from the *gan* system by combining its ten ordered characters with the twelve ordered characters

zi 子，*chou* 丑，*yin* 寅，*mao* 卯，*chen* 辰，*si* 巳，

wu 午，*wei* 未，*shen* 申，*you* 酉，*xu* 戌，*hai* 亥

of the duodenary *zhi* 支 system to give a total of sixty ordered combinations，such as *jia-zi* 甲子 or *yi-chou* 乙丑. Such combinations are among the commonest characters for the day count in the shell-bone inscriptions.

Further evidence that the *gan* system was used for a denary day count before it was incorporated into the *gan-zhi* system can be found in the following examples from the shell-bone inscriptions（see，for example，Chen，1955）：

己丑卜，庚雨。

Divination on the *ji-chou* 己丑 day indicates that it will rain on the *geng*

庚 day.

乙卯卜，翌丙雨。

Divination on the *yi-mao* 乙卯 day indicates that it will rain on the next *bing* 丙 day.

Here we see that the *geng-yin* 庚寅 day following the *ji-chou* 己丑 day is denoted by *geng* 庚，a single *gan* character. Similarly，the *bing-chen* 丙辰 day，the next day after the *yi-mao* 乙卯 day，is denoted by *bing* 丙；again a single *gan* character. The reason that single *gan* characters are used here is that they are referring to days within the same ten-day *xun*.

The significance of the *gan-zhi* system is that it permitted an independent day count，detached from both lunations and seasonal changes. The choice of a sixty-day period was probably based on the combinations of short and long months in the Shang calendar，since a period of sixty days approximates a two-month period and is also a whole number of ten-day *xuns*. In the first century B.C.，the practice of using the *gan-zhi* system for a day count was generalized to include a year count. These practices continued until modern times.

We emphasize that the *gan-zhi* day count was introduced after the scheme of intercalation had already been invented. It was introduced not to replace the day count within lunations and seasonal years but to provide a reference day count common to all regions and periods. This was an important innovation of scientific merit. Thus，the statement "the most ancient day-count in Chinese culture did not depend on the sun and moon at all"(Needham，1959：396)can be rather misleading. Day counts in lunations and seasonal years began long before the *gan-zhi* system was developed. In fact，it was the *gan-zhi* day-count system that permitted us to deduce the length of a tropical year in the spring-autumn period (771 to 477 B.C.) of the Zhou Dynasty.

In the *Zuo Zhuan* 左传(*Master Zuoqiu's Enlargement of the Spring and Autumn Annals*)，there are two dated records of the winter solstices：one is on the *xin-hai* 辛亥 day in the first month of the fifth year of the reign of Xi-Gong 僖公 (that is，655 B.C.)，and the other is on the *ji-chou* 己丑 day in the second month of the twentieth year of the reign of Zhao-Gong 昭公(that is，522 B.C.). The number of days in the 133-year period between the two winter solstices can be deduced from the *gan-zhi* day count starting on the *xin-hai* day and finishing on the *jichou* day. This yields a total of 48,578 days，giving a tropical year of 365 33/133days. According to the *Yao Dian* discussed earlier，efforts to keep lunations in step with seasonal changes were made by the time of Yao，and it appears from the shell-bone inscriptions that these efforts continued throughout the Shang Dynasty. In the 8th century B.C. in the Zhou Dynasty，the scheme of using seven intercalated months in every nineteen-year period began to develop，and this was carried out systematically in the 6th century B.C.

The ancient Chinese astronomers demanded more from their calendar than just providing periods suitable for civil life and cultural observances. They also required it to provide information on a range of periodic astronomical phenomena. An interest in keeping track of lunar and solar eclipses began very early，as is evident from the shell-bone inscriptions. The fact that solar eclipses are only possible at *shuo* 朔(the beginning of a lunation，or new moon) and lunar eclipses at *wang* 望(the middle of a lunation，or full moon)，must have been recognized very early. Certain rules concerning lunar eclipse periods were probably also known，since in the *Shi Jing* 诗经(*Book of Odes*) we find，following most records of a lunar eclipse，remarks that it occurred at its regular time as expected. In the *Chun Qiu* 春秋(*Spring and Autumn Annals*)，records are only kept of solar eclipses. Thirty-seven solar eclipses in total are recorded there，covering a 242-year period.

Additional astronomical phenomena continued to be incorporated into Chinese calendars. This trend made them much more closely related to astronomical phenomena than is our current calendar. Thus，the history of calendar-making in Chinese civilization is not merely a record of successive attempts at reconciliation between lunations and seasonal changes，but also a record of successive reforms in the methods of eclipse prediction and the determination of planetary motions.

3.3 The Origins of Chinese Calendrical Science

Much has been written over the last century about the Babylonian influence on Chinese astronomy (for example, Edkins, 1885; Oldenberg, 1909; Bezold, 1919). The *gan-zhi* day-count system found in the shell-bone inscriptions of the second millennium B.C. has often been cited as evidence of this, since the system is sexagenary. It is well known that the Mesopotamian numeral system was sexagesimal. There can be little doubt that the sexagesimal fractions of the Greeks and Alexandrians, as well as the division of the circle into 360°, were derived from it. However, the claim that the *gan-zhi* system was also derived from the Babylonian system is based on speculation. Needham (1959: 82) has pointed out that "the number of degrees of the old Chinese circle was 365 1/4, not 360" and that "sexagesimal fractions never played any part in Chinese calculations".

In fact, the *gan-zhi* system was fundamentally different from the Babylonian sexagesimal system, not only in function but also in concept (Chen, 1980). Unlike the latter, the *gan-zhi* system was not a system of cardinal numerals but an ordered cyclic system. Its elements functioned much like ordinal numerals by specifying orders in counting. In addition. the *gan-zhi* system was not derived from any numeral principle with base 60, but from two separate cyclic systems, the denary *gan* system and the duodenary *zhi* system, as mentioned earlier. These were combined in a way that may be visualized as two enmeshed cogwheels, one with twelve and the other with ten teeth, turning together day by day to produce a cycle of sixty ordered combinations.

Thus, it is apparent that the sexagenary *gan-zhi* system was derived from two known systems in accordance with a predetermined combinatorial procedure. This procedure has nothing in common with sexagesimal numeration principles. Consequently, the sexagenary *gan-zhi* system cannot be used as evidence for Babylonian influence on Chinese astronomy or calendrical science.

On the basis of the names of the months from the Old Babylonian Reign (19th to 16th centuries B.C.) and their arrangement on Babylonian clay tablets of c.1100 B.C. unearthed at Assur (van der Waerden, 1974: 47, 64), we learn that the vernal equinox was fixed in the first month, the month of *Nisannu*. In Babylonian civilization, the month was always taken to begin with the "new moon", the first appearance of the crescent moon after sunset. There is evidence indicating that the Old Babylonian calendar made use of an intercalated month to keep the lunations in step with the seasonal year. According to a document found in the texts of a Babylonian cuneiform tablet, Hammurabi (c.1728-1686 B.C.) made the following order:

> Since the year is not good, the next month must be noted as a second *Ululu* [the sixth month] . Instead of delivering the tithes to Babylon on the 25th of *Tishritu* [the seventh month], have them delivered on the 25th of *Ululu* Ⅱ (Kugler, 1909: 253, see also Pannekoek, 1961: 31).

This indicates that intercalation was certainly used by the time of Hammurabi. The implementation of intercalations appears, however, to have been carried out in an ad hoc rather than a systematic manner. The short- and long-month scheme was probably used. No information has come down to us on the length of the seasonal year before the Assyrian period. To judge by the *Yao Dian* and the shell-bone inscriptions, there was no significant difference between the pace of calendar development in Babylonia and in China.

On the basis of systematic investigations of available Babylonian tablets containing records on intercalated months in chronological order (Parker and Dubberstein, 1956), van der Waerden (1974: 103) has shown that between 528 B.C. and 503 B.C. the intercalation procedure consisted of the insertion of three intercalated months in each eight-year period (hereinafter "the 3-8 intercalation procedure"), as shown in Table 2.

Table 2 The Babylonian "3-8" intercalation procedure

Period	Years with intercalation			Number of intercalations
528-521 B.C.	2U	4A	7A	3
520-513 B.C.	2U	4A	7A	3
512-505 B.C.	2U	4A	7A	3
504 B.C.	2U			

Notes: "U" indicates that an intercalated month was inserted in the middle of the year. "A" indicates that an intercalated month was inserted at the end of the year.

The procedure was further improved (ibid.) by the use of seven intercalated months in each nineteen-year period (hereinafter "the 7-19 intercalation procedure") at the turn of the 5th century B.C., as shown in Table 3. From Table 3, it is seen that by the 5th century B.C. the Babylonians had indeed mastered the 7-19 intercalation procedure by inserting an intercalated month in the third, sixth, eighth, eleventh, fourteenth, seventeenth, and nineteenth years in each nineteen-year period. According to the extant tablets of the last Babylonian period, the procedure was still in use in the first century A.D.

Table 3 The Babylonian "7-19" intercalation procedure

Period	Years with intercalation								Number of intercalations
500-482 B.C.	1A	3A	6A	(8A)	11A	14A	17U	19A	8
481-463 B.C.		(3A)	(6A)	8A	11A	14A	17U	19A	7
462-444 B.C.		3A	(6A)	8A	11A	14A	17A	19A	7
443-425 B.C.		3A	(6A)	8A	11A	14A	17A	19A	7
424-406 B.C.		3A	(6A)	8A	11A	14A	17U	19A	7
405-387 B.C.		3A	6A	8A	11A	(14A)	17U	19A	7

Notes: "U" indicates that an intercalated month was inserted in the middle of the year. "A" indicates that an intercalated month was inserted at the end of the year. "( )" indicates that no record has yet been found among the tablets.

Similar studies of Chinese intercalation procedures, based on the chronicle and astronomical data systematically kept in the *Chun Qiu* 春秋 (*The Spring and Autumn Annals*) between 722 B.C. and 476 B.C., were carried out by Wang (1889) and subsequently by Shinjo (1929) and Yabuuchi (1969). The results of these studies are summarized in Table 4. It is apparent that the 7-19 intercalation procedure was also developed in Chinese civilization and was implemented systematically by the 6th century B.C. By comparing Table 4 with Tables 2 and 3, it is also apparent that both civilizations underwent a period of uncertainty before the 7-19 intercalation procedure was worked out satisfactorily and implemented systematically. Even then, there were still differences in the pattern of spacing the intercalated months.

Table 4 The Chinese “7-19” intercalation procedure (after Chen, 1978)

Period	Number of intercalations	Period	Years with intercalation							Number of intercalations
722-704 B.C.	7	589-571 B.C.	3	6	8	11	13	16	19	7
703-685 B.C.	6	570-552 B.C.	3	5	8	11	14	17	19	7
684-666 B.C.	7	551-553 B.C.	3	5	8	11	13	16	19	7
665-647 B.C.	7	532-514 B.C.	3	6	8	11	13	16	19	7
646-628 B.C.	6	513-495 B.C.	2	6	8	11	13	16	19	7
627-609 B.C.	7	494-476 B.C.	3	5	8	11	13	16	19	7
608-590 B.C	8									

Table 2 and Table 3 reveal that the changeover from the 3-8 intercalation procedure to the 7-19 one took place in the Babylonian calendar in a relatively short period between 504 B.C. and 482 B.C. During this period, the Chinese astronomers had already systematically implemented the 7-19 intercalation procedure for almost a century. Thus, we fail once again to see any Babylonian influence on the Chinese calendar. Indeed, if a case is to be made for transmissions during this period, it is in the reverse direction. The transition from the 3-8 to the 7-19 intercalation procedure in the Babylonian calendar took place long after the appearance of the latter in the Chinese calendar; furthermore, it happened rather suddenly and was completed within a relatively short time. However, in the absence of direct evidence of transmission in either direction, we prefer to work on the premise that we are dealing with parallel developments.

4 The System of *Xiu* and Positional Astronomy

4.1 The Characteristics of Chinese Celestial Coordinates

One of the basic requirements for recording a celestial object or describing an astronomical phenomenon is a systematic method for specifying its position. For this purpose, the ancient Chinese astronomers made use of the north celestial pole and the circumpolar stars. They developed a system of twenty-eight *xiu*, identified by their corresponding star-groups, lying within a narrow belt of the equatorial circle. The equatorial ascension of a *xiu* was specified by a determinative star. In this system, the position of a celestial object or astronomical event was specified by the polar distance and by the difference in right ascension relative to the nearest *xiu*-determinatives. This eventually led to the development of celestial equatorial coordinates in ancient China.

A comparison of the celestial equatorial coordinates used by ancient Chinese astronomers with those used universally in modern astronomy is given in Figure 3. In the Chinese system, the position of a celestial object such as a star is specified by the north polar distance p and the angle β from the determinative star of the nearest of the twenty-eight *xiu* [Figure 3(a)]. In modern astronomy, the position is specified by the declination δ and the right ascension α [see Figure 3(b)]. It is apparent from the comparison that the two celestial coordinate systems both use the hour-circle and the equator as their reference circles. Evidence for such a coordinate system can be traced to the work on listing the stars by Shi Shen 石申 and Gan De 甘德 in the fourth century B.C.

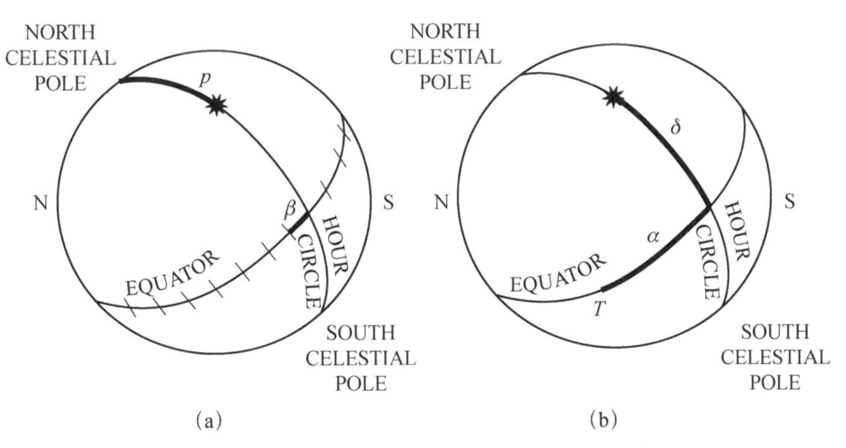

Figure 3 Diagrams illustrating the celestial equatorial coordinate systems used in (a) ancient Chinese astronomy and (b) modern astronomy

The fact that the north polar distance is simply the complement of declination and the angle from the determinative star of the nearest *xiu* is equivalent to right ascension seems to suggest that the two celestial coordinate systems were probably related in their development. It is well known that ancient Greek as well as medieval European astronomers used the ecliptic and the circle of celestial longitude as their reference circles. Consequently, a star's position is expressed in terms of ecliptic longitude and latitude. Needham (1959: 266) has commented that "since the Renaissance, and especially since the work of Tycho Brahe, modern astronomy has made universal use of equatorial coordinates, using right ascension and declination". Thus, the equatorial system began to emerge as the major celestial coordinate system in the 16th century A.D.

In this section, we examine the origin and the development of the *xiu* system, a crucial component of the Chinese celestial equatorial coordinate system.

4.2 The System of Twenty-Eight *Xiu*

The fully developed system of *xiu*, as we now know it (Zhu, 1944), is shown in Table 5. Listed alongside each *xiu* are the name, magnitude, right ascension α, and declination δ (epoch 1900 A.D.) of its determinative star lying on the hour circle. From the table it can be seen that the *xiu*-determinative stars were not chosen on the basis of their magnitude: a number of them were of only fourth magnitude, and one (*Gui*, θ Cnc) was of sixth. Instead, they were probably chosen because of certain specific positional requirements. This probably also explains why some of the determinative stars were quite far from the equator even after taking into consideration the precession of the equinoxes.

Table 5 Table of the twenty-eight *xiu* and their determintive stars

1		角 (Jiao)	α Virginis (1.2) 13°19′55″−10°38′22″	9		牛 (Niu)	β Capricorni (3.3) 20°15′24″−15°05′50″
2		亢 (Kang)	κ Virginis (4.3) 14°07′34″−09°48′30″	10		女 (Nü)	ε Aquarii (3.6) 20°42′16″−09°51′43″
3		氐 (Di)	α^2 Librae (2.9) 14°45′21″−15°37′35″	11		虚 (Xu)	β Aquarii (3.1) 21°26′18″−06°00′40″
4		房 (Fang)	π Scorpii (3.0) 15°52′48″−25°49′35″	12		危 (Wei)	α Aquarii (3.2) 22°00′39″−00°48′21″
5		心 (Xin)	σ Scorpii (3.1) 16°15′07″−25°21′10″	13		室 (Shi)	α Pegasi (2.6) 22°59′47″+14°40′02″
6		尾 (Wei)	μ^1 Scorpii (3.1) 16°45′06″−37°52′33″	14		壁 (Bi)	γ Pegasi (2.9) 00°08′05″+14°37′39″
7		箕 (Ji)	γ Sagittarii (3.1) 17°59′23″−30°25′31″	15		奎 (Kui)	η Andromedae (4.2) 00°42′02″+23°43′23″
8		斗 (Dou)	φ Sagittarii (3.3) 18°39′25″−27°05′37″	16		娄 (Lou)	β Arietis (2.7) 01°49′07″+20°19′09″

续表

17		胃 (Wei)	41Arietis (3.7) 02°44′06″+26°50′54″	23		鬼 (Gui)	θ Cancri (5.8) 08°25′54″+18°25′57″
18		昴 (Mao)	η Tauri (3.0) 03°41′32″+23°47′45″	24		柳 (Liu)	δ Hydrae (4.2) 08°32′22″+06°03′09″
19		毕 (Bi)	ε Tauri (3.6) 04°22′47″+18°57′31″	25		星 (Xing)	α Hydrae (2.1) 09°22′40″−08°13′30″
20		觜 (Zi)	λ^1 Orionis (3.4) 05°29′38″+09°52′02″	26		张 (Zhang)	μ Hydrae (3.9) 10°21′15″−16°19′33″
21		参 (Shen)	ζ Orionis (1.9) 05°35′43″−01°59′44″	27		翼 (Yi)	α Crateris (4.2) 10°54′54″−17°45′59″
22		井 (Jing)	μ Geminorum (3.2) 06°16′55″+22°33′54″	28		轸 (Zhen)	γ Corvi (2.4) 12°10′40″-16°59′12″

The twenty-eight *xiu*, as we now know them, are divided into four groups, each containing seven *xiu*, corresponding once to the four cardinal directions. These four divisions, known as the *si gong* 四宫 (four palaces) or *si xiang* 四象 (four images), consist of the *Qing-Long* 青龙 (Blue Dragon) in the east, the *Zhu-Niao* 朱鸟 (Vermilion Bird) in the south, the *Bai-Hu* 白虎 (White Tiger) in the west, and the *Xuan-Wu* 玄武 (Black Snake-Tortoise) in the north. About 1200 B.C., just after sunset around the spring equinox, the celestial configuration of the divisions would be such that the seven *xiu* of the *Zhu-Niao* would appear in the center of the southern sky, the seven *xiu* of the *Qing-Long* would appear near the horizon in the east, the seven *xiu* of the *Bai-Hu* would appear near the horizon in the west, and the remaining seven *xiu* of the *Xuan-Wu* would be invisible below the horizon. Thus, such a division is consistent with a quadrantal division that takes the horizon as a reference circle.

The character *xiu* 宿 literally means a temporary resting-place. With the mental picture that the twenty-eight equatorial compartments (identified with the twenty-eight star-groups) functioned as the restingplace for the apparent journey of the sun, these equatorial compartments gradually became known as *xiu*. The familiar translation of *xiu* as "lunar mansion" is rather misleading, since the equatorial compartments were *xiu* not only for the moon, but also for the sun and planets. It is not difficult to see from early records such as the *Yao Dian* that, historically, the concept of *xiu* was developed primarily in relation to the apparent motion of the sun. Relationships to the moon and planets appeared gradually in the course of time.

Opinions differ considerably among scholars on the dates when the four divisions and the twenty-eight *xiu* were first completed. Among the extant Chinese classics，the *Kao Gong Ji* 考工记（*The Artificer's Record*）is perhaps the earliest book in which the four divisions are mentioned. The earliest complete list of names of the twenty-eight *xiu* is found in the *Lüshi Chunqiu* 吕氏春秋（*Master Lü's Spring-Autumn Annals*）of 239 B.C. However，it is in the *Huai-Nan Zi* 淮南子（*The Book of the Prince of Huai-Nan*）of 120 B.C. that both the four divisions and complete list of twenty-eight *xiu* are found.

4.3 An Archaeoastronomical Analysis

The controversy of two centuries about the antiquity of the fully developed system of *xiu* has been set to rest by the discovery of an astronomical diagram of the 5th century B.C. with the names of the twenty-eight *xiu* written clockwise in an oval ring encircling the character *Dou* 斗，Ursa Major（see Figure 4）. This diagram is painted in red with a black background on the cover of a wooden chest（length 82.8 cm，width 47 cm，and height 44.8 cm）unearthed in 1978 at Leigudun 擂鼓墩 in Sui 随 county，Hubei 湖北 Province，from a tomb identified as that of Marquis Yi 乙 of the state of Zeng 曾（Leigudun Team 1979：Plate 5）. From the date found in the inscriptions on the burial gift，a ceremonial bell from the king of Chu 楚 to Marquis Yi，we learn that Marquis Yi died in the year 433 B.C. This implies that the system of twenty-eight *xiu* could not have been completed later than the 5th century B.C.，which places a greater significance on the fact that twenty-four out of twenty-eight *xiu* had already appeared in the *Yue Ling* 月令（*Monthly Ordinances of Zhou*）of about the 7th century B.C.

All the characters for the names of *xiu* in the diagram of Marquis Yi are written in the seal form（Wang et al.，1979）. In Figure 5，they are identified with the present printed form. By comparing these with Table 5，it is seen that，apart from a few cases，the names of the *xiu* in the two sets are identical，except perhaps for homophone or stroke variations. The names provided by the astronomical diagram

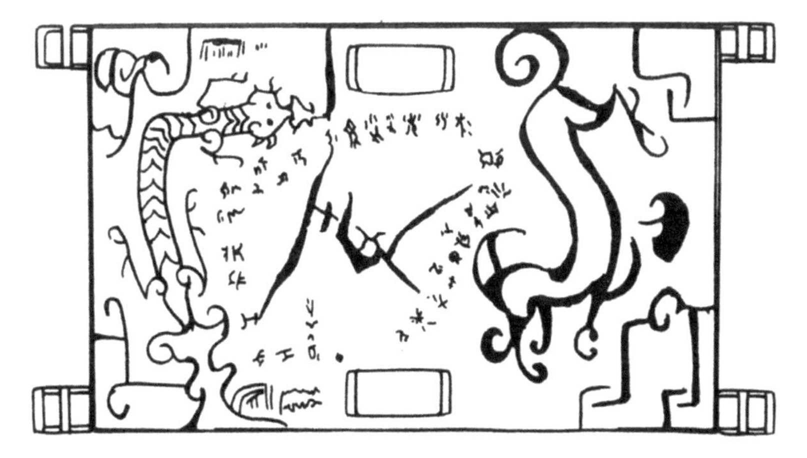

Figure 4 Copy of the astronomical diagram unearthed in 1978 in Hubei from the tomb of Marquis Yi of the state of Zeng dated to the 5th century B.C.

are invaluable in the study of the origins of the *xiu* names. A number of such studies are now available in the Chinese literature (Wang et a1., 1979; Qiu, 1979).

(角)、(埅)、(氐)、(方)、(心)、(尾)、(箕)、

(斗)、(牵牛)、(伏女)、(虚)、(厃)、(西萦)、(东萦)、

(圭)、(婁女)、(胃)、(矛)、(縪)、(此雈)、(参)、

(东井)、(與鬼)、(酉)、(七星)、(素)、(翼)、(車)

Figure 5 The identification of the names of the twenty-eight *xiu* in the seal form in the 5th century B.C. astronomical diagram with those in the present form

The astronomical diagram of the 5th century B.C. also provides valuable information on the development of the star-group divisions. In the diagram, a dragon and a tiger are drawn on opposite sides of the ring of twenty-eight *xiu*. An obvious interpretation is that the dragon corresponds to the *Qing-Long* (Blue Dragon) palace in the east and the tiger corresponds to the *Bai-Hu* (White Tiger) palace in the west. This, however, leaves open the question about the remaining two palaces of the *si gong*, namely, the *Zhu-Niao* (Vermilion Bird) in the south and the *Xuan-Wu* (Black Snake-Tortoise) in the north. Huang et al. (1982) suggest that the two remaining palaces can also be accounted for if one includes the displays

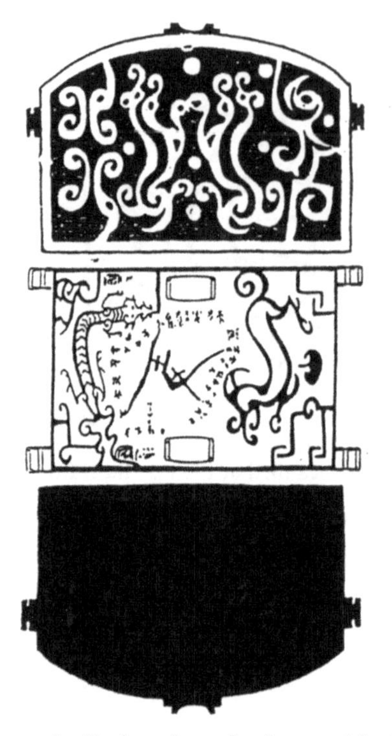

Figure 6 Designs from the front and back of a wooden chest unearthed in 1978 in Hubei from the tomb of Marquis Yi of the state of Zeng, dated to the 5th century B. C., displayed together with the astronomical diagram from its cover

on the front and back sides of the wooden chest together with the astronomical diagram displayed on its cover (Figure 6). By interpreting the design on the front side as birds and the total blackness on the back side as an indication of invisibility, they concluded that the Vermilion Bird palace and the Black Snake- Tortoise palace were indeed included in the overall presentation of the astronomical system on the wooden chest. To support their interpretation of total blackness as invisibility, Huang et al (1982). pointed out that the date "the third day, *jia yin* 甲寅" is entered below the second *xiu* (namely, *kang* 陸) in the astronomical diagram. The date, which was probably entered as a record of Marquis Yi's death, has been identified as the third day of the fifth month, corresponding approximately to the season of the spring equinox (Wang et al., 1979). Consequently, the seven *xiu* in the north were invisible below the horizon at dusk. Such an interpretation is of interest and deserves further study.

Recent archaeological discoveries suggest that the system of *xiu* probably had a long history of development. In a tomb excavated in 1987 at Puyang 濮阳 in the province of Henan 河南, images of *long* 龙 (dragon) and *hu* 虎 (tiger) made of shells were found alongside the body of a male in the *Yangshao* 仰韶 cultural stratum dating to about 5000 B.C. (Figure 7) (Puyang, 1988: Plate 1.1). The orientation of the skeleton is such that its skull points to the south. The interest in this discovery lies in the comparison shown in Figure 8. Taking the alignment of the body to the south together with the astronomical diagram unearthed from the tomb of Marquis Yi (Figure 4), one sees that in both cases the dragon lies in the east and the tiger in the west. This seems to suggest that the astronomical significance attached to the images of the dragon and tiger seen in the astronomical diagram of the Marquis Yi tomb might have its roots in ancient mythology. The relationship was probably established by ancient skywatchers, perceiving the configurations of the stars in the east to have the image of a dragon and those in the west to have the image of a tiger. Such an origin could also account for the fact that the *xiu* was not equally spaced and that some of the determinative stars were quite far from the equator.

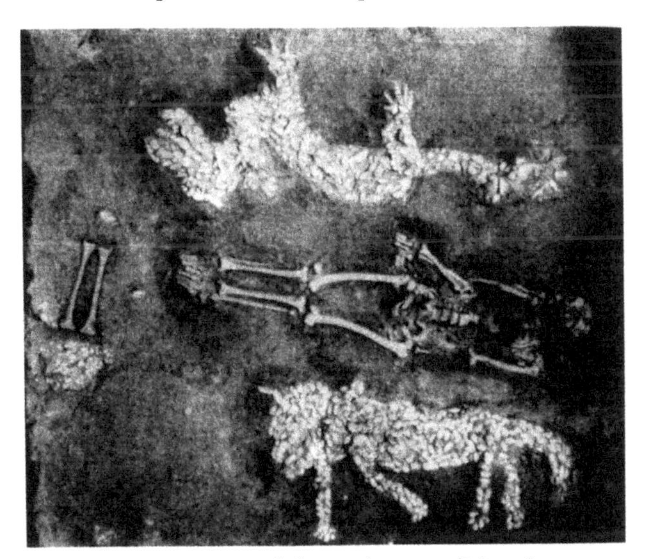

Figure 7　Images of *long* 龙 (dragon) and *hu* 虎 (tiger) alongside a human body excavated in 1987 from the Yangshao cultural stratum at Puyang in Henan Province

In this connection, two further mythical animals of antiquity are worth examining. Shown in Figure 9 is a drawing of a mythical animal of the Yangshao culture in the Gansu 甘肃 tradition (c. 3000 B.C.) unearthed in 1958 at Gangu 甘谷. This snake-like animal might be related to what later came to be known as the *Xuan-Wu* 玄武, the name for the star-group division in the north, since *Xuan-Wu* has been identified not only with the tortoise but also with the snake of antiquity.

Figure 8　A comparison of the arrangement of the images of a dragon and a tiger from a tomb of the Yangshao culture（c. 5000 B.C.）with that in an astronomical diagram from the tomb of Marquis Yi（434 B.C.）

Figure 9　A snake-like mythical animal painted on a flat-bottomed amphora of the late Yangshao 仰韶 culture（c. 3000 B. C.） unearthed in 1958 at Gangu 甘谷 in Gansu 甘肃 Province

The other mythical animal worthy of note is the bird of the Hemudu 河姆渡 culture of the Yangtze Valley in the south. The astronomical significance of the Hemudu bird is revealed by an ivory engraving unearthed in 1977 from the third Hemudu cultural stratum（c. 6000 B.C.）near Yuyao 余姚 in Zhejiang 浙江 Province（Hemudu，1980：Plate 3，Figure 7[T2263：79]）. A copy of the engraving is shown in Figure 10. It consists，in addition to the Hemudu mythical birds，of six stars with the sun in the middle. It seems to illustrate the presence of the sun in a stargroup identified with the mythical bird. This interpretation raises the interesting question of whether the engraving is an early description of the *Niao Xing* 鸟星，the “Bird Star”，mentioned in the *Yao Dian* as well as in the shell-bone inscriptions of the 14th century B.C. It is well known to historians of astronomy that the *Niao Xing* has been identified with the twenty-fifth *xiu*（α Hya）central to the *Zhu-Niao*（Vermilion Bird）star-group division in the south.

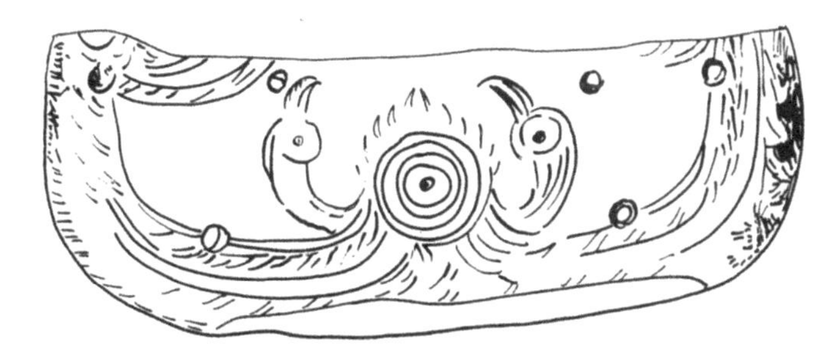

Figure 10 A copy of an ivory engraving unearthed in 1977 from the third Hemudu cultural stratum（c. 6000 B.C.）near Yuyao in Zhejiang Province

4.4 The System of *Xiu* and Planisphere

The polar and equatorial character of the system of twenty-eight *xiu* has been a topic of much discussion. Needham (1959: 231, 252-258) commented that "many European scholars have found it almost impossible to believe that a fully equatorial system of astronomy could have grown up without passing through an ecliptic (zodiacal) phase, yet that undoubtedly happened". He also hastens to point out (Needham, 1959: 231, footnote g) that "it happened in Babylonia first", and devotes much discussion to the possibility that the Chinese system was derived from Old Babylonian equatorial astronomy. Here we reexamine this problem by comparing the two systems in light of the new archaeological data already discussed.

It should be noted that our knowledge about ancient Mesopotamian astronomy is also very limited. We know virtually nothing about Sumerian astronomy, and our knowledge of Babylonian astronomy comes primarily from archaeological discoveries. Babylonian reliefs and tablets were first discovered in the mid-19th century in the ruins of Khorsabad in 1843 and in the ruins of Nineveh, both from the first palace library (Kuyunjik) between 1849 and 1850 and from the library of Ashurbanipal in 1853 (Neugebauer, 1957: 59). Most of these tablets are now among the collections in European museums. Following the decipherment of cuneiform writing approximately a century ago historians of science have made significant progress in the interpretation of tablet texts on astronomy.

Two Babylonian tablets found in the British Museum (K250 and K8067), which contain the star and planet names *Elam*, *Akkad*, and *Amurru*, were probably among those coming from the Old Babylonian period (Wallis Budge, 1909: Plates 40, 41, and 44; see also Weidner, 1915: 62, 76). These stars and planets, listed in Table 6, were also found in association with *Ea* (*Enūma*), *Anu*, and *Enlil*, the three gods of *Elam*, *Akkad*, and *Amurru*, as shown in Table 7. This list was reproduced by Schroeder (1920: 119) from a Babylonian tablet (No. 218) of c. 1100 B.C. unearthed at Assur and preserved at the Berlin Museum.

Table 6 Stars and planets of *Elam*, *Akkad*, and *Amurru* (from van der Waerden 1974: Table 2)

No.	Stars of *Elam*	Stars of *Akkad*	Stars of *Amurru*
1	...	APIN	IKU
2	...	A-*nu-ni-tum*	SHU. GI
3	...	SIBA. ZI. AN. NA	MUSH
4	...	UD. AL. TAR	KAK. SI. DI
5	...	MAR. GID. DA	MASH. TAB. BA. GAL. GAL
6	...	SHU. PA	BIR
7	...	*zi-ba-ni-tum*	NIN. MAH
8	GIR. TAB	UR. IDIM	LUGAL
9	...	UZA	*sal-bat-a-nu*
10	GU. LA	A^{mushen}	AL. LUL
11	N[U. MUSH. DA]	DA. MU	SHIM. MAH
12	...	*ni-bi-rum*	KA. A

Table 7 Stars and planets of *Ea*, *Anu*, and *Enlil*

Month	Stars of *Ea*	Stars of *Anu*	Stars of *Enlil*
Ⅰ. Nisannu	IKU	DIL. BAT	APIN
Ⅱ. Aiaru	MUL. MUL	SHU. GI	A-*nu-ni-tum*
Ⅲ. Simanu	SIBA. ZI. AN. NA	UR. GU. LA	MUSH
Ⅳ. Duzu	KAK. SI. DI	MASH. TAB. BA	SHUL. PA. E
Ⅴ. Abu	BAN	MASH. TAB. BA. GAL. GAL	MAR. GID. DA
Ⅵ. Ululu	*ka-li-tum*	UGA	SHU. PA
Ⅶ. Tashritu	NIN. MAH	*zi-ba-ni-tum*	EN. TE. NA. MASH. LUM
Ⅷ. Arahsamna	UR. IDIM	GIR. TAB	LUGAL
Ⅸ. Kislimu	*sal-bat-a-nu*	UD. KA. DUH. A	UZA
Ⅹ. Tebetu	GU. LA	*ab-lu-ut-tum*	A^{mushen}①
Ⅺ. Shabutu	NU. MUSH. DA	SHIM. MAH	DA. MU
Ⅻ. Addaru	KUA	^{d}*Marduk*	KA. A

① The word *mushen* means "bird", and A^{mushen} (or more precisely A_2^{mushen}) means "eagle".

Neugebauer(1957：99) has pointed out that "deification of the Sun，Moon，or Venus cannot be called astronomy" and "the denomination of conspicuous stars or constellations does not constitute an astronomical science". Our interest in the stars and planets listed in Table 6 lies in the fact that they were later associated with months(Table 7) and incorporated in the planispheres. Fragments of such planispheres(Figure 11) are found in tablets belonging to the "*Enūma, Anu, Enlil*" series(Wallis Budge，1912：6，Plates 11 and 12). This series contained at least seventy numbered tablets with a total of about 7,000 astrological omens. The canonization of this enormous mass of omens is said to have extended over several centuries and reached its final form perhaps around 1000 B.C. Thus，the appearance of the planispheres in Babylonia is placed somewhere around 1200 B.C., contemporary with the Yin 殷 period(c. 1385-1112 B.C.) of the Shang dynasty.

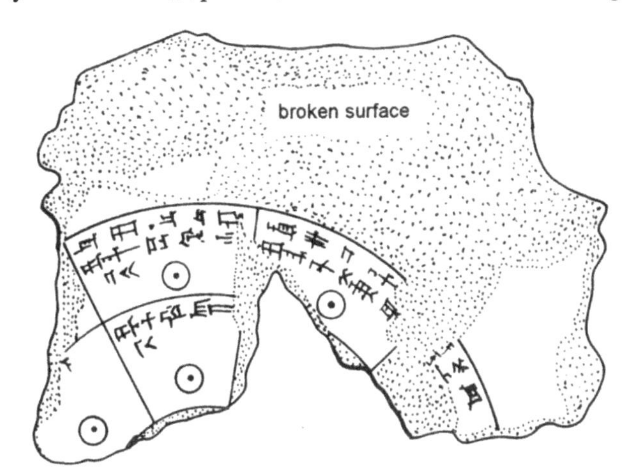

Figure 11 Fragment of a Babylonian planisphere(c. 1200 B.C.)

The planisphere consists of a diagram of three concentric circles divided into a total of thirty-six sections by twelve radii. These sections contain the names of stars，constellations，and planets，together with simple numbers in arithmetic progression，the exact significance of which has not yet been explained.① A possible interpretation of the diagram is that it represented a division of the sky. Unfortunately，only fragments of such planispheres have so far been discovered.

① These numbers probably have something to do with the length of a day. See van der Waerden(1974：69).

Pinches (1900) first attempted to restore the planisphere and copied a number of fragments found in the collections stored in the British Museum (Sacks, 1955). Although most of the original fragments have subsequently been lost, the copied material enabled Schott (1934) to publish the reconstructed diagram of the planisphere reproduced in Figure 12. It can be seen that the planisphere consists of three "roads", each marked with twelve stars corresponding to the months. From Table 6, it is seen that the stars of the central road correspond to the Stars of *Anu*, those of the outer road to the Stars of *Ea*, and those of the inner road to the Stars of *Enlil*. This arrangement is certainly consistent with the story told in the *Enūma-Elis*, a Babylonian creation myth.

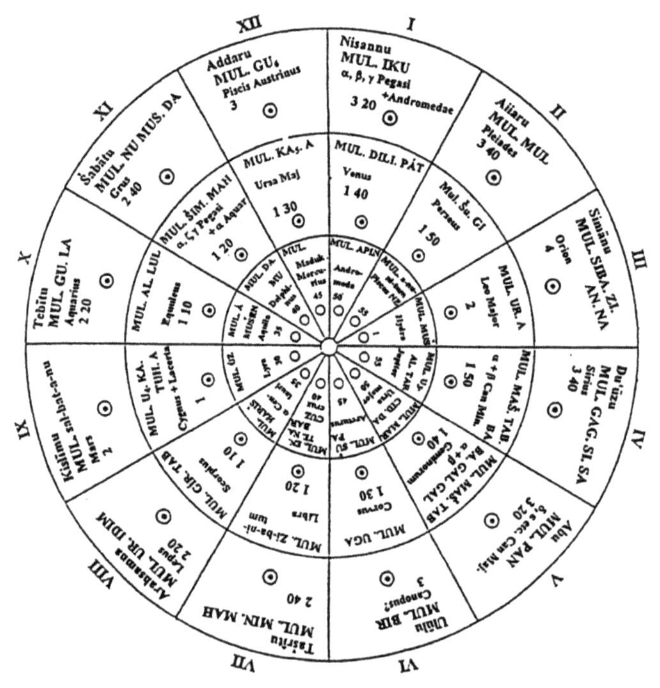

Figure 12　The reconstructed diagram of the Babylonian planisphere by Schott (1934)

4.5　Discussion

Claims for the Babylonian origin of equatorial astronomy were based primarily on (1) the interpretation of the equatorial significance of the Babylonian planisphere, (2) the investigation of the relationship between Babylonian and Chinese nomenclature, and (3) the comparison of the date of the planisphere with that of Chinese work on the determination of the four seasons based on the meridian passage of the four star-groups recorded in the *Yao Dian*. On the basis of recent archaeological discoveries, we have shown in Section 2 that the account of official activities of Yao astronomical officers given in the *Yao Dian* was probably based on historical facts. The discovery of pictogram inscriptions on ceremonial pottery of around 2500 B.C. (Figure 1 and Figure 2) supports Biot's (1862) conclusion, based on the precession of the equinoxes, that the relationship between the seasonal cycle and the four star-groups was observed around 2400 B.C.

Even if one disregards the inscribed ceremonial pottery vessels and Biot's dating and accepts the date of 800 B.C. for the observation, it would still be difficult to demonstrate Babylonian influence on Chinese developments in equatorial astronomy. Claims for the identification of the "moon stations" in cuneiform texts with the names of the Chinese *xiu* are not at all convincing. There is no Babylonian star-name that has the same meaning as a Chinese star-name. Although a few star-names have been mentioned for possible identification, in every case the connection in meaning is vague and obscure (Thibaut, 1894).

It is important to evaluate the equatorial significance of the planisphere. Most historians of astronomy consider the central road (*Anu*) of the Babylonian planispheres to be the equatorial belt. The belt is marked with twelve stars, one for each month, according to the times of their heliacal rising. However, if one examines these stars, one realizes that not all of them are heliacal stars. They even include two planets. The first month is marked by the planet Venus (*DIL. BAT*) and the twelfth month by the planet Jupiter (*Marduk*). This is obviously incorrect because planets cannot be fixed to any particular month. Evidently, the twelve stars of *Anu* did not form an equatorial system comparable with the quadrantal *xiu* system of the *Yao Dian*.

In addition to the determination of the seasons, the early Chinese *xiu* system was used for specifying celestial positions. Examples of such usage are found at an early date among the shell-bone inscriptions. Reproduced in Figure 13 is the

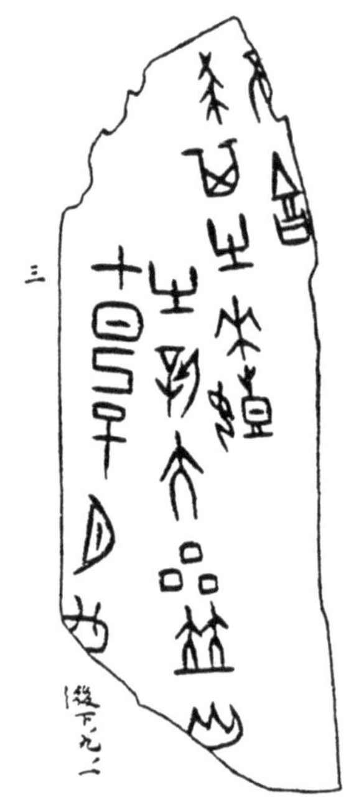

Figure 13　A record of the sighting of anova inscribed on a bone dating from about 1300 B. C. It reads (the left two columns of characters): "On the seventh day of the month, a ji-si 己巳 day, a great new star appeared at dusk in company with Huo 火"

oldest extant record of the sighting of a nova, dating from about 1300 B.C. The inscription reads:

> 七日己巳夕豈㞢新大星并火。
>
> On the seventh day of the month, a *ji-si* 己巳 day, a great new star appeared at dusk in company with *Huo* 火 (Antares).

Here the position of the nova is specified using the star *Huo*.

A modified Babylonian system of thirty-six stars dating to c. 700 B.C. is found in the texts of the *Mul Apin* tablet series (Weidner, 1924). Except for eight bright stars somewhat far from the equator, the twenty-eight stars are within an equatorial belt about 30° in width. This system, consisting only of fixed stars, is more advanced than the planisphere. By this time, the Chinese *xiu* system had also been expanded into its final form, as indicated by records found in the *Yue Ling* 月令 (*Monthly Ordinances of Zhou*). All but four of the twenty-eight *xiu* (No. 7, No. 18, No. 23, and No. 26) are mentioned in the *Yue Ling*. An example entry follows:

> 季秋之月，日在房，昏虛中，旦柳中。
>
> In the third month of the autumn, the sun is in *Fang* 房. *Xu* 虛 culminates at dusk. *Liu* 柳 culminates at dawn.

This illustrates the general way in which the system was applied. The *Yue Ling* is a *Zhou* work of about the 7th century B.C. and probably earlier. It was incorporated into the *Liji* 礼记 (*Record of Rites*) and the *Lüshi Chunqiu* 吕氏春秋 (*Master Lü's Spring and Autumn Annals*).

Comparing the thirty-six-star system of the *Mul Apin* with the *twenty-eight-xiu* system, we find no evidence of transmission in either direction. Needham (1959: 256-257) offered the *Qiheng Tu* 七衡图 of the *Zhoubi Suanjing* 周髀算经 (*The Mathematical Classics of the Zhou Gnomon*) as evidence of traces of Babylonian influence. *Qiheng Tu* is a diagram consisting of the north pole with seven concentric circles describing the change in orbit of the sun's apparent annual motion. It was calculated from sun-shadow measurements based on a relation between distance and shadow length derived by Chen Zi 陈子 under certain assumptions and approximations (Chen and Xi, 1991). The diagram was not an attempt to divide the sky.

The Babylonian three-road divisions may be compared with the combination of the *zhong-guan* 中官 and *wai-guan* 外官 with the twenty-eight *xiu* in the Chinese system.① In this case. the *zhong-guan* corresponds to the region of the inner road (*Enlil*), the "*wai-guan*" to the region of the outer road (*Enuma*), and the twenty-eight *xiu* to the region of the central road (*Anu*). Such a division of the sky for celestial cartography is a logical extension of the equatorial *xiu* system, and is not due to the influence of the Babylonian three-road divisions.

It is perhaps worthwhile noting that even around 700 B.C. concepts such as celestial equatorial and ecliptic systems were probably not well developed. They were certainly not as clearly defined as they are in modern astronomy. The selection, in the Babylonian system, of the central-road stars along a 30° equatorial belt can be considered an intermediate step toward either an equatorial or an ecliptic system. Thus, the fact that the Seleucid Babylonian cuneiform texts of the third and second centuries B.C. give great prominence to the zodiac, and the exclusive use of ecliptic coordinates, should not be surprising. This can be attributed to parallel, independent developments in science.

Acknowledgements

This research has been supported in part by the Education Abroad Program of the University of California.

① For an account of the *zhong-guan* and *wai-guan* in a Western language, see Needham (1959: 263-265).

Key to Chinese Periodicals

Kejishi Wenji 科技史文集 *Collected Essays on the History of Science and Technology*
Qixiang Xuebao 气象学报 *Acta Meteorologica Sinica*
Wenwu 文物 *Cultural Relics*
Zhongyuan Wenwu 中原文物 *Cultural Relics of Central China*

References

Bezold C. Sze-ma Ts'ien und die babylonische Astrologie. Ostasiatische Zeilschrift，1919（8）：42-49.

Biot J B. Etudes sur l'astronomie Indienne et sur：astronomie Chinoise. Paris：Lévy，1862.

Chen Cheng-Yih 程贞一. History of mathematics in Chinese civilization//Lecture Notes for Chinese Studies. San Diego：University of California，1980：170.

Chen Cheng-yih 程贞一. Scientific thought and intellectual foundation//Lecture Notes for Chinese Studies. San Diego：University of California，1981：170A.

Chen Cheng-Yih 程贞一. The impact of archaeology on the Chinese history of science and technology//Ho Peng-Yoke 何丙郁，Chan Henry 陈民熙. Proceedings of the Fourth International Conference on the History of Chinese Science. Australia：University of Sydney，May 1986. Beijing：China Science and Technology Press.（In press）

Chen Cheng-Yih 程贞一. Certain scientific knowledge found in the pottery and shell-bone inscriptions//Liu Kwong-Ting 刘广定. Research in the History of Science and Technology in China. Taibei：Lian Jing 联经 Publishing Co.（In press）

Chen Cheng-Yih 程贞一，Xi Zezong 席泽宗. The Chen Zi 陈子 model and early attempts in the measurements of the sun//Yamada Keiji 山田庆儿，Tanaka Tan 田中淡. Chugoku Kogabushi Ron Zokuhen 中国古代科学史论（History of Science in Ancient China）. Kyoto：Kyoto University，1991：367-383.（in Chinese and Japanese）

Chen Jiujin 陈久金. Lifa de qiyuan he Xianqin sifenli 历法的起源和先秦四分历（The origin of calendars and the Pre-Qin "quarter remainder" calendar）. Kejishi Wenji，1978（1）：5-21.

Chen Jiujin 陈久金. Tian-gan shirikao 天干十日考（Textual research on the denary day-count cycle）. Studies in the History of Natural Science，1988（7）：119-127.

Chen Zungui 陈遵妫. Zhongguo Gudai Tianwenxue Jianshi 中国古代天文学简史（A Short History of Astronomy in Ancient China）. Shanghai：Shanghai Renmin Publications，1955.

Cheung Kwong-Yue 张光裕. Recent archaeological evidence relating to the origin of Chinese characters//Keightley D N. The Origin of Chinese Civilization. Berkeley CA：University of California Press，1983：323-339.

Dong Zuobin 董作宾. Anyang Fajue Baogao 安阳发掘报告（Reports from the Excavation at Anyang)，vol. 2. Beijing：Institute of History and Philology，Academia Sinica，1930.

Dong Zuobin 董作宾. Yinli Pu 殷历谱（The Calendar of the Yin Period）. Lizhuang：Academia Sinica，1945. Edkins J. The Babylonian origin of Chinese astronomy and astrology. China Review. Hong Kong，1885（14）：90-95.

Hashimoto Masukichi 桥本增吉. "Shokyō（Gyōten）" no Shichūsei ni tsuite （On the four stars culminating at dusk at the equinoxes and solstices，recorded in the Yao Dian of the Book of Documents）. Tokyo Gakuho（Reports of the Oriental Society of Tokyo)，1928（17）：303-385.（In Japanese）

Hemudu 河姆渡（Archaeological team of Hemudu cultural site）. Zhejiang Hemudu yizhi dierqi fajue zhuyao shouhuo 浙江河姆渡遗址第二期发掘主要收获（Excavation of the second season at Hemudu site in Zhejiang Province）. Wenwu，1980（5）：1-14.

Huang Jianzhong 黄建中，Zhang Zhenjiu 张镇九，Tao Dan 陶丹. Leigudun yihaomu tianwen Tuxiang kaolun 擂鼓墩一号墓天文图象考论（A textual research on the astronomical diagrams in No. 1 tomb of Leigudun）. Journal of the Central China Teachers'College，1982（4）：29-39.

Kugler F X. Sternkunde und Sterndienst in Babel，vol. 2. Münster：Aschendorff，1909.

Leigudun Team（Archaeological excavation team for No. 1 tomb of Leigudun）. Hubei Suixian Zenghou Yi mu fajue jianbao 湖北随县曾侯乙墓发掘简报（Excavation of the tomb of Zeng Hou-Yi at Sui County in Hubei Province）. Wenwu，1979（7）：1-24.

Lü zifang 吕子方. Zhongguo Kexue Jishushi Lunwenji 中国科学技术史论文集（Collected Essays on Chinese History of Science and Technology)，vol. 2. Chengdu：Sichuan Renmin Publications，1979.

Needham J. Science and Civilization in China，vol. 3. Cambridge：Cambridge University Press，1959.

Neugebauer O. The Exact Sciences in Antiquity，2nd ed. Providence RI：Brown University Press，1957.

Oldenberg H. Nakshatra und Sieou. Nachrichten von der Konigl. Gesellsch（Akademie）der Wissenschaften zu Göttingen（Philologisch-Historische Klasse)，1909：544-567.

Pannekoek A. A history of astronomy. London：Simson Shand，1961.

Parker R A，Dubberstein W A. Babylonian Chronology. Providence RI：Brown University Press，1956.

Pinches T G. Sumerian cryptography. Journal of the Royal Asiatic Society，1900：75-96.

Puyang 濮阳（Cultural Relics Management and Puyang Museum）. Puyang Xishuipo yizhi shijue jianbao 濮阳西水坡遗址试掘简报（A trial excavation at the Xishuipo neolithic site in Puyang）. Zhongyuan Wenwu，1988（1）：1-6，22.

Qiu Xigui 裘锡圭. Tantan Suixian Zenghou Yi mu de wenzi ziliao 谈谈随县曾侯乙墓的文字资料（A discussion of the inscribed writings found in the tomb of Zenghou Yi at

Suixian in Hubei Province）. Wenwu，1979（7）：25-32.

Sacks A. Late Babylonian Astronomical and Related Text Copied by Pinches and Strassmaier. Providence RI：Brown University Press，1955.

Schott A. Das Weiden der babylonisch-assyrischen positions-astronomie und einige seiner Bedingungen. Zeitschrif tder Deutsch Morgenlandischen Gesellschaft，1934（88）：302-337.

Schroeder O. Keilschrifttexte aus Assur verschiedenen Inhalts，1920. Leipzig：Teubner，1920.

Shandong Provincial Culture Relics Management and Jinan 济南 Museum. Dawenkou 大汶口. Beijing：Wenwu 文物 Publishing House，1974.

Shao Wangping 邵望平（1978）. Yuangu wenming de huohua—taozun shang de wenzi 远古文明的火花——陶尊上的文字（Glimmerings of antiquity—the inscription on a pottery vessel）. Wenwu，1978（9）：74-76.

Shinjo Shinzo 新城新藏. Dongyang Tianwenxueshi Yanjiu 东洋天文学史研究（Researches on the History of Astronomy in East Asia），1929. Chinese translation by Shen Xuan 沈璇. Shanghai：Chinese Science and Art Society.

Tang Lan 唐兰. Guanyu Jiangxi Wucheng wenhua yizhi yu wenzi de chubu tansuo 关于江西吴城文化遗址与文字的初步探索（A preliminary study of the Wucheng cultural stratum and the writing in Jiangxi）. Wenwu，1975（7）：72-76.

Thibaut G. On the hypothesis of the Babylonian origin of the so-called lunar zodiac. Journal of the Asiatic Society of Bengal，1894（63）：144-163.

van der Waerden B L. Science Awakening II：The Birth of Astronomy. Leyden：Noordhoff International Publishing，1974.

Wallis Budge E A. The Cuneiform Texts from Babylonian Tablets，vol 26. London：British Museum，1909.

Wallis Budge E A. The Cuneiform Texts from Babylonian Tablets，vol 33. London：British Museum，1912.

Wang Jianmin 王健民，Liang Zhu 梁柱，Wang Shengli 王胜利. Zenghou Yi mu chutu de ershibaxiu qinglong baihu tu 曾侯乙墓出土的二十八宿青龙白虎图（A diagram of the twenty-eight star groups with a green dragon and white tiger unearthed from the tomb of Marquis Yi）. Wenwu，1979（7）：40-45.

Wang Tao 王韬. Chunqiu Shuorun Zhiri Kao 春秋朔闰至日考（Studies of the Lunisolar Intercalation Procedures of the Chunqiu Period）. Shanghai：Mei Hua 美华 Publishing House，1889.

Weidner E F. Handbuch der Babylonischen Astronomie，I. Der babylonische Fixsternhimmel. Leipzig：Hinrichs（Assyrio-logische Bibliothek），1915（23）.

Weidner E F. Ein Babylonisches kompendium der himmelskunde. American Journal of Semitic Languages and Literature，1924（40）：186-208.

Xi Zezong 席泽宗. New archaeoastronomical discoveries in China. Archaeoastronomy（Center for Archaeoastronomy），1984（7）：34-45.

Yabuuchi Kiyoshi 薮内清. Astronomy and Calendrical Science in China. Tokyo：Heipon 平凡 Publishing House，1969.（In Japanese）

Yu Xingwu 于省吾. Guanyu guwenzi yanjiu de ruogan wenti 关于古文字研究的若干问题（Some problems concerning the study of ancient writing）. Wenwu，1973（2）：32-35.

Zhao Zhuangyu 赵庄愚. Cong xingwei suicha lunzheng jibu gudian zhuzuo de xingxiang niandai ji chengshu niandai 从星位岁差论证几部古典著作的星象年代及成书年代（The use of the precession of the equinoxes for dating the star phenomena recorded in the Chinese classics）. Kejishi Wenji，1983（10）：69-92.

Zhu Kezhen 竺可桢. Ershibaxiu qiyuan zhi shidai yu didian 二十八宿起源之时代与地点（On the place and time of origin of the twenty-eight "xiu"）. Qixiang Xuebao，1944（18）：1-30.

〔"Astronomies and Cultures"（paper delivered from the Third "Oxford" International Symposium on Archaeoastronomy，St. Andrews，UK，September，1990），University Press of Colorado，1993〕

叶企孙先生的科学史思想

叶企孙先生在物理学上的成就和对我国教育事业的贡献已是人所共知，有口皆碑，用不着我说。我这里只补充一点：1957年夏天吴有训副院长在他的办公室里对我谈话时说："我们不仅应该向叶先生学习他那渊博的知识，还应该学习他的人品。他与清华有着血肉关系，每当重要关头，他都挺身而出。清华能办成一流大学，人才辈出，叶老起了重要作用，但他从不居功，往往是功成身退，总是以一个普通教员自居。"我和叶老从1954年秋天认识，一直到1966年5月"文化大革命"开始，这12年中间每星期至少有两次碰头，每次见面除讨论业务外，更多的是谈如何发展科学史这门学科。

1954年，中国科学院成立中国自然科学史研究委员会，并在历史二所（即现今中国社会科学院历史研究所）内设立科学史组，为建立独立的专业科学史机构做准备。委员会主任为竺可桢副院长，大政方针由他定；具体工作都由副主任叶先生负责；另一位副主任为历史学家侯外庐，管事很少。叶先生勤勤恳恳，风雨无阻，每星期要乘公共汽车从西郊到东城来办公两天。历史所为叶老配备了一位女秘书，这位女秘书自命为《韩非子》专家，年纪也大了，自己不愿干，叶老也不愿用（叶老因为终身没有结婚，一直不用女秘书），实际上不起作用，后来不久就调开了。这个组还有当年毕业新分配来的两位历史系毕业生，因为刚来，也插不上手。在这种情况下我就成了唯一能和叶老答上话的人，面对面办公，经常一起吃饭，无话不谈。

首先，在建立一个什么样的机构问题上，叶老认为机构不宜大，人员要精干。他常说：“坐一大堆人，打毛衣的，扯闲话的，干不了事，没有什么意思。”中国自然科学史研究室（1975 年才扩建为所）在筹备阶段时，有一位很有名的学者想来，但此人治学不够严谨，叶老就拒绝了。有一位从日本回来的学者想来担任翻译工作，叶老坚持要考试一番。经过两年多筹备，到 1957 年 1 月研究室正式挂牌时，总共才有 8 个人，现在看来队伍确实是精干的。在任命研究室主任问题上，叶老力主由上海调一位 40 多岁的中年人来承担，后因此人未争取到，才建议由年过 60 的数学史专家李俨先生担任。

如何研究科学史？他认为，把一个科学家做出成就，说成是不自觉地运用了唯物论和辩证法；把同一个科学家的失败又说成是受了唯心论和形而上学世界观的影响，这种简单的划分不解决任何问题，等于没有研究。科学史是一门科学，人类认识物质世界的过程，受着生产水平、实验条件等多种因素的限制，必须具体事物具体分析。要说明唯心论和形而上学完全是阻碍科学的发展，恐怕得先读一读桑代克（T. Thorndike）六卷本的《巫术和实验科学的历史》（*A History of Magic and Experimental Science*），将其中所举例子一一驳倒，然后才能下结论。

叶老主张，研究科学史知识面要广。他很赞赏乔治·萨顿（G. Sarton，1884～1956）。此人学过化学和结晶学，受过数学和物理学的严格训练，掌握了包括阿拉伯语和汉语在内的 14 种语言。他为研究莱昂纳多·达·芬奇（1452～1519）以前的科学史，所收集的背景材料，写成了一部书，取名为《科学史导论》（*Introduction to the History of Science*），共有三卷五册，其中包括不少中国科学成就。他在《研究科学史的四条指导思想》一文中，又把要注意东方思想的巨大价值列为第三条，认为“直到 14 世纪末，东方人和西方人是在企图解决同样性质的问题时共同工作的。从 16 世纪开始，他们走上不同的道路。分歧的基本原因（虽然不是唯一的原因），是西方科学家领悟了实验的方法并加以应用，而东方的科学家却未能领悟它”[①]。对于这样一位杰出的公正科学家，我们却要把他当作资产阶级代表人物，并说西方资产阶级学者

---

① 中译见 G. 萨顿. 科学的历史研究. 刘兵等译. 科学出版社，1990：1-9。

肆意贬低中国古代科学成就，叶老觉得这种做法只能是无知和偏见。

与此同时，叶老又对国内报刊上出现的大吹中国第一和首创的做法不满。他认为古人由直观感觉和猜测得到的一些东西，有些虽与现代科学的发现有吻合之处，但二者不能等同，不能一下子就说我们早了多少年。因为古人在说了正确的东西的同时，也说了许多错误的东西，哪些是正确的，哪些是错误的，恐怕他们自己也不知道。而且，这种原始的东西，如果在外国古书中去找，也不一定没有。因此“世界第一”不能随便说，必须把中国科学史放在世界范围内仔细研究才行。

1956 年 3 月，李约瑟和王铃、普拉斯在英国《自然》杂志上发表了《中国天文钟》一文[①]，其后又将它扩大成为一本专著，轰动一时。此文提出了一个重要论点：近代钟表的关键部件（卡子）起源于宋代苏颂于元祐七年（1092 年）制成的水运仪象台中的锚状擒纵器。此文发表以后，我国研究机械史的一位专家立即说他在文章中也注意到过苏颂的贡献。叶老看了他的文章以后说，这是“眉毛胡子一把抓”，并没有把它的重要意义说出来，李约瑟之所以能抓住要害，是因为他和熟悉西方钟表史的专家普拉斯合作，因此更加强了他搞中国科学史必须了解外国的观点。1966 年春天，他在自然科学史研究室开讲世界天文学史也是从这一观点出发的，可惜只讲了埃及、巴比伦和阿拉伯部分，“文化大革命”就爆发了。“文化大革命”后期，他从狱中出来以后，又在家中给个别人讲过近代物理学史。

叶老认为，一个研究单位要把工作重点放在提高上。1955 年冬，我要到紫金山天文台参加一个学术会议，拿通知给他看。他看见日程上多为学习和介绍苏联天体演化学，很不以为然。他说：“这种不结合自己的实际工作，漫无边际地学习别人，流于空谈，没有意思。紫台应该结合自己的条件，多做些观测和研究才是最重要的。”我到南京后把叶老的意见传达给他们，台领导都认为很对，其后他们在工作中也确有贯彻。对于科学史的工作，他认为不能只是抄抄写写，罗列一大堆数据而没有自己的见解；也不能人云亦云，错了也不负责。写文章要经得起时间的考验，一篇文章 30 年以后还站得住，才算过硬。任何时代都会写出很多东西，但能作为珍品留传下来的只是极少数。叶老确实是严格要求，我每写好一篇文章请他看时，他先要问是科普文章，还是学术论文。科普文章一概不负责修改，并且劝我少写，他认为天文学界搞的科普太多。若是学术文章，则要逐字逐句斟酌，往往连其中的数字都重

① 中译见《科学通报》1956 年 6 月号第 100～101 页。

新算过。他对数字非常注意，有时告诉我，他从报上看的一些数字消息，我去查时并不能直接得到，发现是经过他推算后得到的。

1958年叶老主编《中国天文学史》，是个集体班子，每人负责一章。他写第一章，提出促进天文学发展的因素有五个，除了生产以外，还有好奇心、星占等，这在今天看来不失为全面地看问题，但在当时却不能出版。从1959年起，这部书稿随着政治风云的不断变化而修改，叶老也失去了兴趣，连他的原稿也丢了。此书直到1981年才以“中国天文学史整理研究小组”的名义由科学出版社出版，最后一稿是由薄树人同志执笔修订的，和1958年原来的面目有很大的不同。

叶先生是物理学家，但他的科学史活动却偏重天文学史，这有客观原因。首先，叶先生和中国天文学界有密切关系，曾长期担任中国天文学会理事和常务理事；作为中国科学院数理化学部常务委员，又分工主管过天文工作。其次，中国有丰富的天文学遗产，但物理学在古代未形成一个独立的知识部门，按照叶老的看法，中国古代物理只有四本书：《墨经》、《考工记》、《梦溪笔谈》和《镜镜詅痴》。他对这四本书都很感兴趣，曾于1961年在自然科学史研究室讲过《墨经》和《考工记》，并于1963年拟招一名研究生。当时来报考的有十几个人，成绩都不很好。叶老不小心，出错了一道题，个个都做不出来，只有复旦大学物理系一个学生，在卷子上写了：“题目少给一个条件，我无法做。”叶老看了以后，说：“好！只有这个学生够条件，能独立思考，可以要！”后经人事部门审查，说此人怀疑“三面红旗”，不能录取，也就吹了。

叶老在科学史领域虽然只留下少数的几篇文章，但他对我国科学史事业的建立所付出的辛勤劳动，至今仍为国内外科学史界所称道。他不仅培育了一批人才，以自己的言行为后学树立了楷模；而且提供了物质条件，自然科学史研究所图书馆的外文书刊，许多都是经他亲手选订的。现在我们每天在借阅这些图书的时候，就好像见到叶老一样。他永远活在我们心中，他是我们学习的榜样。

〔钱伟长：《一代师表叶企孙》，上海：上海科学技术出版社，1995年〕

天文学思想史

一、天人关系

天文学的研究对象是宇宙间的一切物质，大至河外星系，小至星际原子，举凡它们的空间分布、物理状态、化学组成、运动变化、起源演化，无不在探讨之列；但是，近在身边的地球却被排除在外，让给地球物理学、地质学、地理学等地学学科去研究。在天文学范围内，只把地球当作一个行星来对待，研究它的形状、大小、运动、起源和演化。但是由于人们认识事物的过程总是由此及彼、由近及远，而且人们观察天象的目的从一开始就是为自己的生产和生活服务的，从天文学思想史来说，第一个遇到的问题则是天人关系、天地关系。在阿述巴尼帕王公图书馆遗址内发掘出来的一块前巴比伦王朝（公元前 19～前 16 世纪）时期的泥砖（现存伦敦大英博物馆），其上用楔形文字刻着："五月六日金星出东方，天将雨，土地被蹂躏。至翌年一月十日，此星一直在东方，十一日不见。藏匿三个月以后，四月十一日复闪耀于西方，将有战，五谷丰登。"这种应用天象来占卜地上年成丰歉、战争胜负、国家兴亡乃至个人命运的做法，构成了所谓的占星术。它是天文学早期发展阶段的伴生物，在世界上天文学发达最早的国家和地区，如巴比伦、中国、埃及、印度和玛雅，以及到近代还处于原始社会的一些民族和部落，占星术都很盛行。

占星术是依据天象进行占卜的。这是促进人们去观察天象的动力之一。巴比伦的星占家们对行星的周期已经观测得很准确，对行星在一个会合周期内的顺行、逆行和停留现象也已了若指掌。但是，巴比伦人的宇宙图像却是十分幼稚的。例如，到了新巴比伦王朝（公元前 7～前 6 世纪）时期，他们所建立的宇宙图像是：拱形的大地为大洋所环绕，天穹则是大地之上的更大的半球，在天的东西两侧各有一根管子，以供太阳的东升西落（图 1）。古埃及人认为，宇宙像一个长方形的大盒子，天是盒盖，地是盒底，尼罗河则流过大地的中央。在中国，最早诞生的宇宙图像是天圆地方的盖天说。（见中国古代天文学思想）在古印度，则想象圆盘形的大地负在几只大象之上。这些古代文明地区的民族都未认识到大地是球形的，而且他们都把自己看成位于世界的中心、大地的中央。

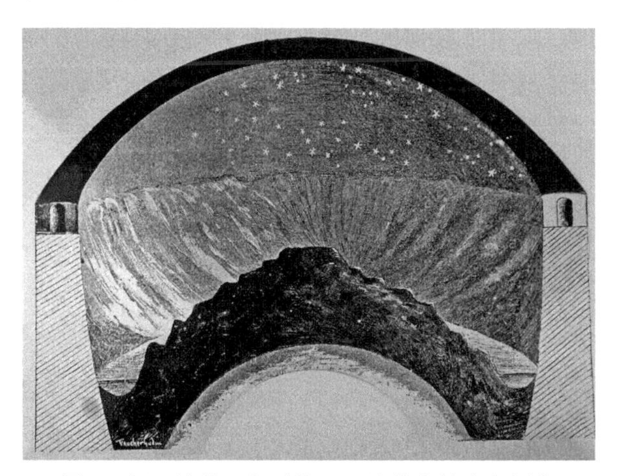

图 1　新巴比伦王朝时期，巴比伦人的宇宙图像

二、同心球理论

最早明确提出大地是球形的则是古希腊人。古希腊人注重理性思维，力求从自然界本身去解释自然现象，他们并不赞同“天人感应”式的占星术见解。公元前 6～前 5 世纪，毕达哥拉斯学派首先用音乐的和谐来理解天

体的运动，形成了最早的天体和谐等观念。从这种和谐观念出发，他们认为地球和天体都是球形的，天体运动的轨道则是圆形的，在轨道上的运动速度则是均匀的。但是，事实上行星的运动有时快，有时慢，有时停留不动，有时还有逆行。柏拉图认为这只是一种表面现象，并不能说明毕达哥拉斯学派的信念就错了，他在《蒂迈欧》（*Timaeus*）里提出了以地球为中心的同心球结构模型。各天体所处的球壳跟地球的距离，由近到远依次是月亮、太阳、水星、金星、火星、木星、土星、恒星；各同心球之间由正多面体连接着。柏拉图的模型不能圆满解释行星运动时而顺行、时而逆行的现象，为了“拯救现象”，他的学生欧多克索斯改进了他的同心球宇宙模型。他保留了柏拉图模型中的天体顺序，但对日、月和每个行星的运动分别用一组同心球体系来描述，每组同心球体系由3～4个同心球构成，这些同心球旋转轴的倾角和旋转速度各不相同，经适当的组合可以解释日、月和行星的运动。

欧多克索斯的同心球并非物质实体，只是理论上的一种辅助工具，可是到了亚里士多德手里，这些同心球成了实际存在的水晶球，而且各水晶球之间组成一个连续的、相互接触的系统。亚里士多德模型不同于柏拉图和欧多克索斯的地方还在于他的天体次序是月亮、水星、金星、太阳、火星、木星、土星和恒星天，在恒星天之外还有一层宗动天。宗动天的运动则是由不动的神来推动的。神一旦推动了宗动天，宗动天就把运动逐次传递到恒星和七曜上去。这样，亚里士多德就把“第一推动力”的思想引到宇宙学中来了。此外，亚里士多德还进一步发展了两界说：月亮以下的区域是世俗的世界，物质由水、火、气、土四种元素组成；月亮以上的区域是神界，其中基本成分是以太。

三、本轮均轮说

同心球理论除了过于复杂以外，还和一些观测事实相矛盾。首先，它要求各个天体和地球之间的距离不变。可是金星和火星的亮度却时常变化，这意味着它们同地球的距离并不固定。其次，日食有时是全食，有时是环食，这也说明太阳、月亮和地球的距离也在变化。为了克服同心球理论所遇到的这些困难，阿波隆尼设想出另一套模型：如果行星作匀速圆周运动，而这个圆周（本轮，epicycle）的中心又在另一个圆周（均轮，deferent）上作匀速运动，那么行星和地球的距离就会有变化（图2）。通过对本轮、均轮半径和运动速度的适当选择，行星的运动就可以得到恰当的说明。伊巴谷继承了阿波隆尼的本轮、均轮思想，并且又进一步发现，太阳运动的不均匀性还可以用偏心圆（eccentrics）来解释：太阳绕着地球作匀速圆周运动，但地球不在这个圆的中心，而是稍微偏一点。这样，从地球上看来，太阳就不是匀速运动，而且距离也有变化，近的时候走得快，远的时候走得慢。

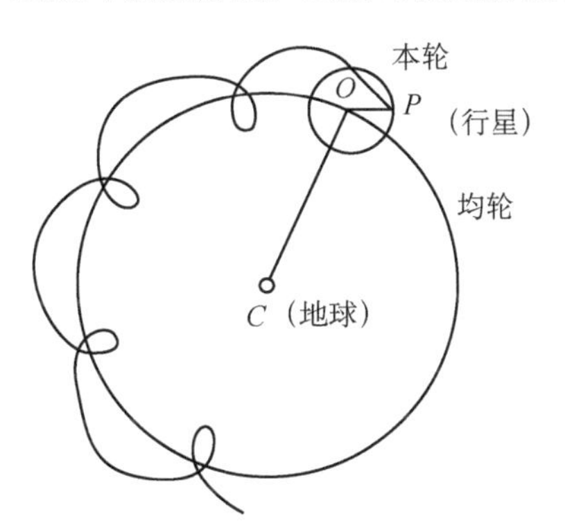

图2　阿波隆尼提出的本轮均轮说

本轮均轮说和偏心圆理论，为托勒密所发展，他在《天文学大成》中，运用这一理论建立了完整的地心体系，直到1543年哥白尼的《天体运行论》出版，才逐渐为日心体系所取代（见地心说和日心说）。

四、日心体系的建立

哥白尼的《天体运行论》是自然科学的独立宣言，标志着近代天文学的诞生；但是他在书中倡导的日心地动说，也可以追溯到古希腊，和前述地心日动说的各种模型同样源远流长。毕达哥拉斯学派的菲洛劳斯提出，中央火是宇宙的中心，地球每天绕它转一周，月球每月一周，太阳每年一周，行星周期更长，而恒星则是静止的。人为什么看不见中央火？这是因为地球总是以同一面朝着中央火，而人则住在背着中央火的一面。其后，柏拉图学派的赫拉克利特放弃了中央火的概念，以地球绕轴自转来解释天体的周日运动。再进一步，就是阿利斯塔克提出：太阳处在宇宙的中心，所有行星，包括地球在内，都沿着圆形轨道围绕它转动；地球在绕日公转的同时，又在绕轴自转。地球公转的时候，为什么没有引起恒星的视差位移？阿利斯塔克认为，这是因为和地球的直径比起来，恒星的距离太大了。恩格斯在《自然辩证法》里正确地总结了这段历史，指出菲洛劳斯的理论“是关于地球自行运动的第一个推测”（人民出版社 1984 年版，第 37 页），“阿利斯塔克早在公元前 270 年就已经有了哥白尼关于地球和太阳的理论了”（同上书，第 40 页）。

哥白尼有继承、有批判。他用了很长的时间，经过观测、计算和反复思考，先将他的观点写成一篇《要释》，在朋友中间流传，征求意见，然后再写成六大卷的《天体运行论》，把日心地动说提高到了崭新的水平。在这个新的世界体系里，人类居住的地球不再有特殊的地位，它和别的行星一样绕着太阳公转。行星离太阳由近而远的排列次序是水星、金星、地球、火星、木星和土星。只有月球还是围绕着地球转，同时又被地球带着围绕太阳转。恒星则位于遥远的位置上安然不动。

哥白尼的日心体系是经过了长期而曲折的斗争才得到人们公认的。这是因为，在社会根源方面，它“上下易位，动静倒置，离经叛道”，遭到教会和一切保守势力的疯狂反对；在认识论根源方面，新生事物有它不完善的地方，还得经过一段长时间的发展。首先，亚里士多德反对地动说的两条主要理由，哥白尼并没有解决。这两条理由是：既然地球在自转，为什么一件物体向上抛，总是落回原处，而不向西偏一点？既然地球在公转，为什么看不见恒星的视差位移？后来，伽利略于 17 世纪上半叶建立了惯性原理，才正确解释了前一个疑问。1728 年，J. 布拉得雷发现光行差实际上已经回答了后一个疑问，而 1837～1840 年，В. Я. 斯特鲁维、F. W. 贝塞耳和 T. 亨德森各自独立地测到恒星视差才最终解决了这个问题。其次，哥白尼仍然因袭前人的观点，认为行星和月亮运动的轨道是圆形的。因而，他预告的位置，仍然和实际不符，还得采用一些本轮、均轮来组合，其数目比起当时流行的地心体系少得多。他所推算的行星位置的精度依然不太高。

由于没有发现因地球绕日运动而造成的恒星视差现象，又认为哥白尼日心体系无法同《圣经》相调和，第谷提出了一个折中体系：所有行星绕着太阳转，太阳又携带着它们绕着地球转（图 3）。但第谷是一位杰出的天文观测者，他认为三家学说的最后结局只能是由更多、更好的观测来检验。他的继承者开普勒在分析他遗留下来的大量观测资料时发现，对火星来说，无论用哪一家学说都不能算出与观测相符合的结果，虽然这差异只有 8′，但他坚信第谷的观测结果。于是他推测“行星作匀速圆周运动”这一传统信念可能是错的。他用各种不同的圆锥曲线来试，终于发现火星沿椭圆轨道绕太阳运行，太阳处于椭圆的一个焦点上，这一图景和观测结果符合。同时他又发现，火星运行的速度虽是不均匀的，但它和太阳的连线在相等的时间内扫过相同的面积。这就是他发现的关于行星运动的第一、第二定律，刊布于1609年出版的《新天文学》中。10年后，他又公布了行星运动的第三定律：行星绕日公转周期的二次方与它们的椭圆轨道长半轴的三次方成正比。

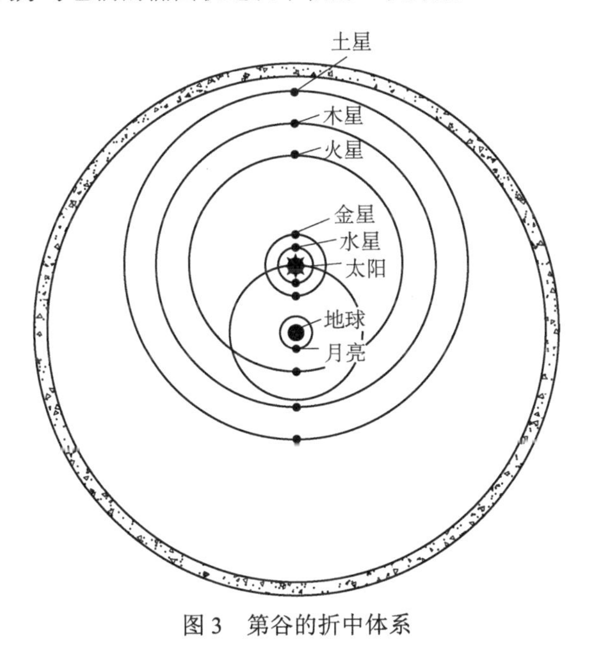

图3　第谷的折中体系

五、万有引力定律的发现

开普勒关于行星运动三定律的发现，正如他自己所说："就凭这8′的差异，引起了天文学的全部革新！"它埋葬了托勒密体系，否定了第谷体系，奠哥白尼体系于磐石之上，并带来了万有引力定律的发现。哥白尼曾经说过，地之所以为球形，是由于组成地球的各部分物质之间存在着相互吸引力，并且相信这种力也存在于其他天体之上。开普勒也曾想过，可能是来自太阳的一种力驱使行星在轨道上运动，但是他没有提供任何说明。牛顿则用数学方法率先证明：若要开普勒第二定律成立，只需引力的方向沿着行星与太阳的连线即可；若要开普勒第一定律成立，则引力的强弱必须与太阳和行星的距离的二次方成反比。在此基础上，他又进一步证明，宇宙间任何两物体之间都有相互吸引力，这种力的大小和它们质量的乘积成正比，和它们距离的二次方成反比。

1687 年，牛顿发表了他的《自然哲学的数学原理》，明确提出了力学三定律和万有引力定律，建立了经典力学体系，这导致了天体力学的诞生。1799～1825 年，拉普拉斯出版了 5 卷 16 册巨著《天体力学》，全面而系统地探讨了天体力学的各有关问题，提出了有关的理论和方法，因而成为天体力学的奠基之作。依据天体力学的原理，天体的运动完全是由天体本身的力学特性所决定的，无须借助于任何超自然的力。正因为这样，当拿破仑问拉普拉斯，为何在他的《天体力学》中一次也没有提到上帝时，拉普拉斯立即干脆地回答说："陛下，我不需要这种假说。"天体力学的诞生，使天文学从单纯描述天体间的几何关系进入研究天体之间相互作用的阶段，说明了天体的运动和地上物体的运动服从同一规律，并进一步否定了亚里士多德的两界说。万有引力定律问世、天体力学诞生后，人们运用它取得了一个又一个胜利。其中最激动人心的是，1845～1846 年，英国的 J. C. 亚当斯和法国的 U. J. J. 勒威耶运用它推算出当时一颗未知行星的位置，德国的 J. G. 伽勒则依据勒威耶的推算位置找到了这颗行星。

六、太阳系起源说的诞生

牛顿所建立的经典力学体系，实现了科学史上第一次大综合。但当时人们习惯于对自然界的事物分门别类地、孤立而静止地进行研究，并往往用机械运动来解释千差万别的自然现象，这导致了 17～18 世纪占统治地位的形而上学自然观的形成。牛顿本人也深受形而上学思维方法的束缚，他用太阳的引力和行星在轨道上因惯性产生的横向运动来说明行星绕太阳公转的必然性，但他又无法解释这种横向运动最初是怎样造成的，最后不得不求助于上帝，认为是上帝作了"第一次推动"，行星才能在近圆轨道上绕太阳转动起来，而且此后按照力学定律永远转动下去。牛顿的这一见解成了 17～18 世纪形而上学自然观的重要组成部分。

1755 年，德国哲学家康德提出了一个太阳系起源的星云假说，1796 年，法国数学家拉普拉斯也提出了一个星云说。这两个学说都认为太阳和行星是由同一个原始星云形成的，但对原始星云的性质、太阳的诞生和行星的聚合过程、行星绕太阳公转的形成等，则作了不同的解释（见太阳系起源）。康德和拉普拉斯的星云说从根本上否定了牛顿提出的上帝对行星运动作了“第一次推动”的说法，说明了地球和整个太阳系是某种在时间进程中逐渐生成的东西，从而在当时形而上学自然观中打开了第一个缺口，为后来辩证自然观的确立打下了基础。康德和拉普拉斯星云说以万有引力为理论依据，解释了当时所知的太阳系天体的许多观测事实，因而成了第一个科学的太阳系起源说，为天文学开创了一个新的研究领域——天体演化学。

近两个世纪以来，星云说经历了一个螺旋式上升的过程。19 世纪末至 20 世纪初，由于星云说无法解释太阳系角动量的特殊分布问题（占太阳系总质量 99. 8%的太阳，其角动量只占太阳系总角动量的 0. 6%），许多学者纷纷提出太阳系起源的灾变说，即认为太阳的行星系统是由太阳和别的恒星相遇的一场灾变中被拉出的物质凝聚而成的。20 世纪 30 年代以后，一则由于灾变说无法解释太阳系的许多重要特征，二则由于恒星由星际云引力收缩而诞生的演化理论取得了极大的成功（见恒星演化），三则由于考虑电磁作用，太阳的角动量会向外转移，用它可以解释太阳系角动量的特殊分布问题，于是，新的星云说再次活跃起来，成为当今太阳系起源学说中的主流。

七、恒星本质的认识

1839 年，唯心主义哲学家孔德在他的《实证哲学》第二卷中写道：“我们可以测定天体的形状、远近、大小和运动，但是不可能有任何方法研究它们的化学成分、矿物结构以及它们表面的有机生命现象”，“而关于恒星的表面温度，则将永远无法知道”。这位哲学家的悲观论调，如今已被科学的发展全盘否定，而否定速度之快，尤其惊人。1859 年 10 月 27 日 G. R. 基尔霍夫向普鲁士科学院提交了对太阳光谱中暗线的解释，宣告了天体物理学的诞生。同年 11 月 13 日他的合作者 R. W. 本生在写给罗斯科的信中说：“现在我正在和基尔霍夫一起全力进行一项实验，它使我兴奋得夜不能眠……道路已经畅通，我们可以像用普通试剂检测氯化锶等那样，有把握地确定太阳和恒星的化学成分。”

后来的发展是，从光谱分析不但能够知道太阳和恒星的化学成分，还能知道它们的温度、压力、视向速度、电磁过程和辐射转移过程等。更重要的是：1905～1907 年，E. 赫茨普龙发现了恒星光谱型和光度的关系；1913 年，H. N. 罗素率先用演化观点来解释这个图形，认为恒星的一生是从红巨星开始，因引力收缩，温度不断上升，在赫罗图上向左演化进入主序，接着恒星较缓慢地收缩，因收缩的能量不足以维持向外的辐射能，于是恒星的温度和光度逐渐下降，恒星沿主序下滑，最后成为红矮星。1924 年，A. S. 爱丁顿发现了恒星的质光关系。它表明，主序上不同位置的恒星，具有截然不同的质量。若恒星真的沿主序下滑，恒星质量怎么会大幅度地变小？这是罗素理论难于解释的。按照罗素理论，恒星的能源来自它的引力收缩，但计算表明，这解释不了恒星的漫长寿命。早在 1920 年，爱丁顿就预言："如果一颗恒星的质量最初含有 5%的氢原子，而这些氢原子又不断地合成为更复杂的元素，那么所释放的总热量将超过我们的需要，无须再去寻找其他的能源。"（宣焕灿选编，《天文学名著选译》，知识出版社 1989 年版，第 351 页）20 世纪 30 年代末，C. F. 魏茨泽克和 H. A. 贝特各自独立地提出了太阳和恒星的能源来自氢聚变为氦的两种原子核反应——质子-质子反应和碳氮循环。这证实了爱丁顿的预言。根据这一能源理论，人们发现，主序并不是恒星的演化径迹，而是不同质量的恒星在赫罗图上的一系列平衡位置。在这些平衡位置上，恒星稳定地进行核反应，温度和光度基本上保持不变。从这以后，罗素的恒星演化理论就被抛弃了，并逐渐建立起科学的恒星演化理论（见恒星演化）。

20 世纪中叶以来，由于射电探测手段和空间探测手段的崛起，人们已超越了光学波段的局限，而从整个电磁波段来研究恒星世界，并对许多新发现，诸如射电脉冲星、星际分子、红外星、X 射线双星、黑洞的候选者进行了深入的研究，人类对恒星世界的认识有了更辉煌的进展。

八、银河系结构的探索

19 世纪中叶以来，应用物理学的规律，观测、实验和理论三方面相结合，研究各类天体的化学组成、物理状态、内部结构以及演化途径的天体物理学，发展很快，成果累累。但是，如果没有天文学的另一分支——恒星天文学的配合，我们关于宇宙的知识将会缺掉一半。恒星天文学的任务是利用统计的方法来研究恒星、恒星集团和星际物质的分布和运动，这门学科的奠基人是

F. W. 赫歇尔和他的儿子 J. F. 赫歇尔。尽管 18 世纪中叶，T. 赖特、康德、J. H. 朗伯等人都认为银河和满天星斗构成一个巨大的天体系统，但他们还都停留在猜测的阶段，只有 F. W. 赫歇尔才开始用科学的方法来探讨这一问题。

首先，他通过分析恒星的自行，发现了太阳在空间的运动，并且定出了运动的速度和向点。这是人类认识史上的一次螺旋式上升：先是日动地静，后是日静地动。现在是：地动，日也动，恒星也动，宇宙间没有不动的东西。恒星的自行是恒星运动和太阳运动的综合结果，在扣除了太阳的运动以后，自行所反映的才是恒星的真正运动。F. W. 赫歇尔的思路是：如果太阳在运动，那么处在太阳运动前方的星就会散开，而背离方向的星则会相互靠拢。根据这一思想，他虽然只分析了 7 颗星的自行，但所得结果相当正确，所确定的向点和今天的结果相差不到 10 度。

其次，他采用取样统计的方法，用自制的口径为 46 厘米的反射望远镜，统计了天空中上千个选区的 117 600 颗恒星以及亮星与暗星的比例，经分析后，他于 1785 年获得了一幅扁而平、轮廓参差、太阳居中的银河系结构图（图 4），从而初步确立了银河系的概念。半个世纪后，其子 J. F. 赫歇尔到了好望角，用类似方法对南天恒星进行统计分析，证实了他父亲的上述结论。当时，赫歇尔父子是在恒星距离还不知道的情况下从事这项工作的，其毅力和为自己的观点提供证据的方案，都同样令人钦佩。他们的出发点是：恒星在空间均匀分布，它们的发光本领都一样，星际空间又完全透明。现在知道这三条假设过于粗略，但当时没有这三条假设就绕不开当时一无所知的恒星距离这一关，就无法工作。由此可见理论思维的重要性了。

图 4　1785 年 F. W. 赫歇尔提出的银河系结构图

自 F. W. 赫歇尔以后的 130 多年中，人们总把太阳看成位于银河系中央。20 世纪前 10 年，H. 沙普利采用造父视差的方法，测定了当时近百个球状星团的距离，他发现这些球状星团有 1/3 位于人马座内，且 90%以上位于以人马座为中心的半个天球上。沙普利推测，球状星团实际上是相对于银河系中心对称分布的，我们所看到的这种表观上的不均匀乃是由太阳不在银河系中心所造成的。于是他大胆地与传统观念决裂，于 1918 年提出了一个太阳不位于银河系中心的银河系图像。1927 年，J. H. 奥尔特通过研究银河系的较差自转，证实了沙普利的结论，并进而弄清了银河系是一个不断绕银心自转的巨大的天体系统。

九、河外星系的开拓

F. W. 赫歇尔的贡献不仅仅局限于对恒星和银河系的了解，还把范围扩充到天空里一些位置固定而形状模糊的天体上。1784 年法国天文学家 C. 梅西耶曾把 103 个这样的“云雾状天体”制成表，以免和彗星混淆。F. W. 赫歇尔将这类天体的数目增加到 2500 个。起初他认为这些就是康德所说的宇宙岛，但后来又改变了主意，因为他发现了其中有的是行星状星云。这种星云中央是一颗恒星，周围有一个发光的弥漫物质环。现在我们知道，这种“云雾状天体”事实上分为三大类：前两类是处在银河系之内的星云和星团，第三类是处在银河系之外的河外星系。但是要把这个事实分辨清楚，在赫歇尔之后几乎又用了一百多年时间。真正的突破是 H. S. 勒维特、赫茨普龙、沙普利等人在 20 世纪前 10 年建立了造父视差法。有了这一方法，只要发现遥远天体系统中有造父变星，就可以定出它的距离。沙普利正是用这种方法定出银河系中近百个球状星团的距离，并进而提出太阳不位于中心的银河系模型的。本来，由沙普利来发现河外星系是得心应手的事，但他却由于受银河系便是整个宇宙的先入为主的错误观念束缚，不仅没有去寻找遥远星云中的造父变星，测定其视差，以证明它们是位于银河系之外的巨大天体系统，而且还一度成了反对河外星系存在的代表人物。1920 年 4 月，在美国科学院爆发了著名的沙普利-柯蒂斯大辩论，H. D. 柯蒂斯利用仙女座大星云中发现的三颗新星，定出该星云远在银河系之外，是一个独立的星系，而沙普利则反对柯蒂斯的结论。这场辩论，当时胜负未分。1923 年，E. P. 哈勃在威尔逊山天文台用当时世界最大的 2.5 米反射望远镜，把仙女座大星云的旋涡结构分辨为恒星，并且在这个星云内发现了许多造父变星。利用这些造父变星的周光关系，定出其距离为 90 万光年（现知为 230 万光年），远在银河系之外，而且其体积比银河系还大。1924 年年底他在美国天文学会宣布这一结果时，与会天文学家一致认为，宇宙岛学说已取得了胜利，人类关于宇宙的认识翻开了新的一页。

接着，哈勃又把他的注意力转移到旋涡星云谱线的红移问题上。他利用前人获得的星系光谱资料和他本人测定的这些星系的距离资料，于 1929 年得出红移和距离的关系：河外星系离我们的距离越远，它的光谱线的红移量越大。这便是著名的哈勃定律（见红移）。如果红移是由多普勒效应引起的，则红移和距离的关系就意味着越远的星系以越快的速度退行，各星系之间的距离在增加，我们所在的宇宙是一个膨胀的宇宙。

但是，红移不一定是由多普勒效应引起的，哈勃的同事 F. 兹威基立刻就提出另一种解释，认为红移是由光线和星系际物质之间的作用引起的。这种作用使远来的光量子能量减低，波长向红端位移，因而也是距离越远，红移量越大。为了判断红移究竟是由哪种机制引起的，哈勃联合哈马逊观测了更多的星系，测出它们的视星等，并统计它们的数目。他们假定全部星系有同样的大小和同样的发光本领。这样，如果星系在空间上的分布是均匀的，在极限星等和计数之间就应该有一线性关系，否则这个关系就不能成立。如果红移是由多普勒效应引起的，远处的星系密度应该小于近处的；如果红移是光线和星系际物质作用的结果，星系的密度应该到处一样。由于哈勃当时所掌握的数据太少，他无法做出判断，但这种方法至今仍在应用，并且推广到星系团、射电源、类星体的计数上，仍是当代观测宇宙学的一项基本工作，而哈勃的《星系世界》（1936 年）成了这一领域的奠基著作。

十、现代宇宙学的发展

星系光谱线的红移，无论是由于星系退行，还是由于光能量衰减，都可以得到相对论的承认。如果是前者，则是一个服从相对论引力定律的膨胀宇宙；如果是后者，则是一个静态宇宙，而后者还首先是由爱因斯坦本人提出来的。爱因斯坦在完成他的广义相对论以后，立即把它应用于宇宙学问题，于 1917 年发表《根据广义相对论对宇宙学的考察》一文，指出无限宇宙和牛顿力学之间存在着难以克服的矛盾，要么修改牛顿理论，要么修改空间观念，要么两者都加以修改。他放弃了传统的宇宙空间三维欧几里得几何无限性的概念，把空间和时间联系起来，并做了物质均匀分布和各向同性两条假设，从而建立了一个静态的、有限无边的动力学宇宙模型。

与爱因斯坦同年（1917年），荷兰天文学家W. 德西特也用广义相对论研究宇宙学问题，得出了一个物质平均密度趋近于零的静态宇宙模型。这两个模型被人们研究讨论了十多年，当星系谱线的红移和距离关系发现以后，就成了问题。德西特模型虽然可以用别的方法来解释这一现象，但一个没有物质的宇宙总难令人相信。爱因斯坦于1930年公开宣称放弃他的宇宙常数项后，在英国皇家天文学会演讲时，爱丁顿在欢迎词中说："为什么爱因斯坦方程只有两个解，而没有第三个解以适应于哈勃的最新发现呢？"曾经做过爱丁顿学生的G. 勒梅特从刊物上看到这段话后，立即写信给爱丁顿，说他已经找到了第三个解，文章发表在比利时的刊物上，这就是他的原始原子说。他找到爱因斯坦方程可以有几个时间函数解以适应膨胀的宇宙。1932年，他又提出现在观测到的宇宙是一个极端高热、极端压缩状态的原始原子（primeral atom）爆炸而产生的。

其实在勒梅特以前，苏联的A. A. 弗里德曼已于1922年发现了具有时间函数解的宇宙模型。他发现爱因斯坦在建立静态宇宙模型时有一个数学错误，指出爱因斯坦解和德西特解只是爱因斯坦方程更为普遍情况下的两个特殊解。他把爱因斯坦方程中的宇宙常数项取消以后，得出宇宙既可以是开放的，也可以是封闭的。后人对弗里德曼的宇宙模型作了进一步的研究，发现宇宙是开放还是封闭，这要看物质的平均密度而定。若平均密度（ρ）和临界密度（ρc）之比 $\rho/(\rho c)<1$，则空间曲率 $K=-1$，对应于一个双曲型的开放宇宙；若 $\rho/(\rho c)=1$，则 $K=0$，对应于一个平直的开放宇宙；若 $\rho/(\rho c)>1$，则 $K=+1$，对应于一个没有边界但体积有限的闭合宇宙。在前两种情况下，宇宙要一直膨胀下去；在后一种情况下，膨胀到一定时候又要收缩（图5）。从理论上算出，临界密度 $\rho c=4.7\times10^{-30}$ 克/厘米^3。观测宇宙学的任务就是要确定 $\rho/(\rho c)$ 值，目前所得结果相差很悬殊，在0.1到2之间；不过多数人认为接近于1，宇宙空间是平直的，欧几里得几何仍然适用。

1948～1956年，G. 伽莫夫多次发表论文，发展了勒梅特的宇宙模型，更深入地探讨了宇宙从原始高密状态演化、膨胀的概貌，从而形成了目前最有影响的大爆炸宇宙学。伽莫夫还明确预言，早期宇宙的大爆炸遗留至今还残存着温度很低的辐射。1965年微波背景辐射的发现证明了这一论断的正确性。目前，人们对热大爆炸宇宙学的更大兴趣则集中在180亿年以前，大爆炸发生的 10^{-43} 秒之后到3分钟之间的演化过程。10^{-43} 秒之前，相对论和现有一切物理规律都不能适用，有人想用时空量子化来解决这一问题，但成果很少。从 10^{-43} 秒到 3 分钟之间可用温度随时间降低的一个序列来区别出几个阶段来。到 3 分钟时，温度降到 10^9K，第一个稳定的原子核出现。这一极早期的宇宙演化学和粒子物理学、大统一理论、超对称理论密切相关，理论、实验、观测互相影响，是当代物理学的一个前沿，仍在不断发展中。

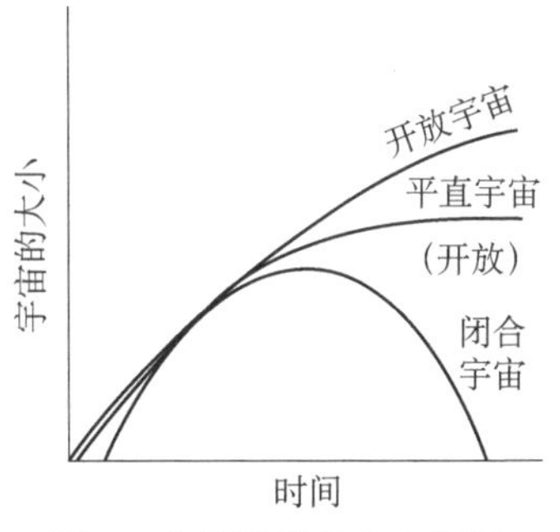

图 5　弗里德曼的宇宙模型

十一、简短的结论

宇宙是无限的，人类认识宇宙的能力也是无限的；但是人类认识宇宙的范围在一定的历史时期是有限的，而且常常把自己所认识的这个范围当作总宇宙来讨论。哥白尼的宇宙即太阳系，F. W. 赫歇尔的宇宙即银河系，我们今天的宇宙即总星系。我们相信，后之视今，犹今之视昔，在总星系的外面，还有别的物质世界有待未来去发现。在今天所认识的宇宙范围内，从思想史的角度可得到如下几点结论：

（1）人类中心说一步步被否定，在现代宇宙学中人类所居住的地球、太阳系和银河系，不占有任何特殊地位；但人毕竟是认识宇宙的主体，研究宇宙间的一切演化过程时也必须把人的能够出现和存在考虑在内（见人择原理）。人认识到的宇宙部分越是扩大，似乎人越变得渺小，但实际上这标志着人的认识能力的伟大。从宇宙发展中产生出来的人对宇宙的无限深化的认识过程就是人和宇宙不断实现统一的历史。

（2）亚里士多德的天地两界说遭到了彻底的否定，牛顿的万有引力定律把它们统一起来了。但是天体上确有不同于地球上的物理状态：星际空间中每立方厘米不到一个原子的高真空，中子星内部每立方厘米包含着 10 亿吨物质的高密度，脉冲星表面上强达 10 万亿高斯的强磁场，一些星系和星系核抛射物质的高速度——接近于光速，有的看来甚至大于光速……宇宙空间中这些现象的存在，为物理学提供了在地面没有并且无法模拟的实验，为人类对自然的认识不断地提供条件。天上规律和地上规律具有同一性，也有差异性。地上的规律可以推广到天上，但又要了解它适用的范围，以发现更新、更普遍的规律。

（3）大到河外星系，小到星际原子，宇宙间的所有物质都在不断地运动和变化，而且有些变化不是缓慢地量变引起质变，而是爆发性的突变，如超新星、星系核、类星体、射电双子源（星系）的猛烈爆发，以及总星系初生时的大爆炸。人类的宇宙图景是从古代静态的宇宙结构图景，发展到近代以牛顿力学为基础的机械的宇宙图景，进一步发展到现代建立在相对论-量子力学基础上的充满形形色色爆发的动态宇宙图景。

（4）宇宙间的任何天体或天体系统，在空间上和时间上都是有限的，都有其起源、演化和衰亡的过程。康德和拉普拉斯星云说开创了太阳系起源问题的探讨；赫罗图的出现为探讨恒星的起源和演化开辟了道路；大爆炸宇宙学则在探讨总星系、基本粒子和元素的起源。对宇宙、天体在越来越大的时空范围内的演化规律性的认识，是与对越来越深的物质层次和越来越早的物质发展阶段的探索紧密结合的。

（5）有无地外文明问题，也是天文学思想史中一直争论的问题。宇宙中的生命、智慧生命和文明并不是偶然出现的，而是宇宙物质发展到一定阶段的必然产物。目前有人运用平庸原理，估算出既有兴趣又有能力进行星际通信的先进文明数在银河系内就有 100 万个，平均每 25 万颗星中，就有一颗星的周围的行星上有高度文明存在，他们有的可能比我们更先进。但是，20 世纪 60 年代以来，美、苏、英、德等国利用世界上最大的一些射电望远镜监测地外文明所发的微波信号。一直未取得结果。问题在于，我们还无法知道这些地外文明在何处、在什么时候和以什么方式向太空发射信号。也许我们暂时还不能破译这些信号；也许我们的仪器还不够强大，接收不到这些信号。这个问题到下一个世纪也许能有一些答案（见宇宙中的生命）。

参 考 书 目

宣焕灿. 天文学名著选译. 北京：知识出版社，1989.
King H C. Exploration of the Universe. London：Seeker and Warburg，1964.
Moore P. The Development of Astronomical Thoughts. Edinburgh：Oliver and Boyd，1969.
Pannekoek A. A History of Astronomy. New York：Interscience Publishers，1961.
Parker B. Creation. New York：Plenum Press，1988.

〔查汝强等：《自然辩证法百科全书》，北京：中国大百科全书出版社，1995 年〕

关于“李约瑟难题”和近代科学源于希腊的对话

甲：有人认为“李约瑟难题”是中国科学界的最大难题，应把求解这个难题作为中国科学界的一项跨世纪的重大任务。你对这个问题怎么看？

乙：首先，我觉得“李约瑟难题”这个提法不妥。李约瑟提出的问题是：近代科学为什么没有在中国诞生，而诞生在欧洲？他陆陆续续作过一些解答，但最终的答案要在他的巨著《中国科学技术史》第七卷中表现，没有完成就于去年去世了。这个问题不是李约瑟首先提出的，只是由于他的关注而扩大了影响。最早提出者为我国《科学》创办人之一任鸿隽。任先生于1915年在《科学》的创刊号上发表了《说中国无科学的原因》，篇幅长达6页（第8～13页）。1922年冯友兰又在英文《国际伦理学杂志》第32卷第1期上发表《为什么中国没有科学？——对中国哲学的历史及其后果的一种解释》。在他们的影响下，外国人戴孝骞（H. H. Dubs，1929年）等开始研究这一问题。1944年吴藻溪将德籍犹太历史学家魏特夫（Karl A. Wittfogel）的《中国为什么没有产生自然科学？》译成中文后，又引起了国人的讨论，陈立、钱宝琮、竺可桢等纷纷发表文章，此时在中国工作的李约瑟也参加了进来，他的文章发表在《科学》（1945年）第28卷第1期上。任鸿隽、冯友兰、魏特夫、竺可桢等所说的自然科学，即近代科学。因此，确切些说，“李约瑟难题”应该命名为“任鸿隽难题”。

其次，严格地说，历史上没有发生的事情，不是历史学家研究的对象；要研究，也很难得到一个公认的答案。例如，欧洲为什么始终没有成为一个统一的国家，而中国在秦朝就统一了？这个问题几乎没有人研究；研究了，对促进今天欧洲的一体化，恐怕也没有多大帮助。同样道理，我认为“李约瑟难题”可以研究，但不必大搞。

最后，近代科学没有在中国诞生和当今中国科学落后，这是两个问题，不能混为一谈。近代科学产生以后，中心已经发生过几次转移，原来根本没有科学的美国，而今执世界之牛耳。所以当今中国科学落后和近代科学没有在中国产生要分开来研究。时间、地点和条件是决定一切的，20世纪的中国不是明末清初的中国，要具体问题具体分析，不能把几百年的问题“眉毛胡子一把抓”。

甲：那么，我们今天就具体谈谈近代科学在欧洲产生的原因吧！许多人都认为近代科学产生在欧洲和他们吸收了古希腊文化有关系，是不是这样？

乙：我觉得这些人的看法值得商榷。欧洲人吸收古希腊文化是从12世纪开始的，它首先被经院哲学家们所接受，以致马丁·路德在进行宗教改革时，竟埋怨在教会的学校里尽讲亚里士多德的著作而不讲《圣经》。与此相反，近代自然科学则是在反对古希腊科学的激烈斗争中诞生的。

近代自然科学和整个近代史一样，从哪一年开始，学术界有不同的看法。在一般的历史研究中，是以1453年君士坦丁堡的陷落（即东罗马帝国灭亡）为界；但在科学史中，则以1543年为界。这一年出版了哥白尼的《天体运行论》和维萨留斯的《人体结构》两部伟大著作，向以托勒密和盖伦为代表的古希腊天文学和医学传统宣战，笼罩在天、地、人外面的中世纪面纱被完全揭开了，从此自然科学便大踏步地前进。

哥白尼的太阳中心说出现以后，在欧洲所受的阻力远比传到中国以后所受阻力为大。在欧洲就连马丁·路德也反对，而中国的乾隆皇帝则赞成。1628年法国思想家博旦（J. Bodin）说：“没有一个有普通知识的人或学过一点物理学的人，会想象如此笨重庞大的地球竟能以太阳为中心上下运动。”博旦所说的知识就是古希腊人的知识，所说的物理就是亚里士多德的物理学。为了证实和宣传哥白尼学说，为了推翻亚里士多德的物理学，伽利略写了两部不朽名著：《关于托勒密和哥白尼两大世界体系的对话》（1632年出版）和《关于两门新科学（力学和弹性学）的对话》（1638年出版）。这两本书都是以三个人的对话形式来否定亚里士多德的物理学和天文学，其中亚里士多德的代言人叫辛普利丘，意即头脑简单者，连起名字都带有讽刺挖苦的意味。

甲：亚里士多德的物理学和天文学是错了，是近代科学革命的对象，对近代科学的诞生有阻碍作用，但他创建的逻辑学和发明的三段论法，则使人们的思维得以系统和精密，为近代科学的产生提供了必要的条件，而我们中国则没有。

乙：逻辑和语法一样，是从人们的思维活动中抽象出来的。正如许多人没有学过语法也会说话一样，中国古代没有写出逻辑学著作，不等于中国人不会逻辑思维。再者，逻辑的严密性并不能保证结论的正确性。阿奎那（Thomas Aquinas，1225～1274）运用亚里士多德逻辑学，对上帝的存在做出了五大证明，难道上帝真的存在吗？与此相反，作为近代科学开始的一系列新发现，却不是用逻辑推出来的。如果说，哥白尼的《天体运行论》还用了传统的方法，即逻辑的论证；维萨留斯则完全是用观察和实验的方法，得出和旧观念相反的结果。哈维（William Harvey，1578～1657）对血液循环的发现，伽利略对木星卫星的发现，都与三段论法毫无关系。伽利略认为，在物理学中，基本原理必须来自观察和实验，逻辑和数学只是处理实验数据的工具和手段，而不是对先验目标的追求。这正是近代科学方法的精髓。再看看古希腊人是怎么说的？柏拉图在他的《理想国》第七卷中说："一个真正的天文学家不必去思考昼夜长短、日月运动以及其他天体的任何事物，不这样做将是愚蠢的。在建立真理时，考虑这样多的事也是愚蠢的。天文学和几何学一样，如果我们要采取正确的方法研究问题，那就要把星空抛在一边。"接着他又引用他的老师苏格拉底的话说："声学的老师们想比较他们仅仅能听到的声音的和谐，这种实验也和天文学观测一样，是白费力气的。"

甲：你举柏拉图和苏格拉底为例，说明古希腊文化是近代科学的障碍，这是攻其一点，不计其余。众所周知，古希腊学术到苏格拉底为之一变。他把哲学从自然界带到人间，他强调人类研究主体是人类社会，是伦理学，而不是物理学；他主张灵魂不灭，要用神学来解释自然界，用天意来解释历史。这是古希腊文化的消极方面。在苏格拉底以前，则是一个英雄时代，从泰勒斯到德谟克利特的自然哲学则是近代自然科学的源头。

乙：苏格拉底以前的哲学家们都没有留下什么著作，关于他们只有零散的材料。泰勒斯（约公元前624～前547）比孔子（公元前551～前479）略早，相传他根据巴比伦的天文表预告过公元前585年的一次日食，但孔子在《春秋》中记录了37次日食，而且无一句占卜之语。泰勒斯主张的水为万物之源，在中国的《管子》中说得更详细。德谟克利特（约公元前460～前370）和中国墨子（约公元前476～前390）同时，原子的观点在《墨经》中也有，而且《墨经》中的光学、力学和几何学知识远非德谟克利特所能比。如果说伊奥尼亚学派的这些自然知识可以促使近代自然科学产生的话，先秦诸子百家著作中的自然知识总和起来比他们还多，却不能产生，可见不是那么回事。

在苏格拉底以前，古希腊还有一个活跃在意大利南部的毕达哥拉斯学派。这个学派实际上是一个维护奴隶制的宗教团体，其思想方法和近代科学毫无共同之点，只是因为他们认为数为万物之源，"十以内的数字具有无比的威力，是神、天和人生活中的第一原理和指南……不了解数和数的性质，就不可能了解一切事物和它们相互之间的关系"，因而对数学和与数学有密切关系的天文学及音律学有一些贡献。但这些贡献是什么，现在很难说清楚。比如有名的毕达哥拉斯定理（即勾股定理），实际上早已为巴比伦人和中国人所知，有人说毕达哥拉斯的功绩是提出了对这个定理的证明；但是这个证明又遗失了，现在教科书中所采用的面积证明法，首见于欧几里得的《几何原本》，欧几里得并没有说他的根据是毕达哥拉斯。

甲：是的，古希腊前期的自然哲学，只是一些零星的、天才的猜想，与近代以观察、实验、推理为基础的、系统的科学不属于同一范畴，也不可能直接产生近代科学。但古希腊后期（亚历山大时期）却产生了欧几里得《几何原本》这样大部头的逻辑性很强的科学著作，总应该看作是近代科学的前驱吧？

乙：欧几里得（约公元前330～前275）的《几何原本》是什么样子，很难说清楚。现在用的古希腊文本是1808年在梵蒂冈图书馆发现的公元10世纪的一个手抄本，无法肯定它是1400多年前的原物，也许就是当时为教欧几里得几何而编的一个手稿。除了这个版本之外，其余阿拉伯文、拉丁文译本都是根据公元4世纪末赛翁（Theon）的一个增订本，而这本书没有图，一部讲几何学的书没有图，是什么样子，很难想象。再者，作为近代数学标志的微积分，也并不是从欧几里得几何学发展出来的。牛顿、莱布尼茨和他们的先辈们为了适应当时运动学、弹道学、光学和天文学的需要，大胆地不顾欧几里得关于严密性的要求，发明了微积分。在微积分建立以后，反对微积分者正是那些受着欧几里得几何学束缚的人，关于这一点在1981年翻译出版的斯科特的《数学史》中有详细叙述。牛顿的《自然哲学数学原理》虽然是按《几何原本》的模式写的，但那只是形式。牛顿自己曾经说过，读了《几何原本》对他没有多大帮助。

甲：照你这样的说法，古希腊文化对近代科学就只有阻碍作用，没有一点积极意义了？

乙：当然不是，例如阿利斯塔克的太阳中心说，就对哥白尼有启发意义。他的一篇短文《论太阳和月亮的距离与大小》也很精彩，所得结果虽然误差很大，但这是人类第一次用比较严谨的方法来研究天体的距离和大小问题，难能可贵。我只是想说明，任何文化都有精华和糟粕两部分，都有其历史的局限性。在传统与现实之间，现实的需要和提供的条件才是科学发展的更重要的动力，正如马克思和恩格斯在《德意志意识形态》一书中所说："甚至那些纯粹的自然科学也只是由于手工业、商业和人们的感性活动才达到自己的目的和获得材料的。"如果说单有古希腊文化就能产生近代科学的话，为什么当时没有演变成近代科学，反而连自己的国家都保不住，都被灭亡了！9世纪开始，阿拉伯人又大量翻译、研究古希腊著作，吸收古希腊文化，但也没有形成近代科学。这又从另一方面说明，古希腊文化不是近代科学产生的必要条件。

我的结论仍然是，席泽宗在《孔子与科学》一文中所说的话：近代科学产生在欧洲并得到迅速的发展是由当时当地的条件决定的，不必到1400多年以前的希腊去找原因。自16世纪以来，中国科学开始落后，也要从当时当地找原因，不必把板子打在孔子、孟子身上。现在要紧的还是脚踏实地，抓住机遇，结合实际，努力工作，我们才能迎头赶上世界水平。

〔《科学》，1996年第48卷第4期〕

科学史与现代科学

一、科学史的思想方法

什么是历史？什么是现代？这个界限很难划分。有人认为，今天报纸上登载的事情绝大部分都是历史，因为它发生在昨天或昨天以前，都是过去时态。按照这个说法，除了今天正在研究或正在计划中的科学工作以外，所有科学都属于历史范畴。这种说法当然很难得到多数人的同意，而且也不现实。什么是现代或当代？意大利生物学史家范特尼（B. Fantini）说："直接的答案可能是，'当代'指的是我们面前正在发生的事情。但是这个定义实在是太幼稚了，就是一个单纯的大事年表也不起作用。我们可以确定一个惯用的起始点，即 20 世纪。"但是，20 世纪从哪一年开始，是从 1900 年开始，或是从 1901 年开始？还有争论。与此相似，21 世纪是从 2000 年开始，或是从 2001 年开始，目前意见也不一致。如果说 20 世纪是从 1900 年开始，那么这一年在生物学上很重要，孟德尔遗传定律的重新发现就在这一年。这一发现是朝人类需要的方向来改变生物的工程的理论基础。它对人口、粮食、优生、教育、犯罪、法医等方面有着根本性的影响，对确定国策有制约作用。这可以说是划时代的发现，因此我们可以把“现代生命科学”解释为20世纪的科学。但是，这样做的一个危险是，在19世纪和20世纪之间的生命科学中，插入了一个人为的不连续性，而事实上，它们是处于连续状态的，即孟德尔于1865年就发表了他的论文《植物杂交实验》。这篇文章设计巧妙，实验无误，对资料做了统计处理，结论新颖，确实是划时代的成就。但在发表的当时，甚至在其后35年的时间里，学术界竟无人问津。孟德尔曾经说过：“看啊，现在是我的时代来到了！”但他没能亲眼看到这一天，1884年他就去世了。孟德尔遗传定律的重新发现是在1900年。这一年从春天到初夏，荷兰的德•弗里斯（H. de Vires）、德国的科伦斯（C. Correns）和奥地利的西森内格-契马克（E. Seysenegg-Tschermak）分别独立地重新发现了这一定律，才受到全世界的注意。从这个意义上说，现代生命科学应该开始于1865年，而不是1900年，因为这3个人都认为孟德尔的研究比他们早而且深入细致。

从孟德尔遗传定律的重新发现这个事例，可以得出一个重要的引申：当一位久远的科学家的思想方法或理论能被用为现今理论形成的一部分时，也可以把它看作是“现代的”。这样，1969年诺贝尔生理学或医学奖的获得者、生物物理学家德尔布吕克（M. Delbrück）就把亚里士多德看作是分子生物学的创始人之一，写了一篇 *Aristotle-totle-totle*，罗森费尔德（L. W. Rosenfield）还写了一本《亚里士多德与信息论》。他们认为，学科和问题的历史只要同我们现今所关注的课题属于相同的知识传统和范式（paradigm），就应该同现代相当。“范式”是库恩（T. S. Kuhn）在《科学革命的结构》一书中常用的一个词语，是指一个成熟的科学群体（共同体）在某一段时期内所接纳的研究方法、问题领域及标准答案的源头活水。正是在这个意义上，才有助于解释科学史的现实意义及其特有的功能。列入我国“八五”期间攀登计划的“机器证明及其应用”就是这方面的一个实例。

数学定理的机器证明是吴文俊院士继承我国古代数学传统开创的数学机械化工作的一部分。“机械化”是相对“公理化”而言的。公理化思想起源于古希腊，欧几里得《几何原理》就是这方面的代表作，它创造了一套用定义、公理、定理构成的逻辑演绎体系。我国的数学著作，自汉代的《九章算术》起则创造了另一种表达方式，它将246个应用问题，区分为九大部分（章），在每个部分的若干同类型的具体问题之后，总结出一般的算法。这种算法比较机械（刻板），每前进一步后，都有有限多个确定的可供选择的下一步，这样沿着一条有规律的刻板的道路一直往前走就可以达到结论。而这种以算为主的刻板的做法正符合计算机的程序化。吴文俊先生利用我国宋元时期发展起来的增乘开方法与正负开方法，在 HP25 型袖珍计算器上，利用仅有的 8 个储存单位，编制一小程序，竟可以解高达 5 次的方程，而且可以达到任意预定的精度。

我国宋元时期数学发展的另一个特点是，把许多几何问题转化为代数方程与方程组的求解问题（后来 17 世纪法国的笛卡儿发明的解析几何也是这样做的）。与之相伴而生，又引进了相当于现代多项式的概念，建立了多项式的运算法则和消元法的有关代数工具。吴文俊先生以其深厚的几何学和拓扑学功底，吸收了宋元时期数学的这两大特点之后，将几何问题用代数方程表达，接着对代数方程组的求解提出一套完整可行的算法，用于计算机。1977 年先在平面几何定理的机器证明方面取得成功；1978 年推广到微分几何；1983 年我国留美青年学者周咸青在全美定理机器证明学术会议上介绍了吴方法，并自编软件，一鼓作气证明了 500 多条难度颇高的几何定理，轰动了国际学术界。穆尔（J. S. Moore）认为，在吴文俊之前，机械化的几何定理证明处于黑暗时期，而吴文俊的工作给整个领域带来光明，一个突出的应用是由开普勒行星运动三定律自动推导出牛顿万有引力定律，这在任何意义下讲都应该说是一件了不起的事。然而吴文俊并未就此满足，他说："继续发扬中国古代传统数学的机械化特色，对数学各个不同领域探索实现机械化的途径，建立机械化的数学，则是 20 世纪以至绵亘整个 21 世纪才能大体趋于完善的事。"

二、科学史资料对现代科学研究的作用

上举各例是就思想方法而言历史上的科学对现代科学所产生的影响。历史上的科学还可以为现代科学提供丰富的研究资料。1989 年，王元、王绶琯、郑哲敏 3 位院士在总结《中国科学院数学、天文学和力学 40 年》时指出："50 年代以来，通过我国（兼及一些其他国家）古天文资料的整理和分析，使现代所得的一些天文现象的研究得以大幅度'向后'延伸。这种'古为今用'的方法受到广泛重视，其中如利用古新星记录证认超新星遗迹并判定其年龄，曾引起很大的反响。" 1955 年苏联科学院通讯院士、莫斯科大学射电天文研

究室主任在看到我关于中国历史上的超新星记录和射电源关系的论证之后，他兴奋地说："建立在无线电物理学、电子学、理论物理学和天体物理学的'超时代'的最新科学——无线电天文学——的成就，和伟大中国古代天文学家的观测记录联系起来了。这些人们的劳动经过几千年后，正如宝贵的财富一样，把它放入了20世纪50年代的科学宝库。我们贪婪地吸取史书里一行行的每一个字，这些字深刻和重要的含义使我们满意。"近几十年来，利用中国古代的天象记录来研究超新星遗迹、地球自转的不均匀性、太阳黑子活动的周期、哈雷彗星的轨道演变等许多问题，已成为热门课题，在英、美、日、韩等国都有人在研究。

历史资料在地球科学研究工作中也很重要。竺可桢先生关于气候变迁的研究就是一例。从1925年开始，他不断地从经、史、子、集，以及笔记、小说、日记、地方志中收集有关天气变化、动植物分布、冰川进退、雪线升降、河流湖泊冻结等资料，加以整理，临终前于1972年发表《中国近五千年来气候变迁的初步研究》，指出在5000年中的前2000年，黄河流域年平均温度比现在高2℃，冬季温度高2～5℃，与现在长江流域相似；后3000年有一系列的冷暖波动，每个波动历时300～800年，年平均温度变化为0.5～1℃。他还认为气候波动是世界性的。竺可桢的这篇文章发表后，立即被译成英、德、法、日和阿拉伯诸种文字，英国《自然》杂志发表评论说："竺可桢的论点是特别有说服力的，着重说明了研究气候变迁的途径，西方气象学家无疑将为能获得这篇综合性研究文章感到高兴。"现在，研究全球性的气候变化，已成为一个重要课题，各国都在大量投资，计算机模拟等手段均已用上，而竺可桢开创的历史方法仍不失为一条途径。

新中国成立初期，竺可桢和李四光领导的《中国地震资料年表》的编制及有关的研究工作，既是基础研究，又具有现实意义。地震预报十分困难，世界各国地震学家长期努力至今尚未有有效方法。我国地震台站新中国成立前只有北京和南京两处，新中国成立以后，虽逐年增设，但为数也不多，且为时又短，远远不能满足第一个五年计划建设的需要。第一个五年计划的主要任务是发展重工业。按照建厂的程序，在选择厂址时，首先需要知道建厂地点的地震烈度。地震烈度若会达到7度以上，基本建设就要加防固设备；地震烈度若会达到10度以上，则根本不能建厂，其他条件再好，也得放弃。在这种紧迫情况下，只有发挥我国历史记录的优势，组织大量人员搜集各地各代资料，总结选厂地点的地震状况。他们列出了500多个地点的地震烈度，绘出等震线，作出中国地震区域图，满足了当时经济建设的需要。此项工作在1976年唐山大地震以后更显得重要，中国社会科学院、中国科学院和国家地震局又联合起来，重新组织力量，再做更细致的工作，历时5年，完成《中国地震历史资料汇编》五大卷。

类似于地震烈度研究对工程建设所起作用的科学史工作最近还有水利科学院水利史研究室关于“三峡地区大型岩崩和滑坡历史及现状的考察研究”，这是为跨世纪的三峡工程所做的准备工作中不可少的一部分。他们查阅了1800年的有关历史文献和地质勘测资料，先后3次去现场考察，在此基础上形成了相应的历史模型，进而提出了可行性方案。报告指出了过去近2000年间，大型岩崩滑坡集中在某几个河段；集中发生的周期和季节规律；最大规模只是短时间堵江，未形成经年的拦江堆石坝。报告还指出秭归、巴东境内的黄蜡石和新滩岩崩规模最大，危害严重，应先期整治和预防，但不致制约三峡工程建设。从而，对三峡地区今后可能出现的类似地质灾害在地理分布、发生诱因、可能的规模和频率等方面，提供了一个实在的参考，成为预测它们对工程施工、今后的运行及城镇和航运安全影响的依据。在这里，“历史模型”取得了地质理论分析和计算都难以做出的成果。

历史资料不但可以为当代的科学研究和工程建设提供丰富的佐证，有时还可提出新的问题，要求现代科学回答。随着秦始皇兵马俑一、三和二号坑的陆续发掘，出现了许多不解之谜；①一把数百千克重的陶俑压弯的剑，当发掘者搬开俑时，弯剑竟慢慢地复原了。2000多年前，铁的冶炼才出现不久，秦人怎能铸造出这把千年弹性不变的剑呢？②秦俑佩戴的兵刃镀有一层铬。镀铬需要电，镀铬工艺是美国人在1937年发明的，德国人在50年代才申请到专利。秦俑兵刃上的铬是怎样镀上去的？它采用的技术和方法是什么？③铜马车是当今发掘出来的稀世珍宝，更出奇的是它那顶浇铸成型的超大、超长、超薄的车盖，2000多年前是怎样造出来的？④彩绘秦俑，其颜料均为天然矿物质，红者朱砂，黑者炭黑，白者磷灰石，唯有紫色不得其解。经现代科学鉴定，这种紫色颜料成分是硅酸铜钡，可是在自然界中从未发现过，而是到20世纪80年代才由人工合成的。然而秦俑早在2000多年前就使用了，这怎么解释？以上几个问题，现在都在征求答案。

三、科学史为科学对社会的影响提供借鉴

除以思想方法和资料运用与现代科学相交叉外，科学史还以本身的研究工作为现代科学提供借鉴。爱因斯坦在他晚年的《自述》中曾说：“马赫的《力学史》给我以深刻影响。”许多有成就的科学家，都对本门学科的历史有清楚的了解；但是他们往往是把科学当作一种知识部门，研究它的积累过程，特别是正确知识取代错误和迷信的过程，很少注意它和外部社会现象的联系。自 20 世纪 30 年代以来，科学史领域出现了一个新的研究方向，即科学社会史，也叫科学外史。代表这个方向的第 1 篇文章是苏联学者赫森（B. Hessen）于 1931 年在第二届国际科学史大会上提出的《牛顿〈原理〉的社会经济基础》。他不去讨论万有引力定律和哥白尼日心说、伽利略惯性定律、开普勒行星运动三定律之间的继承关系，而是讨论 17 世纪英国的战争、贸易、运输的需要对牛顿研究工作的推动作用。这篇文章轰动一时，尽管对它的内容有所争论，但沿着这个方向工作的人愈来愈多。

赫森的文章是讨论社会对科学的影响，反过来科学对社会的影响也可以成为一个研究领域。德国诗人歌德在评述哥白尼学说时曾说：“自古以来没有这样天翻地覆地把人类意识倒转过来。因为若是地球不是宇宙的中心，那么无数古人相信的事物将成为一场空了，谁还相信伊甸的乐园、赞美的颂歌和宗教的故事呢？”据袁正光最近研究，在哥白尼日心说和市场经济之间竟有联系，而其中的一个关键人物是牛顿的好朋友约翰·洛克（John Locke，1632～1704）。洛克深受从哥白尼到牛顿的科学成就和科学精神的感召，把上帝是人类活动中心的思想颠倒过来，建立人是社会中心的理论，并且认为人类社会也有规律可循。马克思在评述洛克学说时说：“洛克的哲学成了以后英国政治经济学的一切观念的基础。”马克思所说的英国政治经济学就是亚当·斯密（Adam Smith，1723～1790）的古典经济学。亚当·斯密在他的《国富论》中说：“人类社会受着一只看不见的手的指导，去尽力达到非他本意想达到的目的。也并不因非出于本意就对社会有害。他追求自己的利益，往往能使他比在真正出于本意的情况下，更有效地促进社会的利益。”他还说：“我从来没有听说过，那些假装为公众幸福而经营贸易的人做了多少好事。”（郭大力中译本第 25～27 页）世界著名经济学家萨缪尔森说：“亚当·斯密最大的贡献就是发现了‘一

只看不见的手'，即在经济世界中抓住了牛顿在物质世界中所观察到的东西，即自行调节的市场机制。”从这段历史可以看出，基础研究不能单看眼前的经济效益，有时它潜在的社会效益是无比巨大的，这一点在制定科学政策时是要注意的。

科学、技术与社会之间相互关系的研究，可以有很具体的应用题目，如超级市场出现的条件、在中国小汽车可否进入家庭等，都可以从科学史的角度来讨论。但科学社会史更注重的则是把科学当作一种社会事业，研究创造这个事业的个体和群体。

所谓个体，就是指科学家。我们往往把过去的科学成就同一些科学家相联系，如哥白尼、牛顿、达尔文；至今诺贝尔奖还是只发给个人，不发给群体。因此，科学史相当一部分的工作就是写科学家传记。总结他们的成败得失，写他们的命运、个性、事业，写他们身上体现的时代精神和科学精神，对于引导青年一代热爱科学、献身科学事业是大有帮助的，对于培养具有创造精神的人才也是必要的。

但是任何个人都不可能是一座不与外界接触的孤岛，科学家尤其如此；再伟大的科学家也不是赤手空拳站在自然界面前的，他是由大量的知识、技能、实践经验和设备武装起来的；而且随着科学的越来越专业化、复杂化，随着大科学的出现，科学工作越来越成为集体的事业。在这种情况下，对科学群体的研究也成为一种新的趋势。所谓群体，可以是一个研究机构，也可以是一个学会，也可以是一个学派，也可以是某一时期的一个国家或地区。这种研究既可以就它本身进行，如马克拉奇斯（K. Macrakis）女士关于纳粹德国时期威廉大帝科学协会（KWG，即今日马克斯·普朗克学会的前身）的研究；也可以超出它们之外和之上，联系起来进行研究，如尤什凯维奇（A. P. Yushkeivich）和德米多夫（S. S. Demidov）分析莫斯科和圣彼得堡两个学派在数学领域中的微妙竞争。这种研究已产生了许多有意义的成果，汤浅光朝发现的所谓“汤浅现象”就是其中之一。汤浅发现，自16世纪以来世界科学中心不断地转移，由意大利到英国到法国到德国到美国。研究促成转移的因素，无疑具有现实意义。

四、科学史是一门现代学科

最后我想说明，科学史本身也是20世纪才建立起来的一门现代学科，而且很小、很不成熟，它目前的研究水平大概只相当于物理学发展的前牛顿时期。人们常常拿以下几个条件来看一门学科是否成熟。

（1）高等学校有没有人开这门课？1892 年法兰西学院准备开科学史的课，但请不到教授。1895 年马赫在维也纳大学开自然哲学和科学史，但不是专职教授。1920 年起萨顿（Sarton，1884～1956）在哈佛大学开始系统地讲授科学史，到 1940 年才任命为教授，现在世界公认他为这门学科的奠基人。

（2）可不可以授予学位？1942 年哈佛大学开始授予第 1 个科学史博士学位，中国 1987 年开始授予第 1 个博士学位，两国相差 45 年。

（3）有没有专业刊物？国际性的科学史杂志 *ISIS* 于 1913 年创刊，中国的《科学史集刊》于 1958 年创刊，也差 45 年。

（4）有没有专业性学术团体？美国科学史学会建于 1924 年，中国科技史学会建于 1980 年，相差 56 年。

中国几个主要学会的成立年代是：地理为 1909 年、天文为 1922 年、物理为 1932 年、化学为 1932 年、植物为 1933 年、动物为 1934 年、数学为 1935 年。

从以上的年表可以看出，与数理化天地生相比，科学史只是一个后生小辈，比它们约晚 50 年；与美国同一学科相比，也约晚 50 年。值得庆幸的是，自改革开放以来发展很快，研究领域在不断扩充，研究方法在不断地现代化（如计算机手段、量化分析等）。目前经费来源上有一定的困难，但只要我们能自觉地探索在社会主义市场经济条件下工作的路子，思想清楚，方向正确，不懈努力，相信我国的科学史事业的发展一定会比历史上任何时期都更快更好。

〔《中国科学院院刊》，1996 年第 11 卷第 1 期〕

中国科学的传统与未来

一、中国古代有没有科学?

中国最早的一份科学刊物，即今天周光召任主编、在上海出版的《科学》。它于 1915 年创刊时，创办人任鸿隽即在创刊号上发表了《说中国无科学的原因》。1922 年哲学家冯友兰又在《国际伦理学杂志》上用英文发表《为什么中国没有科学？——对中国哲学的历史及其后果的一种解释》。在他们的影响下，外国人戴孝骞（H. H. Dubs，1929 年）等开始研究这一问题；1944 年吴藻溪将德籍犹太历史学家魏特夫（Karl A. Wittfogel）的《中国为什么没有产生自然科学？》译成中文之后，又引起了国人的讨论。此年竺可桢发表的文章题为：《中国古代为什么没有产生自然科学》，仍然认为中国古代没有自然科学。但这时陈立和钱宝琮的文章，观点已经开始变化，认为中国古代不是没有自然科学，而是不发达。其后，英国学者李约瑟开始研究中国科技史。他发现，中国古代科学不是不发达，而是很发达，从公元前 1 世纪到公元 15 世纪，在许多领域，远比西方领先，问题是：“为什么以伽利略为代表的近代科学——连同它对先进技术的一切影响，产生在欧洲，而不发生在中国？”这就是现在大家所谓的“李约瑟难题”。李约瑟认为，近代科学从方法上有区别于古代的是将数学与实验结合起来。他分析伽利略方法的特点是：

（1）从所讨论的现象中，选择出几个可用数量表示的特点来；

（2）提出一个包括所观察各量之间的数学关系式在内的假说（模型）；

（3）从这个假说推出某些能够实际验证的结果；

（4）观察，然后改变条件，再观察，即进行实验（反复实验），尽可能把测量结果用数值表示出来；

（5）接受或否定第二步所作的假说；

（6）用已接受的假说作新的假说的起点，并让新的假说接受考验。

如果说，只有有意识地按照这样完整的六步进行的工作，才是科学研究的话，不但中国古代没有，西方也没有，就连文艺复兴时期的巨人莱昂纳多·达·芬奇（1452～1519）也还没有做到这一步。科学史这门学科的奠基者乔治·萨顿（G. Sarton）说：“直到 14 世纪末，东方人和西方人是在企图解决同样性质的问题时共同工作的。从 16 世纪开始，他们走上不同的道路。分歧的基本原因，是西方科学家领悟了实验的方法并加以应用，而东方的科学家却未领悟它。”任鸿隽、冯友兰、竺可桢说中国古代没有自然科学，实际上都是指的没有这套实验方法，并不是说中国古代没有科学成就。我们今天理解，科学应该包括科学方法、科学成就和科学精神。

科学对社会的作用，是随着时间的前进逐渐显露出来的。西方到了与伽利略同时代的弗朗西斯·培根（Francis Bacon，1561～1626）才预感到科学的发展将导致“一系列的发明，而它们将在一定程度上征服人类所感到的贫困和苦恼”。“知识即力量”就是他的著名格言。“科学是一种在历史上起推动作用的革命的力量”，这句话只有到了 19 世纪恩格斯才能说出来。在中国古代，科学的社会地位，并不像我们想象得那么坏。秦汉以来，那些稍微稳定和长久的朝代，都为科学的发展多多少少尽过力。就是焚书坑儒的秦始皇，也不烧“医药、卜筮、种树”之书，还组织 300 多人进行天文、气象观测。任何一位统治者，想要长治久安，想要持续发展，都不能不关心科学；秦朝的迅速灭亡并不是因为不重视科学，而是其他的问题。

说中国古代只有技术，没有科学，这是一种错觉。弗朗西斯·培根和马克思、恩格斯对造纸、印刷、火药和指南针的推崇，只是因为这几样东西适应了文艺复兴和资产阶级走上政治舞台的需要，并不是说中国只有四大发明。李约瑟为了证明中国传到西方的不只这四件东西，在他的《中国科学技术史》第一卷中用a、b、c、d排列，一口气写到“（z）瓷器”。他说：“我写到这里用了句点，因为26个字母都已用完了，但还有许多例子，甚至重要的例子可以列举。”李约瑟在这一节里讲的是“技术的西传”，而且只是“少数有关机械和其他技术提前来叙述”，更不包括科学在内。

中国人是不是只讲求实用，而忽略了基础研究，事实上也并非如此。在数学方面，祖冲之（429～500）关于圆周率的计算，准确到小数点后七位，在世界上领先了1000年。他从圆内接正六边形开始，依次将边数加倍，求各正多边形的边长和面积，边数越多，正多边形的面积和圆的面积也就越接近，求得圆周率也越准确。他一直算到圆内接正24576边形。$24576=6\times2^{12}$，也就是说，要把同一运算程序反复进行12次，每一运算程序又包含有对9位数进行加、减、乘、除和开方等11个步骤。就是今天，用笔来进行计算，也不是一件容易的事，更何况当时是用算筹摆来摆去呢，而这项研究并没有什么实用意义！

《墨经》中的光学部分，虽然只有8条，仅300余字，但次序安排合理，逻辑严密，堪称世界上最早的几何光学著作。前5条首论影的成因，次述光和影的关系，第三以针孔成像论证光的直线进行，接着又说明光的反射，最后讨论光、物、影三者的关系。这样，光学中的影论部分已基本具备了。后3条分别论述平面镜、凹面镜、凸面镜的成像规律，正是光学中像论部分的基本内容。8条合起来即为几何光学的基础，没有做过实验是写不出来，没有对实验的忠实记录也是写不出来的。

在化学方面，西汉时的《淮南万毕术》即发现了金属置换反应，将铁放在硫酸铜即胆矾溶液中，使胆矾中的铜离子被金属铁置换而成为单质铜沉淀下来的产铜方法，到宋代曾广泛应用于生产，是水法冶金技术的起源。东汉末年的《周易参同契》认识到了物质进行化学反应时的配方比例关系。东晋时的《抱朴子·内篇》发现了化学反应的可逆性。不少事实说明，中国的炼丹术比阿拉伯人更早地为原始形态的化学作出了贡献。

谈到生物学，不能不想起达尔文（1809～1882）。达尔文在《物种起源》里说：“如果以为选择原理是近代的发现，那就未免和事实相差太远……在一部古代的中国百科全书中已经有关于选择原理的明确记述。”其后，在他的《动物和植物在家养下的变异》（1868 年）一书中，又引用了大量中国资料，作为他的学说的例证。我们的祖先不仅认识到变异的普遍性和它同环境、条件的关系，而且认识到可以利用变异为材料，通过人工选择来培育新品种。宋代王观在《扬州芍药谱》中说："今洛阳之牡丹，维扬之芍药，受天地之气以生。而小大浅深，一随人力之工拙而移其天地所生之性，故奇容异色，间出于人间。"又说："花之颜色之深浅与叶蕊之繁盛，皆出于培壅剥削之力。"这把遗传和变异的关系，以及人工在变异中的作用说得一清二楚。所谓"天地所生之性"即遗传性。人工选择的方法，中国也有多种多样。在公元前 1 世纪的《氾胜之书》中就提出了小麦的穗选法，说："取麦种，候熟可获，择穗大强者，收割下来成束晒干，收藏好，顺时种之，则收常倍。"到了 6 世纪的《齐民要术》，关于人工选择的记载就更多了，在猪、羊、鸡、蚕和禾、粟、穄、秫等家养动物和栽培作物中，普遍地应用了人工选择的方法来选育新品种。

通过人工杂交形成的新品种，可以把两个或两个以上亲本的优良性能结合起来，成为一个具有更高生产性能和更能抵抗不良环境的新的生物类型。杂交分有性杂交和无性杂交两种，这两种在中国古代都有相当突出的例子。马和驴杂交产生的骡子是个典型的例子。骡结合了马和驴的特点，而胜于马和驴。它从马那里得到体大、力大、活泼等优点，又从驴那里得到稳健、不易激动、忍耐力强的优点。到目前为止，像骡子这样有用的种间杂交，也还是少见的。至于无性杂交的嫁接技术，在我国更是普遍。《齐民要术》就有利用不同种的树木进行嫁接，来提早果树结实和改良品质的记载。1688 年陈扶摇在《花镜》中说："凡木之必须接换，实有至理存焉。花小者可大，瓣单者可重，色红者可紫，实小者可巨，酸苦者可甜，臭恶者可馥，是人力可以回天，惟在接换之得其传耳。"正因为我国有丰富的关于遗传育种的知识，才培育了许多动植物优良品种，创造了大量物质财富。以世界上 7%的耕地面积，养活了世界上 22%的人口，对世界文明做出了重要贡献。

中国人在天文学、地学和医药学方面的成就，那是有口皆碑，谁也抹杀不了的，就不用再说了。

二、中国古代科学是否只是辉煌的过去?

中国古老深厚的传统文化对当代科技发展有着重要的促进作用，可以归纳为四个方面。

一是中国系统思维在当代科技综合趋向中的启发作用。近代科学发展400年，建立了庞大的分析型学科体系，在很多方面较精确地研究了自然界，但它也有不足之处。发展综合、非线性、复杂性、开放系统的研究，已成为当代改变观念、推动科学发展的时代强音，而这类研究正是中国传统文化的优势，可以有启发作用。耗散结构理论的创建者，比利时科学家普里戈金（I. Prigogine）于 1979 年说：“我们正向新的综合前进，向新的自然主义前进。这个新的自然主义将把西方传统连同它对实验的强调和定量的表述，同以自发的自组织世界的观点为中心的中国传统结合起来。” 1986 年他又在《探索复杂性》一书中说：“中国文化具有一种远非消极的整体和谐。这种整体和谐是各种对抗过程间的复杂平衡造成的。” 四川水利工程都江堰历经 2000 年而不衰，渠首工程的鱼嘴、飞沙堰、宝瓶口三者巧妙结合，分水、分沙的合理性，工程维修的科学性和简单性，充满了中国古人治水的整体性和复杂性思想，对当今的水利工程建设有丰富的启示。协同学（synergtics）的建立者，德国物理学家哈肯（H. Haken）说：“我认为协同学和中国古代思想在整体性观念上有很深的联系。”“虽然亚里士多德也说过整体大于部分，但在西方，一到对具体问题进行分析研究时，就忘了这一点，而中医却成功地应用了整体性思维来研究人体和防治疾病，从这个意义上说中医比西医优越得多。” 他说，西方的分析式思维和东方的整体性思维都是他建立协同学的基础。

二是古代的天人合一思想，强调人与自然的和谐关系，对当代的环境科学、区域开发和持续发展有明显的积极意义。《旧约全书》里说，上帝给人的训谕是：“你们要生养众多，遍满大地。凡地上的走兽和飞鸟，都必须惊恐、惧怕你们；地上的一切昆虫并海里一切鱼类，都交付你们的手。凡活着的动物都可以作你们的食物，这一切我都赐给你们，如同蔬菜一样。” 和这种主张无限发展人口和无限掠夺自然的思想相反，中国在周朝就颁布了《野禁》和《四时之禁》，不准违背时令砍伐木材、割草烧灰、捕捉鸟兽鱼虾，设立了管理山林川泽的官员。战国时的韩非就认识到了人口膨胀带来的社会问题。他说：“今人有五子不为多，子又有五子，大父未死而有二十五孙，是以人民众而货财寡，事力劳而供养薄，故民争，虽倍赏累罚而不免于乱。”（《韩非子 •五蠹》）这比马尔萨斯的人口论（1798 年）早 2000 多年。除了保护生态和节制生育外，更主要的是发展生产。要持续发展，首先得解决农业问题。《吕氏春秋·审时》篇说："夫稼，为之者人也，生之者地也，养之者天也。"把农业生产中天、地、人三者之间的关系看作彼此联结的一个有机的整体，主张顺天时，量地利（根据地区和土壤等条件进行种植），尽人力（精耕细作、间作套种等）。这一套完整的农业思想，在现代的农业生产中，仍然闪闪发光。在防治水灾方面，也有人与自然的双重关系。古代即有"非河犯人，人自犯之"一句名言。现在高坝、大库修得很多，但水灾越来越严重，问题就是忘记这条教训。有的地方把开发区设在河滩内，水来了当然损失很大。搞系统工程的，只考虑对物和技术的重视是不够的，还要考虑"事"和人的因素。顾基发教授根据天人合一思想，最近提出了 WSR 系统工程方法论。此方法认为处理复杂问题时，既要知物理，又要明事理（考虑这些物如何更好地被运用的事的方面），最后还要通人理。

三是自然史料在现代科学研究中的应用。我国地域广大，历史悠久，对许多自然现象的观察时间之长，记录之详，堪称世界之最。首先注意到中国天文记录重要性的是法国大天文学家、大数学家拉普拉斯，1796 年他在《宇宙体系论》里说："法国图书馆所藏许多手稿里，有不少是还没有经人整理的观测，它们对于天文学可能有所阐发，特别是对于天体运行上的长期差。这一工作应引起熟悉东方语文的学者们的注意，因为认识宇宙体系里的大变化，并不比法国大革命（1789～1794 年）更少趣味。"他是看了在华传教士宋君荣（A. Gaubil）写回的手稿说这番话的。宋君荣提供的中国关于黄赤交角的观测，为他的天体力学理论提供了佐证。第二次世界大战以后，射电天文学的出现，使对超新星遗迹的认证工作显得重要起来，而在这方面中国记录更能发挥作用，担任过美国原子能委员会主席的麻省理工学院教授魏斯科普夫（V. F. Weisskopf）甚至这样说："在人类历史上有两个 7 月 4 日，值得永远纪念。一个是 1776 年 7 月 4 日，成立了美利坚合众国。一个是 1054 年 7 月 4 日，中国天文学家记录了金牛座超新星的爆发，这次爆发产生了蟹状星云。"蟹状星云是当今天文学的前沿阵地，担任过美国国立基特峰天文台台长的伯比奇（G. Burbidge）说，当今天文学的研究可以分为两部分：蟹状星云的研究和其他天体的研究。东方天文记录的现代应用，现在已成为一个很受注意的课题，许多国家有人在做。

历史资料在地球科学研究工作中也很重要。竺可桢先生关于气候变迁的研究就是一例。从 1952 年开始，他不断地从经、史、子、集，以及笔记、小说、日记、地方志中收集有关天气变化、动植物分布、冰川进退、雪线升降、河流湖泊冻结等资料，加以整理，临终前于 1972 年发表《中国近五千年来气候变迁的初步研究》，重建 5000 年气温变化史，受到全世界的关注。文章发表后立即被译成英、德、法、日和阿拉伯诸种文字，英国《自然》杂志发表评论说："竺可桢的论点是特别有说服力的，着重说明了研究气候变迁的途径，西方气象学家无疑将为能获得这篇综合性研究文章感到高兴。"现在，研究全球性的气候变化，已成为一个重要课题，各国都在大量投资，计算机模拟等手段均用上，而竺可桢开创的历史方法仍不失为一条途径。

新中国成立初期，中国科学院组织的《中国地震资料年表》的编制及有关的研究工作，既是基础研究，又具有现实意义。地震预报十分困难，世界各国地震学家长期努力至今尚未研究出有效方法。我国地震台站在新中国成立前只有北京和南京两处，新中国成立以后，虽逐年增设，但为数也不多，而为时又短，远远不能满足第一个五年计划建设的需要。第一个五年计划的主要任务是发展重工业。按照建厂的程序，在选择厂址时，首先需要知道建厂地点的地震烈度。地震烈度若会达到 7 度以上，基本建设就要加防固设备；地震烈度若会达到 10 度以上，则根本不能建厂，其他条件再好，也得放弃。在这种情况下，只有发挥我国历史记录的优势，组织大量人员收集各地各代资料，总结选厂地点的地震状况。他们列出了 500 多个地点的地震烈度，绘出等震线，作出中国地震区域图，满足了当时经济建设的需要。此项工作在 1976 年唐山大地震以后更显得重要，中国社会科学院、中国科学院和国家地震局又联合起来，重新组织力量，再做更细致的工作，历时 5 年，完成《中国地震历史资料汇编》五大卷。

类似于地震烈度研究对工程建设所起作用的史料工作最近还有水利科学院水利史研究室关于"三峡地区大型岩崩和滑坡历史及现状的考察研究"，这是为跨世纪的三峡工程所做的准备工作不可少的一部分。他们查阅了 1800 年的有关历史文献和地质勘测资料，先后 3 次去现场考察，在此基础上形成了相应的历史模型，进而提出了可行性方案。报告指出了过去近 2000 年间，大型岩崩滑坡集中在某几个河段；集中发生的周期和季节规律；最大规模只是短时间堵江，未形成经年的拦江堆石坝。报告还指出秭归、巴东境内的黄腊石和新滩两地岩崩规模最大，危害严重，应先期整治和预防，但不致制约三峡工程建设。从而对三峡地区今后可能出现的类似地质灾害在地理分布、发生诱因、可能的规模和频率等方面，提供了一个实在的参考，成为预测它们对工程施工、今后的运行，以及城镇和航运安全影响的依据。在这里，“历史模型”取得了地质理论分析和计算都难以做出的结果。

四是把传统科学作为目的基因转入现代科学中，使现代化科学得以有新的发展。在这方面最成功的一个例子便是吴文俊院士从事的几何定理的机器证明及其应用。

数学定理的机器证明是吴文俊院士继承我国古代数学传统开创的数学机械化工作的一部分。“机械化”是相对“公理化”而言的。公理化思想起源于古希腊，欧几里得《几何原本》就是这方面的代表作，它创造了一套用定义、公理、定理构成的逻辑演绎体系。我国的数学著作自汉代的《九章算术》起则创造了另一种表达方式，它将246个应用问题，区分为九大部分（章），在每个部分的若干同类型的具体问题之后，总结出一般的算法。这种算法比较机械（刻板），每前进一步都有有限多个确定的可供选择的下一步，这样沿着一条有规律的刻板的道路一直往前走就可以达到结论。而这种以算为主的刻板的做法正符合计算机的程序化。吴文俊先生利用我国宋元时期发展起来的增乘开方法与正负开方法，在HP25型袖珍计算器上，利用仅有的8个储存单位，编制一个小程序，竟可以解高达5次的方程，而且可以达到任意预定的精度。

我国宋元时期数学发展的另一个特点，是把许多几何问题转化为代数方程与方程组的求解问题（后来17世纪法国的笛卡儿发明的解析几何也是这样做的）。与这相伴而生，又引进了相当于现代多项式的概念，建立了多项式的运算法则和消元法的有关代数工具。吴文俊先生以其深厚的几何学和拓扑学功底，吸收了宋元时期数学的这两大特点之后，将几何问题用代数方程表达，接着对代数方程组的求解提出一套完整可行的算法，用之于计算机。1977年先在平面几何定理的机器证明方面取得成功；1978年推广到微分几何；1983年我国留美青年学者周咸青在全美定理机器证明学术会议上介绍了吴方法，并自编软件，一鼓作气证明了500多条难度颇高的几何定理，轰动了国际学术界。穆尔（J. S. Moore）认为，在吴文俊之前，机械化的几何定理证明处于黑暗时期，而吴文俊的工作给整个领域带来了光明，一个突出的应用是由开普勒行星运动三定律自动推导出牛顿万有引力定律，这在任何意义下讲都应该说是一件了不起的事。然而吴文俊并未就此满足，他说：“继续发扬中国古代传统数学的机械化特色，对数学各个不同领域探索实现机械化的途径，建立机械化的数学，则是20世纪以至绵亘整个21世纪才能大体趋于完善的事。”

我于1996年8月26日在汉城召开的第八届东亚科学史会议上将以上4点做了介绍以后，大家很受鼓舞，8月28日《韩国经济新闻》以通栏大标题做了报道。有人觉得英国历史学家汤因比（A. J. Toynbee）临终前于1973年对池田大作说的话可能是对的。他说：

> 我所预见的和平统一，一定是以地理和文化主轴为中心，不断结晶扩大起来的。我预感到这个主轴不是在美国、欧洲和苏联，而是在东亚。
>
> 中国人和东亚各民族合作，在被人们认为是不可缺少和不可避免的人类统一过程中，可能要发挥主要作用。

三、中国传统文化的科学精神

什么是科学精神？有各种不同的说法，但又大同小异，这里采用竺可桢的说法。竺可桢于1941年在《科学之方法与精神》一文中分析了近代科学的先驱哥白尼、布鲁诺、伽利略、开普勒、牛顿和波义耳等6人的生平事迹，从他们身上总结出了三个特点，认为这即是文艺复兴以后的欧洲近代科学精神。这三点是：①不盲从，不附和，一以理智为依归，如遇横逆之境遇，则不屈不挠，不畏强暴，只问是非，不计利害；②虚怀若谷，不武断，不蛮横；③专心一致，实事求是，不作无病呻吟，严谨整饬毫不苟且。后来，他在浙江大学的一次演讲中，又把这三点归纳成为两个字，即“求是”。他认为求是精神，就是追求真理，不盲从，不附和，不武断，不专横。而求是的途径已在儒家经典《中庸》中说得很明白，曰“博学之，审问之，慎思之，明辨之，笃行之”，即单靠读书和做实验是不够的，必须多审查研究，多提疑问，深思熟虑，明辨是非，把是非弄清楚了，认为是的就尽力实行，不计个人得失，不达目的不罢休。

在这里，竺可桢已把现代科学精神和中国传统文化联系起来了，但没有更多地展开。事实上，科学精神属于精神文明的范围，它在追求真理和坚持真理这一点上和人文精神是一致的。而人文精神在中国传统文化中有着丰富的遗产，仅以《论语》为例，我就觉得有许多论点和竺可桢所谈科学精神是一致的。

《论语·子罕》篇有："子绝四：毋意，毋必，毋固，毋我。"这就是说，孔子在讨论问题的时候不主观、不武断、不固执、不唯我独尊。这不就是"无偏见性"和"虚怀若谷"吗？孔子主张"学而不思则罔，思而不学则殆"(《论语·为政》)。这里的"思"是思考的意思，就是说，光读书不思考，不怀疑，就罔然无所解，光思考不学习，就殆然无所得。这又和"怀疑性"与"不盲从"是一致的。孔子反对附和，反对盲从，颜回虽是他的得意门生，但对"吾与回言终日，不违如愚"是不满意的，他说"回也，非助我者也，于吾言无所不悦"(《论语·先进》)。相反，他却提倡"当仁不让于师"(《论语·卫灵公》)。对孔子来说，"仁"是人之所以为人的性质，即人道的最高真理，一旦掌握了这个真理，就是老师也不让，而且提倡"志士仁人，无求生以害仁，有杀身以成仁"(《论语·卫灵公》)，也就是说，在真理与生命之间进行比较，真理更重要。布鲁诺为坚持日心说，被烧死在罗马鲜花广场上，宁死不屈，不正是这种精神的体现吗？

孔子这种坚持真理的精神，为中国历代的优秀知识分子所继承，孟子高扬"富贵不能淫，贫贱不能移，威武不能屈"(《孟子·滕文公》下)；陶渊明"不为五斗米折腰"；文天祥大义凛然，临刑前写了气壮山河的《正气歌》。这些动人的事迹不但鼓舞了中国人民一百年来反帝反封建的英勇斗争，也成为中国科学家求实、献身精神的思想源泉。正如1989年3月王绶琯院士在中国天文学会第六次代表大会上的祝词中所说：

> 我们中国的天文工作者，远溯张衡、祖冲之，近及张钰哲、戴文赛，虽然时代不同，成就不等，但始终贯串着一股"富贵不能淫，贫贱不能移"的献身、求实精神。今天，让我们继承我们民族的优良传统，在社会主义建设的号角中，团结、奋斗、前进吧！

任何传统都有精华和糟粕两个方面，问题是我们要善于保持和发扬精华，敢于淘汰那些糟粕。杨振宁最近在《近代科学进入中国的回顾与前瞻》一文中说："儒家文化的保守性是中国三个世纪中抗拒西方科学思想的最大原因。但是这种抗拒在今天已完全消失了。取而代之的是对科技重要性的全民共识。""儒家文化注重忠诚，注重家庭人伦关系，注重个人勤奋忍耐，重视子女教育。这些文化特征曾经而且将继续培养出一代又一代勤奋而有纪律的青年。与此相反，西方文化，尤其是当代美国文化，不幸太不看重纪律，影响了青年教育，产生了严重的社会与经济问题。”

竺可桢、王绶琯和杨振宁，他们都是受过西方教育的有成就的科学家，他们深感中国传统文化中的科学精神对他们的培养之恩。那些轻视中国传统文化，认为中国传统文化妨碍科学发展的说法是站不住脚的。

四、中国科学的未来

杨振宁《近代科学进入中国的回顾与前瞻》一文的最后说：“到了 21 世纪中叶，中国极可能成为一个世界级的科技强国。”我同意他的这个结论。

中国人有没有能力从事近代科学？这个回答是肯定的。英国李约瑟本来是一位生物化学家，与中国毫无关系。1937 年在他的实验室里来了 3 位中国留学生（王应睐、鲁桂珍和沈诗章），其聪明才智使他大为震惊，他觉得能培养出这样学者的国度必然有高度的文化，于是他在 37 岁这年开始学中文，后来改行研究中国科学史。抗日战争末期，他在英国驻华大使馆担任科学参赞，并组建中英科学合作馆，后来把他记述抗日战争时期中国科学家工作的一本书取名《科学前哨》（*Science Outpost*）。他在序中说：“书名似乎应当稍加解释。并不是我们中英科学合作馆的英籍同事在中国，而以科学前哨自居。我所指的是我们全体，不论英国人或中国人，构成中国西部的前哨。”“这本书如有任何永久性的价值，一定是因为它提供一类记录（虽然不甚充分）……看到中国这一代科学家们所具有的创造力、牺牲精神、坚韧、忠诚和希望。我们同他们深以为荣，今天的前哨就将成为明天的中心和司令部。”你看他对中国科学的未来是多么充满信心！这本书很值得一看，可惜目前还没有完整的中译本。

到 1995 年 7 月为止，美国国家科学院在世的 1672 名院士中，华人科学家有 30 位，占 0. 18%；美国工程院 1348 名院士中，华人有 43 位，占 0. 32%。这个比例虽然不高，但可以证明，在当代世界科技最强国的评估中，华人还是占有一席之地的。而且还要考虑到，1949 年以后，中国科学家有许多杰出的成就是保密的，如原子弹和导弹的研制等，外界很少知道，国际学术交流也中断了许多年，美国评选外籍院士，很少会考虑到这一部分中国学者。事实上，他们选举中国学者（此处不包括台湾学者）为外籍院士，是从 1982 年才开始的，至今只有 6 人：华罗庚（1982 年，已故）、夏鼐（1984 年，已故）、谈家桢（1985 年）、冯德培（1986 年，已故）、周光召（1987 年）、贾兰坡（1994 年）。被选为工程院外籍院士的是王淀佐（1990 年）和郑哲敏（1993 年）。因此这只能是一个参考指标。

最能说明中国人能够自力更生、独立自主搞科学的是杨振宁搜集的 10 项产品的年份比照表（表 1）。

表 1　10 项产品的年份比照表

第一次制成	美国	苏联	英国	法国	日本	中国
反应堆	1942 年	1946 年	1947 年	1948 年	—	1956 年
原子弹	1945 年	1949 年	1952 年	1960 年	—	1964 年
氢弹	1952 年	1953 年	1957 年	1968 年	—	1967 年
人造卫星	1958 年	1957 年	—	1965 年	1970 年	1970 年
喷气机	1942 年	1945 年	1941 年	1946 年	—	1958 年
M2 飞机	1957 年	1957 年	1958 年	1959 年	—	1965 年
试制计算机	1946 年	1953 年	1949 年	—	1957 年	1958 年
计算机（商品）	1951 年	1958 年	1952 年	—	1959 年	1966 年
半导体原件	1952 年	1956 年	1953 年	—	1954 年	1960 年
集成电路	1958 年	1968 年	1957 年	—	1960 年	1969 年

从表 1 可以看出，我们的速度是很快的。从原子弹到氢弹，我们所花费的时间最少，法国 8 年，美国 7 年，英国 5 年，苏联 4 年，中国只有 3 年，且氢弹爆炸在法国之前。还要注意一点，别的国家的科学家是全力以赴搞科学，中国科学家要政治学习、劳动锻炼、下乡"四清"，至于"文化大革命"那样的干扰就不用提了。过去在时间很少的情况下，能做出如此巨大成绩，今后政治形势稳定，不再以阶级斗争为纲，不再搞运动，科学家用足够的时间钻研业务，肯定能出更多更好的成果。

发展科学要有人，这个人得有时间，还得有钱。再伟大的科学家也不能赤手空拳站在自然界面前，他要生活，他要获取别人的信息（图书、资料），他要有观测和实验的设备，这些都要钱。今天，我们科研经费仍然紧张，仍然需要加大投入，但和新中国成立以前相比已有本质的不同。今天，政府择优支持，攀登计划等都属于这一类，以天文学来说，太阳物理经费相对来说就比较充足，原因是他们 20 世纪 80 年代研制出的太阳磁场望远镜，其功能比美国同样类型的两台仪器之和还大，能观测光球、色球两层中矢量磁场和速度场；90 年代发明的太阳九通道望远镜，使世界太阳界为之倾倒，日本、美国和欧洲等许多国家和地区，有的要买他们的仪器，有的正在积极采用他们的思路发展大型空间和地基太阳磁场与速度场系统。他们雄心勃勃，又准备立即将直径80厘米的望远镜用20万立方米的气球送入太空，并计划在2002年将直径1米的望远镜送入太空，进行观测。

“九五”期间将要上马的国家大型工程“大天区面积多目标光纤光谱望远镜”（简称LAMOST），又是一例。这项天文学界经过10年酝酿，多次讨论，三易蓝图，到1994年才定型的计划，终于得到国家支持，拿出1.7亿元的经费来，对我们是多么大的鼓舞！

“工欲善其事，必先利其器”，回想1912年中央观象台成立时一架望远镜也没有；30年代紫金山天文台建成，有了60厘米反射望远镜，但抗战军兴，几经搬迁，什么也没有做成。90年代初我们有了上海天文台的1.56米望远镜、北京天文台的2.16米望远镜和1.26米红外望远镜、青海的13.7米毫米波射电望远镜……各项工作蒸蒸日上。我国现在每年发表的天文学论文都在1200篇以上，1994年高达1464篇，而1911～1948年总共才944篇，只是这一年的65%，可见其进步之大。1996年8月1～4日，在香港举行了21世纪中华天文学研讨会，到会180多人，其中来自我国内地（大陆）的占1/2，来自我国港台的占1/4，来自海外的占1/4。大家满怀信心展望21世纪，一致认为：“中华民族有着悠久的天文观测传统，对世界天文学的发展曾经做出了独特而重要的贡献。现在，中国天文又在蓬勃兴起，进入21世纪，中华天文学家和天体物理学家将会有更辉煌的成就。”炎黄子孙遍布七大洲，振兴中华同此心。

在当代的各门自然科学中，天文学这门花钱很多而经济效益又最少的小学科，就能有如此大的发展，其他学科的前景就更光明了。所以，我是满怀信心地进入21世纪，21世纪的中国将成为科技强国。当然，这样说不是看不到问题，在前进的道路上总是会有困难和错误的，但根据20世纪发展的经验，困难总是会被克服的，错误总是会得到改正的。

〔朱光亚、周光召：《共同走向科学——百名院士科技系列报告集》，第3册，北京：新华出版社，1997年〕

科学精神：公正、客观、实事求是

1994 年 7 月我写了篇文章，题为“科学精神与传统文化”。这篇文章在某报 8 月 22 日发表的时候把题目改为“传统文化中的科学因素”，把“科学精神”四个字砍掉了，而且对内容进行了大量的删减，牛头不对马嘴，失去了我的原意，而且事前没有跟我商量。

这篇文章是着重讨论科学精神的，并不是讨论中国传统文化中有没有数学、天文学、物理学等因素。文章一开头就说：“自然科学和社会科学虽然研究对象不同，所用方法也有差别，但为扩大认识领域，寻找真理、追求真理的精神是一致的，它们都要求公正、客观、实事求是，不允许伪造证据和做任何艺术性的夸张，这种共性应该说就是科学精神。”

接着介绍了美国科学社会学家罗伯特·默顿（Robert K. Merton）关于科学精神的理论研究。默顿的理论，在李醒民《探索科学精神的人文底蕴》和刘华杰《“科学精神”的多层释义和丰富涵义》文章里都提到了。我当年的介绍被编辑先生全部砍掉了，原文如下：

关于科学精神的理论研究，美国科学社会学家默顿于 1942 年发表过一篇重要论文，题为《科学的规范结构》（李醒民中译见《科学与哲学》1982 年第 4 期）。在这篇文章中，默顿给科学精神下了一个定义。他说，科学的精神气质是有感情情调的一套约束科学家的价值和规范的综合。这些规范用命令、禁止、偏爱、赞同的形式来表示。它们借助于习俗的价值而获得其合法地位。这些通过格言和例证来传达、通过法令而增强的规则在不同程度上被科学家内在化了，于是形成了他的科学良心，或者人们如果愿意用现代术语的话，也可以说形成了他的超我，按照心理学家弗洛伊德的学说，人的结构由本我、自我和超我构成。本我，是充满动物本能的潜意识，超我是道德化的自我，包括通常说的“良心”和自我理想。

默顿的这段定义实在太抽象了，连默顿本人也觉得不能说明问题，于是他又提出四种惯例的规范作为科学精神的组成。其一是普遍性（universalism），对正在进入科学行列的假设的接受或排斥，不取决于该学说的倡导者的社会属性或个人属性，也就是说与他的种族、国籍、宗教、阶级和个人品质无关。其二是共有性（communism），任何科研成果都是社会协作的产物，并且应该分配给全体社会成员，发现者和发明者不应据为私有。其三是无偏见性（disinterestedness），反对欺骗、诡辩、夸夸其谈、滥用专家权威等等。其四是有条理的怀疑性（organized scepticism），坚持用经验和逻辑的标准，审查和裁决一切假说和理论，而决不盲从。

默顿的文章发表以来，在国际上引起了许多讨论，有的提法与默顿相近，有的则更烦琐，这里不能一一列举。值得指出的是，比默顿早一年，即 1941 年，我国科学家竺可桢就发表了《科学之方法与精神》一文，对这个问题作了精辟的论述。他不是从定义出发，而是从事例分析得出了言简意明的结论。

也许由于篇幅的原因，某报把以上一千字的内容全部给删去了，使我觉得非常遗憾。我本来是想用比较的手法，使一些人明白，不必事事西天求佛，我们土产的东西也有好的。这样一删，原来的寓意就没有了。

我这里还想引用西安《中学历史教学参考》杂志 2000 年第 7 期编辑部论《科学精神》的文章，来看看竺老的思想已经如何转化为物质力量。该文说：

什么是科学思想？怎样进行科学精神的培养、教育，或者说怎样才能养成科学精神？这个问题，我们已进行过许许多多讨论，让我们从“历史”中寻找“一种”回答吧！

竺可桢，我国近代科学的主要推动者，他心目中的科学精神，包含三个方面，是从近代科学家哥白尼、布鲁诺、伽利略、开普勒、牛顿、玻意耳等人身上总结出来的，见诸在1941年第1期《思想与时代》上问世的论文：《科学之方法与精神》。1980年，在一篇纪念文章中，席泽宗院士对竺老所论三方面加以重申，而为钱临照院士所首肯，且为我辈所宗。几代科学家所总结出来的“科学精神”三方面都包含一些什么具体内容呢？

（1）不盲从，不附和，一以理智为依归。如遇横逆之境遇，则不屈不挠，不畏强暴，只问是非，不计利害。

（2）虚怀若谷，不武断，不蛮横。

（3）专心一致，实事求是，不作无病之呻吟，严谨整饬毫不苟且。

唯此，高喊空洞无物的口号，见风使舵、人云亦云的态度，急功近利实用主义的哲学，都跟科学精神相去甚远，甚至南辕北辙。科学精神无比崇高，又非常具体，一点一滴，要“从我做起，从现在做起”。离开了课本和教学过程所包含、渗透、体现出来的科学精神，所谓素质教育，所谓知识创新，只可能慢而不可能快，终难有大成。进而言之，西方的文艺复兴和宗教改革，中国的反对文言提倡白话，所以能由旧而生新，引起社会各方面深刻变化和巨大进步，科学精神是一个最重要的动因。

竺可桢后来在浙江大学的一次演讲中，又把上述这三点归纳成为两个字——“求是”，他认为求是精神就是追求真理（实际上包括创新），忠于真理。真理是客观世界及其规律在人们头脑中的正确反映，它往往是人们通过千辛万苦的努力才能得到。例如，开普勒一生在艰苦中挣扎，一直穷到死，才发现行星运动三定律。有些真理已经发现了，但还得不到多数人的承认，还得斗争。布鲁诺和伽利略为宣传哥白尼学说视死如归的精神，使竺可桢在讲演结束时高呼：“壮哉求是精神！此固非有血气毅力大勇者不足与言，深冀诸位效法之！不畏艰险勤习之！”

把竺老谈的三点和默顿谈的四条规范相比，我觉得并无多大差异：竺

（1）=默（4），竺（2）=默（3），竺（3）=默（1），默顿只多一条公有性。把竺老谈的三点和周光召1996年在第一次全国科普工作会上的讲话《加强科学普及，弘扬科学精神》（全文见《中国科学报》1996年2月14日）中所谈五点，以及江泽民同志2000年6月5日在两院院士大会上讲话（全文见《中国科学院院刊》15卷4期第241～244页）中所谈四点相比，基本上也是一致的。

周光召认为科学精神包括五点内容：①平等和民主，反对专断和垄断，这相当于竺可桢的第二点；②既要创新；③又要在继承中求发展，这相当于竺可桢的第三点；④团队精神，此点竺可桢未提到；⑤求实和怀疑精神，这相当于竺可桢的第一点。

江泽民同志说："科学精神的内涵很丰富，最基本的要求是求真务实，开拓创新。"弘扬科学精神，就要：

（1）解放思想，实事求是，勇于面对科技发展和各项工作中的新情况，新问题，通过研究和反复实践，不断创新，不断前进。这相当于竺可桢的第三点。

（2）热爱科学，崇尚真理，依据科学原理和科学方法进行决策，按照科学规律办事。这相当于竺可桢的第一点。

（3）勤于学习，善于思考，努力用科学理论、科学知识以及人类创造的一切优秀文明成果武装自己。这相当于竺可桢的第二点。

（4）甘于奉献，攀登高峰。为祖国为人民贡献一切智慧和力量，敢于战胜前进道路上任何困难和艰险，始终勇往直前。竺可桢在演讲中所歌颂的求是精神和这是一致的。

江泽民同志说："总之，要使实事求是、探索求知、崇尚真理、勇于创新的精神在全党全社会大大发扬起来。"我觉得把科学精神归结成为这样十六个字，简洁明了，便于记忆，便于实行，就很好了。至于理论上的深入探讨，学者们之间当然还可以进行。

〔王大珩、于光远：《论科学精神》，北京：中央编译出版社，2001年〕

人类认识世界的五个里程碑

千百年来，人类对于茫茫宇宙和微观的物质世界有着各种各样的神奇遐想、神话和探索的故事。人类从进入文明时代开始，就在不断地认识自己，认识周围的事物，探讨宇宙的起源，经过一代一代人的不懈努力，大自然的奥秘不断被揭示出来。

一、原子的物理模型和物质的可分性

关于物质嬗变和原子是否有内部组成的探索有着长达 2000 多年的漫长历史。从牛顿时代以后也有 200 多年，一直停留在哲学上的思辨和科学上的假说阶段。但是，1897 年英国科学家 J. J. 汤姆孙发现的电子对于整个物质的结构具有普遍的根本意义，它关系到人类对宇宙万物的组成和变化的根本原因问题的认识，在根本上关系到经典的物质理论的正确与否，特别是关系到对原子论是否从基本上要求予以冲破和修改，因而是对所有科学家，不论是物理学、化学、生物学，还是天文学家方面的科学家都要从根本上改变观念和理论的大事。

生物的多样性和大陆板块的漂移分割有很大关系

人们常说，19 世纪末的三大发现（X 射线、放射性、电子）揭开了现代科学的序幕，并且把德国人伦琴发现 X 射线的 1895 年看作现代科学革命的起点。在这三大发现中以电子的发现最为重要，因为比原子小的东西的存在意味着原子的分裂及其组成，为不久后原子模型的提出准备了试验的基础。

电子作为第一个小于原子的基本粒子的发现，诱发出来了原子的组成和结构。在 1927 年 9 月，卢瑟福发表了论文《放射性原子结构和 α 射线的起源》，得出原子核是由质子和中子构成的，原子核的质量等于质子个数和中子个数的总和，或近似地说是质子和中子个数与 1 的乘积。这就是著名的原子核结构模型的设想，5 年后由他的助手查德威克证实。

揭示微观物质组成的底蕴，是意义极其重大的探索，它不但有助于了解宇宙万象的变化和演进，而且极大地推动了现代科学和技术的发展。例如，若想了解太阳能的来源，就可以从核物理的里边和局边缘里得到解答；如果要知道现代信息技术，就必须懂得固体物理、半导体物理，从中了解电子和光子的运动规律。也许由于这些重要原因，在 20 世纪中凡是发现过一种新元素或重要粒子的，几乎都获得了诺贝尔奖。

二、化学元素周期律——世界万物的本质

也许你不曾想到，世界上千差万别的物质都是由 109 种化学元素构成的，更确切地说主要是由 89 种化学元素构成的，这因为有 20 种元素是自然界极

少存在或者完全没有的，是用核反应制取的人工放射性元素。这些元素造就了宇宙间的所有星星，也就造就了地球上所有的岩石、植物、动物、空气、河流、海洋，甚至连人类自身也是由各式各样的元素组合成的。正如 7 个音符可以谱写出千歌万曲，26 个英文字母可以组成千万个单词一样，这近 90 个元素可以形成千万种单质和化合物。

电磁力把原子核封闭在里面，原子核只有突破这层电磁力，才能有核聚变的发生

古希腊原子论认为：宇宙万物是由最小、坚硬、不可入、不可分的物质粒子构成的，这种最微小的粒子叫作原子。古代的元素观，仅仅是回答物质构成的一种臆测，但是作为一种认识物质的观念，对后来化学概念、理论的形成则产生了深远的影响。在近代科学建立的 17 世纪，被誉为把化学确立为科学的英国化学家波义耳认为，化学的目的在于认识物体的结构，而认识的方法在于分析，即把物体分解为元素。这种认识揭示了物质并不是由性质组成，而是由化学元素所组成的。18 世纪法国化学家拉瓦锡的贡献就在于此（建立氧化理论）。

寒武纪生物大爆炸时期的动物祖先，它们是地球上最早使用氧气的生命

1869 年，俄罗斯化学家门捷列夫以清晰而明确的陈述首先提出了化学元素周期律，并编制了一个元素体系表，表中有 66 个位置，其中除已发现的 63 种元素（其中钴、镍共占一个位置）外，有 4 个位置预示着未知元素的存在。让科学界对门捷列夫提出的周期律感到折服的事件发生在 1875 年。法国化学家布瓦博德朗发现了元素镓，他所测的镓的重要性质发表后，门捷列夫用非常肯定的口吻告诉他，镓的比重不应该是 4.7，应在 5.9～6.0 之间。当布瓦博德朗重新测定其性质及比重时发现，镓的比重果然为 5.94。这在元素发现史上是第一例，充分展示了周期律的前瞻性和科学性。这表明周期律不仅仅是把化学元素分成族和类，而是反映了元素之间固有联系的内在规律。元素作为化学研究的个体，是化学最基本的概念，所以周期律的提出实际上是对元素知识的一次综合和整理，把元素的知识纳入一个比较严密的自然体系，是人类认识元素的又一次深化和飞跃。

哥白尼的日心说

三、天文学的大爆炸理论——宇宙的起源

人类从古至今，一直都在探讨宇宙起源的问题，尤其是 20 世纪以来，新的宇宙学理论不断涌现，人类对宇宙起源的认识有了很大发展。在各种现代宇宙模型理论中，大爆炸理论最具代表性。因为无论就其理论基础的合理性来说，还是就其与观测事实的符合程度来说，它都代表了当代认识的最高水平。

宇宙大爆炸理论是沿着哈勃定律提出来的，即今天的宇宙较之昨天的宇宙膨胀了，宇宙空间有一个从小到大的发展过程，宇宙物质分布有一个从密到疏的变化过程。

大爆炸宇宙模型是美籍苏联物理学家伽莫夫于 1948 年提出的。他把宇宙的起源与化学元素的起源联系在一起，并运用核子物理学知识提出了大爆炸宇宙学说：今天所看到的宇宙膨胀现象，如果逆着时间追溯回去，将开始于一次强烈的爆炸，爆炸时的宇宙是极其致密的，而且处于一种超高温状态。据现代的大爆炸理论，我们今天的世界是在约 200 亿年中，经历一连串的物理过程逐渐演化而成的，物理过程是通过粒子的碰撞进行的，不同温度就有不同的物理过程，宇宙的演化也就直接与宇宙的温度相关联。

大爆炸宇宙理论的科学价值，一方面在于其本身的合理性，另一方面在于其对现代科学认识活动的启发和影响，这两方面都有许多问题尚需作进一步探索。而大爆炸宇宙理论遇到的最大困难是宇宙奇点问题。

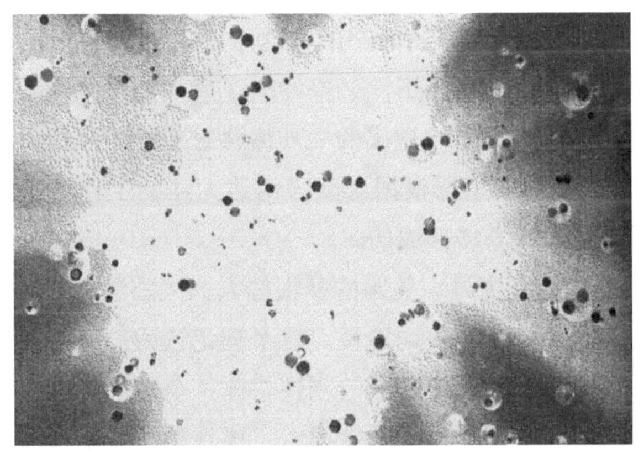

宇宙大爆炸：一个短得无法形容的时间，一个小得无法形容的奇点，在瞬间急剧膨胀，物质开始构成宇宙

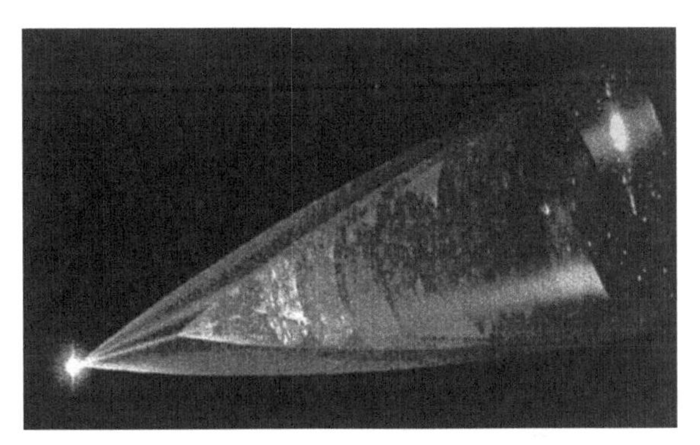

大爆炸的演示图：整个宇宙的演化就是温度不断地下降，空间不断地扩大，物质也不断相互地远离

四、从大陆漂移说到板块构造说

地球面貌的基本轮廓是如何形成的，这是大地构造学的一个基本问题，也是整个地球科学的重要问题。对此，长期以来有种种不同的假设。20世纪初，德国的魏格纳提出了大陆漂移说，有力地冲击了传统的大陆固定观念，开始了大陆漂移论（活动论）和大陆固定论之间的激烈争论。

在近代自然科学的最初阶段，形而上学的地球观曾一度占统治地位，认为地球自古以来无大的变化，现今的地球面貌从来就是这样存在着的。1492年开始的以哥伦布、达·伽马和麦哲伦三大航海家为代表的地理大发现推动了世界的近代化。他们继承了古希腊的大地球形观，“重新发现了地球”。1568年荷兰的麦卡托创立了圆柱投影法，并绘制了以大西洋为中心，新旧大陆分列于两边的世界地图，给全球规模的大陆漂移思想的出现提供了契机。1858年法国的斯尼德-佩利格里尼根据大西洋两边大陆的生物、古生物的亲缘关系，推测大西洋是大陆漂移形成的。

1968年，法国的勒皮雄、美国的摩根等人在大陆漂移、地幔对流、海底扩张等概念基础上建立了板块构造说。这个理论认为：岩石圈的基本构造单元是板块，板块是位于软流层之上的刚性块体；全球地壳构造运动的基本原因是这些板块的相互作用；板块强度很大，板块的边缘是构造运动最激烈的地方，主要变形在其边缘部分。

地球上不断隆起新的山脉。我国青藏高原就是在大约4000万年前形成的

大陆巨大漂移、海底不断更新已成为无法否定的事实。过去的大陆构造理

论都是在对大陆研究的基础上推断海洋，所以对地球的了解是残缺不全的。板块构造说则是在海洋地壳同大陆地壳相结合研究基础上提出的一个全新的地壳运动模式，这个模式展示了统一以往各种大地构造假设、理论的前景，并展示了大陆有分有合、海洋有生有灭的活跃的地球史图景，否定了大陆固定、海洋永存的传统观念，开创了人类对地球认识的新阶段，成为“地质学的一次革命”。

80 多年来，大陆漂移论经历了十分曲折的历程，今天大陆漂移理论以板块（构造）的新形势取得了决定性胜利，从而更清晰明快地解释了地球面貌基本轮廓的成因。

五、进化论——生命演化的探索

现在一般将法国生物学家让•拉马克看成是科学生物进化论的创始人，但是让科学的进化思想牢固地确立其地位的是英国博物学家查尔斯•达尔文。达尔文从彻底的唯物论角度，对诸如生物的适应、和谐、分布、迁徙、起源和演变等现象及其机制做了科学合理的解释。但直到 20 世纪 30～50 年代人们才真正普遍接受达尔文的进化机制——自然选择学说。

达尔文的生物进化理论认为，生物界并不是静止不动的，而是进化的。进化变化不是循环往复的变化，而是生物的本质发生了变化，通过进化，一种生物变成另一种生物，确切地说，是由一种物种变成另一种物种。这种变化是稳定持续的，而且具有一定的方向，即生物向着更加适应的状态进化，无论这种进化是否导致更加复杂还是更加简单的形态。达尔文不承认生物界存在着高等和低等之别。自然选择学说是达尔文进化论的核心——“适者生存，不适者淘汰的过程”，也是达尔文理论中最具革命性和最有争议的部分。哥白尼的日心说把太阳的位置留给了上帝，牛顿的万有引力还将第一推动力的权力赠奉给上帝，而根据达尔文的自然选择学说，上帝简直无所事事——进化的动因完全是自然的。他还认为人是生物进化中的一个普通环节，人类的产生并不是必然的结果，而是一些偶然的因素所致。

直到今天，严肃的科学家们多数都赞同自然选择学说。尤其是达尔文的生命观——对于生命现象只能用自然的原因来解释，生物是多样的，因此说明自然的理论也应该是丰富的——在今天仍有着它的生命力。

〔《科学中国人》，2002 年第 4 期〕